高等学校土建类专业应用型"十四五"规划教材
高等学校土建类专业"互联网+"创新教材

# 基于BIM技术的Revit模型基础创建

（第2版）

主　编　赵冬梅　葛冠晓

武汉理工大学出版社
·武　汉·

## 内 容 简 介

本书内容力求通俗、简洁、清晰,具有较强的逻辑性和实操性。全书由浅入深,从最基本的软件基础操作开始,到族的创建,再到建筑基本构件模型的建立分析,总结工作过程中模型设计的经验,将重点放在利用 Revit 技术操作完成土建建模的方法、流程上,给读者提供建模的样例,具有较强的实操性。读者按照 Revit 技术操作的引导,能完成土建工程的模型创设。

本书可作为建筑行业的管理人员和技术人员学习用书以及 BIM 技术的相关培训用书,也可作为高等院校本、专科各层次土建类相关专业学生学习 BIM 建筑模型创建相关知识的参考用书。

**图书在版编目(CIP)数据**

基于 BIM 技术的 Revit 模型基础创建 / 赵冬梅,葛冠晓主编. —2 版. —武汉:武汉理工大学出版社,2024. 6. —ISBN 978-7-5629-7105-4

Ⅰ. TU201.4

中国国家版本馆 CIP 数据核字第 2024R931M3 号

基于 BIM 技术的 Revit 模型基础创建(第 2 版)

Jiyu BIM Jishu de Revit Moxing Jichu Chuangjian

**项目负责人:**王利永(027-87290908)　**责任编辑:**王利永

**责 任 校 对:**张明华　**封面设计:**博壹臻远

**出 版 发 行:**武汉理工大学出版社

**网　　址:**http://www.wutp.com.cn

**地　　址:**武汉市洪山区珞狮路 122 号

**邮　　编:**430070

**印 刷 者:**湖北金港彩印有限公司

**发 行 者:**各地新华书店

**开　　本:**787mm×1092mm　1/16

**印　　张:**17.75

**字　　数:**455 千字

**版　　次:**2019 年 3 月第 1 版　2024 年 6 月第 2 版

**印　　次:**2024 年 6 月第 1 次印刷

**定　　价:**52.00 元

(凡购本书,如有缺页、倒页、脱页等印装质量问题,请向出版社发行部调换。)

本社购书热线电话:027-87391631　87664138　87785758　87165708(传真)

# 前言

## Foreword（第2版）

BIM（Building Information Modeling 建筑信息模型）作为一种更利于建筑工程信息化全生命周期管理的技术，其在建筑领域的普遍应用已不容置疑。“BIM 的价值在于应用，BIM 的应用基于模型”，Revit 软件是建筑 BIM 技术的核心应用建模软件。本书在模型设计经验和现场管理经验的基础上，将重点放在利用Revit技术操作完成土建建模的方法、流程上，从而给读者提供一个建模的整体样例。

本书对 BIM 技术的核心软件 Revit 做出全面系统的介绍，而后对 Revit 基本工具的应用做出具体介绍，借助具体工程中 Revit 的实际操作，从创建项目标高、轴网到创建场地构件，完成土建模型的创建。读者按照 Revit 技术操作的引导，能完成土建工程的模型创设，掌握 BIM 建模工作的流程和工作方法，能够快速熟悉并掌握这门技术，为建筑信息化设计和工程施工项目的信息化管理打下坚实的基础，引领建筑信息化变革的新潮流。

本书可作为高校土建类专业Revit建模基础相关课程的教材，同时也可供有关的工程技术人员参考。本书后附教材依托项目的部分工程图纸，供读者参考使用。

本书由浙江广厦建设职业技术大学赵冬梅、葛冠晓担任主编。具体编写分工如下：赵冬梅承担第 1 章、第 2 章、第 4 章 4.10 节、第 4 章 4.11 节的编写任务，葛冠晓承担第 3 章、第 4 章 4.1 节、第 4 章 4.9 节的编写任务，胡作霖承担第 4 章 4.2 节至 4.7 节的编写任务，张倩慧承担第 4 章 4.8 节、4.12 节、4.13 节的编写任务，王丽君负责本书依托项目图纸的绘制。全书由赵冬梅负责最终的统稿工作。

本书在编写过程中得到了众多行业专家大力指导，在此表示衷心感谢！

由于编者水平有限，加之时间仓促，本书难免有不当之处，衷心希望兄弟院校和各位读者批评指正。

编　者

2024 年 5 月

# 目录 Contents


第 1 章　BIM 技术与 Revit 软件 …… 1
1.1　BIM 概述 …… 2
1.1.1　BIM 的概念 …… 2
1.1.2　BIM 的发展前景 …… 3
1.2　BIM 应用软件 …… 4
1.2.1　BIM 应用软件的分类 …… 4
1.2.2　现行 BIM 应用软件分类框架 …… 5
1.3　BIM 的核心建模软件——Revit 软件 …… 6
1.3.1　初识 Revit …… 6
1.3.2　Revit 专业术语 …… 7
1.3.3　Revit 的启动 …… 10
1.3.4　Revit 的操作界面 …… 11
课后习题 …… 17

第 2 章　Revit 基本操作 …… 18
2.1　项目的设置 …… 19
2.1.1　"常规"选项卡设置说明 …… 19
2.1.2　用户界面 …… 20
2.1.3　图形 …… 21
2.1.4　文件位置 …… 22
2.1.5　新建与保存项目 …… 23
2.1.6　项目设置 …… 24
2.2　Revit 基本工具操作 …… 27
2.2.1　基本编辑命令 …… 27
2.2.2　快捷操作命令 …… 30
2.3　视图控制 …… 34
2.3.1　视图导航 …… 34
2.3.2　项目视图的种类 …… 36

2.3.3 视图显示及样式 …………43
课后习题 …………46

第3章 族的创建与编辑 …………47
3.1 族概述 …………48
3.1.1 族编辑器界面 …………48
3.1.2 功能区基本命令 …………49
3.1.3 文件格式 …………51
课后习题 …………51
3.2 可载入族 …………51
3.2.1 族编辑器基本知识 …………51
3.2.2 三维模型的创建 …………59
3.2.3 三维模型的修改 …………64
3.2.4 二维族基础知识 …………68
3.2.5 族的嵌套 …………69
3.2.6 族的使用 …………70
课后习题 …………70
3.3 族样板 …………71
3.3.1 族样板概述 …………71
3.3.2 族样板的分类及其选用 …………73
3.3.3 族样板的创建 …………74
课后习题 …………75
3.4 可载入族创建实例 …………75
3.4.1 族创建基本步骤 …………75
3.4.2 族创建实例 …………76
课后习题 …………82
3.5 概念设计环境的族 …………83
3.5.1 调用族样板文件 …………83
3.5.2 概念体量的创建 …………84
课后习题 …………86
3.6 族文件测试与管理 …………86
3.6.1 族文件测试 …………87
3.6.2 族文件管理 …………87
课后习题 …………88

第 4 章 基于 BIM 的 Revit 土建建模技术 …… 89

4.1 标高与轴网 …… 91

4.1.1 标高的绘制 …… 91

4.1.2 轴网的绘制 …… 94

课后习题 …… 98

4.2 柱与梁 …… 99

4.2.1 结构柱的创建和编辑 …… 99

4.2.2 梁的创建和编辑 …… 109

课后习题 …… 113

4.3 基础 …… 113

课后习题 …… 116

4.4 墙体 …… 117

4.4.1 墙体建模基本知识 …… 117

4.4.2 一般墙体的绘制与编辑 …… 117

4.4.3 叠层墙设置 …… 130

4.4.4 异形墙的创建 …… 131

4.4.5 墙饰条、分隔缝 …… 132

课后习题 …… 135

4.5 楼板 …… 136

4.5.1 楼板的创建 …… 137

4.5.2 楼板边缘 …… 142

课后习题 …… 143

4.6 门窗 …… 144

4.6.1 窗户的创建 …… 144

4.6.2 门的创建 …… 149

课后习题 …… 151

4.7 楼梯与扶手 …… 152

4.7.1 楼梯的创建 …… 152

4.7.2 扶手的创建 …… 158

课后习题 …… 163

4.8 屋顶 …… 164

4.8.1 屋顶的创建与编辑 …… 165

4.8.2 内建模型 …… 176

4.8.3 拉伸屋顶的创建 …… 179

课后习题 …… 184

4.9 洞口 …… 185
4.9.1 编辑边界开洞 …… 185
4.9.2 楼板的常规开洞 …… 186
课后习题 …… 189
4.10 楼地面与墙面 …… 190
4.10.1 强化复合木地板 …… 190
4.10.2 双层软木地板 …… 196
4.10.3 墙裙、踢脚线 …… 202
4.10.4 基本墙 …… 203
课后习题 …… 205
4.11 天花板 …… 206
4.11.1 天花板主体 …… 206
4.11.2 灯具布置 …… 215
课后习题 …… 217
4.12 场地设置与场地构件创建 …… 217
4.12.1 场地设置 …… 217
4.12.2 场地构件创建 …… 225
课后习题 …… 233
4.13 建筑模型的表现 …… 234
4.13.1 建筑平面视图的表现 …… 234
4.13.2 图纸深化 …… 244
4.13.3 图像的渲染及漫游的制作 …… 263
课后习题 …… 269

附录 …… 270
参考文献 …… 275

# 第 1 章　BIM 技术与 Revit 软件

## 【学习目标】

通过本章的学习，理解BIM技术的概念及特点；了解BIM技术的发展历程及应用现状；熟悉BIM核心建模相关软件以及建模设计的实施流程。

## 【思维导图】

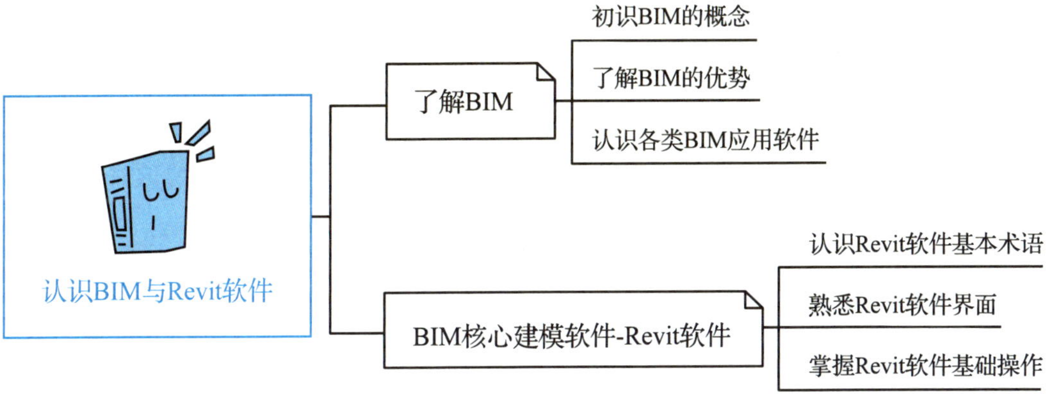

BIM 技术使建设工程行业的工作流程、工作方法发生了重大变革，其雏形最早可追溯到 20 世纪 70 年代，查克伊士曼博士早在 1975 年就提出了 BIM 的概念。21 世纪之前，受到计算机硬件与软件水平的限制，BIM 技术仅作为学术研究对象，很难在工程实际应用中发挥作用。21 世纪之后，随着计算机软、硬件技术的迅速发展，BIM 技术不断发展，在全球范围引发了变革风潮。

CAD 技术的应用，带来了工程设计领域的第一次信息革命，使工程师从手工绘图转向了计算机辅助制图，但是 CAD 技术信息化的综合应用明显不足。而 BIM 技术既包括建筑物全生命周期的信息模型，也包括建筑工程管理行为的模型，将可能引发整个工程设计领域的第二次革命。

## 1.1 BIM 概 述

【视频讲解】

### 1.1.1 BIM 的概念

BIM 技术是一种多维（三维空间、四维时间、五维成本、$N$ 维更多应用）模型信息集成技术，可以使建设项目的所有参与方（包括政府主管部门、业主、设计单位、施工单位、监理单位、造价咨询单位、运营管理单位、项目用户等）在项目从概念产生到完全拆除的整个生命周期内都能够在模型中操作信息和在信息中操作模型，从而从根本上改变从业人员依靠以符号文字为形式的图纸进行项目建设和运营管理的工作方式，实现在建设项目全生命周期内提高工作效率和质量，以及减少错误和风险的目标。BIM 可以从以下两个角度去定义：

（1）从产品的角度定义

建筑信息模型：以三维数字为基础，集成了建筑工程项目各种相关信息的工程数据模型，BIM 技术是对工程项目设施实体与功能特性的数字化表达。产品模型包括空间信息（如位置、大小、形状及相互关系）和非空间信息（如结构类型、施工方案、材料属性、荷载属性等）。

（2）从过程的角度定义

建筑信息建模（Building Information Modeling）：建筑信息模型的建模和应用过程，也常用来指代与之相关的建筑信息模型技术、方法、平台和软件等。

建筑信息管理（Building Information Management）：构造与运用模型的过程中，对产品模型、过程模型的数据加工和价值应用的数据模型信息管理。

过程模型是建筑物运行的动态模型和决策模型。

BIM 技术已不是一种狭义的模型或建模技术，而是作为一种全新的工程理念和行业信息技术，正在引领着建设领域内的规划、设计、施工、运维等一系列技术创新和管理变革。BIM 是一种技术、一种方法、一种机制，以 BIM 为平台集成工程建设信息的收集、管理、交换、更新、储存等流程，为工程建设全生命周期不同阶段、不同参与主体、不同应用软件之间提供准确、实时、充分的信息交流和共享平台，有助于提高工程建设行业的生产力水平。

### 1.1.2 BIM 的发展前景

1.1.2.1 BIM 发展的必然性

目前，住房城乡建设部发布了多项关于 BIM 的政策：

2014 年 7 月，《关于推进建筑业发展和改革的若干意见》中提出：推进 BIM 等信息技术在工程设计、施工和运行维护全过程的应用，提高综合效益。

2015 年 6 月，《关于推进建筑信息模型应用的指导意见》中提出：到 2020 年年末，建筑行业甲级勘察、设计单位以及特级、一级房屋建筑工程施工企业应掌握并实现 BIM 技术与企业管理系统和其他信息技术的一体化集成应用；在以国有资金投资为主的大中型建筑、申报绿色建筑的公共建筑和绿色生态示范小区等新立项项目的勘察、设计、施工、运营维护中，集成应用 BIM 技术的项目比例达到 90%。

2016 年 8 月，《2016—2020 年建筑业信息化发展纲要》中，28 次提到 BIM，19 次提到大数据，12 次提到物联网。

国务院办公厅也发布了关于 BIM 的相关政策：

2016 年 9 月，国务院办公厅发布的《关于大力发展装配式建筑的指导意见》中，关于创新装配式建筑设计提到“推广通用化、模数化、标准化设计方式，积极应用建筑信息模型技术 BIM，加强对装配式建筑建设全过程的指导和服务”。

2017 年 2 月，国务院办公厅发布的《关于促进建筑业持续健康发展的意见》，关于推进建筑产业现代化提到“加快推进建筑信息模型（BIM）技术在规划、勘察、设计、施工和运营维护全过程的集成应用，实现工程建设项目全生命周期数据共享和信息化管理，为项目方案优化和科学决策提供依据，促进建筑业提质增效”。

近几年来，BIM 技术已经逐渐应用到我国工程建设中，由于当前的工程模式存在的一些弊端以及未来对工程各方面更高的要求，BIM 技术在我国发展存在其必然性。

（1）巨大的建设量带来了大量沟通和实施环节的信息流失，造成了很大损失，BIM 技术所带来的信息整合，重新定义了设计流程，能在很大程度上改善这一状况。

（2）建筑可持续发展的需求。BIM 技术在建设工程中的运用，如建筑生命周期管理、节能分析等方面，能为建筑可持续发展提供一种具有革新性的技术方法。

（3）国家资源规划管理信息化的需求。BIM 技术在建设工程中的应用可将项目各阶段、各参与方所提供的信息及数据进行集合，从而实现资源信息化及协同化管理。

1.1.2.2 当前 BIM 市场现状

自 2002 年 BIM 技术正式出现以来，其应用逐渐达到一个高潮，但其应用依然处于相对的初级阶段，还存在如建筑模型的标准化、全过程数据共享和交换等问题，根据当前 BIM 市场的应用情况看，主要存在以下问题：

（1）BIM 技术应用覆盖面较窄

BIM 技术在当前市场中的运用以培训和咨询居多，而且参与 BIM 技术培训的以施工单位为主，覆盖面较小，没有达到推广和普及层面。

（2）涉及项目的实战较少

当前建设工程中只有部分项目采用了 BIM 技术，且仅在项目中的某阶段选择性地应用，缺少项目全生命周期运用BIM技术的案例及经验。

（3）缺少专业的BIM工程师

当前BIM技术培训对象多为新入职的应届毕业生，很多大型设计院以人才定向培养或直接到培训机构挑选学员的形式来进行设计院内部的BIM人才架构建设，但对于一些有多年实际工程经验的设计师，他们对BIM技术以及相关软件尚未完全了解。

1.1.2.3 未来BIM市场模式预测

（1）个性化开发

基于建设工程项目的具体需求，可能会逐渐出现针对解决具体问题的各种个性化且具有创新性的BIM软件、BIM产品及BIM应用平台等。

（2）全方位应用

项目各参与方将可能在各自的领域应用BIM技术进行相应的工作，包括政府、业主、设计单位、施工单位、造价咨询单位及监理单位等；BIM技术可能会在项目全生命周期中发挥重要作用及价值，包括项目前期方案阶段、招标投标阶段、设计阶段、施工阶段、竣工阶段及运维阶段；BIM技术可能会应用到各种建设工程项目，包括民用建筑、工业建筑、公共建筑等。

（3）市场细分

未来市场可能会根据不同的BIM技术需求及功能出现专业化的细分，BIM技术市场将会更加专业化和秩序化，用户可根据自身具体需求方便、准确地选择相应市场模块进行应用。

（4）多软件协调

未来BIM技术的应用过程将可能出现多软件协调，各软件之间能够轻松实现信息传递与互用，项目在全生命周期过程中将会实现多软件协调工作。

BIM技术在我国建设工程市场中还存在较大的发展空间，未来BIM技术的应用将会呈现出普及化、多元化及个性化等特点，相关市场对BIM工程师的需求将更加广泛，BIM工程师的职业发展还有很大空间。

## 1.2 BIM应用软件

### 1.2.1 BIM应用软件的分类

BIM应用软件是指基于BIM技术的应用软件，按其功能一般分为三类：BIM基础软件、BIM工具软件和BIM平台软件。

1.2.1.1 BIM基础软件

BIM基础软件是指可用于建立能为多个BIM应用软件所使用的BIM数据的软件。例如，基于BIM技术的建筑设计软件可用于建立建筑设计BIM数据，且该数据能用在基于BIM技术的能耗分析软件、日照分析软件等BIM应用软件中。除此以外，基于BIM技术的结构设计软件及设备设计（MEP）软件也包含在这一大类中。目前实际过程中使用的这类软件，有美国Autodesk公司的Revit软件（其中包含建筑设计软件、结构设计软件及MEP设计软件），匈牙利Graphisoft公司的ArchiCAD软件等。

BIM 基础软件主要是建筑建模工具软件，其主要目的是进行三维设计，所生成的模型是后续 BIM 技术应用的基础。在传统二维设计中，建筑的平、立、剖面图分别进行设计，往往存在不一致的情况。同时，其设计结果是 CAD 中的线条，计算机无法进行进一步的处理。三维设计软件改变了这种情况，通过三维技术确保建筑只存在一份模型，平、立、剖面图都是三维模型的视图，解决了平、立、剖面图不一致的问题。同时，其三维构件也可以通过三维数据交换标准被后续 BIM 应用软件所应用。

BIM 基础软件具有以下特征：

（1）基于三维图形技术，支持对三维实体的创建和编辑。

（2）支持常见的建筑构件库。BIM 基础软件包含梁、墙、板、柱、楼梯等建筑构件，用户可以应用这些内置构件库进行快速建模。

（3）支持三维数据交换标准。利用 BIM 基础软件建立的三维模型，可以通过 IFC 等标准输出，为其他 BIM 应用软件使用。

#### 1.2.1.2 BIM 工具软件

BIM 工具软件是指利用 BIM 基础软件提供的 BIM 数据，开展各种工作的应用软件。例如，利用建筑设计 BIM 数据，进行能耗分析的软件、进行日照分析的软件、生成二维图纸的软件等。目前实际过程中使用的这类软件，有美国 Autodesk 公司的 Ecotect 软件，我国软件厂商开发的基于 BIM 技术的成本预算软件等。有的 BIM 基础软件除了提供用于建模的功能外，还提供了其他一些功能，所以本身也是 BIM 工具软件。例如，Revit 软件还提供了生成二维图纸等功能，所以它既是 BIM 基础软件，也是 BIM 工具软件。

#### 1.2.1.3 BIM 平台软件

BIM 平台是指能对各类 BIM 基础软件及 BIM 工具软件产生的 BIM 数据进行有效的管理，以便支持建筑全生命周期 BIM 数据的共享应用的应用软件。该类软件一般为基于 Web 的应用软件，能够支持工程项目各参与方及各专业工作人员之间通过网络高效地共享信息。目前，使用的这类软件有美国 Autodesk 公司于 2012 年推出的 BIM 360 软件，该软件作为 BIM 平台软件，包含一系列基于云的服务、支持基于 BIM 技术的模型协调和智能对象数据交换；还有匈牙利 Graphisoft 公司的 Delta Server 软件，也提供了类似功能。

### 1.2.2 现行 BIM 应用软件分类框架

针对建筑全生命周期中 BIM 技术的应用，以软件公司提出的现行 BIM 应用软件分类框架进行说明（图 1-1）。

图中包含的应用软件类别名称，绝大多数是传统的非 BIM 应用软件已有的，例如建筑设计软件、算量软件等。这些类别的应用软件与传统的非 BIM 应用软件所不同的是，它们均是基于 BIM 技术的。另外，有的应用软件类别的名称与传统的非 BIM 应用软件根本不同，它包括 4D 进度管理软件、5D BIM 施工管理软件和 BIM 模型服务器软件。

其中，4D 进度管理软件是在三维几何模型上，附加施工时间信息（例如，某结构构件的施工时间为某时间段）形成 4D 模型，进行施工进度管理。这样可以直观地展示随着施工时间三维模型的变化，用于更直观地展示施工进程，从而更好地辅助施工进度管理。5D BIM 施工管理软件

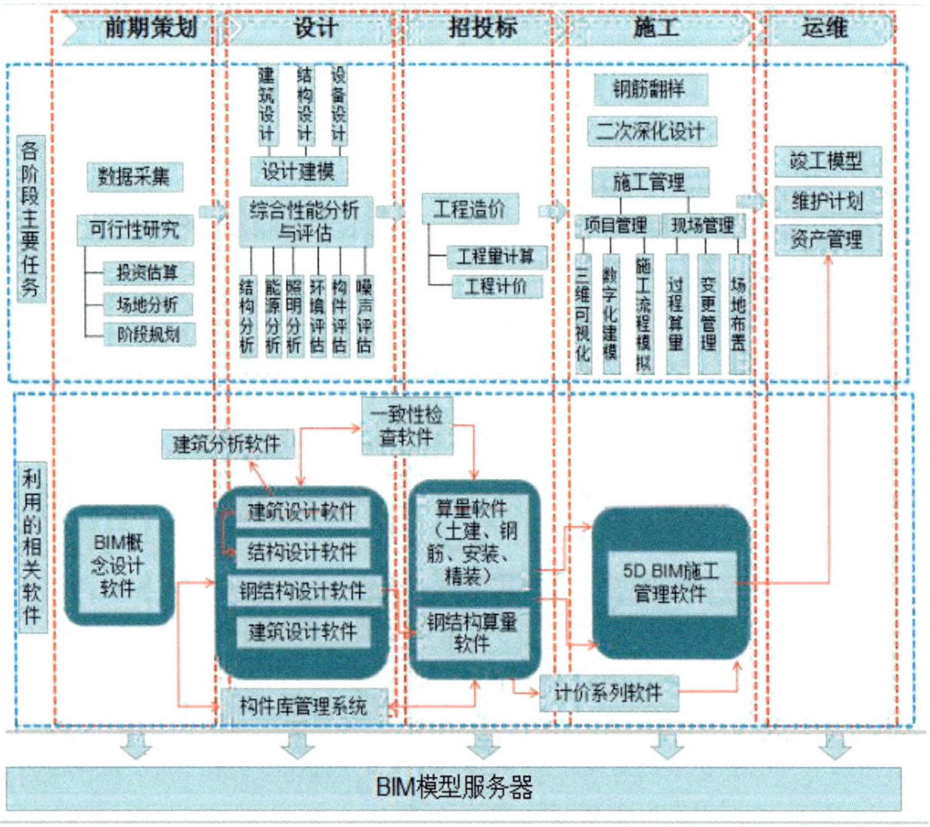


图 1-1　BIM 应用软件分类框架

是在 4D 模型的基础上，增加成本信息（例如某结构构件的建造成本），进行更全面的施工管理。这样一来，在施工过程中，施工管理者就可以方便地获得项目对包括资金在内的施工资源的动态需求，从而可以更好地进行资金计划、分包管理等工作，以确保施工过程的顺利进行。BIM 模型服务器软件即上述提到的 BIM 平台软件，用于进行 BIM 数据的管理。

## 1.3　BIM 的核心建模软件——Revit 软件

Revit 拥有强大的参数化建模能力，是我国建筑业 BIM 体系中使用最广泛的软件之一。Revit 最早是由一家名为 Revit Technology 的公司在 1997 年开发的一款建筑设计软件，在 2002 年被 Autodesk 公司收购。它支持建筑项目所需的模型、设计、图纸和明细表，所有的二维图纸、三维视图以及各种明细表都体现在 Revit 的信息管理平台上。因 Revit 平台优秀的协同设计、碰撞检查等功能，已经被越来越多的设计院、EPC 企业采用。

### 1.3.1　初识 Revit

Revit 系列软件是专为 BIM 构建的，可帮助设计师设计、建造和维护质量更好、能效更高的建筑。目前，以 Revit 技术平台为基础推出的专业版软件包括 Revit Architectrue（Revit 建筑版）、Revit

Structure(Revit 结构版)和 Revit MEP(Revit 设备版——设备、电气、给排水),用于满足设计中不同专业的需求。

Revit Architecture 是针对建筑设计师和工程师开发的三维参数化设计软件。该软件为建筑师提供模拟真实施工环境的工作流程,让建筑师在三维设计模式下自由地进行设计,研究并确定方案,快速表达设计意图,创建三维BIM模型,并自动生成建筑施工图纸,完成从初步设计、扩大初步设计和施工图设计阶段的全部设计内容,有助于提高信息的协调性和工作效率。

Revit Structure 是针对结构工程师开发的三维参数化设计软件。该软件拥有用于结构设计与分析的强大工具,有助于协助结构工程师创建更加协调、可靠的模型,并与主流结构分析软件如 Revit Structure Analysis Professional 等双向关联,有助于提高编制结构设计文档的多专业协调能力,最大限度地减少错误,并能够加强结构团队与建筑团队之间的合作。Revit Structure 结构分析模型中包含荷载组合、构件大小及约束条件等信息,还提供了便利的钢筋绘制工具,可快速生成梁、柱、板等结构构件的钢筋生成插件。

Revit MEP 是针对机电工程师开发的三维参数化设计软件。该软件可进行暖通设备、通风设备、管道系统、电力及照明系统等专业的设备及管道二维制图及三维建模,并通过数据驱动的系统建模和设计优化来分析和计算设备和管道专业工程,让机电工程师快速完成机电 BIM 模型。

本书主要论述土建模型构建的思路,主要介绍 Revit Architecture 软件的操作,自本书第 2 章内容开始,如没有特殊注明,Revit 特指 Revit Architecture(Revit 建筑版)。

### 1.3.2 Revit 专业术语

要掌握 Revit 模型的基础创建,必须首先理解几个重要的概念和专业术语。Revit 中大多数术语均来自于工程项目,例如墙体、门窗、楼板、楼梯等。但 Revit 软件中还包含一些专用术语,如项目、族、图元等,必须理解这些术语的概念和含义,才能灵活创建模型。

(1)项目

在 Revit 中创建一个文件是新建一个“项目”文件,这有别于传统 AutoCAD 中的文件“新建”。AutoCAD 中的“新建”指的是一个平面图或立面图等,而 Revit 中的“项目”是指单个设计信息数据库——建筑信息模型。项目文件包含建筑的所有设计信息(从几何图形到构造数据),这些信息包括用于设计模型的构件、项目视图和设计图纸。项目以“.rvt”的数据格式保存。

通过使用单个项目文件,利用 Revit 不仅可以轻松地修改设计,还可以使修改反映在所有关联区域(平面视图、立面视图、剖面视图、明细表等)中,从而实现“一处修改,处处更新”。

(2)图元

Revit 的项目是由墙体、门窗、楼板、屋顶等一系列基本对象“堆积”而成的,这些构件被称为图元;另外,文字注释、尺寸标注等单个对象也称之为图元。与 AutoCAD 不同,Revit 不提供图层的概念,所有的轴网、墙体、标高、文字注释等都以图元的形式自动归类和管理。在项目中,Revit 通过对象类别进行细分管理,使用的 3 种类型的图元有模型图元、基准图元和视图专有图元,其关系及包含的子类内容如图 1-2 所示。

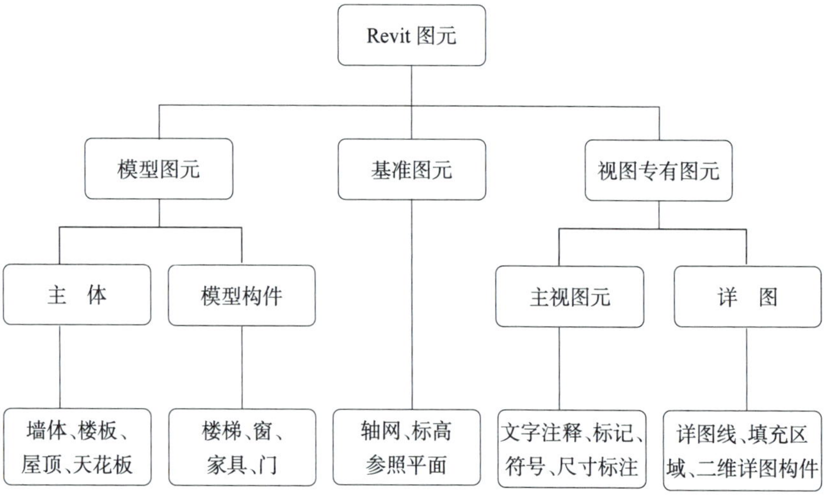


**图 1-2　Revit 图元**

在项目任意视图中，通过快捷键 VV 将打开“可见性图形转换”对话框，可以查看 Revit 包含的详细的图元信息。各图元中，还包含子类别的定义，通过设置对象中各子类别的可见性、线型等，控制三维模型对象在视图中的显示，以满足建筑出图的需要。在创建图元时，Revit 会自动根据对象所使用的族将该图元自动归类到正确的对象类别中。

(3)“族”的概念

族是 Revit 项目的基础，是某一类别中图元的类，任何单一图元都由某一特定族产生，比如一面墙、一扇门、一个尺寸标注。由一个族产生的各图元均具有相似的属性或参数，族根据参数(属性)集的共用、使用上的相同和图形表示的相似来对图元进行分组。一个族中不同图元的部分或全部属性可能有不同的值，但是属性的设置(其名称与含义)是相同的。比如对于一个平开门族，由该族产生的图元都可以有高度、宽度等参数，但是具体到每个平开门的高度、宽度可以不同，这由该族的类型或参数再来具体确定。

Revit 使用的族，分为以下 3 种类型：

①可载入族，可以载入到项目中，并根据族样板创建，是指单独以“.rfa”为格式保存的族文件，可以确定族的属性设置和族的图形化表示方法。Revit 提供了族样板文件，用户可以自定义任意形式的族，门窗、卫浴装置、结构柱等均为可载入族。

②系统族，是利用系统提供的默认参数进行定义，不能作为单个文件载入或创建。Revit 预定义了系统族的属性设置及图形表示，可以在项目内使用预定义类型生成属于此族的新类型。例如，标高的行为在系统中已经预定义，但可以使用不同的组合来创建其他类型的标高。系统中包括墙体、楼板、屋顶、天花板和尺寸标注等，系统族可以在项目之间传递。

③内建族，是指在项目中直接创建的族，用于定义在项目中创建的自定义图元。如项目需要不重复使用的独特几何图形，或者项目需要的几何图形必须与其他项目的几何图形保持众多关系之一，则需要创建内建图元。内建族只能在本项目中使用，不能保存为“.rfa”格式，也不能通过

项目传递功能将其传递给其他项目。每个内建族都只包含一种类型,可以在项目中创建多个内建族,并且可以将同一内建图元的多个副本放置在项目中,但不能通过复制内建族类型来创建多种类型。

族的分类、概念及特性见表 1-1。

表 1-1 族的分类、概念及特性

| 族的分类 | 可载入族 | 系统族 | 内建族 |
|---|---|---|---|
| 概念 | 使用族样板创建于项目外的扩展名为 .rfa 的文件 | 已在项目中预定义且仅能在项目中进行创建、修改的族类型 | 在当前项目中创建的族 |
| 特性 | 可载入项目,属性可自定义 | 不能作为外部文件载入、创建,但可在项目及样板间复制、粘贴、传递 | 只能储存于当前的项目文件中,不能单独保存为 .rfa 文件,也不能用于其他项目文件中 |

(4)类型和实例

除内建族外,每个族包含一个或多个不同类型,用于定义不同的对象特征。对于柱来说,可通过创建不同族类型来定义不同柱子尺寸。每个放置在项目中的实际柱图元,称之为该类型的一个实例。Revit 软件通过类型和实例属性参数来控制图元的类型和参数特征。同一类型的所有实例均具备相同类型属性的参数设置,同一类型的不同实例可具备完全不同的实例参数设置。如对于同一类型的不同墙体实例,均具有相同的墙体厚度和构造,但可具备不同高度、标高等信息。修改类型属性的值会影响该族类型的所有实例,修改实例属性仅影响所有被选择实例。

以柱为例,类别、族、类型和实例之间的关系如图 1-3 所示。

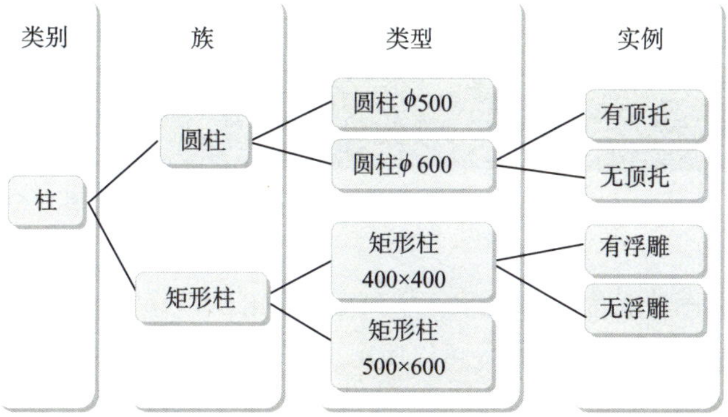


图 1-3 关系图

(5)参数化

参数化是 Revit 最基本的属性。参数化是指使用 Revit 设置各模型图元之间的相对关系,比如族中构件的距离、标高和几何特征等关系。在操作中，Revit 会自动记录这些构件间的特征和相对关系，从而实现模型间的自动协调和变更管理。构件间的参数化关系既可以在创建模型时自动创建，也可以根据需要手动创建。

在 CAD 领域中，用于表达和定义构件间这些关系的数字或特性称为参数。Revit 通过修改构件中的预设或自定义的各种参数来实现对模型的变更和修改，这个过程称之为参数化修改。参数化功能为 Revit 提供了基本的协调能力优势，无论何时在项目中的任何位置进行任何修改，Revit 都能在整个项目内协调该修改，从而确保几何模型和工程数据的一致性。

## 1.3.3 Revit 的启动

在正式开始使用 Revit 进行项目绘制之前，应首先对 Revit 软件系统进行基本的设置。

Revit 是标准的 Windows 应用程序，可像其他 Windows 软件一样采用双击快捷图标的方式启动 Revit 主程序。启动后默认显示“最近使用的文件”主界面，如图 1-4 所示。

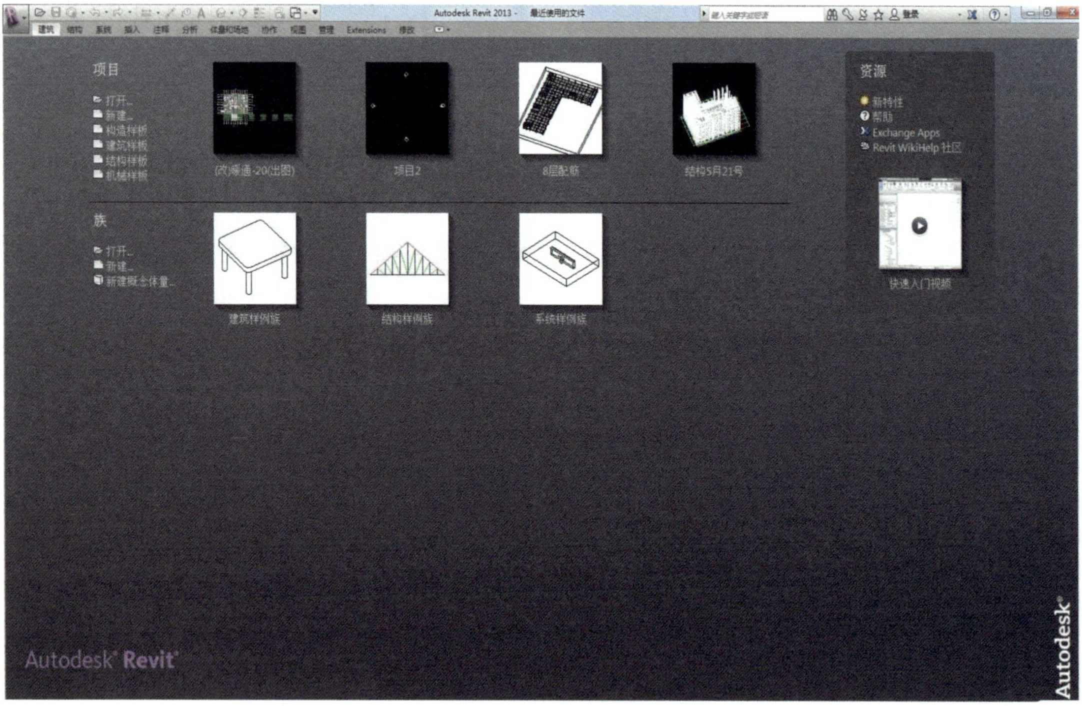


图 1-4　Revit 启动后显示“最近使用的文件”主界面

此界面中所有制图功能命令都不能激活，只有左上角图标“应用程序菜单”（图 1-5）与主界面中“项目”、“族”与“资源”下面的命令可以使用。点击“应用程序菜单”右下角“选项”按钮，打开“选项”对话框，如图 1-6 所示。

图 1-5　应用程序菜单

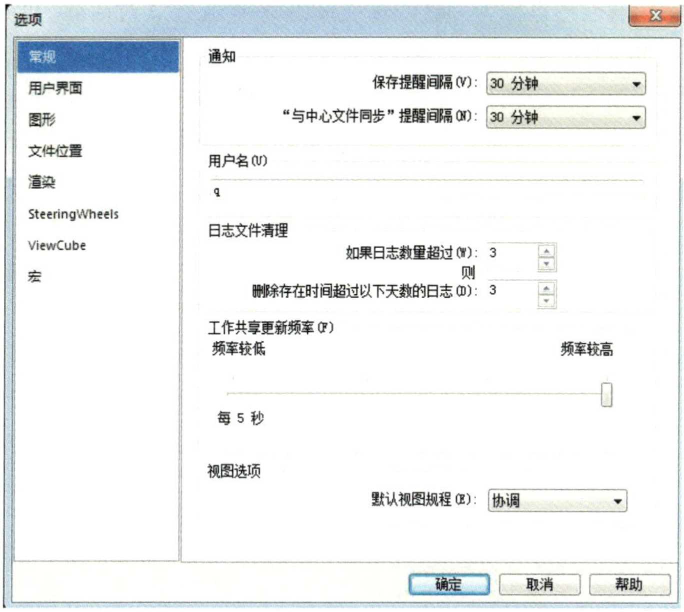


图 1-6　“选项”对话框

## 1.3.4　Revit 的操作界面

新建样板文件后，打开 Revit 的操作界面，如图 1-7 所示，显示的是项目编辑模式下 Revit 的操作界面形式。

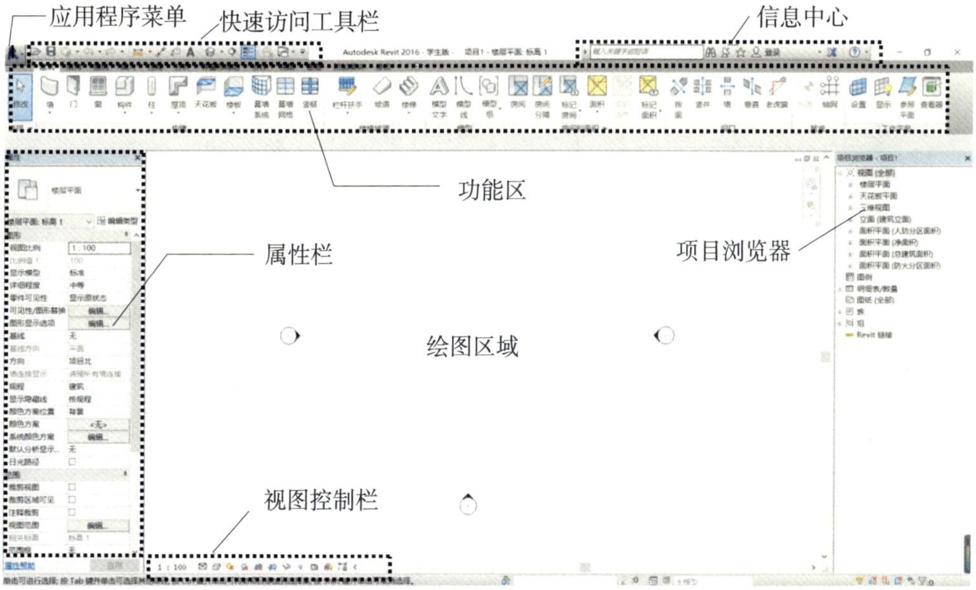


图 1-7　Revit 的操作界面

界面中包含属性栏、项目浏览器、应用程序菜单、快速访问工具栏、信息中心、功能区、视图控制栏、绘图区域、状态栏等部分。下面对各部分一一进行介绍。

（1）属性栏

属性栏也称为“属性”选项板，是一个无模式对话框。通过该对话框，可以查看和修改用来定义 Revit 中图元属性的参数，其组成部分如图 1-8 所示。

第一次启动Revit时，“属性”选项板处于打开状态并固定在绘图区域左侧“项目浏览器”的上方。如果关闭“属性”选项板，则可以使用下列任一方法重新打开它：

①单击“修改”选项卡 ➤ “属性”面板 (属性)。

②单击“视图”选项卡 ➤ “窗口”面板 ➤ “用户界面”下拉列表 ➤ “属性”。

在绘图区域单击鼠标右键并单击“属性”，可以将该选项板固定到 Revit 窗口的任意一侧，并在水平方向上调整其大小。在取消对选项板的固定之后，可以在水平方向和垂直方向上调整其大小。同一个用户从一个任务切换到下一个任务时，选项板的显示和位置将保持不变。

(2)项目浏览器

项目浏览器用于显示当前项目中所有视图、明细表、图纸、族、组、链接的 Revit 模型和其他部分的逻辑层次。展开和折叠各分支时，将显示下一层项目，其组成部分如图 1-9 所示。

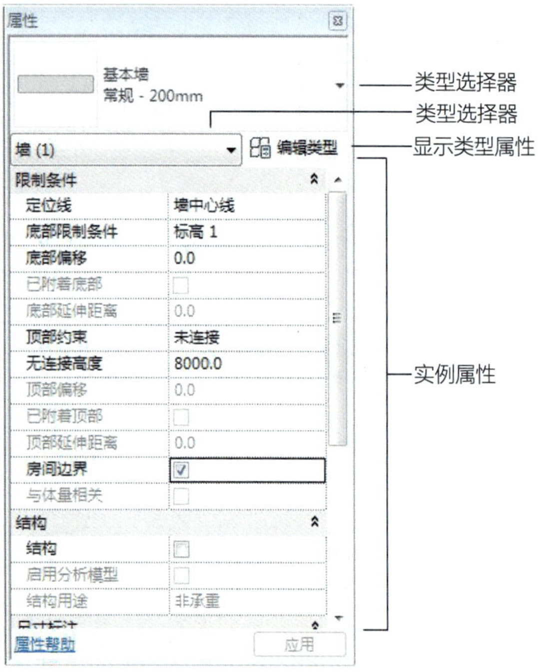


图 1-8 “属性”选项板

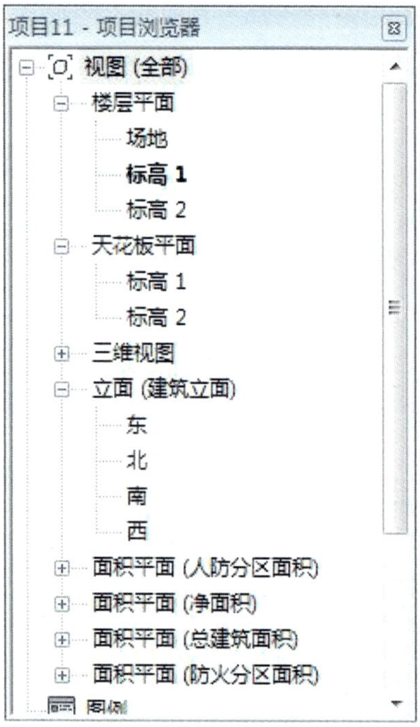


图 1-9 项目浏览器

(3)应用程序菜单

单击 打开应用程序菜单，下拉菜单中提供了“新建”、“打开”、“保存”、“另存为”、“导出”、“发布”、“打印”、“授权”、“关闭”等各种常用的文件操作，以及设置“选项”、“退出 Revit”命令等。

①最近使用的文档。在应用程序菜单上，单击“最近使用的文档”按钮，可以看到最近所打开文件的列表。使用该下拉列表可以修改最近使用的文档的排列顺序。使用图钉可以使文档始终留在该列表中，无论打开该文档的时间距现在多久。

②打开的文档。在应用程序菜单上，单击“打开的文档”按钮，可以看到在打开的文件中所有

已打开视图的列表。从列表中选择一个视图,可以在绘图区域中显示。

(4) 快速访问工具栏

快速访问工具栏包含一组默认工具,如图 1-10 所示。可以对该工具栏进行自定义,使其显示最常用的工具。

图 1-10　快速访问工具栏

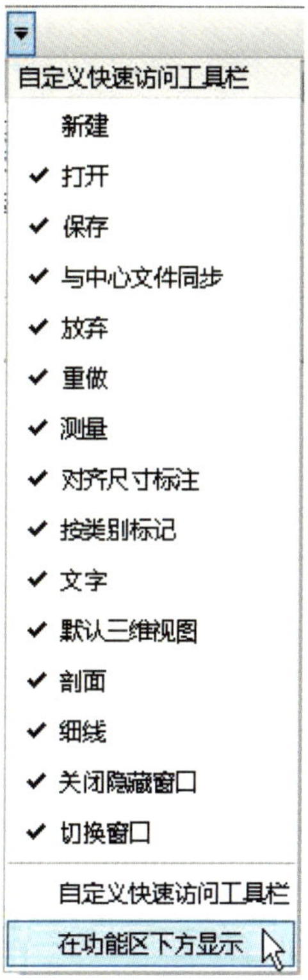


图 1-11　自定义快速访问工具栏

①移动快速访问工具栏。快速访问工具栏可以显示在功能区的上方或下方。若要修改设置,可在快速访问工具栏上单击“自定义快速访问工具栏”下拉列表➤“在功能区下方显示”,如图 1-11 所示。

②将工具添加到快速访问工具栏中。在功能区内浏览以显示要添加的工具。在该工具上单击鼠标右键,然后单击“添加到快速访问工具栏”。

注:上下文选项卡上的某些工具无法添加到快速访问工具栏中。

如果从快速访问工具栏删除了默认工具,可以单击“自定义快速访问工具栏”下拉列表并选择要添加的工具,来重新添加这些工具。

③快速修改快速访问工具栏。在快速访问工具栏某个工具上单击鼠标右键,然后选择下列选项之一:

a.从快速访问工具栏中删除:删除工具。

b.添加分隔符:在工具的右侧添加分隔符。

要进行更广泛的修改,可在快速访问工具栏下拉列表中单击“自定义快速访问工具栏”。在该对话框中,执行表 1-2 所列操作。

表 1-2　“自定义快速访问工具栏”对话框中的操作

| 目　标 | 操　作 |
|---|---|
| 在工具栏上向上(左侧)或向下(右侧)移动工具 | 在列表中选择该工具,然后单击 ⇧(上移)或 ⇩(下移)将该工具移动到所需位置 |
| 添加分隔符 | 选择要显示在分隔线上方(左侧)的工具,然后单击 ▌(添加分隔符) |
| 从工具栏中删除工具或分隔线 | 选择该工具或分隔线,然后单击 ✕(删除) |

(5)信息中心

“信息中心”由标题栏右侧的一组工具组成,可使用户访问许多与产品相关的信息源,如图 1-12 所示。由于 Autodesk 产品和配置的不同,这些工具也可能不同。例如,在某些产品中,“信息中心”工具栏(图 1-12)还可能包含用于 Autodesk 360 服务的“登录”按钮或指向 Autodesk Exchange 的链接。其功能如下：

图 1-12 “信息中心”工具栏

①“搜索” 

使用“搜索”框和按钮可以在联机帮助中快速查找信息，支持表 1-3 所列通配符。

表 1-3 通配符及其含义

| 通 配 符 | 含 义 |
|---|---|
| * | 表示任意数量的字符 |
| ? | 表示单个字符 |

②“速博应用中心” 

Subscription 服务仅供 Autodesk Subscription 成员使用。这些服务包括访问以下对象：Autodesk 软件的最新版本、不断增加的产品增强功能、Autodesk 技术专家提供的个性化网上支持。单击链接“Subscription Center”按钮，可以查看可用选项的下拉菜单，用户可自行下载相关软件的工具插件，并管理自己的软件授权信息等。

③“通信中心” 

“通信中心”提供以下类型的通告：

Autodesk 频道：接收支持信息、产品更新和其他通告(包括文章和提示)；

RSS 提要：接收来自用户向其订阅的 RSS 提要信息。RSS 提要会在发布新内容时通知用户。当安装软件时，可能会自动订阅若干默认 的 RSS 提要。

④“收藏夹” 

使用“收藏夹”工具可以快速访问“ Subscription Center ” 和“通信中心”保存的重要链接。要添加到“收藏夹”，应先打开“Subscription Center ”或“通信中心”，然后单击要添加的链接旁边的“收藏夹”按钮 。

⑤“登录” 

使用此选项可以访问与“Subscription Center”相同的服务，但增加了 Autodesk 360 的可移动性和协作优势。

⑥“Autodesk Exchange” 

使用此选项可以访问“Autodesk Exchange”应用程序页面，用户可以在其中查找各种可与 Autodesk 应用程序一起使用的应用程序。

⑦“帮助” 

打开帮助文件，单击后面的下拉三角箭头可找到更多教程、新功能专题研习、族手册等帮助资源。

(6)功能区

创建或打开文件时，会显示图 1-13 所示的功能区，它提供了创建项目或族所需的全部工具。调整窗口的大小时，功能区中的工具会根据可用的空间自动调整大小。该功能使所有按钮在大多数屏幕尺寸下都可见。

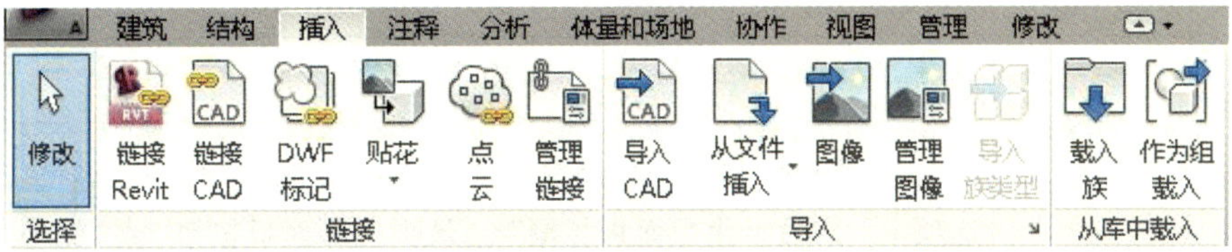


图 1-13 “功能区”工具栏

①“功能区”主选项卡:默认的工具有“建筑”、“结构”、“插入”、“注释”、“分析”、“体量和场地”、“协作”、“视图”、“管理”、“修改”等 10 个主选项卡。

②“功能区”子选项卡:当选择某图元或激活某命令时,在“功能区”主选项卡后会增加子选项卡,其中列出了和该图元或该命令相关的所有子命令工具,而不需要在下拉菜单中逐级查找子命令。图 1-14 所示为“注释”下的“尺寸标注”子选项卡。

③对话框启动器:通过某些面板,可以打开用来定义相关设置的对话框。点击面板底部的对话框启动器箭头 ,将打开一个对话框,如图 1-15 所示。

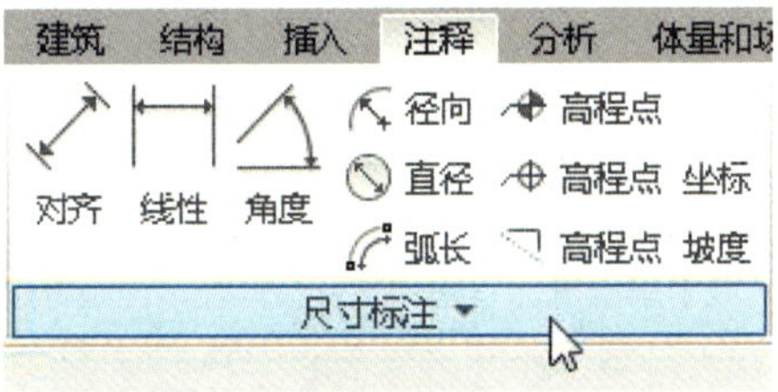


图 1-14 “注释/尺寸标注”子选项卡

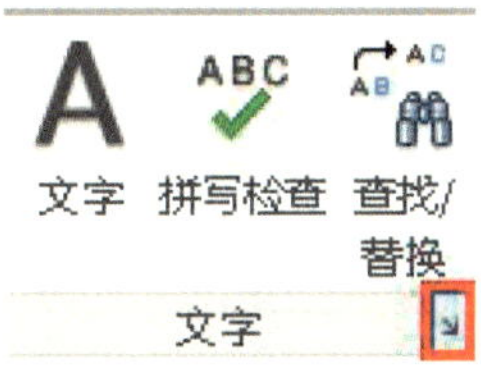


图 1-15 对话框启动器

④自定义“功能区”:在功能区移动选项卡,按Ctrl键将选项卡标签拖动到功能区上的所需位置,具体操作见表 1-4。

表 1-4 自定义“功能区”相关操作

| 目 标 | 操 作 |
| --- | --- |
| 在功能区上移动面板 | 将面板标签拖曳到功能区上的所需位置 |
| 将面板移出功能区 | 将面板标签拖曳到绘图区域或桌面上 |
| 将多个浮动面板固定在一起 | 将一个面板拖曳到另一个面板上 |
| 将多个固定面板作为一个组来移动 | 将光标移到面板上左侧显示一个夹子,将该夹子拖曳到所需位置<br>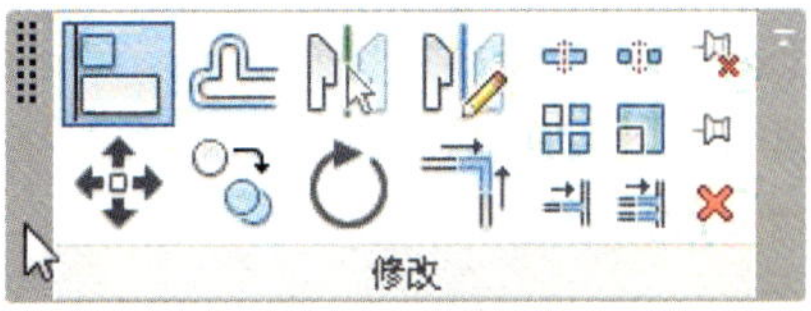 |
| 使浮动面板返回到功能区 | 将光标移到面板上,待右上角显示控制柄时,单击“将面板返回到功能区” |

修改功能区的显示,具体操作见表 1-5。

表 1-5　修改功能区的显示相关操作

| 目　标 | 操　作 |
| --- | --- |
| 指定首选的功能区最小化方式 | 单击“功能区”选项卡右侧的向下箭头并选择所需的行为：“最小化为选项卡”、“最小化为面板标题”、“最小化为面板按钮”或“循环浏览所有项”<br>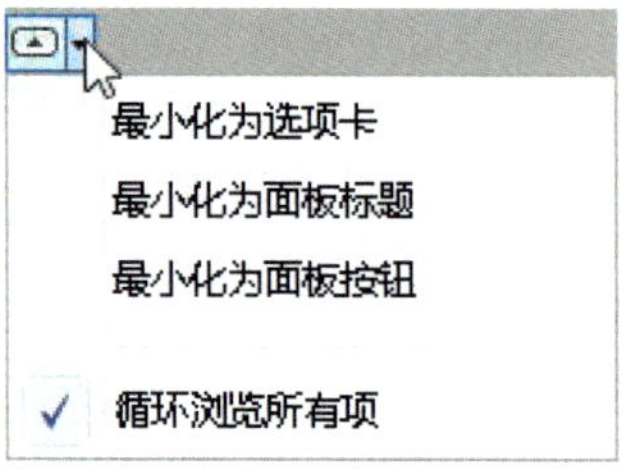<br> |
| 显示整个功能区，或者将功能区最小化为选项卡、面板标题或面板按钮 | 单击功能区选项卡右侧的向上箭头来修改功能区的显示，它将在显示整个功能区与首选功能区最小化方法之间切换，或者循环切换所有显示选项<br> |
| 隐藏面板标题 | 在功能区的空白（灰色）区域中单击鼠标右键，然后选择“显示面板标题” |

（7）视图控制栏

视图控制栏位于视图窗口底部、状态栏的上方。通过它可以快速访问影响当前视图的功能，其中包括下列功能：比例、详细程度、视觉样式、打开/关闭日光路径、打开/关闭阴影、显示/隐藏渲染对话框（仅当绘图区域显示三维视图时才可用）、裁剪视图、显示/隐藏裁剪区域、解锁/锁定的三维视图、临时隐藏/隔离、显示隐藏的图元等，如图 1-16 所示。

图 1-16　视图控制栏

（8）状态栏

状态栏沿应用程序窗口底部显示。使用某一工具时，状态栏左侧会提供一些技巧或提示，指导操作者如何操作。高亮显示图元或构件时，状态栏会显示族和类型的名称。

（9）绘图区域

Revit 窗口中的绘图区域显示当前项目的楼层平面视图以及图纸和明细表视图。在 Revit 中每当切换至新视图时，都将在绘图区域创建新的视图窗口，且保留所有已打开的其他视图。默认情况下，绘图区域的背景颜色为白色。

Revit 操作界面除包含上述部分外，还有按键提示。按键提示提供了一种通过键盘来访问应用程序菜单、快速访问工具栏和功能区的方式。按 Alt 键可显示按键提示，如图 1-17 所示。

可以使用按键提示在功能区中导航。键入某个功能区选项卡的按键提示可以使该选项卡成为焦点，并显示其按钮和控件的按键提示。在上面的示例中，键入 N 可以显示“注释”选项卡。

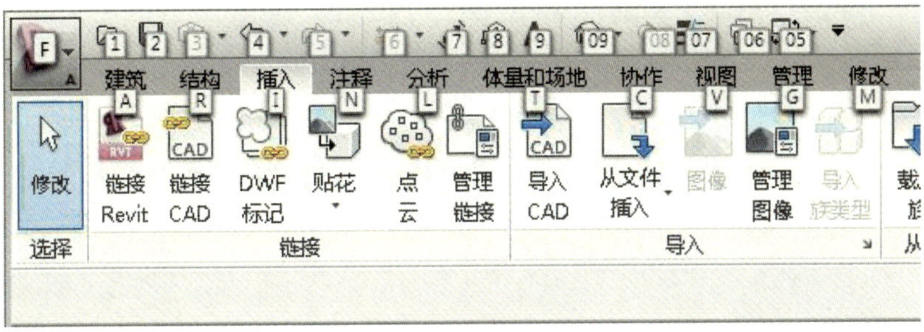


图 1-17　按键提示

如果功能区选项卡带有包含附加工具的扩展面板，则在键入其按键提示后，将显示该面板以及那些工具的按键提示。

若要隐藏按键提示，按 Esc 键即可。

## 课后习题

### 一、选择题

1. BIM 技术可以被广泛应用于以下哪些项目阶段？(　　)。

A. 方案设计、施工图设计　　B. 方案设计、性能分析

C. 设计、施工　　D. 策划、设计、施工、运维

2. 目前国际通用的 BIM 数据标准为(　　)。

A. Rvt　　B. IFC　　C. STL　　D. NWC

3. 作为一款参数化设计软件，关于构件参数，以下分类正确的是(　　)。

A. 图元参数、类型参数　　B. 实例参数、类型参数

C. 局部参数、全局参数　　D. 实例参数、全局参数

4.下列选项属于 BIM 技术特点的是(　　)。

A. 可视化　　B. 参数化　　C. 仿真性　　D. 自动化

5.基于 BIM 技术，重点从(　　)等方面进行施工节材与材料资源利用控制。

A. 钢材　　B. 混凝土　　C. 模板　　D. 场地

### 二、判断题

1. BIM 就是利用三维建模软件进行 3D 建模。(　　)

2. Revit 的项目是由墙体、门窗、楼板、屋顶等一系列基本对象“堆积”而成的，这些构件被称为图元，文字注释、尺寸标注等单个对象不能称之为图元。(　　)

3. 由一个族产生的各图元均具有相似的属性或参数。(　　)

4. Revit 使用的族分三种类型，分别是可载入的族、系统族、内建族。(　　)

5. 项目浏览器用于显示当前项目中所有视图、明细表、图纸、族、组、链接的Revit模型和其他部分的逻辑层次。(　　)

# 第 2 章　Revit 基本操作

## 【学习目标】

通过本章的学习，加深了解 BIM 技术和 Revit 软件的关系；熟悉 Revit 软件界面、文件类型、视图控制工具和快捷键命令的使用，以及项目的创建等基本操作。

## 【思维导图】

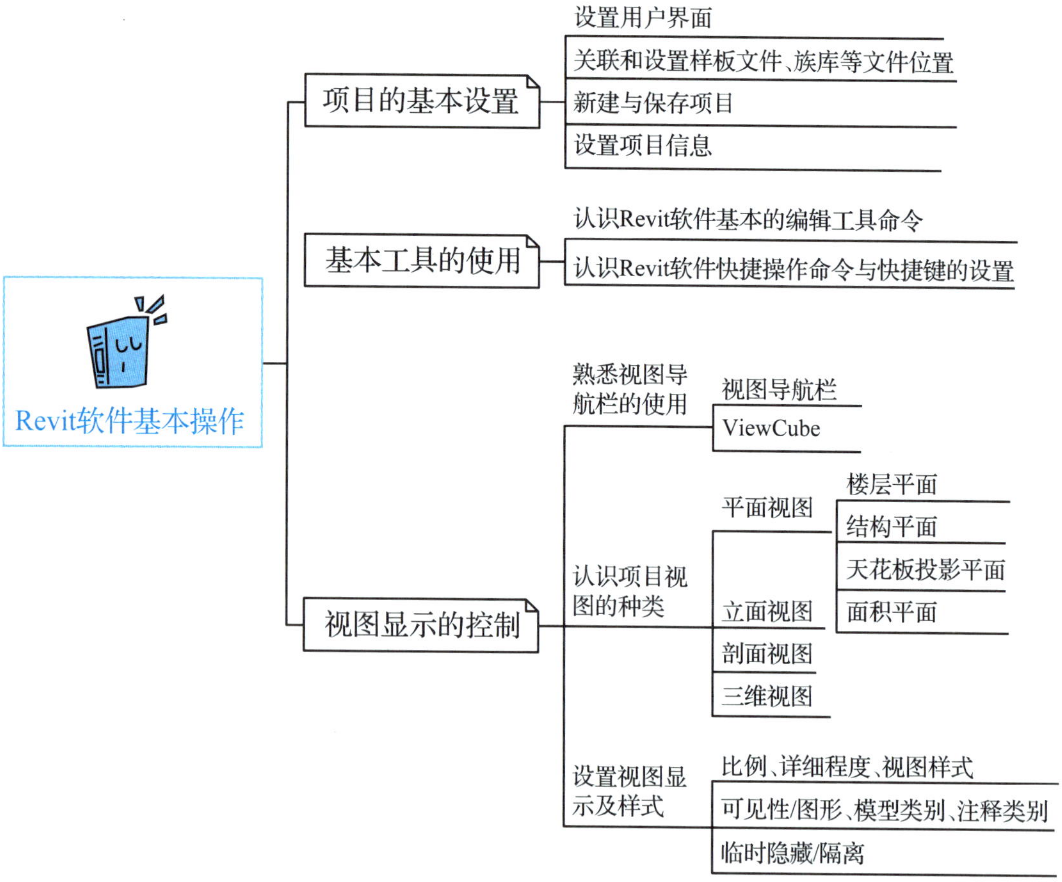

第 1 章介绍了 BIM 和 Revit 的一些基本知识，对于刚接触 Revit 软件的读者，这些概念可能难以理解，但是随着对 Revit 操作和理解的加深，就自然会掌握这些概念。本章主要介绍 Revit 基本操作和编辑工具。

【视频讲解】

# 2.1 项目的设置

## 2.1.1 “常规”选项卡设置说明

“常规”选项卡界面如图 2-1 所示。

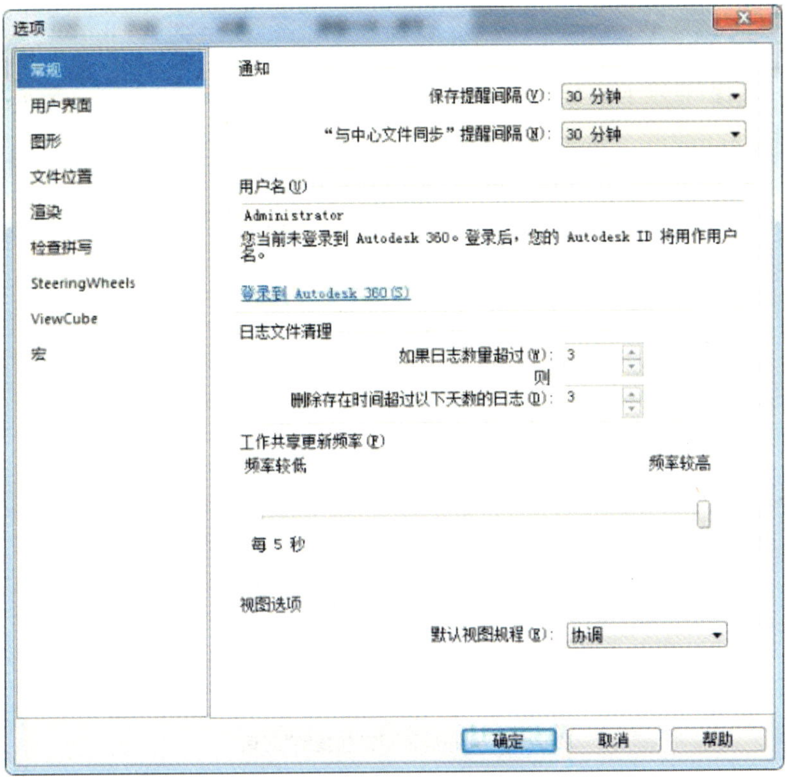


图 2-1 “常规”选项卡界面

(1)通知

保存提醒间隔：设置文件保存提醒的间隔时间。

“与中心文件同步”提醒间隔：在“工作集”协同设计模式下，本地的设计文件与项目中心文件同步的提醒间隔时间。

(2)用户名

用户名是Revit将其与某一特定任务关联的标识符，该功能在多用户“工作集”协同设计时非常有用，通过此处，设计师可以设置自己的用户名。

(3)日志文件清理

日志文件是记录 Revit 任务中每一个步骤的文本文档,这些文件主要用于软件支持进程。要检测问题或重新创建丢失的步骤或文件时,可运行日志。当每个任务终止时,会保存这些日志。此处可设置自动删除日志文件的条件:如果日志数量超过设定的数量,则删除保存时间超过设置时间的日志。

(4)工作共享更新频率

软件更新工作共享显示模式的频率的设定。

(5)视图选项

对于不存在默认视图样板,或存在默认视图样板但未指定视图规程的视图,可指定其默认规程。对当前选择的修改也将改变 Revit.ini 文件中参数的使用情况。

### 2.1.2 用户界面

单击"用户界面"选项卡的"自定义"按钮,弹出"快捷键"对话框,如图 2-2 所示。

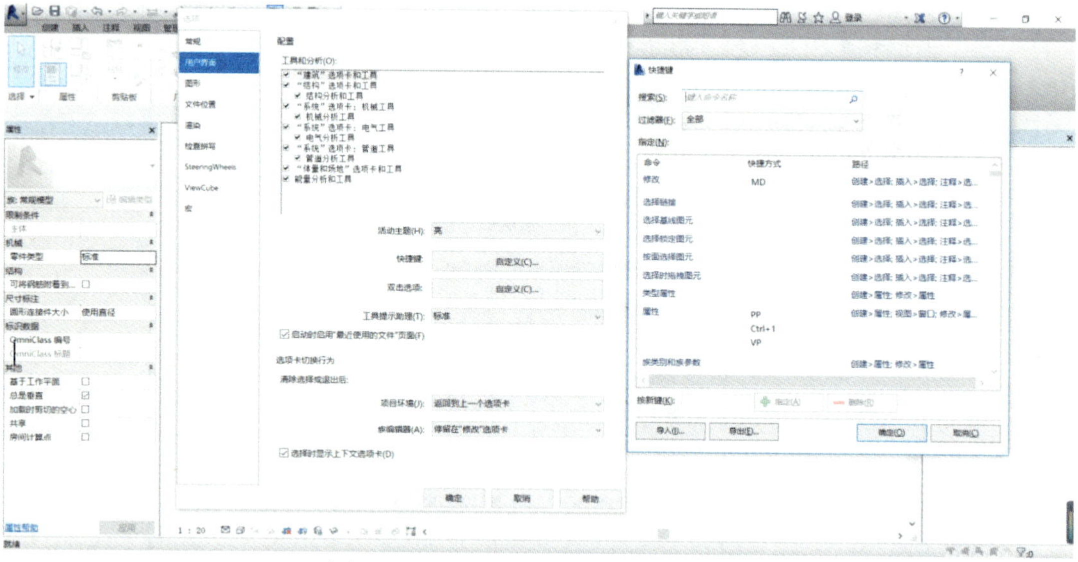

(a) (b)

图 2-2 "用户界面"与"快捷键"对话框

对话框中默认显示"全部"功能命令,可从"过滤器"中选择"应用程序菜单"等过滤器显示部分功能命令。在"快捷键"对话框中,使用下列两种方法中的一种或两种找到所需的 Revit 工具或命令:

在搜索字段中,输入命令的名称。键入时,"指定"列表将显示与单词任何部分相匹配的命令。例如,"all"与"Wall"、"Tag All"和"Callout"都匹配。该搜索不区分大小写。

对于"过滤器",选择显示命令的用户界面区域,或选择下列值之一:

全部:列出所有命令;

全部已定义:列出已经定义了快捷键的命令;

全部未定义:列出当前没有定义快捷键的命令;

全部保留：列出为特定命令保留的快捷键，这些快捷键在列表中以灰色显示，无法将这些快捷键指定给其他命令。

如果指定搜索文字和过滤器，“指定”列表将显示与这两个条件都匹配的命令。如果没有列出任何命令，请选择“全部”作为“过滤器”。

“指定”列表的“路径”列指示可以在功能区或用户界面中找到命令的位置。若要按照路径或其他列对列表进行排序，请单击列标题。

### 2.1.3 图形

“图形”设置界面如图 2-3 所示，下面对其中选项说明如下：

（1）图形模式

此项需要在硬件设备支持的情况下才可以使用。勾选“使用硬件加速（Direct 3D®）”可改进性能，刷新时可以更快地显示大模型，并在视图窗口之间更快地切换。

勾选“使用反失真”，可以提高所有视图中的线条质量，使边线显示更平滑。默认情况下此选项为关闭。勾选“使用反失真”时，为体验最佳性能，应启用硬件加速。如果使用的是 Windows XP 系统，必须启用硬件加速才能勾选“使用反失真”。如果使用的是 Windows 7 系统并禁用硬件加速，但勾选了“使用反失真”，则在缩放、平移和操纵视图时可能会使性能降低。

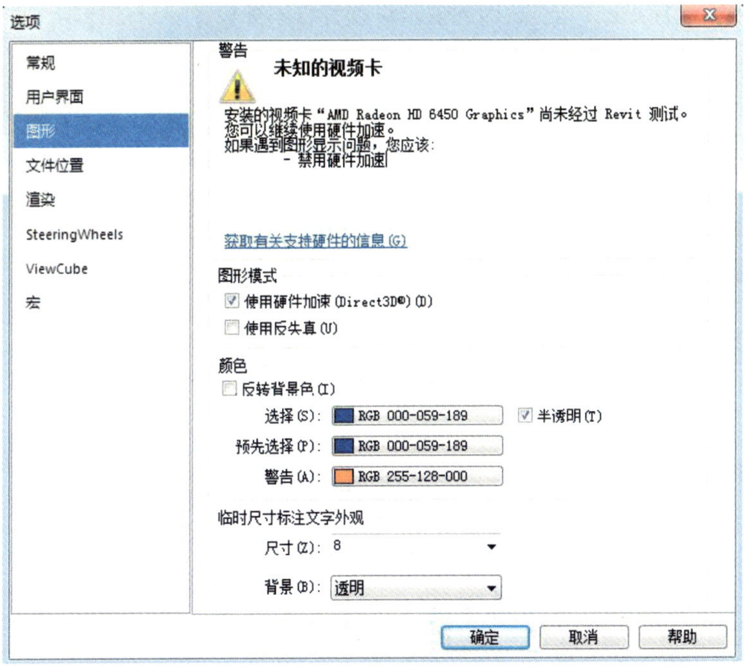


图 2-3 “图形”设置界面

（2）颜色

勾选“反转背景色”，可更改绘图区域中背景和图元的显示。如果在白色背景中绘制黑色图元，请选择此选项，则背景变成黑色而图元显示为白色，如图 2-4 所示。

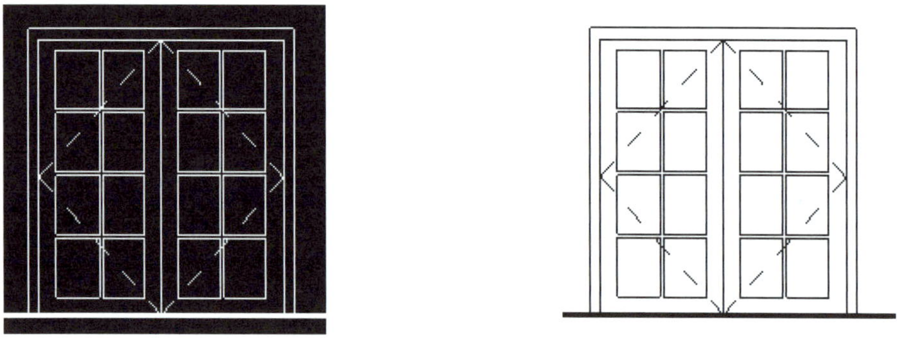

（a）　　　　（b）

图 2-4　绘图背景由黑色变成白色

## 2.1.4　文件位置

“文件位置”设置界面如图 2-5 所示。对其中选项说明如下：

在 Revit 合成版本中，自带四种样板文件，分别为构造样板、建筑样板、结构样板、机械样板，默认的路径是 C:\ProgramData\Autodesk\RVT 2013\Templates\China\的目录下。设计时，根据不同的专业选择不同的样板文件。在这里要说明的一点是，此样板的标高符号、剖面标记、门窗标记等符号不符合中国国标出图的要求，因此要求设置符合国标设计要求的样本文件，然后开始项目设计。

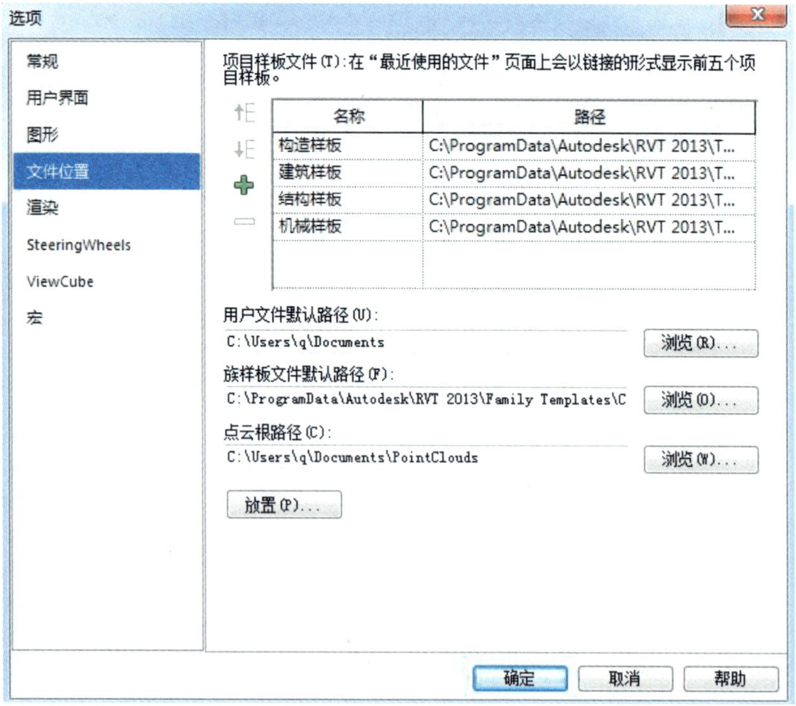


图 2-5　“文件位置”设置界面

## 2.1.5 新建与保存项目

在设置好“选项”对话框以后，即可开始项目的绘制，首先需要新建项目，在完成绘制的过程中，须保存项目。

(1) 新建项目

新建项目有以下三种方式：

①使用应用程序菜单的“新建”下的“项目”，打开 Revit 已设置好的样本文件 “Revit 中国样本.rte”，新建项目文件，图 2-6 所示为“新建项目”对话框。

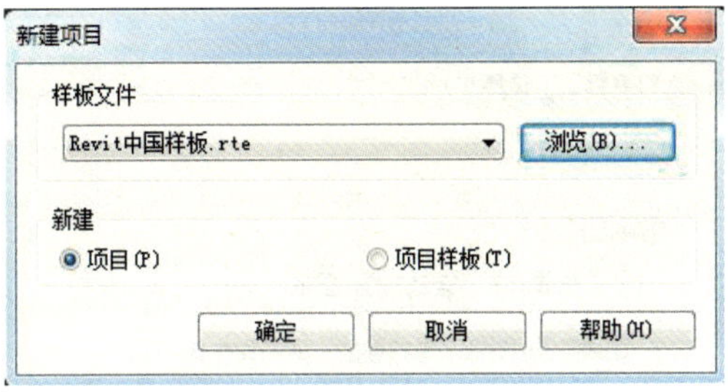

图2-6 “新建项目”对话框

②使用应用程序菜单的“打开”下的“项目”，也可打开 Revit 已设置好的样本文件“Revit 中国样本 .rte”，新建项目文件。

③使用主界面中的 “打开” 或 “新建” 同样也能够完成此项操作。

(2)保存项目

打开样本文件后，首先另外保存项目文件，以免破坏样本文件，点击应用程序菜单的“另存为”下的“项目”，此时，扩展名为“.rte”的样本文件改编为扩展名为“.rvt”的项目文件。项目“另存为”对话框如图 2-7 所示。

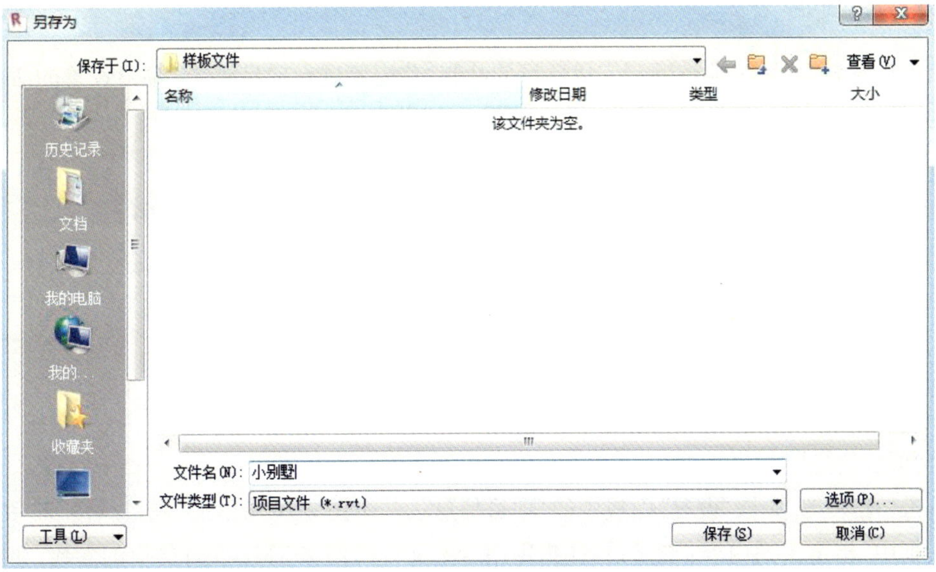

图 2-7 项目“另存为”对话框

Revit 中有四种基本文件格式：

RTE 格式：项目样板文件格式。包含项目单位、文字样式、线型、线宽等内容，可以根据自身需要、内部标准设置保存成项目样板文件，便于用户新建项目文件时选用。

RVT 格式：项目文件格式。包含项目的建筑模型、文字注释、视图和图纸等内容，一般是基于项目样板文件(.rte)创建的，编辑完成后保存为“.rvt”格式文件。

RFT 格式：可载入族的样板文件格式。创建不同类别族时，要选择不同的样板文件。

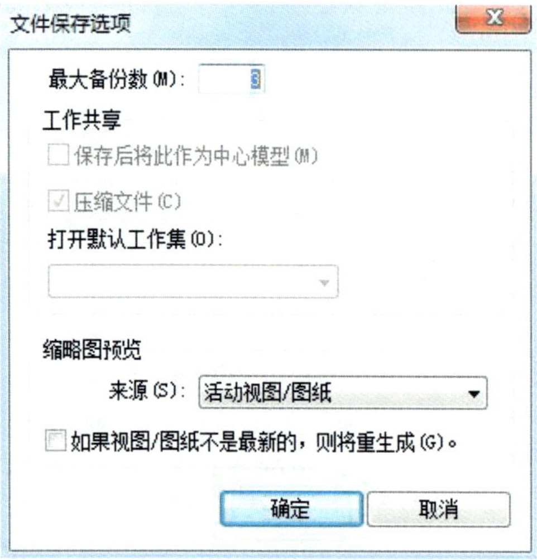


图 2-8 “文件保存选项”对话框

RFA 格式：可载入族的文件格式。可根据项目需要创建自己常用的族文件，以便随时在项目中调用。

在项目设计、管理时，用户经常会使用多种设计、管理工具来实现自己的意图，为了实现多软件环境的协同工作，Revit 提供了“导入”、“链接”、“导出”工具，可以支持 CAD、FBX、DWF 等多种文件格式。用户可以依据需要进行有选择的导入和导出。

单击鼠标左键，点击“选项”按钮，弹出图 2-8 所示“文件保存选项”对话框。

最大备份数：指定最多备份文件的数量。默认情况下，非工作共享项目有 3 个备份，工作共享项目最多有 20 个备份。设计者可以根据情况输入数目。

其他设置按默认即可。

### 2.1.6 项目设置

熟悉工作界面后，为能够顺利完成项目的绘制，首先要进行项目设置。项目设置的命令在功能区的“管理”选项卡“设置”面板和“项目位置”面板中，如图 2-9 所示。

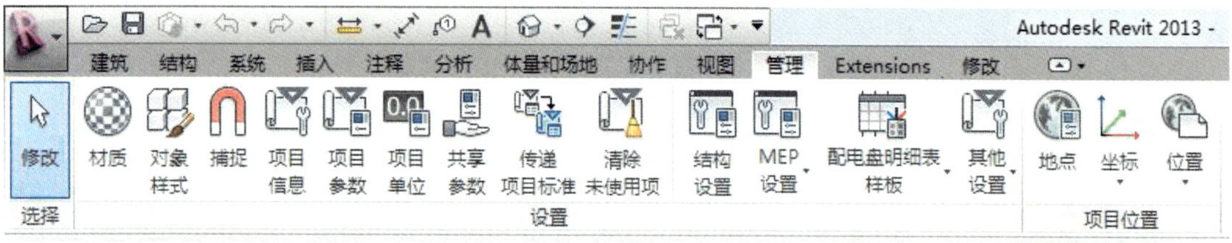


图 2-9 项目设置

(1)项目信息

单击“管理”选项卡“设置”面板中的“项目信息”，弹出图 2-10 所示的“项目属性”对话框。在该对话框中，指定下列内容：能量设置(指定用于定义导出到 gbXML 文件的值的参数，如图 2-11 所示)以及项目发布日期、项目状态、客户姓名、项目地址(单击“编辑”，在文本框中输入地址，然后单击“确定”)、项目名称、项目编号,单击“确定”。 项目信息包含在明细表中，该明细表包含链接模型中的图元信息，还可以用在图纸的标题栏中。

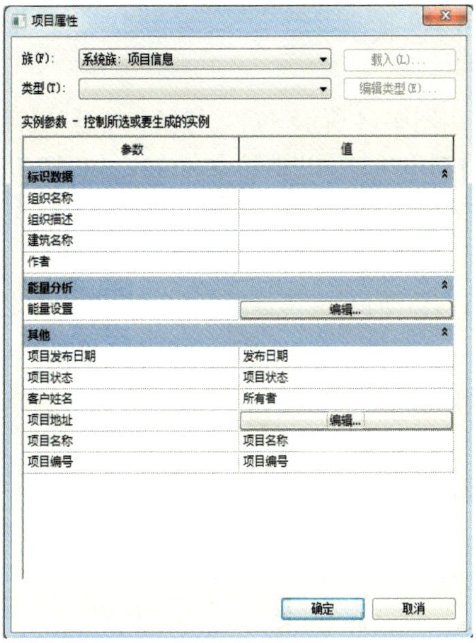


图 2-10 “项目属性”对话框

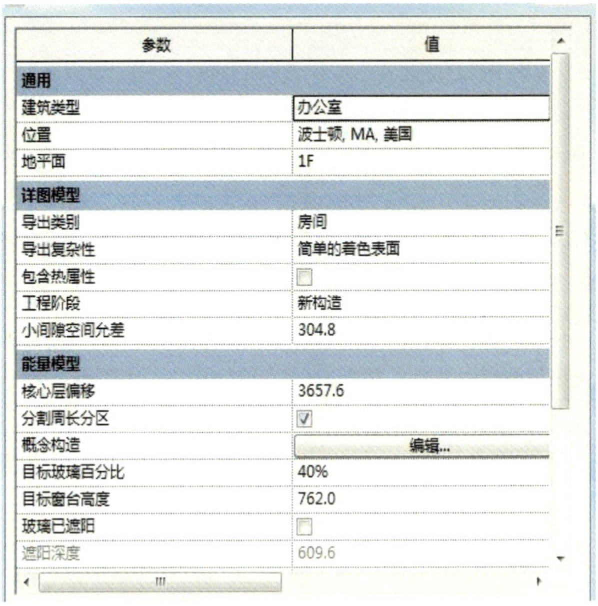


图 2-11 “能量设置”对话框

(2)项目单位

单击“管理”选项卡“设置”面板中的“项目单位”,弹出图 2-12 所示对话框。在“项目单位”对话框中,选择“规程”。单击“格式”列中的值以修改该单位类型的显示值,此时显示“格式”对话框如图 2-13 所示。如有必要,请指定“单位”,选择一个合适的值作为“舍入”。如果选择了“自定义”,请在“舍入增量”文本框中输入一个值。 从列表中选择合适的选项作为“单位”符号,可以选择“消除后续零”,如选择此选项时,将不显示后续零(例如,123.400 将显示为 123.4)。项目单位在“样本文件”中已经设置好,在开始绘制项目之前,也可以根据实际要求随时设置。

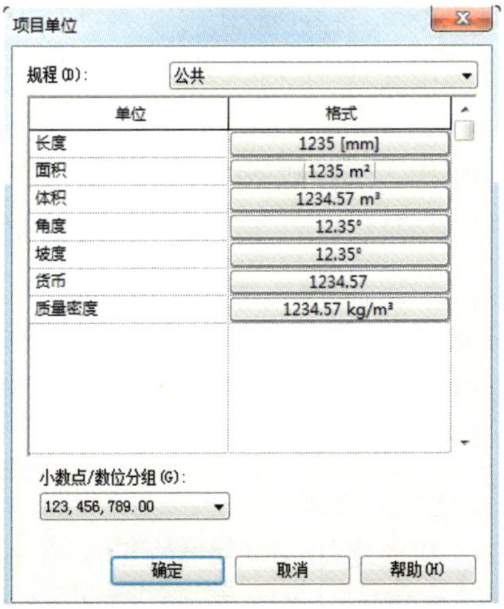


图 2-12 “项目单位”对话框

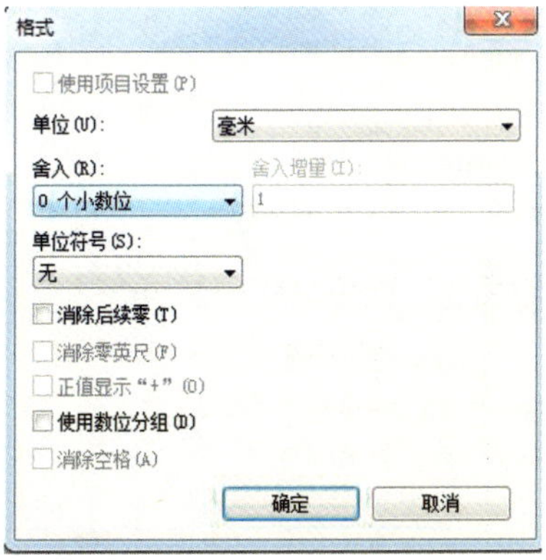


图 2-13 “格式”对话框

(3)项目位置

单击“管理”选项卡 “项目位置”面板中的“地点”,弹出图2-14所示“位置、气候和场地”对话框。在“位置、气候和场地”对话框中,单击“场地”选项卡将列出项目中当前的命名位置,如图2-15所示。默认情况下,每个项目都有一个名为“内部”的命名位置,要创建新的命名位置,请单击“复制”,输入位置的名称,并单击“确定”;要重命名现有位置,请单击“重命名”;要删除现有位置,请单击“删除”。注意:不能删除最后一个位置;要修改项目的活动位置,请选择相应的位置并单击“设为当前”,单击“确定”。

图 2-14 “位置、气候和场地”对话框

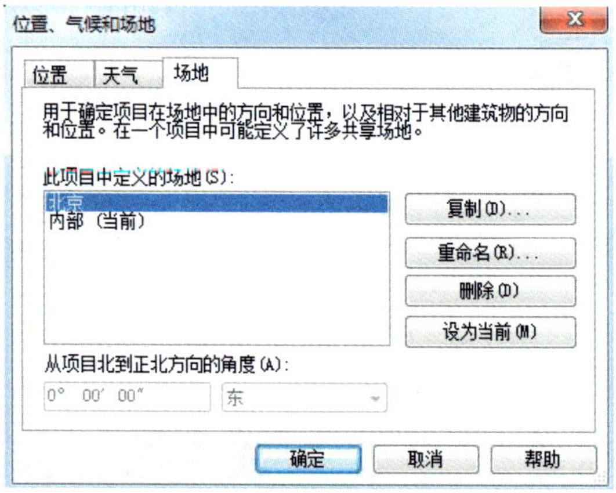


图 2-15 “场地”选项卡

(4)捕捉设置

为方便绘图的精确定位,可以在项目进行前或随时根据自己的操作需要来设置对象捕捉功能。

单击“管理”选项卡“设置”面板中的“捕捉”,弹出图2-16所示的“捕捉”对话框。执行下列操作之一:选择“关闭捕捉”以禁用项目中的所有捕捉操作。选择或清除对应的 “对象捕捉”(有关“对象捕捉”说明,请参见对象捕捉和捕捉对象快捷键组合),单击“确定”。在选择了要放置到绘图区域中的图元或构件后,还可以通过在其上单击鼠标右键,选择“捕捉替换”、“关闭捕捉”来启用和禁用捕捉命令。

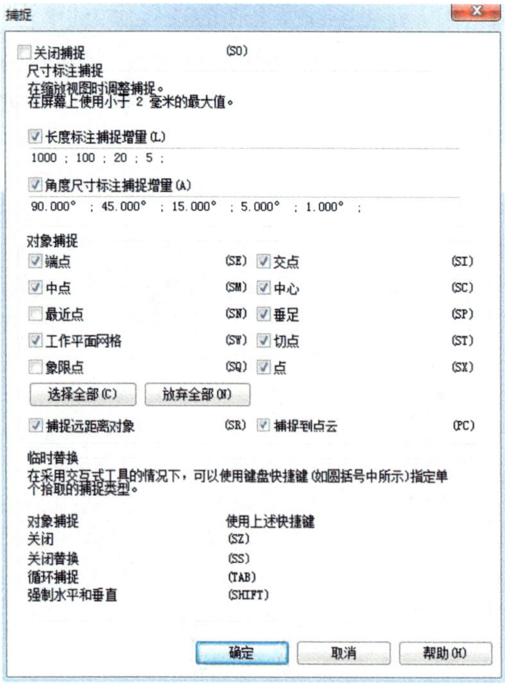


图2-16 “捕捉”对话框

(5)其他设置

除此之外,还有“材质”、“对象样式”、“线样式”等设置,这些在“中国样本”文件中根据项目的要求已经设置好,本节不再详述。

# 2.2 Revit 基本工具操作

## 2.2.1 基本编辑命令

Revit常规的编辑工具适用于对图形绘制与编辑的整个过程，其名称与用法和AutoCAD的编辑工具基本一样，例如“对齐”、“偏移”、“镜像”、“移动”、“复制”等编辑命令，如图 2-17 所示。

下面对这些编辑命令在绘图中的用法作简单介绍。

（1）“对齐”命令

例如：四根柱子要与轴线对齐，如图 2-18 所示。

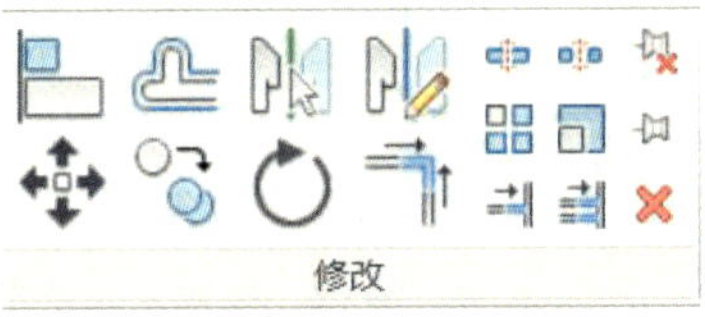


图 2-17 修改图形基本命令对话框

图 2-18 柱与轴线对齐

单击“修改”选项卡 ➤“修改”面板 ➤（对齐）命令，此时绘图区域的鼠标会显示带有对齐符号的光标。勾选选项栏 ☑多重对齐 首选: 参照核心层表面，首先单击鼠标左键选中轴线，然后依次选择四根柱子，即完成该命令操作。此时如果要启动新对齐，请按 Esc 键一次；若要退出“对齐”工具，请按 Esc 键两次。

（2）“偏移”命令

单击“修改”选项卡 ➤“修改”面板 ➤（偏移），在选项栏上 ○图形方式 ◉数值方式 偏移: 1000.0 □复制 输入要偏移的距离，这种方式是以距离的形式对勾选构件进行偏移；如果点击“图形方式”，将以图形的形式进行偏移，然后输入要移动的数值。如果勾选“复制”，那么偏移的原构件存在，相当于把原构件进行复制；如果不勾选“复制”，那么原构件移动到新的位置。

（3）“镜像”命令

例如：镜像（并复制）门，如图 2-19（a）所示。首先选中要镜像的门，然后单击“修改”选项卡➤“修改”面板➤（镜像—拾取轴）或（镜像—绘制轴）命令。要移动选定项目（而不生成其副本），请清除选项栏上的“复制” 修改|门 ☑复制 选项，然后选择要镜像的图元，并按 Enter 键，选择或绘制用作镜像轴的线，即完成镜像操作，如图 2-19（b）所示。

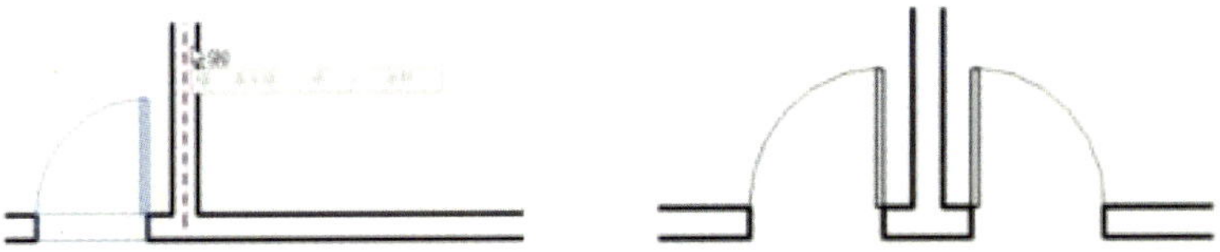

（a）　　（b）

图 2-19 镜像（并复制）门

（4）“移动”命令

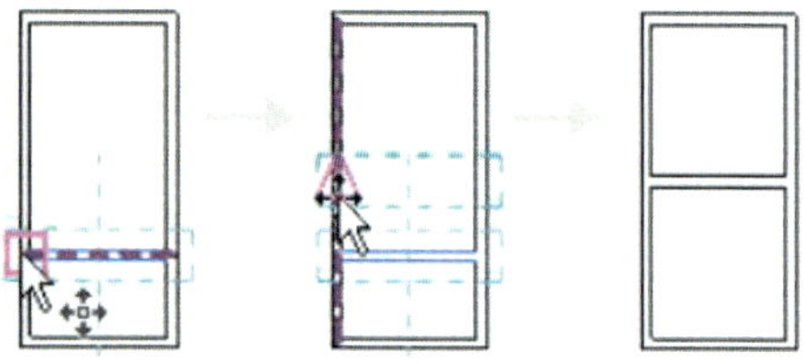

图2-20　窗户构件移动

例如：窗户分割构件的移动，如图 2-20 所示。选择要移动的图元，然后单击“修改 |〈图元〉”选项卡➤“修改”面板➤（移动）命令。在选项栏

上单击所需的选项。

约束：勾选“约束”，可限制图元沿着与其垂直或共线的矢量方向移动。

分开：勾选“分开”，可在移动前中断所选图元和其他图元之间的关联。例如，要移动连接到其他墙时，该选项很有用。也可以勾选“分开”选项，将依赖于主体的图元从当前主体移动到新的主体上。例如，可以将一扇窗从一面墙移到另一面墙上。使用此功能时，最好清除“约束”选项。

多个：勾选“多个”，可移动多个构件到新的位置。

单击鼠标以输入移动的起点，此时将会显示该图元的预览图像，沿着希望图元移动的方向移动光标，光标会捕捉到捕捉点，此时会显示尺寸标注作为参考。再次单击捕捉点以完成移动操作，或者如果要更精确地进行移动，请键入图元要移动的距离值，然后按 Enter 键，完成窗构件的移动。

（5）“复制”命令

首先选中所要复制的构件，然后单击“修改 |〈图元〉”选项卡➤“修改”面板➤（复制）。在选项栏

上单击所需的选项。

约束：勾选“约束”，可限制图元沿着与其垂直或共线的矢量方向移动。

分开：勾选“分开”，可在移动前中断所选图元和其他图元之间的关联。

多个：勾选“多个”，可复制多个构件到新的位置。

（6）“修剪/延伸”命令

其操作如表 2-1 所示。

表 2-1　修剪/延伸命令

| 目标 | 操　　作 | 示例图 |
|---|---|---|
| 将两个所选图元修剪或延伸成一个角 | 单击“修改”选项卡➤“修改”面板➤（修剪/延伸到角部），选择要修剪或延伸的图元。<br>选择需要将其修剪成角的图元时，请确保单击要保留的图元部分 | 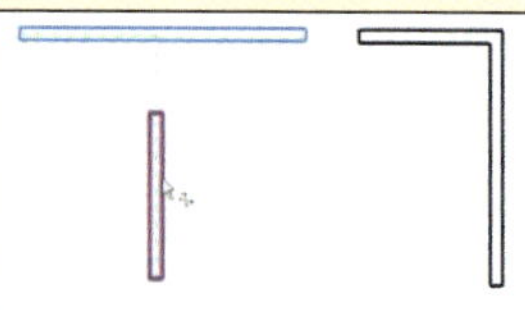 |
| 将一个图元修剪或延伸到其他图元定义的边界 | 单击“修改”选项卡➤“修改”面板➤（修剪/延伸单一图元），选择用作边界的参照，然后选择要修剪或延伸的图元。<br>如果此图元与边界（或投影）交叉，则保留所单击的部分，而修剪边界另一侧的部分 |  |
| 将多个图元修剪或延伸到其他图元定义的边界 | 单击“修改”选项卡➤“修改”面板➤（修剪/延伸多个图元）。选择用作边界的参照，然后选择要修剪或延伸的每个图元。<br>对于与边界交叉的任何图元，则保留所单击的部分，而修剪边界另一侧的部分 | 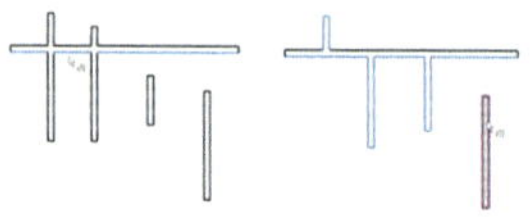 |
| 修剪两点之间的图元 | 单击“修改”选项卡➤“修改”面板➤（拆分图元），在选项栏上选择“删除内部段”，单击图元上的两点以定义所需的边界，则内部线段被删除，其余部分将被保留 | — |

(7)“阵列”命令

阵列的图元可以沿一条线阵列，即为线性阵列，如图 2-21 所示；也可以沿一个弧形阵列，即为半径阵列，如图 2-22 所示。

图 2-21　线性阵列

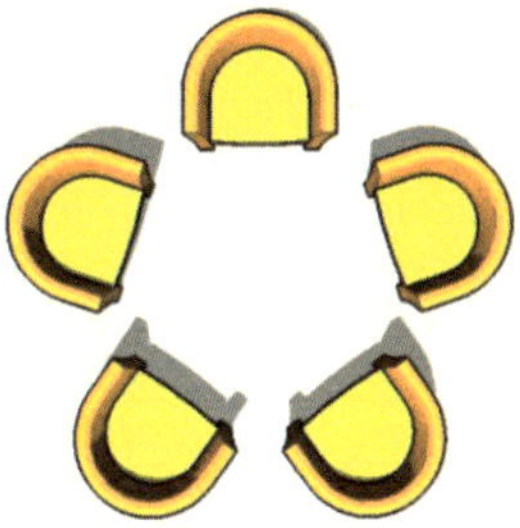

图 2-22　半径阵列

其操作步骤如下：

选择要在阵列中复制的图元，然后单击“修改”选项卡➤“修改”面板➤(阵列)，选择要在阵列中复制的图元，然后按 Enter 键。在选项栏 

上单击所需选项，点击，代表线性阵列，此时所需设的参数的含义如下：

成组并关联：将阵列的每个成员包括在一个组中。如果未选择此选项，Revit 将会创建指定数量的副本，而不会使它们成组。在放置后，每个副本都独立于其他副本。

项目数：指定阵列中所有选定图元的副本总数。

移动到：其中“第二个”用于指定阵列中每个成员间的间距，其他阵列成员出现在第二个成员之后。“最后一个”用于指定阵列的整个跨度，阵列成员会在第一个成员和最后一个成员之间以相等间隔分布。“约束”用于限制阵列成员沿着与所选的图元垂直或共线的矢量方向移动。

如果选择“移动到：第二个”，则将按下述步骤放置阵列成员：

①在绘图区域中单击以指明测量的起点。

②在成员之间将光标移动到所需的距离。移动光标时会显示一个框，指明所选图元的尺寸，该框将沿捕捉点移动。尺寸标注将显示在第一个单击位置与当前光标位置之间。

③再次单击绘图区域以放置第二个成员，或者键入尺寸标注并按 Enter 键。

如果选择“移动到：最后一个”，则将按下述步骤放置阵列成员：

①在绘图区域中单击以指明测量的起点。

②将光标移动到所需的最后一个阵列成员的位置。移动光标时会显示一个框，指明所选图元的尺寸，该框将沿捕捉点移动。尺寸标注将显示在第一个单击位置与当前光标位置之间。

③再次单击绘图区域以放置最后一个成员，或者指定尺寸标注并按 Enter 键。

如果在选项栏上选择了“成组并关联”，则会出现一个数字框，指明要在阵列中创建的副本数。如果需要，可修改该数字并按 Enter 键。

单击，代表半径阵列，此时选项栏的选项为：成组并关联 项目数: 3 移动到: 第二个 最后一个 角度: 旋转中心: 地点 。

半径阵列除可设置所需项目数外，还可以设置角度，其操作步骤类似于线性阵列。

(8)“缩放”命令

选择要缩放的图元，单击“修改 |〈图元〉”选项卡 >“修改”面板 > （缩放）。“缩放”命令可以图形方式或数值方式按比例缩放图元。

## 2.2.2 快捷操作命令

### 2.2.2.1 常用快捷键

快捷键的使用能有效提高绘图速度和工作效率，在任何时候都可以通过键盘输入快捷键的方式来直接访问指定工具，一些常用的快捷操作命令详见表 2-2 至表 2-5。

表 2-2 建模与绘图工具常用快捷键

| 命令 | 快捷键 | 命令 | 快捷键 |
|---|---|---|---|
| 房间 | RM | 轴线 | GR |
| 房间标记 | RT | 标高 | TX |
| 墙 | WA | 对齐标注 | DI |
| 门 | DR | 文字注释 | TX |
| 窗 | WN | 高程点标注 | EL |
| 放置构件 | CM | 按类别标注 | TG |
| 绘制参照平面 | RP | 详图线 | DL |
| 模型线 | LI | | |

表 2-3 编辑修改工具常用快捷键

| 命令 | 快捷键 | 命令 | 快捷键 |
|---|---|---|---|
| 删除 | DE | 对齐 | AL |
| 移动 | MV | 拆分图元 | SL |
| 复制 | CO | 修剪/延伸 | TR |
| 旋转 | RO | 偏移 | OF |
| 定义旋转中心 | R3 | 在整个项目中选择全部实例 | SA |
| 列阵 | AR | 重复上个命令 | RC |
| 镜像、拾取轴 | MM | 匹配对象类型 | MA |
| 创建组 | GP | 线处理 | LW |
| 锁定位置 | PP | 填色 | PT |
| 解除位置 | UP | 拆分区域 | SF |

表 2-4　捕捉替代常用快捷键

| 命令 | 快捷键 | 命令 | 快捷键 |
|---|---|---|---|
| 捕捉远距离对象 | SR | 捕捉到远点 | PC |
| 象限点 | SQ | 点 | SX |
| 垂足 | SP | 作平面网格 | SW |
| 最近点 | SN | 切点 | ST |
| 中点 | SM | 关闭替换 | SS |
| 交点 | SI | 形状闭合 | SZ |
| 端点 | SE | 关闭捕捉 | SO |
| 中心 | SC | | |

表 2-5　视图控制常用快捷键

| 命令 | 快捷键 | 命令 | 快捷键 |
|---|---|---|---|
| 区域放大 | ZR | 临时隐藏类别 | RC |
| 缩放配置 | ZF | 临时隔离类别 | IC |
| 上一次缩放 | ZP | 重设临时隐藏 | HR |
| 动态视图 | F8 | 隐藏图元 | EH |
| 线框显示模式 | WF | 隐藏类别 | VH |
| 隐藏线显示模式 | HL | 取消隐藏图元 | EU |
| 带边框着色显示模式 | SD | 取消隐藏类别 | VU |
| 细线显示模式 | TL | 切换显示隐藏图元模式 | RH |
| 视图图元属性 | VP | 渲染 | RR |
| 可见性图形 | VV | 快捷键定义窗口 | KS |
| 临时隐藏图元 | HH | 视图窗口平铺 | WT |
| 临时隔离图元 | HI | 视图窗口层叠 | WC |

2.2.2.2　快捷键基本操作

(1)将快捷键添加到命令

从“指定”列表中选择所需的命令，将光标移到“按新键”字段。

注：如果“按新键”字段灰显，则无法为选定命令定义快捷键。该命令是带有保留快捷键的保留命令。但是，每个保留命令都有可以为其指定快捷键的相应命令。在搜索字段中，输入命令名称可以找到相应的命令。

按所需的键序列按键时，序列将显示在字段中。如果需要，可以删除字段的内容，然后再次按所需的键，具体可参见快捷键的规则。

所需的键序列显示在字段中时，单击“指定”。

（2）导入快捷键

在“快捷键”对话框中，单击“导入”，定位到所需的快捷键文件，选择该文件，然后单击“打开”即可。

（3）导出快捷键

在“快捷键”对话框中，单击“导出”，定位到所需文件夹，指定文件名，单击“保存”。

（4）删除快捷键

在“命令”列中，选择所需的命令，在“快捷键”列中，选择要删除的快捷键，如果要删除多个快捷键，按住 Ctrl 键时选择各个快捷键，单击“删除”。

2.2.2.3　自定义快捷键

除系统自带的快捷键外，Revit 可以根据用户自己的习惯修改快捷键命令。下面以修改“门”定义快捷键字符“M”为例，讲解如何在 Revit 中自定义快捷键。

（1）如图 2-23 所示，单击“视图”➤“窗口”➤“用户界面”➤“快捷键”命令，如图 2-24 所示，弹出“快捷键”对话框。

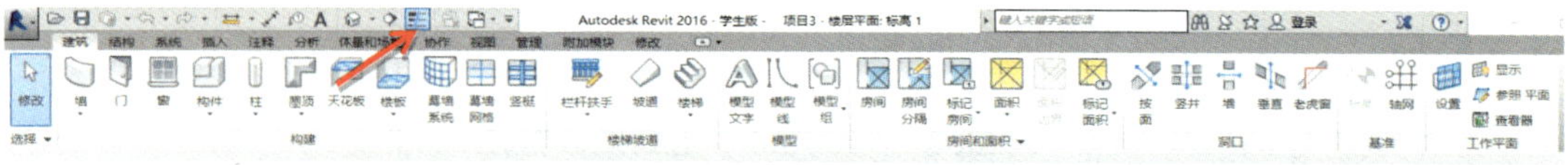

图 2-23　自定义快捷键

（2）如图 2-25 所示，在“搜索”文本框中输入要定义快捷键命令的名称“门”，将列出名称中所显示的“门”的命令，或通过“过滤器”下拉框找到要定义的快捷键命令所在的选项卡，来过滤显示该选项卡中的命令列表内容。

图 2-24　打开自定义快捷键命令

图 2-25　“快捷键”对话框的“搜索”对话框

（3）“指定”列表中，第一步选择所需命令“门”，第二步在“按新键”文本框中输入快捷键字符“M”，第三步单击按钮新定义的  快捷键，就显示在选定命令“快捷方式”列，如图 2-26 所示。

（4）如果自定义快捷键已被指定给其他命令，则会弹出“快捷方式重复”对话框，如图 2-27 所示，通知当前指定的快捷键已指定给其他命令。单击“确定”按钮忽略提示，或按“取消”按钮重新指定所选命令的快捷键。

（5）单击图 2-26 所示的“快捷键”对话框底部 导出(E)... 按钮，弹出“另存为”对话框，如图 2-28 所示，输入要导出的快捷键文件名称，单击“保存”按钮将自定义快捷键保存为“.xml”格式的数据文件。

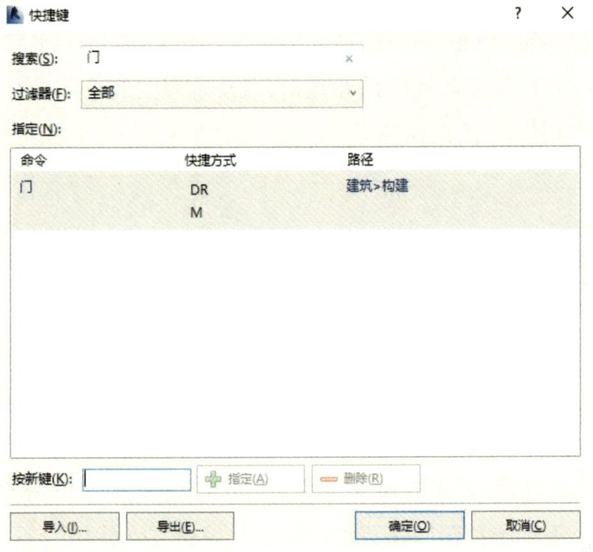


图 2-26 “快捷键”对话框

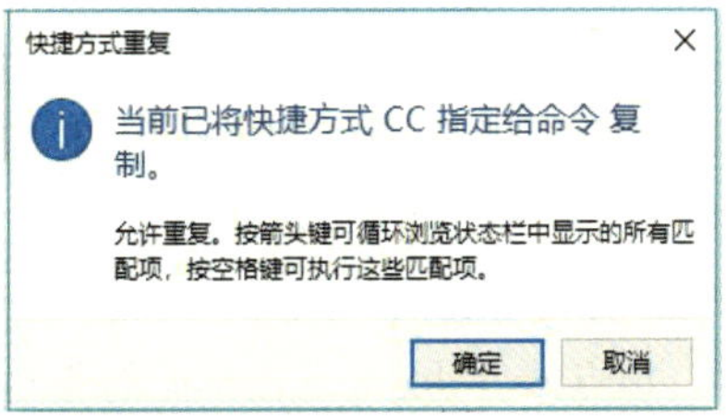


图 2-27 “快捷方式重复”对话框

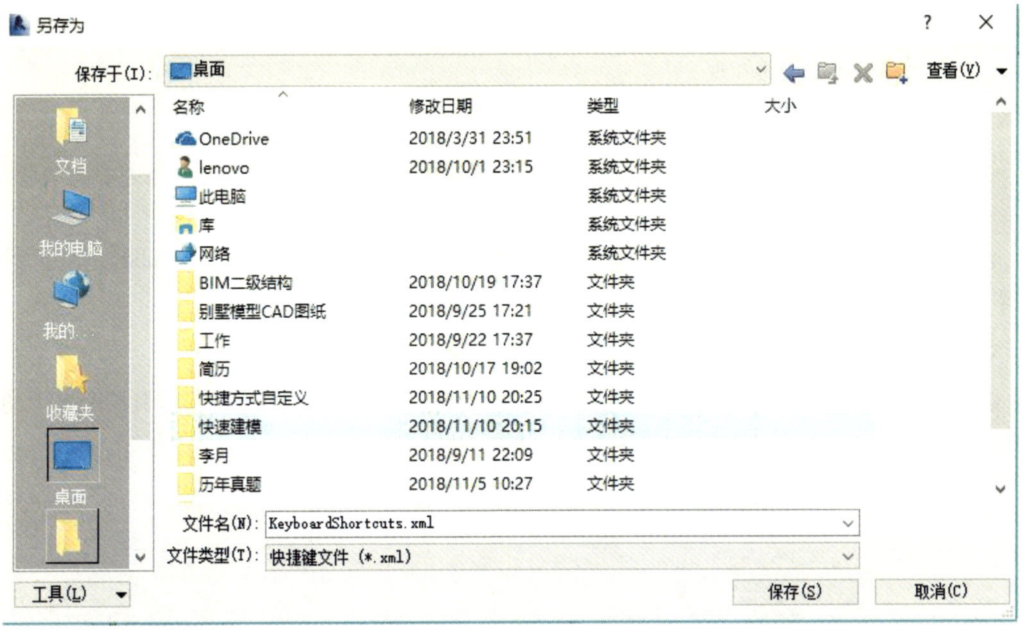


图 2-28 “另存为”对话框

（6）当重新安装 Revit 软件时，可以通过“快捷键”对话框底部的“导入”工具，导入已保存的“.xml”格式快捷键文件。同一命令可以指定给多个不同的快捷键。

# 2.3 视图控制

在绘制三维视图时，对视图的控制、各个视图之间的切换以及选择和过滤图元等，对顺利完成模型绘制是非常重要的。可以通过鼠标、ViewCube 等视图导航来实现对 Revit 视图的平移、缩放等操作。在平面、立面或者三维视图中，通过按住鼠标中键并拖动，可实现视图的平移；滚动鼠标滚轮可以放大和缩小视图；在默认三维视图中，按住 Shift 键和鼠标中键并拖动，可实现对三维视图的旋转，对模型进行动态观察。

## 2.3.1 视图导航

2.3.1.1 ViewCube 导航

ViewCube 工具是一种可单击、可拖动的常驻界面，用户可以用它在模型的标准视图和等轴测视图之间进行切换，默认位于屏幕的右上方，如图 2-29 所示。ViewCube 工具显示后，将在窗口一角以不活动状态显示在模型上方。ViewCube 工具在视图发生更改时可提供有关模型当前视点的直观反映。将光标放置在 ViewCube 工具上后，ViewCube 将变为活动状态。通过单击 ViewCube 的面、顶点或者边，可以在模型的各立面、等轴测视图间进行切换。按住鼠标左键并拖动下方的圆环指南针，可以修改三维视图的方向为任意方向，其作用与同时按住 Shift 键和鼠标中键并拖动的效果类似。

（1）控制 ViewCube 的外观

ViewCube 工具以不活动状态或活动状态显示。当 ViewCube 工具处于不活动状态时，默认情况下它显示为半透明状态，这样便不会遮挡模型的视图。当 ViewCube 工具处于活动状态时，它显示为不透明状态，并且可能会遮挡模型当前视图中对象的视图。

除控制 ViewCube 工具在不活动状态时的不透明度级别，还可以控制 ViewCube 工具的大小、位置、默认方向、指南针显示等属性。

（2）使用指南针

指南针显示在 ViewCube 工具的下方，并指示为模型定义的北向。既可以单击指南针上的基本方向字母以旋转模型，也可以单击并拖动其中一个基本方向字母或指南针圆环以绕轴心点的交互方式旋转模型，如图 2-30 所示。

图 2-29 ViewCube 工具

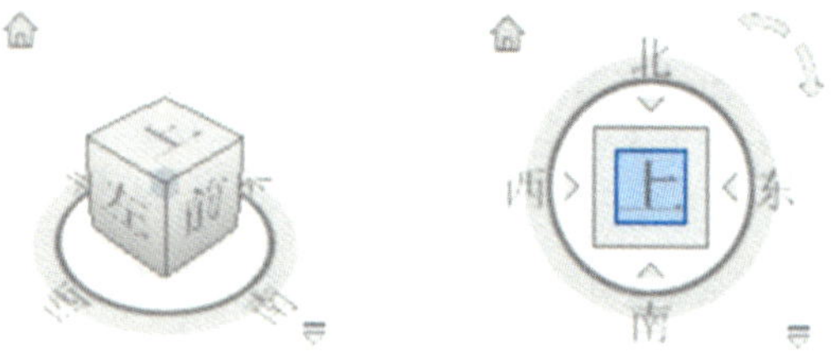


图 2-30 使用指南针

①可按以下步骤控制 ViewCube 工具的大小：

在 ViewCube 工具上单击鼠标右键，然后单击“选项”。在“选项”对话框中的“ViewCube 外观”下，从“ViewCube 大小”下拉列表中选择一个大小，单击“确定”。

②可按以下步骤控制 ViewCube 工具不活动时的不透明度：

在 ViewCube 工具上单击鼠标右键，然后单击“选项”。在“选项”对话框中的“ViewCube 外观”下，从“不活动时的不透明度”下拉列表中选择一个选项，单击“确定”。

③可按以下步骤在 ViewCube 工具下显示指南针：

在 ViewCube 工具上单击鼠标右键，然后单击“选项”。在“选项”对话框的“指南针”下选择“同时显示指南针和 ViewCube（仅当前项目）”，指南针显示在 ViewCube 工具下并指示模型的“北”方向，单击“确定”。

2.3.1.2　导航栏

为了更加灵活地进行视图缩放控制，Revit 提供了“导航栏”工具条，如图 2-31 所示。在默认情况下，导航栏位于视图右侧 ViewCube 下方。在任意视图中，都可以通过导航栏对视图进行控制。

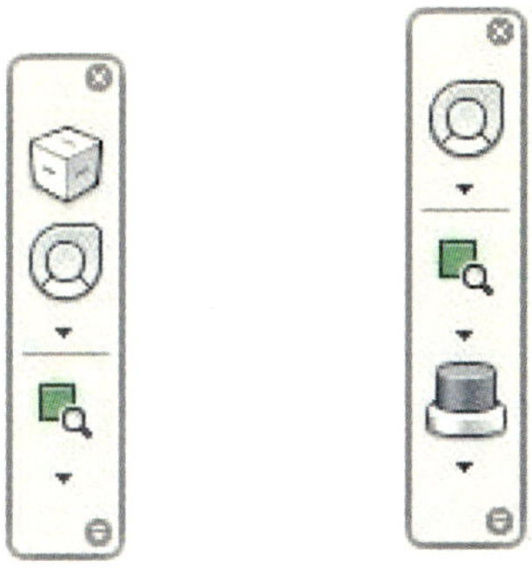

图 2-31　导航栏

导航栏主要提供两类工具——视图平移查看工具和视图缩放工具，导航工具分布在导航栏的不同区域中，用于访问基于当前活动视图（二维或三维）的工具。通过单击导航栏上的某个按钮或从导航栏底部的下拉列表中选择一个工具，可以启动导航工具。

要激活或取消激活导航栏，请单击“视图”选项卡 ➢ “窗口”面板 ➢ “用户界面”下拉列表，然后选中或清除“导航栏”。

标准导航栏启用了 3Dconnexion 三维鼠标导航栏，导航栏中提供下列导航工具：

①ViewCube。指示模型的当前方向，并用于重定向模型的当前视图。

②Steering Wheels。控制盘的集合，通过这些控制盘，可以在专门的导航工具之间快速切换。

③平移活动视图。用户可以通过拖曳光标平移视图来重新定位图纸上的活动视图。此选项仅适用于对图纸视图上已激活的视图进行操作。

④缩放。用于增大或减小模型的当前视图比例的导航工具集。

⑤三维鼠标。使用 3Dconnexion 三维鼠标重定向和导航模型视图。此选项仅适用于安装了 3Dconnexion 三维鼠标的情况。

2.3.1.3　Steering Wheels

Steering Wheels 将多个常用导航工具结合到一个界面中，从而为用户节省了时间。Steering Wheels 是特定于任务的，允许在不同视图中导航和定向模型，如图 2-32 所示。

<table>
<tr><th colspan="3">二维控制盘</th></tr>
<tr><td colspan="3">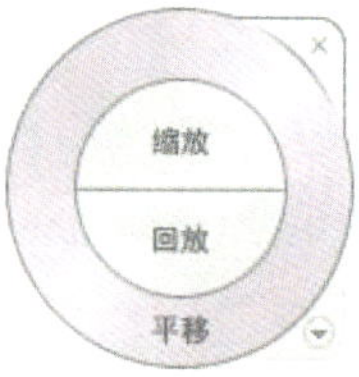</td></tr>
<tr><th>全导航控制盘</th><th>查看对象控制盘(基本控制盘)</th><th>巡视建筑控制盘(基本控制盘)</th></tr>
<tr><td></td><td>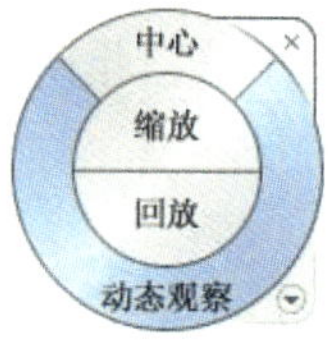</td><td>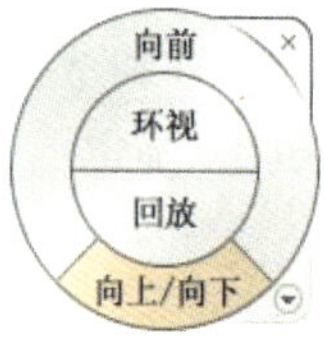</td></tr>
<tr><th>查看对象控制盘(小)</th><th>巡视建筑控制盘(小)</th><th>全导航控制盘(小)</th></tr>
<tr><td><br>平移</td><td><br>向上/向下</td><td><br>平移</td></tr>
</table>

图 2-32 Steering Wheels

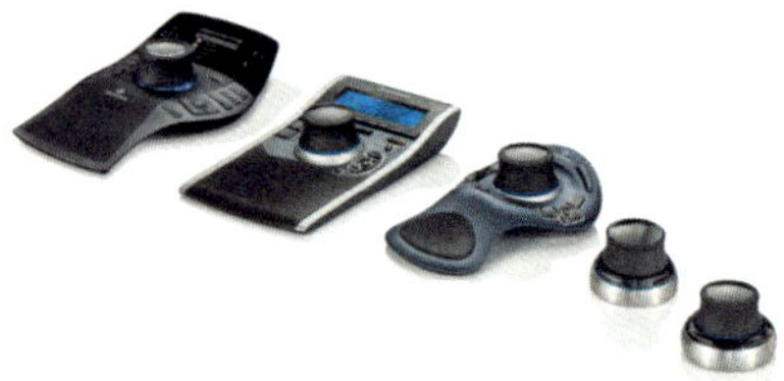

图 2-33 3Dconnexion 三维鼠标

2.3.1.4 3Dconnexion 三维鼠标

使用 3Dconnexion 三维鼠标重定向和导航模型视图，该设备配备有可适应所有方向的压力敏感型控制器管帽。推、拉、扭曲或倾斜管帽可以平移、缩放和旋转当前视图，如图 2-33 所示。

## 2.3.2 项目视图的种类

2.3.2.1 平面视图

平面视图分为楼层平面视图与天花板投影平面视图。楼层平面视图是新项目的默认视图。大多数项目至少包含一个楼层平面。楼层平面视图在将新标高添加到项目中时自动创建；天花板投影平面视图在将新标高添加到项目中时自动创建，大多数项目至少包含一个天花板投影平面（RCP）视图。

(1)创建平面视图

①单击“视图”选项卡 ➤ “创建”面板 ➤ “平面视图”下拉列表，然后单击 (楼层平面)、 (天花板投影平面)。

②在“新建平面”对话框中：

对于“类型”，从列表中选择视图类型，或者单击“编辑类型”以修改现有视图类型或创建新的视图类型。

选择一个或多个要创建平面视图的标高。

要为已具有平面视图的标高创建平面视图，请清除“不复制现有视图”。

③单击“确定”。

注：如果复制了平面视图，则复制的视图显示在项目浏览器中时将带有以下符号：标高1(1)，其中圆括号中的值随副本数目的增加而增加。

(2)设置视图方向

①在项目浏览器中，选择一个结构平面视图。“视图方向”参数不可用于其他类型的平面视图。

②在“属性”选项板上，单击(编辑类型)。

③在“类型属性”对话框中，选择“向上”或“向下”作为“视图方向”。

④单击“确定”。

(3)按后剪裁平面剪切平面视图

如果存在跨多个标高的图元(例如斜墙)，可能需要剪切在后剪裁平面位置的平面视图。如图2-34所示，如果仅需要墙按照其在标高3的视图范围中的显示在平面视图中可见，则可以使用“截剪裁”参数从视图中剪裁该墙。

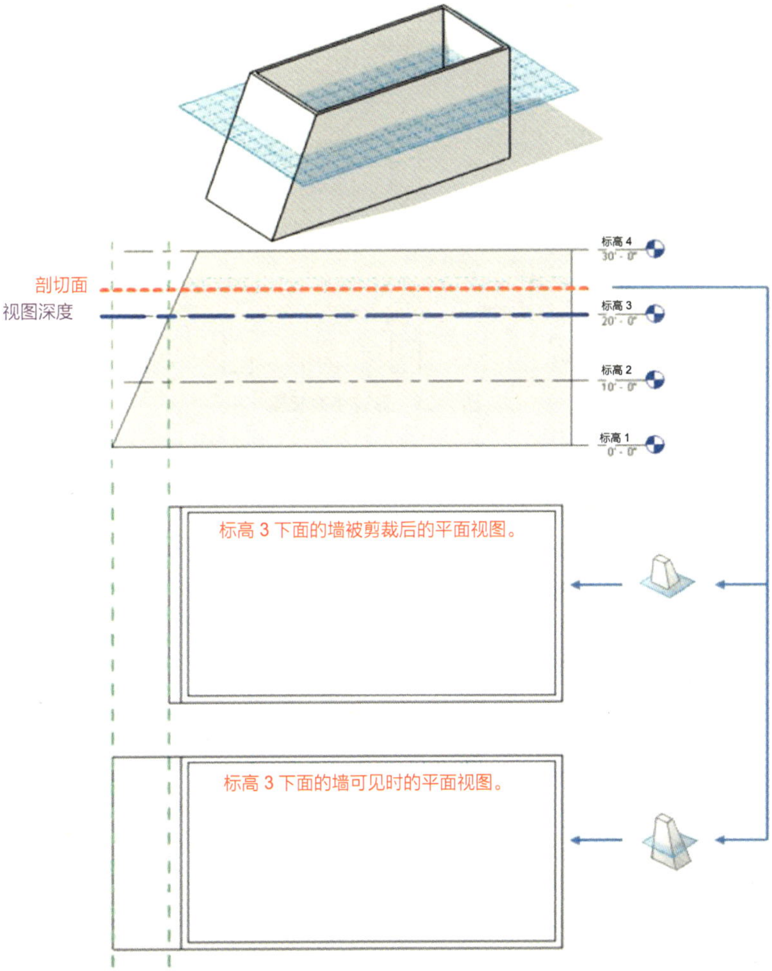


图 2-34　剪切平面视图

使用平面视图的“截剪裁”参数可以激活此功能。后剪裁平面由“视图深度”参数定义，该参数是视图的“视图范围”属性的一部分。

图 2-35 所示为该模型的剖切面和视图深度，以及使用“截剪裁”参数选项（“剪裁时无截面线”、“剪裁时有截面线”和“不剪裁”）后生成的平面视图。

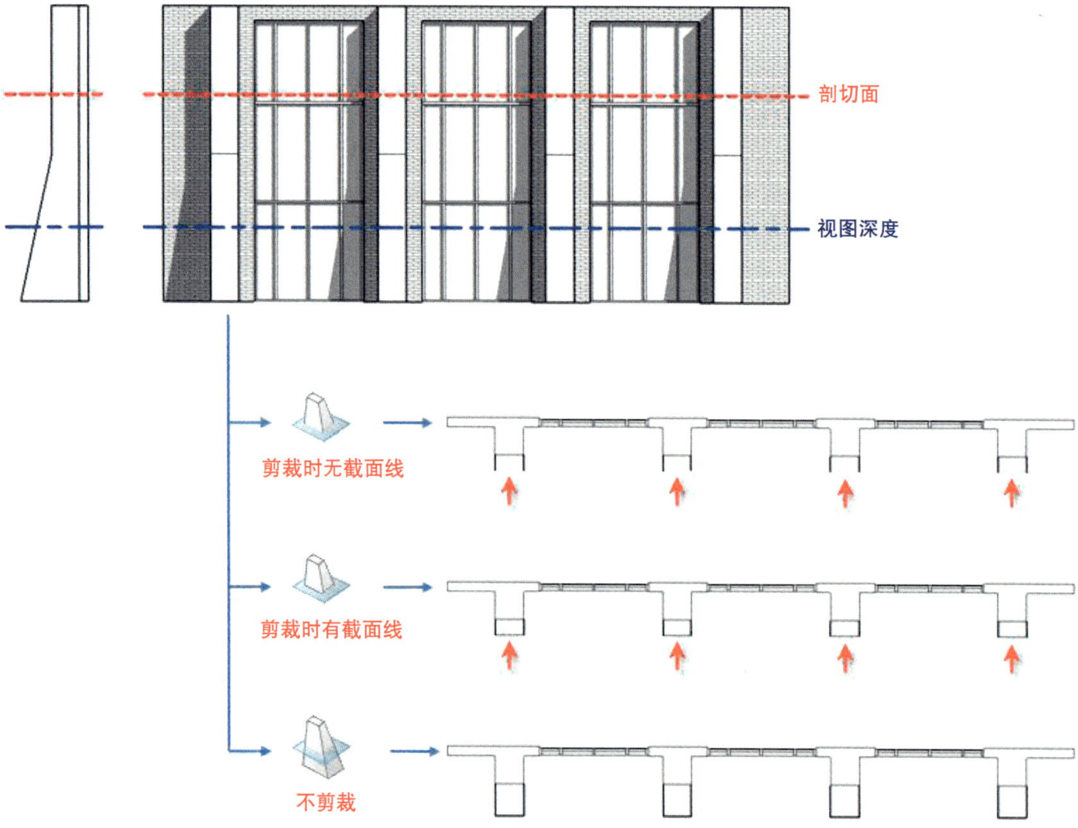


图 2-35　形成平面视图

平面区域服从其俯视图“截剪裁”参数设置，但遵从自身的“视图范围”设置。按后剪裁平面剪切平面视图时，在某些视图中具有符号表示法的图元（例如结构梁）和不可剪切族不受影响，将显示这些图元和族，但不进行剪切。但此属性确实会影响打印效果。

下面介绍按后剪裁平面剪切平面视图的步骤：

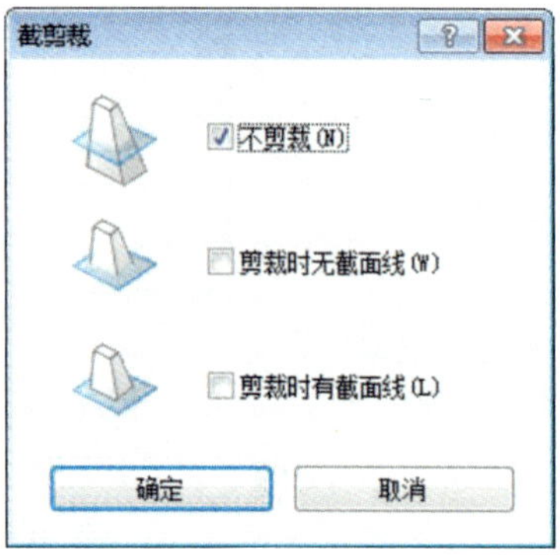


图 2-36　“截剪裁”对话框

①在项目浏览器中，选择要由后剪裁平面剖切的平面视图。

②在“属性”选项板的“范围”下，找到“截剪裁”参数，“截剪裁”参数可用于平面视图和场地视图。

③单击“值”列中的按钮，此时显示“截剪裁”对话框，如图 2-36 所示。

④在“截剪裁”对话框中，选择一个选项，并单击“确定”。

⑤（可选）如有必要，也可以单击“视图范围”并修改“视图深度”设置。当“截剪裁”属性处于活动状态时，被选作“视图深度”的标高就是将要剪裁视图的位置。

（4）显示平面视图

①在项目浏览器中双击视图名称。

②若该视图已打开但隐藏在另一个视图之后，可单击“视图”选项卡➤“窗口”面板➤“切换窗口”下拉列表“视图名称”。

（5）视图范围

每个平面图都具有“视图范围”属性，该属性也称为可见范围。视图范围是可以控制视图中对象的可见性和外观的一组水平平面。水平平面包括顶剪裁平面、底剪裁平面和剖切面。顶剪裁平面和底剪裁平面表示视图范围的顶部和底部的部分。剖切面是确定视图中某些图元可视剖切高度的平面。这三个平面可以定义视图范围的主要范围。

“视图深度”是主要范围之外的附加平面。可以设置视图深度的标高，以显示位于底剪裁平面下面的图元，默认情况下，视图深度与底部重合。

图 2-37 所示从立面视图角度显示了平面视图的视图范围名称：顶部①、剖切面②、底部③、偏移量④、主要范围⑤和视图深度⑥。

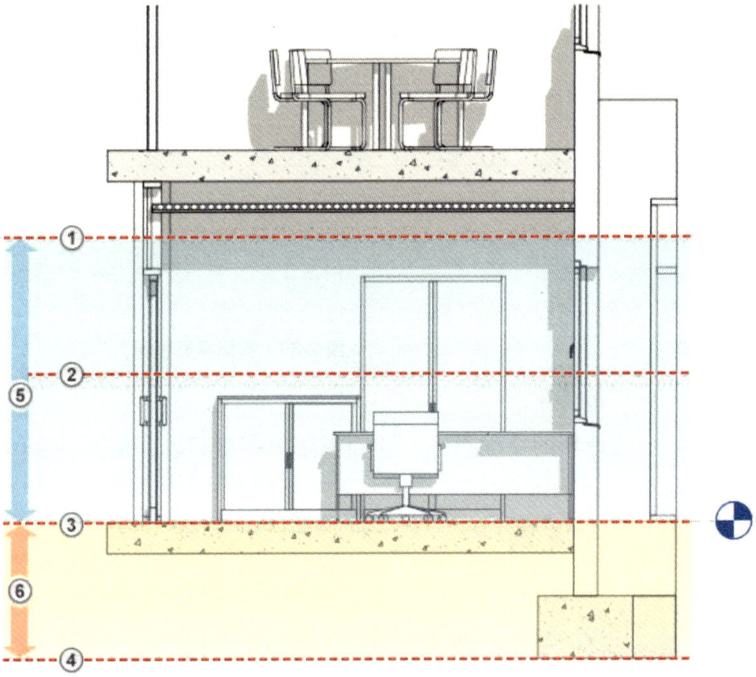


图 2-37　立面视图

2.3.2.2　立面视图

立面视图是默认样板的一部分。当使用默认样板创建项目时，项目将包含东、西、南、北 4 个立面视图。在立面视图中绘制标高线，将针对绘制的每条标高线创建一个对应的平面视图。

（1）创建立面视图

①打开平面视图。

②单击“视图”选项卡➤“创建”面板➤“立面”下拉列表➤ ⌂（立面），此时会显示一个带有立面符号的光标。

③（可选）在“类型选择器”中，从列表中选择视图类型，或者单击“编辑类型”以修改现有视图

类型或创建新的视图类型。

④将光标放置在墙附近并单击以放置立面符号。

注：移动光标时，可以按 Tab 键来改变箭头的位置，箭头会捕捉到垂直墙。

⑤要设置不同的内部立面视图，可高亮显示立面符号的方形造型并单击。立面符号会随着用于创建视图的复选框选项一起显示，如图 2-38 所示。

提示：旋转控制可用于平面视图中与斜接图元对齐。

⑥中复选框表示要创建立面视图的位置。

⑦单击远离立面符号的位置以隐藏复选框。

⑧高亮显示符号上的箭头并选择它。

⑨单击箭头一次以查看剪裁平面，如图 2-39 所示。剪裁平面的端点将捕捉墙并连接墙，可以通过拖曳蓝色控件来调整立面的宽度。如果蓝色控制柄没有显示在视图中，请选择剪裁平面，并单击“修改|视图”选项卡➤“图元”面板➤“图元属性”，在“实例属性”对话框中，选择“剪裁视图”参数，并单击“确定”。

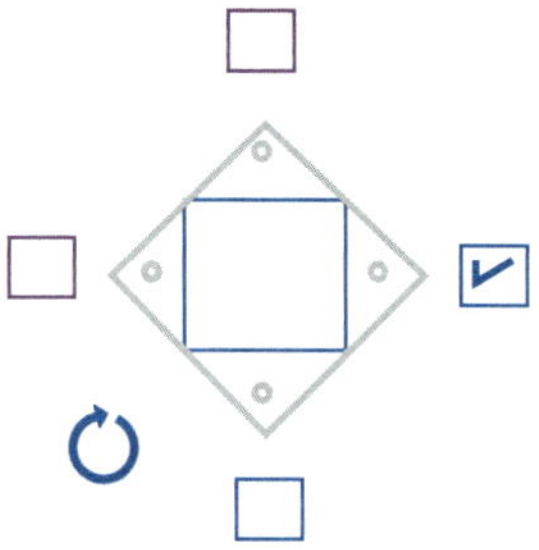

图 2-38　立面符号

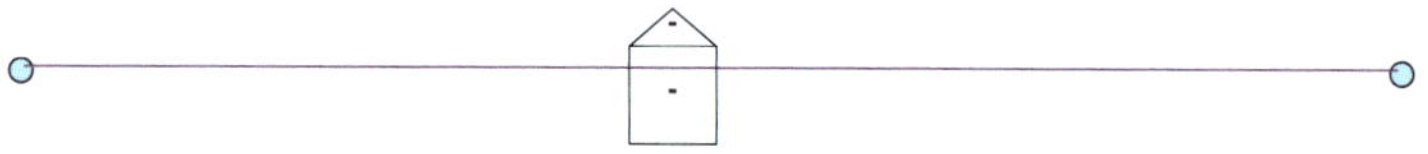

图 2-39　实际平面视图

注：带有剪裁平面的立面符号。

⑩在项目浏览器中，选择新的立面视图。立面视图由字母和数字指定，例如，立面：1 ： a。

(2)显示立面视图

显示立面视图有以下几种方法：

①在项目浏览器中双击视图名称。

②双击立面符号上的箭头。

③选择立面符号箭头，并单击鼠标右键，然后选择“进入立面视图”。

(3)修改立面符号

①选择立面标记箭头。

②单击“修改|视图”选项卡➤“属性”面板➤ 田(类型属性)。

③通过单击“值”字段来修改相应的属性值。

④单击“确定”。

(4)修改立面视图中的剪裁平面

剪裁平面可定义立面视图的边界，其端点将捕捉墙并连接墙。可以通过调整剪裁平面的尺寸来调整立面的查看区域大小。

①在平面视图中，选择立面标记箭头。

②立面视图的剪裁平面会在绘图区域中显示，如图 2-40 所示。

注：如果远剪裁平面（绿色虚线）不可见，请在“属性”选项板上选择“远剪裁”参数选项，拖曳蓝色圆点或箭头调整剪裁平面大小。

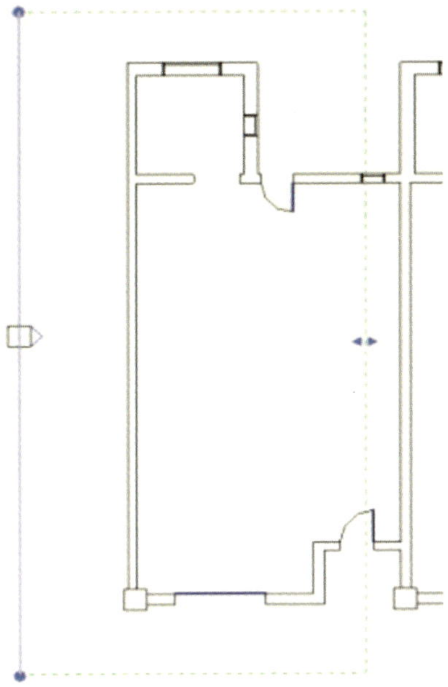

图 2-40　立面视图中的剪裁平面

2.3.2.3　剖面视图

（1）创建剖面视图

①打开一个平面、剖面、立面或详图视图。

②单击“视图”选项卡 > “创建”面板 > （剖面）。

③在“类型选择器”中，从列表中选择视图类型，或者单击“编辑类型”以修改现有视图类型，或创建新的视图类型。

④将光标放置在剖面的起点处，并拖拽光标穿过模型或族。

注：可以捕捉与非正交基准或与墙平行或垂直的剖面线。可在平面视图中捕捉到墙，当到达剖面的终点时单击鼠标即可。

⑤这时将出现剖面线和剪裁区域，并且已选中它们。

⑥如果需要，可通过拖拽控制柄（箭头）来调整剪裁区域的大小。剖面视图的深度将相应地发生变化，如图 2-41 所示。

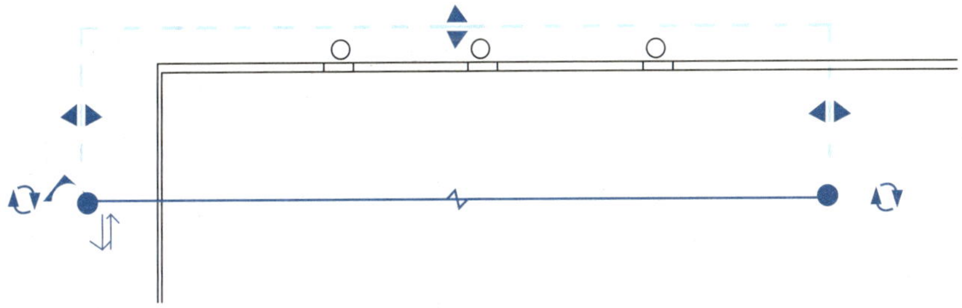

图 2-41　剖面视图

⑦单击“修改”或按 Esc 键退出“剖面”工具。

⑧要打开剖面视图，请双击剖面标记或从项目浏览器的“剖面”组中选择剖面视图。当修改设计或移动剖面线时剖面视图将随之改变。

（2）剖面标记可见性

如果剖面视图的剪裁区域与视图范围相交，则可在平面视图、立面视图和其他剖面视图中看到剖面标记。例如，如果重新调整剖面视图的剪裁区域，使其不再与平面视图的视图范围相交，则剖面符号就不会显示在平面视图中。

即使剖面符号的剪裁边界处于关闭状态，它们仍然可以显示在立面视图中。如果剖面线与高程剪裁平面相交，则剖面将显示在立面视图中。要查看和修改高程剪裁平面的位置，请在平面视图中选择高程符号的箭头，然后剪裁平面上就会显示拖拽控制点。

2.3.2.4 三维视图

三维视图分为正交三维视图与透视三维视图。

(1)创建正交三维视图

正交三维视图用于显示三维视图中的建筑模型，在正交三维视图中，无论相机距离的远近，所有构件的大小均相同。

①打开一个平面视图、剖面视图或立面视图。

②单击“视图”选项卡➤“创建”面板➤“三维视图”下拉列表➤“相机”。

③在选项栏上清除“透视图”选项。

④在绘图区域中单击一次以放置相机，然后再次单击放置目标点。

当前项目的未命名三维视图将打开并显示在项目浏览器中。如果项目中已经存在未命名视图，“三维”工具将打开该现有视图。

在项目浏览器中的视图名称上单击鼠标右键，然后单击“重命名”，可以重命名默认三维视图，重命名的三维视图将随项目一起保存。如果重命名未命名的默认三维视图，则下次单击“三维”工具时，Revit 将打开新的未命名视图。可以使用剖面框来限制三维视图的可见部分。

例如，将相机放置在模型东南角，单击“视图”选项卡➤“创建”面板➤“三维视图”下拉列表➤“默认三维视图”。此操作会将相机放置在模型的东南角之上，同时目标定位在第一层的中心。如图 2-42 所示。

(2)创建透视三维视图

透视三维视图用于显示三维视图中的建筑模型，在透视三维视图中，越远的构件显示得越小，越近的构件则显示得越大，如图 2-43 所示。

图 2-42 正交三维视图

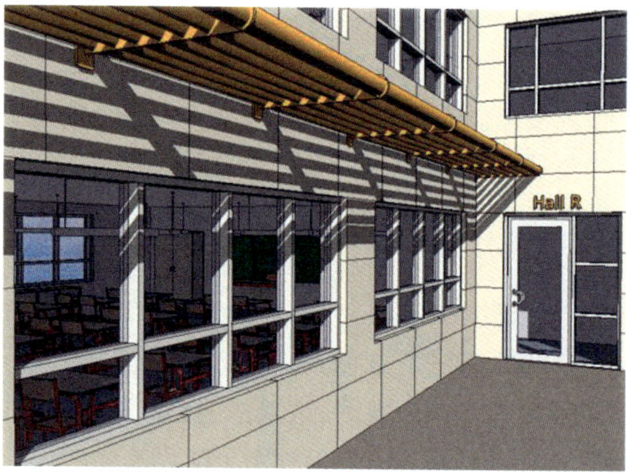


图 2-43 透视三维视图

①打开一个平面视图。

②单击“视图”选项卡的“创建”面板➤“三维视图”下拉列表➤“相机”。

注：如清除选项栏上“透视图”选项，则创建的视图是正交三维视图，不是透视三维视图。

③在绘图区域中单击以放置相机。

④将光标拖曳到所需目标然后单击即可放置。

Revit 将创建一个透视三维视图，并为该视图指定名称：如三维视图 1、三维视图 2 等。重命名视图时，在项目浏览器中的该视图上单击鼠标右键并选择“重命名”即可。

注：在启用了工作共享的项目中使用三维视图命令时，会为每个用户创建一个默认的三维视图。程序会为该视图指定(3D-用户名)名称，可以使用剖面框来限制三维视图的可见部分。

### 2.3.3 视图显示及样式

在项目绘制的过程中，为方便操作或是打印出图的需要，经常要隐藏或显示某些元素，通过视图控制栏的操作，可以对视图中的图元进行显示控制。视图控制栏从左至右分别为：视图比例、视图详细程度、模型图形样式、阴影控制、渲染(仅三维视图才可使用)等选项，如图 2-44 所示。在 Revit 中各视图均采用独立的窗口显示，所以在任何视图中继续进行视图控制栏的设置，均不会影响其他视图的设置。

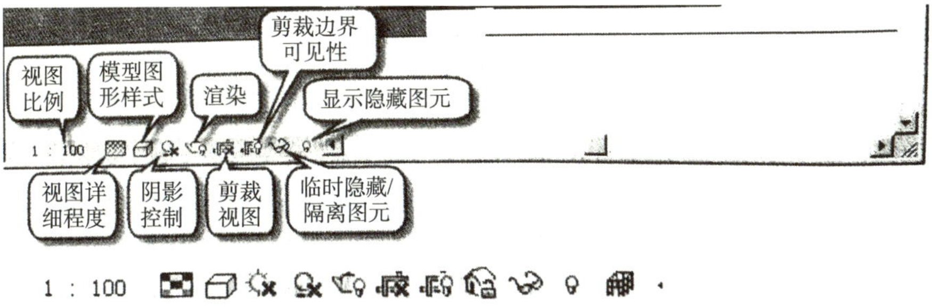


图 2-44 视图控制栏

2.3.3.1 视图控制栏各命令的操作

(1)视图比例

视图比例用于控制模型尺寸与当前视图显示之间的关系。单击视图控制栏 “1 : 100” 按钮，在比例列表中选择 “比例值” 即可修改当前视图的比例。无论视图比例如何调整，均不会修改模型的实际尺寸，仅会影响当前视图中添加的文字、尺寸标注等注释信息的相对大小。Revit 允许为项目中的每个视图指定不同比例，也可以创建自定义视图比例。

(2)视图详细程度

Revit 提供了三种视图详细程度，即粗略、中等、精细。Revit 中的图元可以在族中定义在不同视图详细程度模式下要显示的模型。Revit 通过视图详细程度控制同一图元在不同状态下的显示，以满足出图的要求。例如在平面布置图中，平面视图中的窗将显示为四条线，但在窗安装大样中，平面视图中的窗将显示为真实的窗截面。

(3)模型图形样式

视觉样式用于控制模型在视图中的显示方式。Revit 提供了 6 种显示视觉样式：“线框” 、“隐藏线” 、“着色” 、“一致的颜色” 、“真实” “光线追踪” 。显示效果逐渐增强，但是所需的系统资源也越来越多。一般平面或剖面施工图可设置为“线框”或“隐藏线”模式，这样系统消耗资源较少，项目运行速度较快。

“线框”模式是显示效果最差但运行速度最快的一种显示模式；“隐藏线”模式下，图元将做遮挡计算，但并不显示图元的材质颜色；“着色”模式和“一致的颜色”模式都将显示对象材质定义中“着色颜色”定义的色彩，“着色”模式将根据光线设置显示图元的明暗关系，在“一致的颜色”模式下，图元将不显示明暗关系；“真实”模式和材质定义中“外观”选项参数有关，用于显示图元渲染时的材质纹理；"光线追踪"模式将对视图中的模型进行实时渲染，效果最佳，但将大量占用计算机的内存。

在本书后续章节中，将详细介绍如何自定义图元的材质。

（4）阴影控制

在视图中，可以通过打开/关闭阴影开关在视图中显示模型的光照阴影，增强模型的表现力。在日光路径按钮中，还可以对日光进行详细设置。

（5）渲染（仅三维视图才可使用）

单击该按钮，将打开"渲染"对话框，以便对渲染质量、光照等进行详细的设置。Revit 采用 Mental Ray 渲染器进行渲染，也可以采用 3D 等效果图制作软件进行渲染，只是需要各软件之间模型的相互导入。

2.3.3.2 视图显示控制选项

控制图元显示或隐藏的方法主要有以下三种：

（1）可见性/图形

打开视图，单击"视图"选项卡"图形"面板中的"可见性/图形"工具（快捷键为 VG），如图 2-45 所示。通过勾选或取消勾选构件及其子类别的名称，可以一次性地控制某一类或某几类图元在当前视图的显示与隐藏。

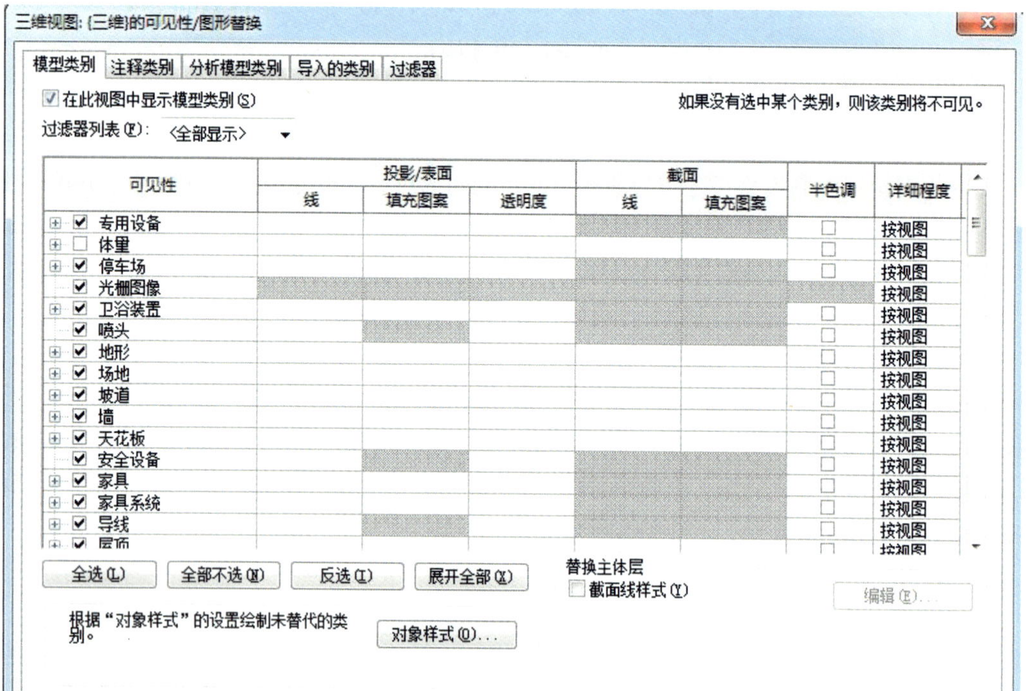


图 2-45 "可见性/图形"对话框

①模型类别：通过构件前方框内是否打钩来控制墙体、家具、天花板等模型构件的可见性，还可通过调整线的样式与模型构件的填充图案来调整其构件投影/表面与截面的样式，以及是否半

色调显示构件与详图显示程度的参数。

②注释类别：通过构件前方框内是否打钩来控制尺寸标注、门窗标记、参照平面等注释构件的可见性，还可通过调整线的样式来调整其构件投影/表面形式，以及是否半色调显示构件。

③分析模型类别：控制结构模型构件的可见性，可设置模型类别的投影/表面、色调、详细程度等参数，如果没有选中某个类别，则该类别将不可见。

④导入的类别：控制导入的 DWG 文件的可见性。

⑤过滤器：通过设置构件的类别及过滤条件来控制图元的可见性。

(2)临时隐藏/隔离图元

此命令在工作界面下面的视图控制栏中。

①在绘图区域中，选择一个或多个图元。

②在视图控制栏上单击（临时隐藏/隔离），然后选择下列选项之一：

隔离类别：如果选择了一些墙和门，则只有墙和门在视图中保持可见。

隐藏类别：隐藏视图中的所有选定类别。如果选择了某些墙和门，则所有墙和门都会在视图中隐藏。

隔离图元：仅隔离选定图元。

隐藏图元：仅隐藏选定图元。临时隐藏图元或图元类别时，将显示带有边框的“临时隐藏/隔离”图标。

③若不保存修改就退出临时隐藏/隔离模式，请执行下列步骤：

在视图控制栏上，单击，然后单击“重设临时隐藏/隔离”。所有临时隐藏的图元恢复到视图中。

④要退出临时隐藏/隔离模式并保存修改，请执行下列步骤：

在视图控制栏上，单击，然后单击“将隐藏/隔离应用到视图”。

如果要使临时隐藏图元成为永久性的，请稍后显示并取消隐藏这些图元。

(3)显示和取消隐藏的图元

①在视图控制栏上，单击（显示隐藏的图元）。此时，“显示隐藏的图元”图标和绘图区域将显示一个彩色边框，用于指示处于“显示隐藏的图元”模式下。所有隐藏的图元都以彩色显示，而可见图元则显示为半色调。

②要显示隐藏的图元，请执行下列步骤：

选择图元，执行下列操作之一：

单击“修改 |〈图元〉”选项卡 ➤ “显示隐藏的图元”面板 ➤ （取消隐藏图元）或（取消隐藏类别）。

在图元上单击鼠标右键，然后单击“取消在视图中隐藏” ➤ “图元”或“类别”。

在选择按图元隐藏的图元或按类别隐藏的类别时，“取消隐藏图元”和“取消隐藏类别”选项会处于活动状态。

在视图控制栏上，单击以退出“显示隐藏的图元”模式。

## 课后习题

### 一、选择题

1. Revit 软件中族文件的扩展文件名为(　　)。

A. rte　　B. rvt　　C. rfa　　D. rft

2. 新建视图样板时,默认的视图比例是(　　)。

A. 1 : 50　　B. 1 : 100　　C. 1 : 1000　　D. 1 : 10

3. 在项目浏览器中选择了多个视图并单击鼠标右键,则可以同时对所有所选视图进行以下哪些操作?(　　)。

A. 应用视图样板　　B. 删除

C. 修改视图属性　　D. 以上皆可

4. 下列哪项不是 Revit 提供的默认样板(　　)。

A. 构造样板　　B. 机电样板

C. 结构样板　　D. 机械样板

5. Revit 中常见的视图包括(　　)。

A. 三维视图　　B. 天花板视图　　C. 立面视图　　D. 剖面视图

### 二、判断题

1. 在 Revit 中,最常见的文件类型为项目文件、样板文件和族文件。(　　)

2. 视图的详细程度可以分为粗略、中等和精细。(　　)

3. Revit 中有四种基本文件格式,分别是 RTE 格式、RVT 格式、RFT 格式、RFA 格式。(　　)

4. 阵列的图元可以为沿一条线,也可以为沿一个弧形。(　　)

5. 立面视图不是默认样板的一部分,当使用默认样板创建项目时,需要单独创建立面视图。(　　)

# 第 3 章　族的创建与编辑

## 【学习目标】

通过本章的学习，理解族和体量的概念、族文件的类型；熟悉族和体量创建的基本步骤和原理；掌握常规族文件的创建方法。

## 【思维导图】

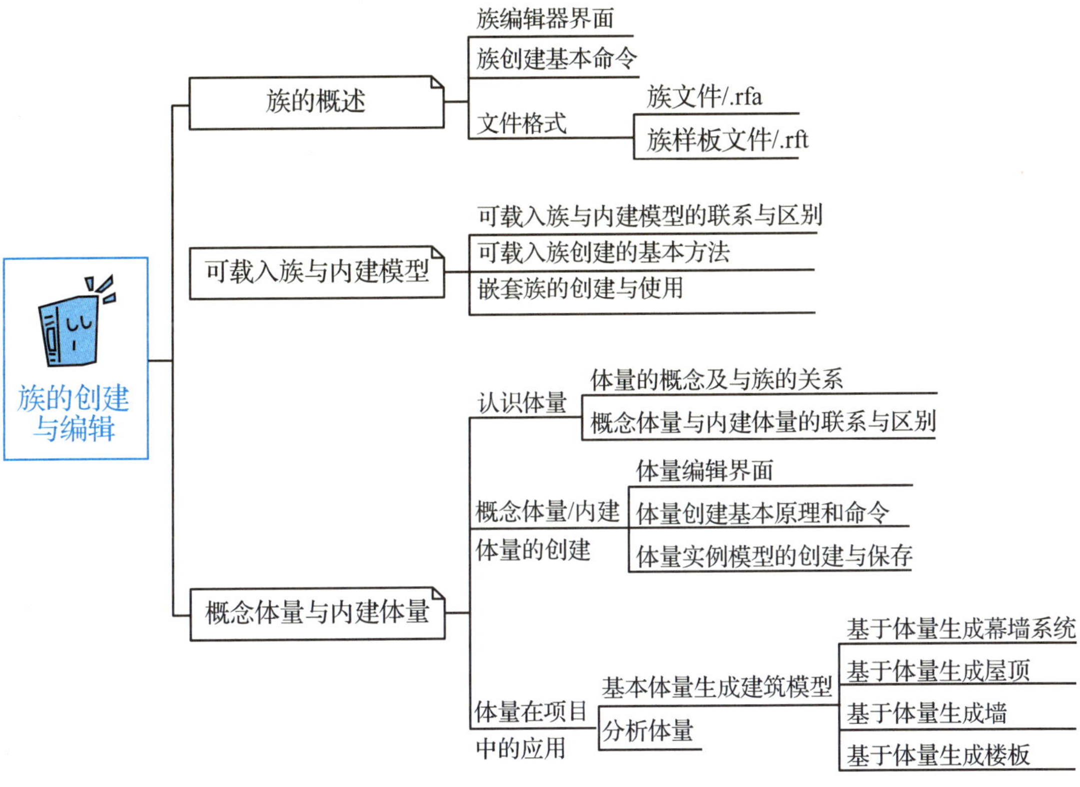

BIM模型是由基本构件(族)(墙体、门、窗、框架、基础以及详图、注释和标题栏等)装配而成,这些构件(族)都是利用族编辑器创建的。族作为组成项目模型的构件,其创建质量的高低、规范与否,会对项目模型产生直接影响;族文件本身承载的信息将直接用于后续的分析、计算和管理使用,因此,熟练掌握族创建、编辑与使用是有效运用Revit系列软件的关键。本节以建筑专业族为基础详细介绍构件(族)的相关内容。

## 3.1 族 概 述

【视频讲解】

有关族的概念在第1章中介绍过,在此不再赘述。本节主要从族编辑器界面、功能区基本命令和文件格式三个方面进行介绍。

### 3.1.1 族编辑器界面

族都是利用族工具创建的,常用的族工具为族编辑器。Revit 族编辑器采用Ribbon(功能区)界面,如图3-1所示。

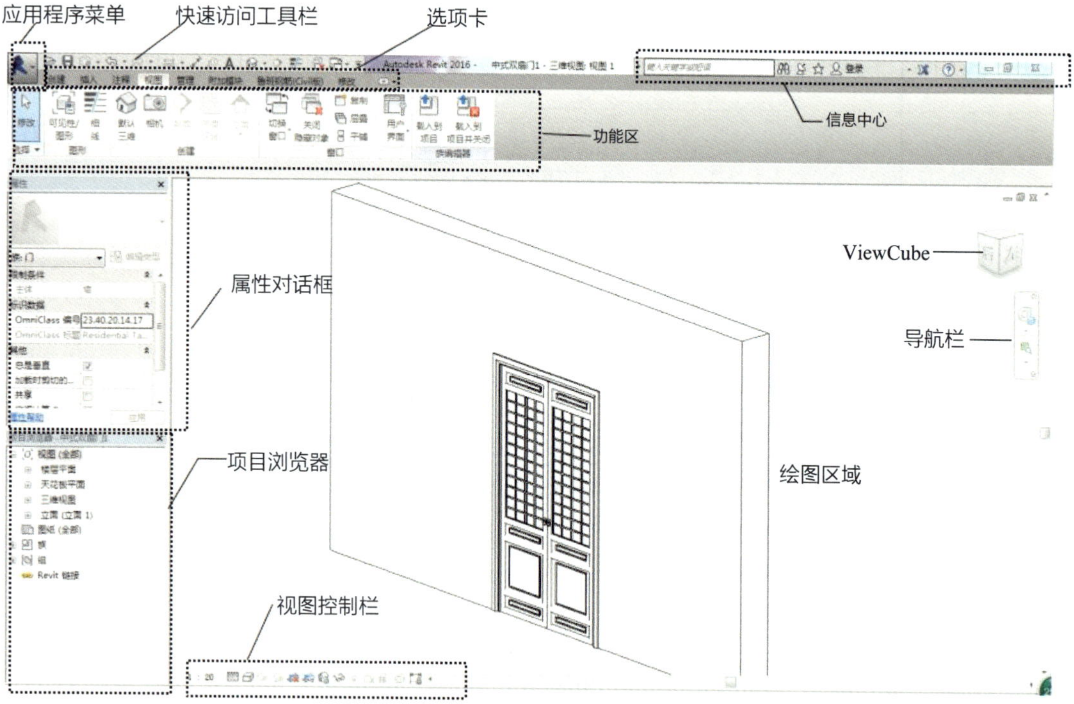


图 3-1 Revit 族编辑器界面

从图3-1中可以看出,族编辑器界面包括功能区、应用程序菜单、快速访问工具栏、项目浏览器、属性对话框、视图控制栏、绘图区域、导航栏、信息中心和ViewCube等,这部分与第1章所述的Revit平台界面组成部分基本一致,此处不再展开介绍。

## 3.1.2 功能区基本命令

Revit 族编辑器将所有命令都集成在功能区面板上,包含六大选项卡,见表 3-1。功能区在创建或打开族文件时会显示,它提供了创建族所需的全部工具。

表 3-1 功能区选项卡

| 选项卡 | 功能介绍 | 选项卡 | 功能介绍 |
|---|---|---|---|
| 创建 | 可以创建模型需要的工具 | 视图 | 管理、修改当前视图及切换视图的工具 |
| 插入 | 导入其他文件的工具 | 修改 | 系统参数的设置及管理 |
| 注释 | 可将二维信息添加到设计的工具中 | 管理 | 编辑现有图元、数据及系统的工具 |

(1)创建

“创建”选项卡集合了九种基本常用功能。当鼠标光标停留在功能区的某个工具上时,默认情况下,Revit 会显示工具提示,对该工具进行简要说明。若光标在该功能区停留的时间较长时,会显示附加信息。“创建”选项卡如图 3-2 所示。

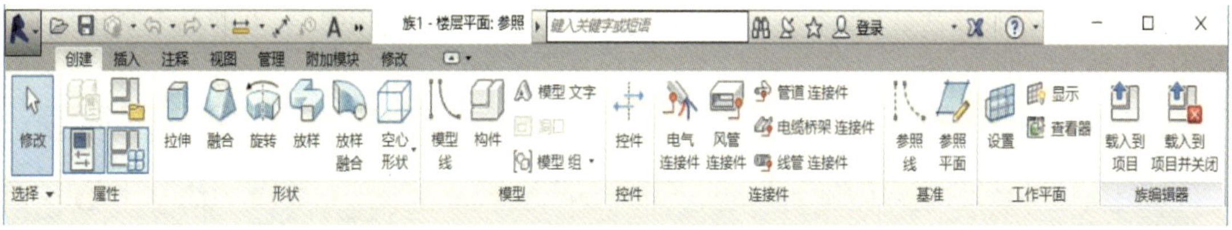


图 3-2 “创建”选项卡

“创建”选项卡具体功能见表 3-2。

表 3-2 “创建”选项卡功能

| 选项板 | 功　　能 |
|---|---|
| “选择”选项板 | 可以用于进入“选择”模式,然后通过移动光标来选择要修改的对象 |
| “属性”选项板 | 可以用于查看和编辑对象属性,如属性、族类型、族类别和族参数、类型属性 |
| “形状”选项板 | 汇集了用户可能运用到的创建三维形状和所有工具 |
| “模型”选项板 | 提供“模型线”、“构件”、“模型组”的创建和调用 |
| “控件”选项板 | 可将控件添加到视图中 |
| “连接件”选项板 | 可将连接件添加到构件中 |
| “基准”选项板 | 可提供“参照线”和“参照平面”两种参照样式 |
| “工作平面”选项板 | 可以用于当前的视图或所选定图元指定的工作平面 |
| “族编辑器”选项板 | 可用于将族载入到打开的项目或族文件中 |

(2)插入

“插入”选项卡包含四个面板:“选择”、“导入”、“从库中载入”和“族编辑器”,如图 3-3 所示。“导入”面板可以将 CAD、光栅图像和族类型导入当前族中。

图 3-3 “插入”选项卡

(3)注释

“注释”选项卡集合了“选择”、“尺寸标注”、“详图”、“文字”和“族编辑器”五大基本功能，如图 3-4 所示。

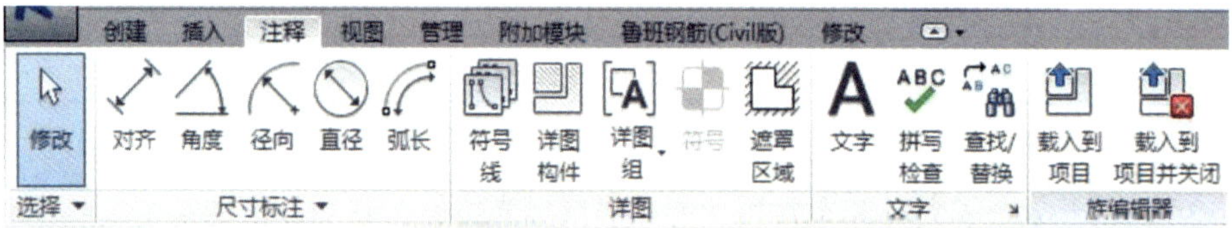


图 3-4 “注释”选项卡

(4)视图

“视图”选项卡集合了“选择”、“图形”、“创建”、“窗口”和“族编辑器”五种基本常用功能，如图 3-5 所示。

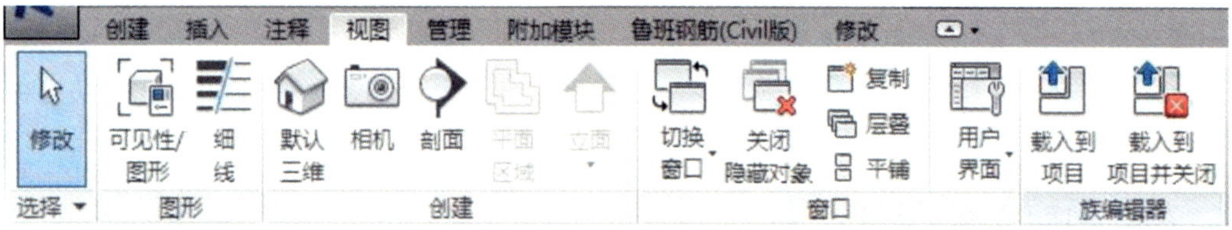


图 3-5 “视图”选项卡

(5)管理

“管理”选项卡集合了“选择”、“设置”、“管理项目”、“查询”、“宏”和“族编辑器”六种基本功能，如图 3-6 所示。

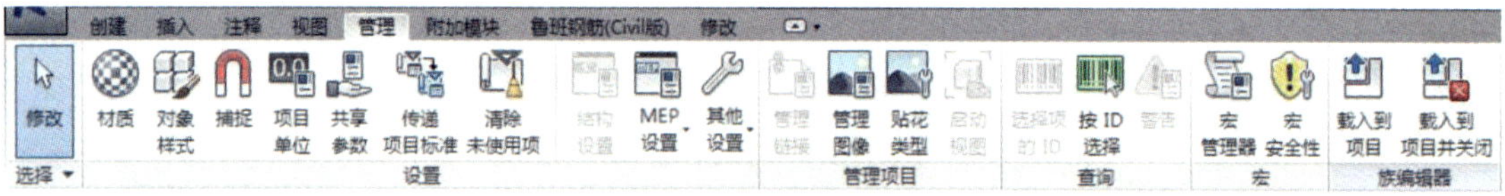


图 3-6 “管理”选项卡

(6)修改

“修改”选项卡集合了“选择”、“属性”、“剪贴板”、“几何图形”、“修改”、“测量”、“创建”和“族编辑器”等八种常用功能，如图 3-7 所示。

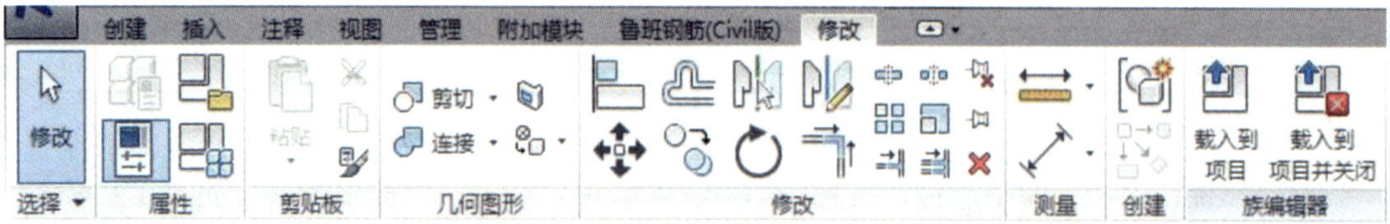


图 3-7 “修改”选项卡

### 3.1.3 文件格式

Revit有四种基本文件格式：RTE格式、RVT格式、RFT格式和RFA格式，在第2章已介绍过，此处不再赘述。其中，RFT格式和RFA格式是族的文件格式。

（1）RFT格式：创建Revit可载入族的样板文件格式。创建不同类别的族要选择不同的族样板文件。

（2）RFA格式：Revit可载入族的文件格式。用户可根据项目需要创建自己的常用族文件，以便随时在项目中调用。

## 课后习题

**判断题**

1. 族作为组成项目模型的构件，其创建质量的高低、规范与否，不会对项目模型产生直接影响。（ ）

2. 创建族时，“形状”选项板汇集了用户可能运用到的创建三维形状和所有工具。（ ）

3. Revit有四种基本文件格式，分别是RTE格式、RVT格式、RFT格式和RFA格式，其中RFT格式和RFA格式是族的文件格式。（ ）

4. “修改”选项卡集合了选择、属性、剪贴板、几何图形、修改、测量、创建和族编辑器等八种常用功能。（ ）

5. Revit族编辑器将所有命令都集成在功能区面板上，包含八大选项卡。（ ）

## 3.2 可载入族

在第1章的“Revit专业术语”中，已经介绍了族的概念和分类。可载入族是指可以被载入到项目中的族，分组方式可根据参数集的共用性、在使用上的相同性或者图形表示的相似性来细化分类。创建方式可通过选取不同类型的族样板来实现。

### 3.2.1 族编辑器基本知识

3.2.1.1 族类别和族参数

（1）族类别

单击“应用程序菜单”按钮➤“新建”➤“族”➤选择“公制常规模型.rft”族样板，可进入“公制常规模型”族编辑器界面（以“公制常规模型”为例）。

单击功能区中“族类别和族参数”按钮，即可打开“族类别和族参数”对话框，如图3-8所示。

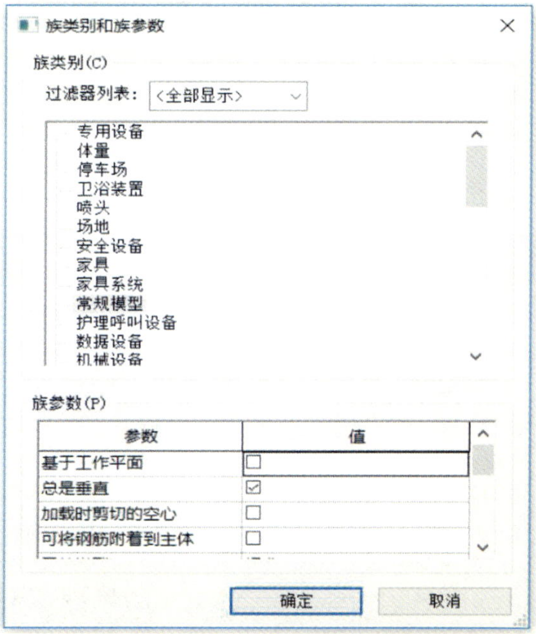


图3-8 “族类别和族参数”对话框

(2)族参数

不同“族类别”对应不同的“族参数”。“常规模型”族是通用族,无任何特定族特性,仅具有形体特征,其具体族参数见表3-3。

表3-3 “常规模型”族参数

| 族参数 | 特　　性 |
|---|---|
| 基于工作平面 | 若勾选该项,则创建的族只能放在某个工作平面或是实体表面 |
| 总是垂直 | 若勾选了“基于工作平面”和该项,族将相对于水平面垂直,否则将垂直于某个工作平面 |
| 加载时剪切的空心 | 若勾选该项,则在导入到项目文件时,会同时附带可剪切空心信息,否则会自动过滤空心信息,仅保存实体模型 |
| 可将钢筋附着到主体 | 若勾选该项,则运用该族样板创建的族载入结构项目中,剖切该族,用户就可在这个族剖面上自由添加钢筋 |
| 部件类型 | 选择族类别时,系统可自动匹配对应的部件类型,一般无须再次修改 |
| 共享 | 若勾选该项,则当该族作为嵌套族载入到另一个主体族中时,该主体族也可在项目中被单独调用,达到共享目标 |

3.2.1.2　族类型和族参数

族类型及族参数设置完毕后,单击“族类型”按钮,弹出图3-9所示“族类型”对话框,对族类型和族参数进行设置。

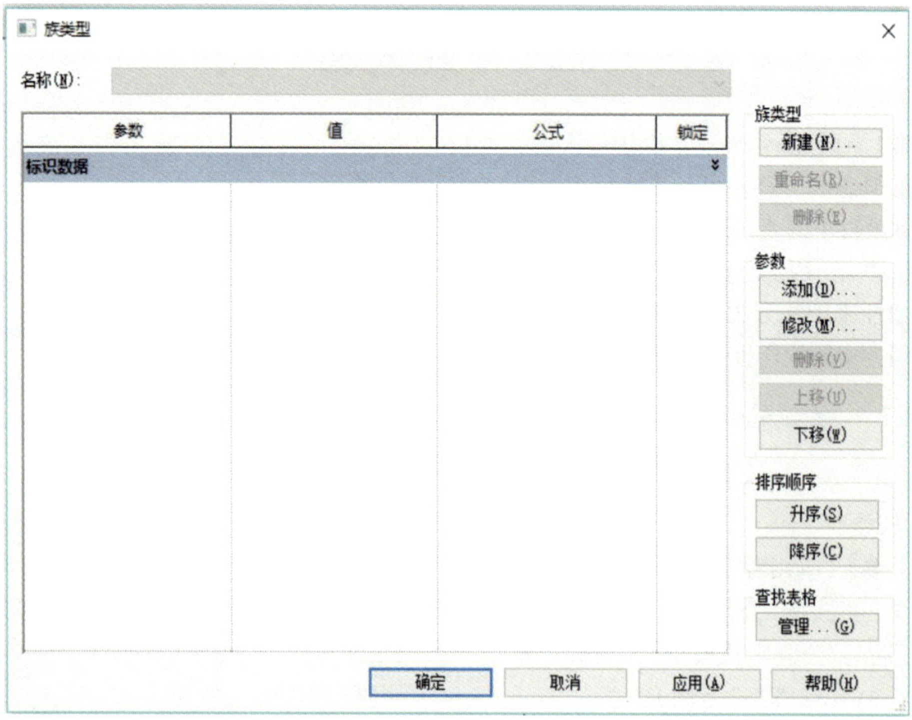


图3-9 “族类型”对话框

(1)新建族类型

“族类型”是在项目中用户可以看到的族类型,一个族可有多个类型,每个类型可有不同尺寸的形状，且可分别调用。在“族类型”对话框右上角单击“新建”按钮可添加新的族类型，对已有族类型还可以进行“重命名”和“删除”操作。

（2）添加参数

参数对于族非常重要，正是因为有了参数传递的信息，族才有了强大的生命力。可通过“参数属性”对话框进行参数设置，如图 3-10 所示。

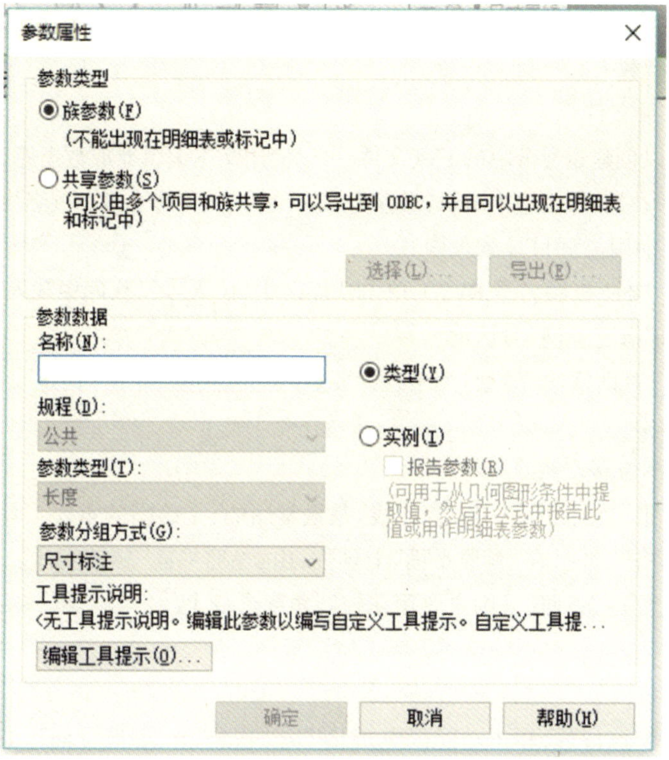


图 3-10　设置参数

参数相关内容见表 3-4。

表 3-4　参数基本知识

| 名称 | 内容 | 特　　点 |
|---|---|---|
| 参数类型 | 族参数 | 载入文件后，不可出现在明细表或标记中 |
| | 共享参数 | 可以由多个项目和族共享，可出现在明细表和标记中，若使用，将在一个 TXT 文档中记录参数 |
| | 特殊参数 | 族样板自带参数，用户不能自行创建、修改、删除其参数名，可出现在明细表中 |
| 参数数据 | 名称 | 根据用户需要自行定义，但同族内参数名称不能相同 |
| | 规程 | 不同“规程”对应不同“参数类型”，可按“规程”分组设置项目单位的格式 |
| | 参数类型 | 同参数类型有不同特点及单位 |
| | 参数分组方式 | 定义参数组别，可使参数在“族参数”对话框中按组分类显示，方便用户查找参数 |
| | 类型/实例 | 用户可根据使用习惯来选择“类型参数”和“实例参数” |

（3）类型目录

①类型目录概述

创建族类型有以下两种方法：

a.在族编辑器的“族类型”对话框中新建族类型；

b.使用“类型目录”文件，通过将族类型的信息以规定格式记录在一个TXT文件里，创建一个“类型目录”文件。当该族载入项目时，“类型目录”功能可以帮助完成对族的排序和选择，并仅将在项目中所需的特定族类型载入。

②创建类型目录文件

有多种方法可以创建逗号分隔的TXT文件，可以使用文本编辑器或数据库，或者采用电子表格软件自动处理。一般在Excel表格中编辑，保存为CSV文件后，再将文件拓展名“.CSV”改成“.TXT”。

③在项目文件中用类型目录载入族

打开一个项目文件（扩展名是.RVT），单击功能区中“插入”➢“从库中载入”➢“载入族”，选中某一族文件后显示“指定类型”对话框。

在“指定类型”对话框的“类型”列中选择要载入的族类型，单击“确定”，则选定的族类型即被载入至项目文件中。

3.2.1.3　参照平面和参照线

族的创建过程中，“参照平面”和“参照线”是最常用的，是绘图的重要工具。在进行参数标注时，必须将实体“对齐”，并且在“参照平面”上锁住，由“参照平面”驱动实体。该操作方法应严格贯穿整个建模的过程。“参照线”则主要用在控制角度参变上。

（1）参照平面

①绘制参照平面

创建“常规模型”族以后，单击功能区中“创建”➢“基准”➢“参照平面”，如图3-11所示，将鼠标移至绘图区域，指定起终点位置即可绘制出一个“参照平面”。绘制完成以后，按两下Esc键即可退出。

图3-11　绘制参照平面

②参照平面的属性

“是参照”属性：对于参照平面，“是参照”是最重要的属性。不同的设置使参照平面具有不同的特性。

选择绘图区域的参照平面，打开“属性”对话框，单击“是参照”下拉列表，如图3-12所示，其下拉列表中的各选项特性见表3-5。

表 3-5 “是参照”选项特性表

<table>
<tr><th>参照类型</th><th>说　明</th></tr>
<tr><td>非参照</td><td>该参照平面在项目中无法捕捉，无法标注尺寸</td></tr>
<tr><td>强参照</td><td>该参照平面的尺寸标注及捕捉的优先级最高。将创建的族放入项目中时，临时尺寸标注会捕捉到族中任意“强参照”，且在项目中选择该族时，临时尺寸标注将显示在“强参照”上，若放置永久性尺寸标注，则几何图形中的“强参照”将首先高亮显示</td></tr>
<tr><td>弱参照</td><td>尺寸标注优先级比“强参照”低。将该族的实例放到项目中对其进行尺寸标注时，需要按 Tab 键选择“弱参照”</td></tr>
<tr><td>左</td><td rowspan="9">这些参照在同一个族中只能用一次，其特性与“强参照”类似，通常可用来表示样板自带的三个参照平面，还可用来表示族的最外端边界的参照平面:左、右、前、后、底和顶</td></tr>
<tr><td>中心(左/右)</td></tr>
<tr><td>右</td></tr>
<tr><td>前</td></tr>
<tr><td>中心(前/后)</td></tr>
<tr><td>后</td></tr>
<tr><td>底</td></tr>
<tr><td>中心(标高)</td></tr>
<tr><td>顶</td></tr>
</table>

定义原点:用来定义族插入点，Revit 族插入点可通过参照平面定义。选择“中心(前/后)”参照平面，其“属性”对话框中“定义原点”默认已被勾选，如图 3-13 所示。

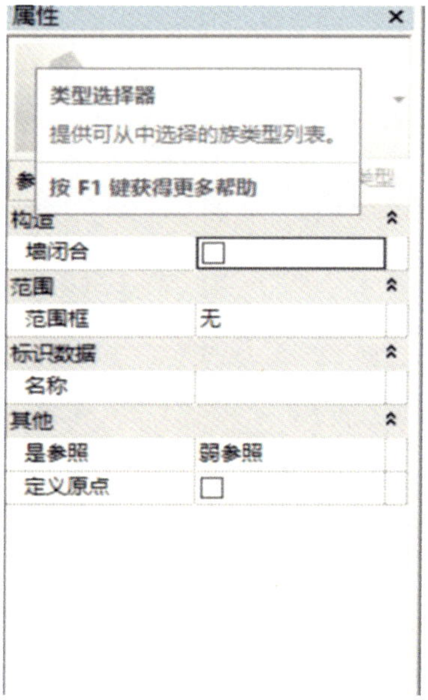


图 3-12 “是参照”属性

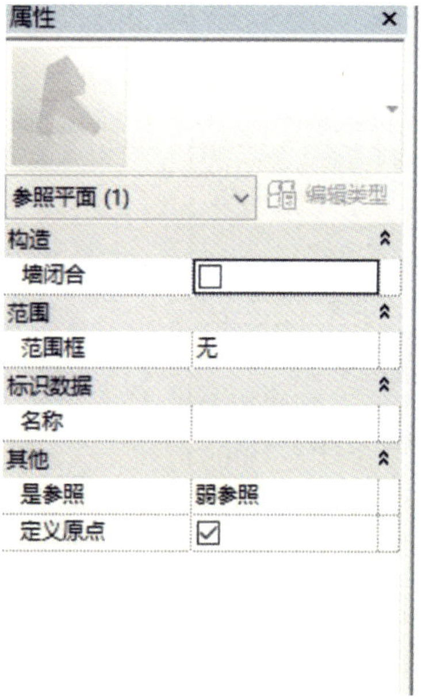


图 3-13 “定义原点”属性

名称：选择要设置名称的参照平面，在“属性”对话框中的“名称”里面输入名称，以区分不同参照平面。

(2)参照线

“参照线”与“参照平面”功能基本相同，主要用于实现角度参变。可以通过以下步骤实现参照线角度的自由变化：绘制参照线，标注参照线之间的夹角。

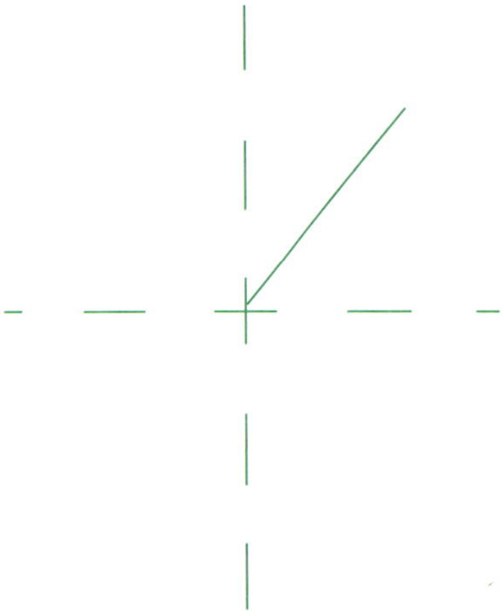

图 3-14　绘制参照线

①单击功能区中“创建”➤“基准”➤“参照线”按钮，默认以直线绘制。

②将鼠标光标移至绘图区域，完成参照线的绘制，如图 3-14 所示。

③单击功能区中“修改”选项卡中“对齐”按钮。

④选择垂直参照平面，选择参照线端点，将出现一个锁形图标，默认打开，单击图标，锁住该锁，使这条参照线和垂直参照平面对齐锁住，如图 3-15 所示。

⑤同理，将参照线和水平的参照平面对齐锁住。

⑥单击功能区中“注释”➤“尺寸标注”➤“角度”。

⑦选择参照线和垂直参照平面，选择合适的地方放置尺寸标注，如图 3-16 所示。

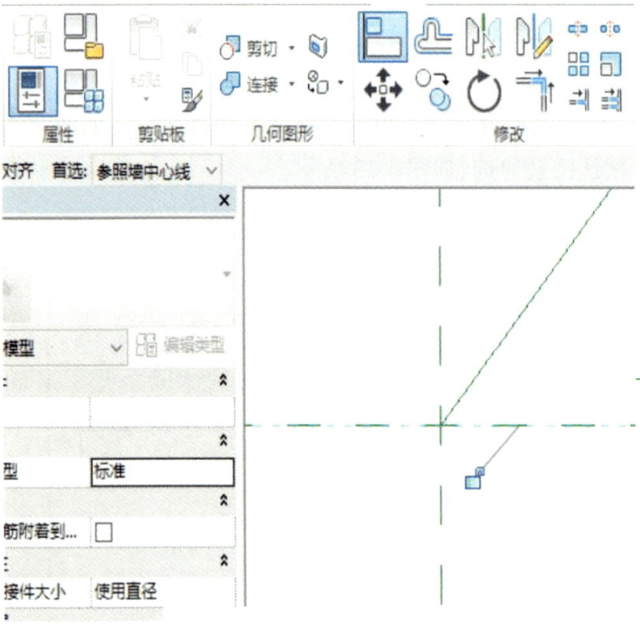


图 3-15　对齐锁住

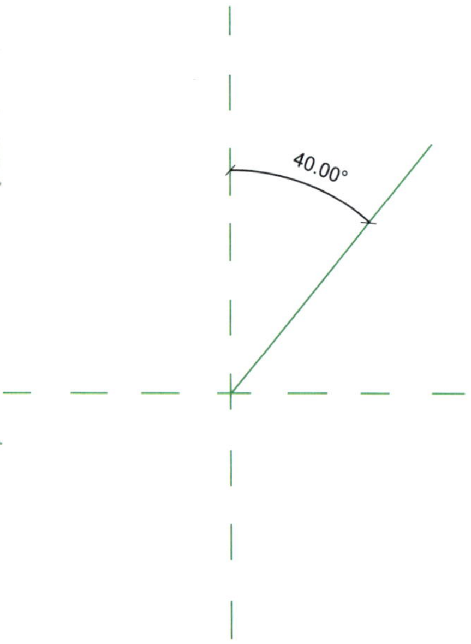


图 3-16　参照线角度

⑧设置夹角标签参数，如图 3-17 所示。

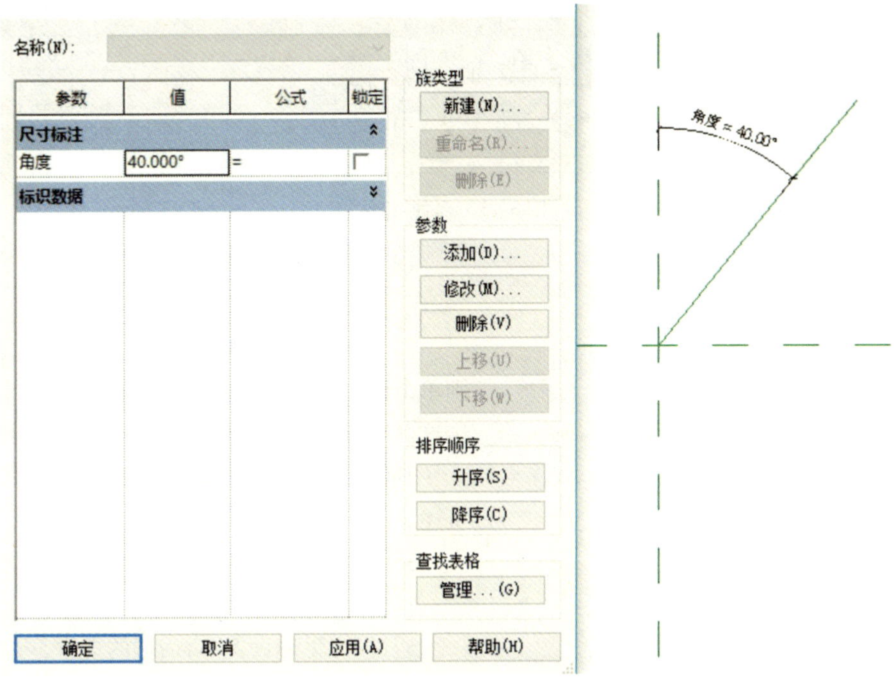


图 3-17 夹角标签参数的设置

3.2.1.4 工作平面

族编辑器中的大多数视图中，工作平面均是自动设置的，执行某些绘图操作及在特殊视图中启用某些工具时必须使用工作平面。在绘图中可捕捉工作平面网格，但不能相对于工作平面网格进行对齐操作或尺寸标注。

(1)工作平面设置

单击功能区中“创建”➤“工作平面”➤“设置”按钮，即可打开“工作平面”对话框。指定工作平面的方法有以下五种：

①拾取一个参照平面；

②拾取实体的表面；

③拾取参照线的水平与垂直法面；

④拾取任意一条线，并将其所在平面设置为当前工作平面；

⑤单击“名称”，在下拉列表中选择已命名的参照平面的名字。

(2)工作平面显示

由于工作平面是默认隐藏的，所以需要单击功能区中“创建”➤“工作平面”➤“显示”按钮，可显示或隐藏工作平面。

3.2.1.5 控件

“控件”按钮的作用是让族在项目中可以按照“控件”的指定方向翻转。其具体的添加和使用方法如下：

(1)基于“公制常规模型”族样板新建一个族文件，并在绘图区绘制。

(2)单击功能区中“创建”➤“控件”➤“控件”按钮。

(3)单击功能区中“修改|放置 控制点”➤“控制点类型”➤“双向垂直”按钮，如图 3-18 所示。

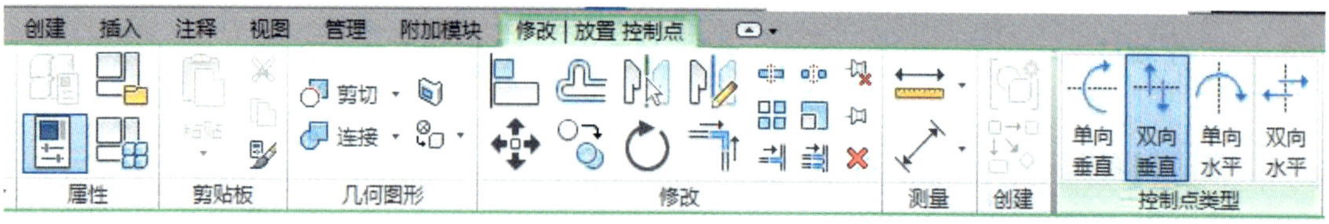


图 3-18　添加“控件”

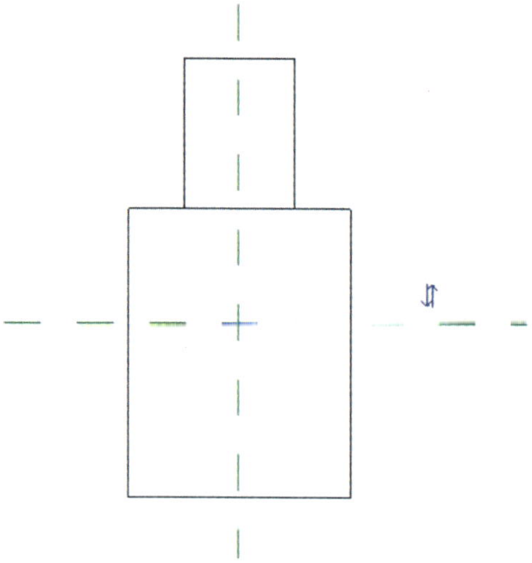

图3-19　“双向垂直”控件

（4）在图形的右侧区域单击鼠标，则完成一个“双向垂直”控件的添加，如图 3-19 所示。

（5）将这个族加载到项目中并插入到绘图区域，则单击该族时，就会出现“双向垂直”的控件符号，单击这个“双向垂直”的控件符号，该族就会上下翻转。

其他控件的添加和使用方法基本相同，这里不再赘述。

3.2.1.6　可见性和详细程度

（1）基本设置

通过“可见性设置”对话框的设置，可控制每个实体的显示情况。

（2）条件参数控制可见性

不仅可以使用“族图元可见性设置”控制图元显示，还可以设置条件参数控制图元显示。具体操作如下：

①功能区“创建”➤“属性”➤“族类型”按钮，打开“族类型”对话框。

②添加一个参数名为“长”的长度类型参数。

③添加一个参数名为“可见性”的“是/否”类型参数，如图 3-20 所示。

④在“可见性”的“值”里输入“1200.0”，如图 3-21 所示。

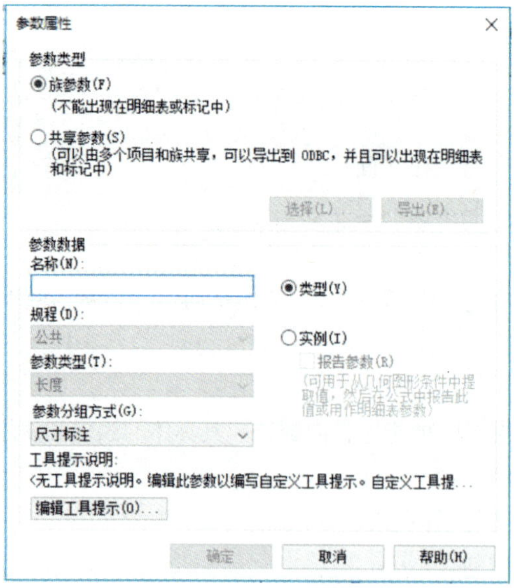


图 3-20　“是/否”类型参数设置

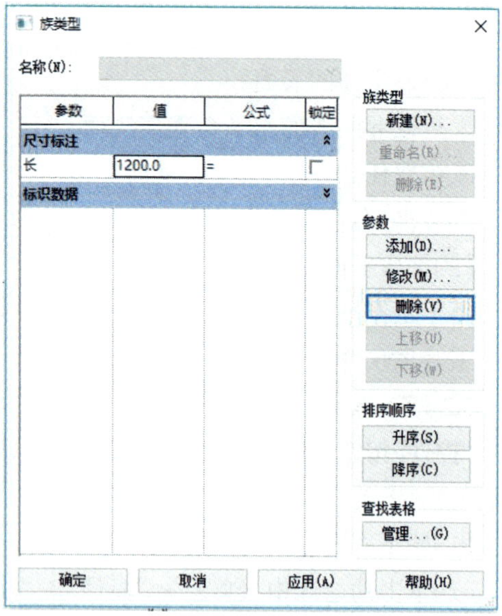


图 3-21　“可见性”参数设置

⑤在绘图区域创建一个长方体，设置其长度标签为“长”参数。

⑥单击选中长方体，在“属性”对话框中，单击“可见”选项右边的“关联族参数”按钮，打开“关联族参数”对话框，选择“可见性”参数即可。

操作完成以后，仅有长度为 1200.0 mm 的长方体可见，否则不可见。

### 3.2.2　三维模型的创建

族三维模型的创建中最常用的是创建实体模型和空心模型，任何实体模型和空心模型都必须对齐且锁在参照平面上，且可通过参照平面上的标注尺寸操作驱动实体的形状改变。在功能区中的“创建”选项卡中，提供了“拉伸”、“融合”、“旋转”、“放样”、“放样融合”和“空心形状”等建模命令，下面将分别介绍这些建模命令的特点和使用方法。

(1)拉伸

绘制一个封闭的拉伸端面，并对一个拉伸高度进行建模。具体操作如下：

①在绘图区域绘制四个参照平面，并在参照平面上标注尺寸并确定参数。

②单击功能区中“创建”➤“形状”➤“拉伸”，激活 修改 | 拉伸 > 编辑拉伸 选项卡。用“矩形”方式在绘图区域绘制，绘制完毕后按 Esc 键退出，如图 3-22 所示。

③单击 修改 | 拉伸 > 编辑拉伸 选项卡中的“对齐”，将矩形和四个参照平面对齐并上锁，如图 3-23 所示。

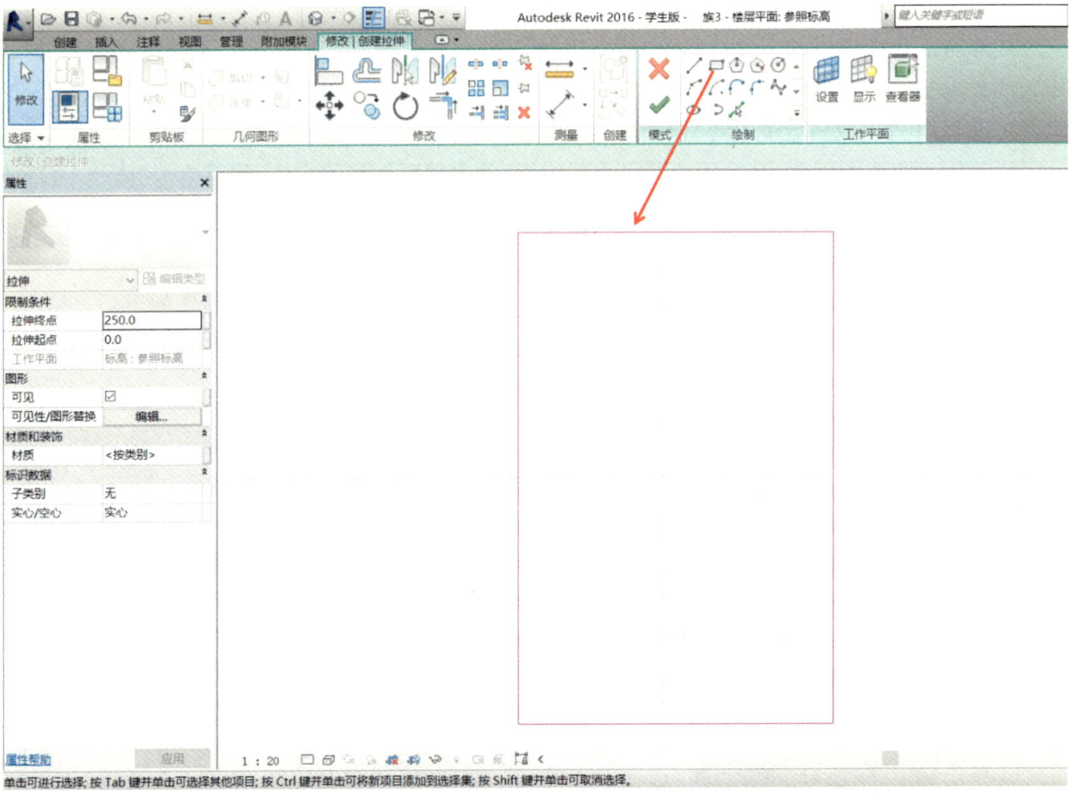


图 3-22　拉伸

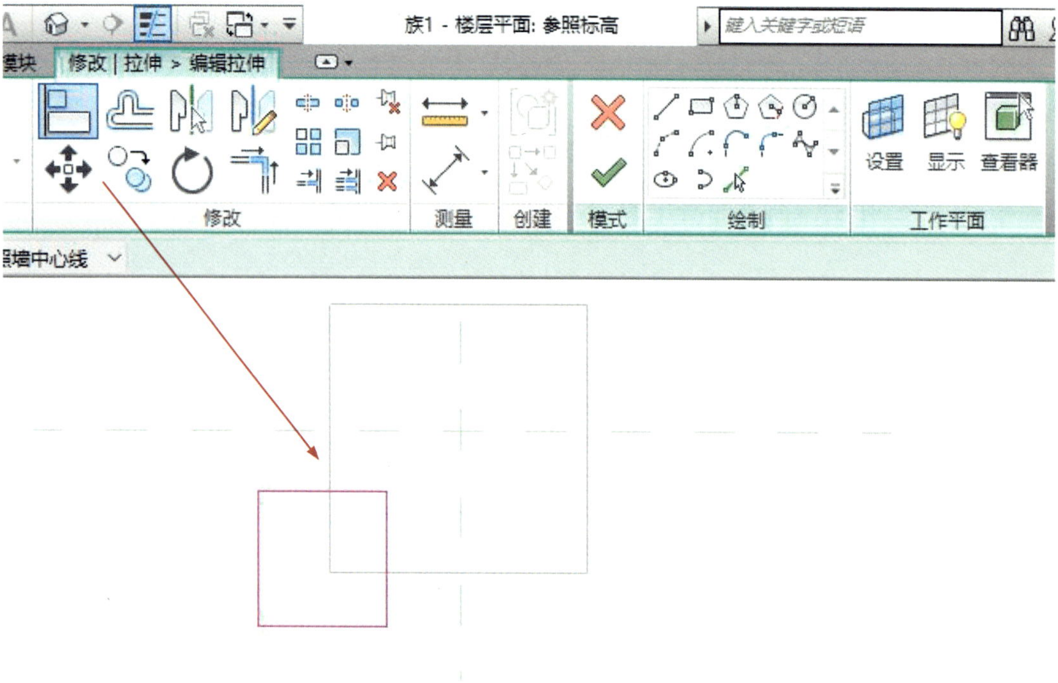


图 3-23　对齐锁住

④单击 修改 | 拉伸 > 编辑拉伸 选项卡中的 ✔ 按钮，完成实体创建。

⑤如需要在高度方向上标注尺寸，用户可在任何一个立面上绘制参照平面，然后将实体顶面和底面分别锁在两个参照平面上，再在这两个参照平面之间标注尺寸，将尺寸匹配一个参数，如此就可通过改变参数来改变长方体的长、宽、高尺寸了。

对于创建完成的任意实体，用户可以重新编辑：单击想要编辑的实体，然后单击“修改｜拉伸”选项卡中的“编辑拉伸”，进入编辑拉伸界面。

（2）融合

“融合”命令可将两个平行平面上不同形状的端面进行融合建模。具体操作如下：

①单击功能区中“创建”➤“形状”➤“融合”，默认进入“创建融合底部边界”模式，如图 3-24 所示，这时可绘制底部的融合面形状，绘制一个矩形。

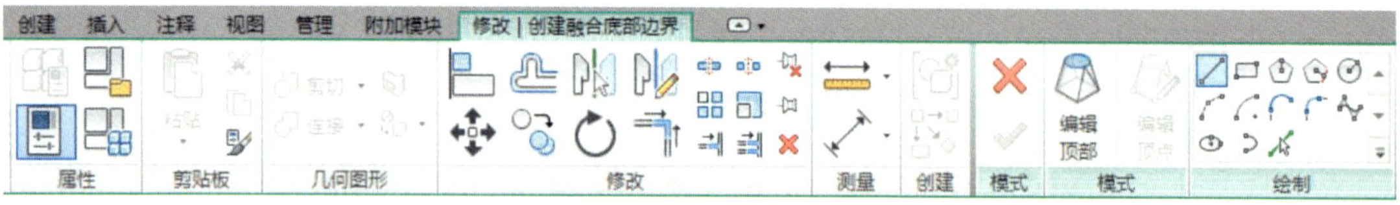


图 3-24　“创建融合底部边界”模式

②单击选项卡中的“编辑顶部”，切换到顶部融合面绘制，绘制一个圆。

③顶部和底部都绘制完毕后，通过单击“编辑顶点”的方式可以编辑各个顶点的融合关系，如图 3-25 所示。

④单击 修改 | 创建融合顶部边界 选项卡中的 ✔ 按钮，完成融合建模，如图 3-26 所示。

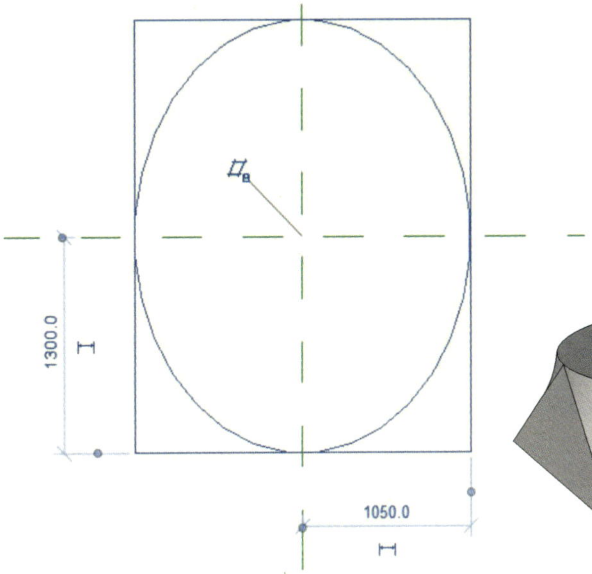


图 3-25　编辑顶点

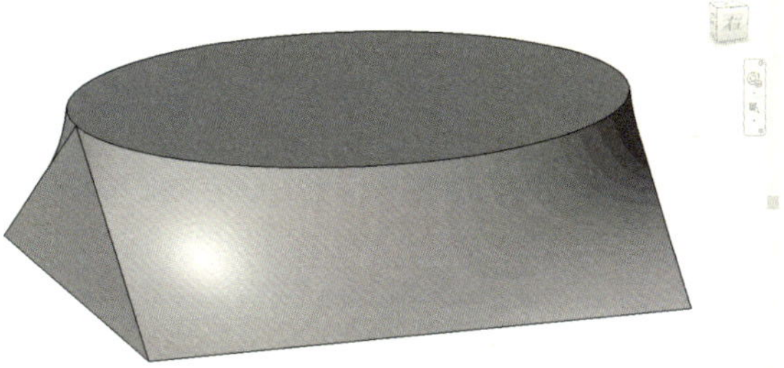

图 3-26　融合建模成果

在使用融合建模的过程中可能会遇到融合效果不理想的情况，可通过增减数个融合面的顶点数量来控制融合的效果，具体操作请参考 Revit 族帮助，在此不再详述。

(3)旋转

采用该命令可创建出围绕一根轴旋转而成的几何图形。具体操作如下：

①单击功能区中"创建"➤"形状"➤"旋转"，默认绘制"边界线"，可绘制任意形状，但边界必须闭合，如图 3-27 所示。

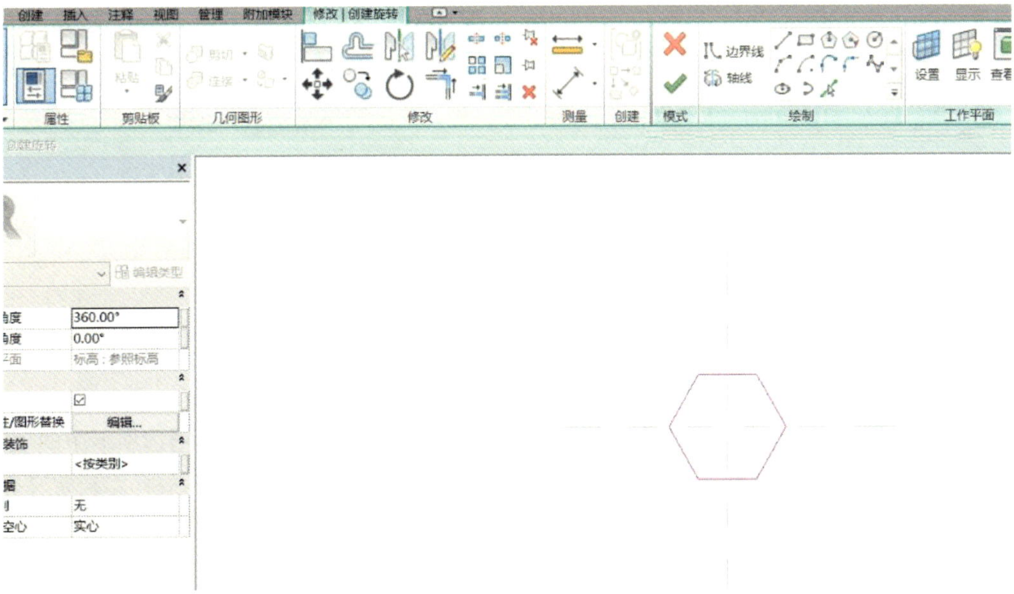


图 3-27　旋转

②单击选项卡中的"轴线"，在中心的参照平面上绘制一条轴线，该轴线可自行绘制，也可选择已有直线，如图 3-28 所示。

③单击 修改 | 创建旋转 选项卡中的✔按钮，完成旋转建模，如图 3-29 所示。

④用户也可以对已有的旋转实体进行编辑。单击创建成功的旋转实体，在“属性”对话框中将“结束角度”改成 150.00°，则该实体将旋转小半个圆，如图 3-30 所示。

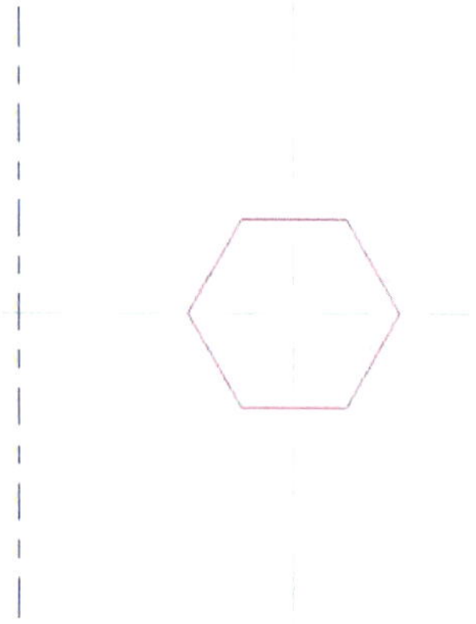

图 3-28　轴线

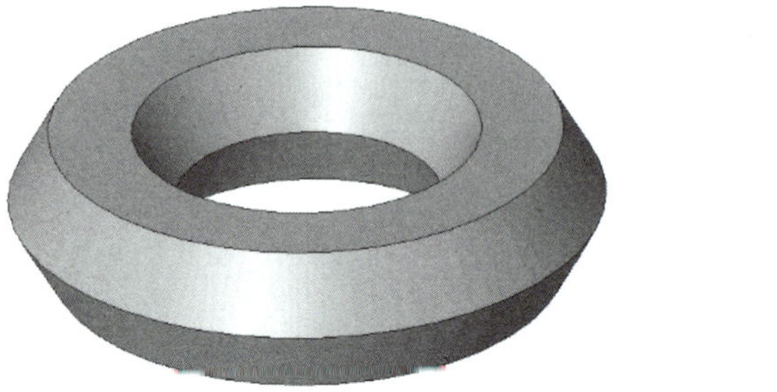

图 3-29　“旋转”建模成果

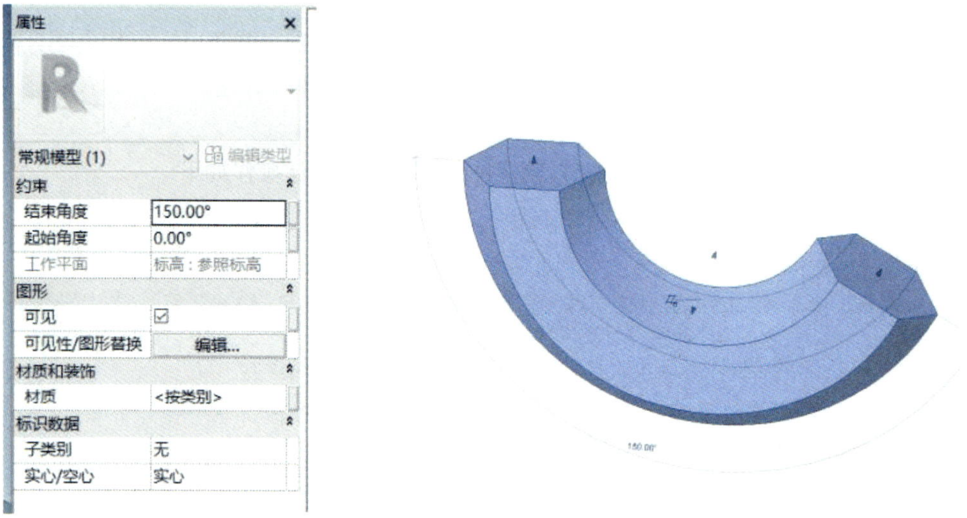


图 3-30　编辑旋转角度

(4)放样

该命令用于创建需绘制或应用轮廓且沿路径拉伸该轮廓族的建模，具体操作如下:

①在“参照标高”工作平面上画出一条参照线，如图 3-31 所示。

②单击功能区中“创建”>“形状”>“放样”，即可进入放样绘制界面。使用选项卡中的“绘制路径”命令画出路径，也可单击“拾取路径”，通过选择方式来定义放样路径。放样路径定义完成之后，单击✔按钮完成绘制。

③单击“编辑轮廓”，在弹出的“转到视图”对话框中选择“立面：右”，如图 3-32 所示。单击“打开视图”按钮并在右立面上绘出椭圆形，如图 3-33 所示。

④单击✔按钮，完成轮廓绘制。

⑤单击“修改 | 放样”选项卡中✔按钮，完成建模，如图 3-34 所示。

图 3-31　绘制参照线

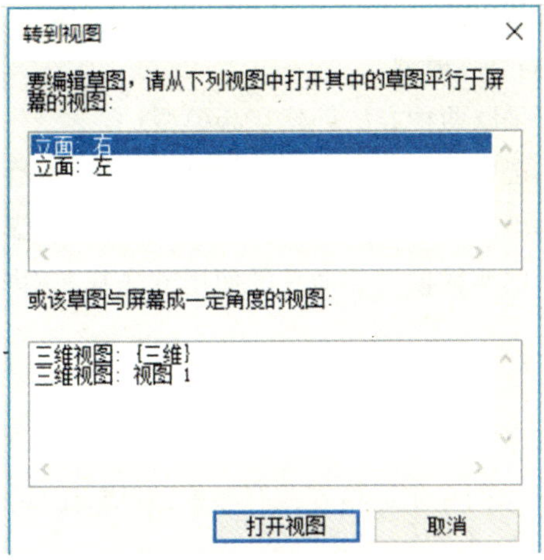


图 3-32　编辑轮廓

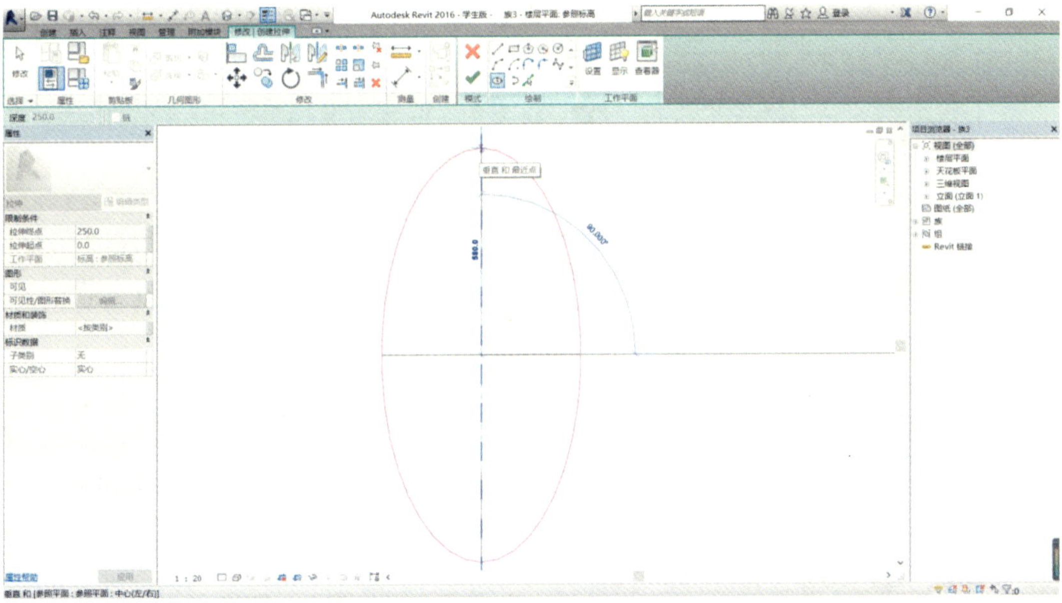

图 3-33　绘出椭圆

在定义放样轮廓的时候，既可以直接在“修改｜轮廓”的界面中修改，也可以从外部载入一个轮廓族作为嵌套族，成为放样轮廓面。

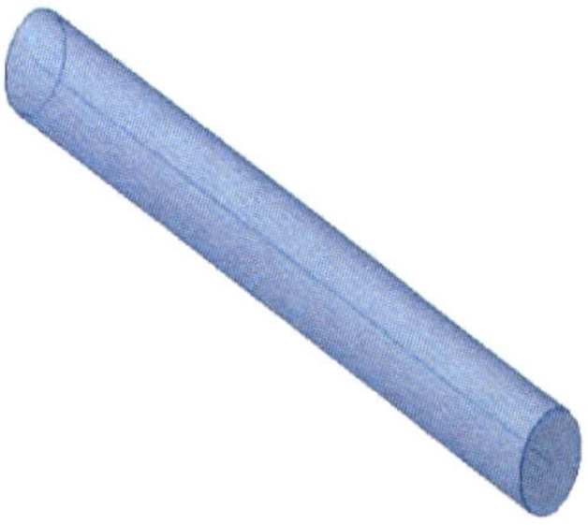

图 3-34　“放样”建模成果

（5）放样融合

该命令可创建具有两个不同轮廓的融合体，然后沿路径对其进行放样，使用方法同上，但可以选择两个轮廓面。

如果在放样融合时选择轮廓族作为放样轮廓，这时选择已经创建好的放样融合实体，打开“属性”对话框，通过更改“轮廓1”和“轮廓 2”中间的“水平轮廓偏移”和“垂直轮廓偏移”来调整轮廓和放样中心线的偏移量，可实现“偏心放样融合”的效果。若直接在族中绘制轮廓，就不能应用这个功能。

(6)空心模型

可采取两种方法创建空心模型：

①选中实体，在“属性”对话框中将实体模型转变成空心模型。

②单击功能区中“创建”➤“形状”➤“空心”按钮，在下拉列表中选择命令，各命令的使用方法与对应的实体模型各命令的使用方法基本相同。

## 3.2.3 三维模型的修改

### 3.2.3.1 布尔运算

Revit的布尔运算方式有两种：剪切、连接，可在功能区“修改”选项卡中找到该命令，如图3-35所示。

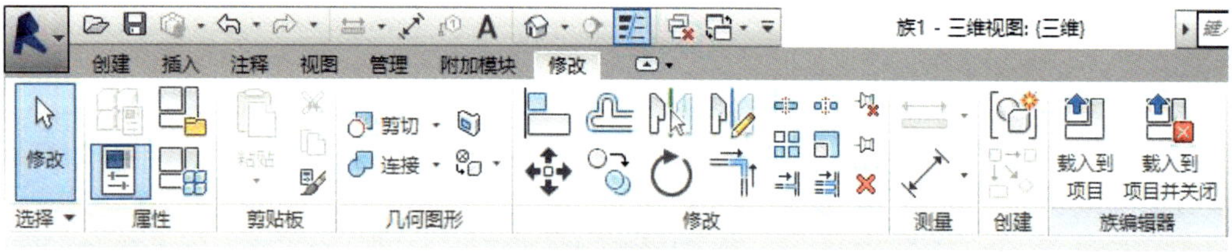


图 3-35 剪切、连接

(1)剪切

该命令可将空心模型从实体模型中减去而形成“镂空”效果。若需将已剪切实体模型返回未剪切状态，单击“剪切”下拉列表中的“取消剪切几何图形”，如图3-36所示。

(2)连接

该命令可将多个实体模型连接为一个，实现“布尔剪”的同时产生相贯线。若需要将已经连接的实体模型返回到未连接的状态，可单击“连接”下拉列表中的“取消连接几何图形”，如图3-37所示。

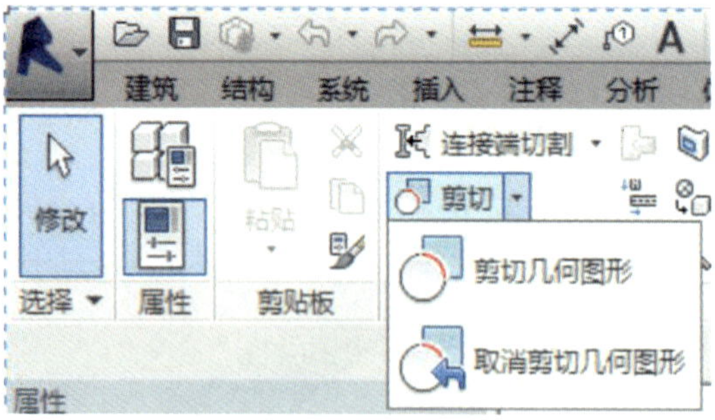


图 3-36 取消剪切几何图形

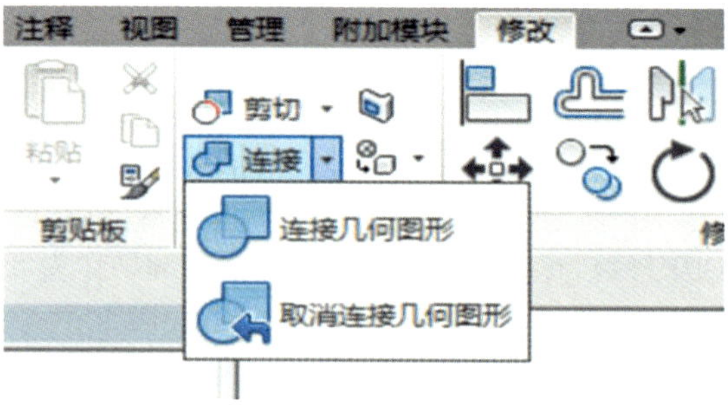


图 3-37 取消连接几何图形

### 3.2.3.2 拆分面/填色

(1)拆分面

“拆分面”可将图元的面分割为数个区域，可应用不同材质拆分该图元的选定面，而不会产生多个图元或修改图元的结构。

具体操作如下：单击功能区“修改”➤“几何图形”➤“拆分面”按钮，鼠标光标移至待拆分

面附近，该面高亮显示时单击鼠标，在 修改 | 拆分面 > 创建边界 选项卡中单击“绘制”，绘制出拆分区域边界，单击 按钮完成绘制，如图 3-38 所示。

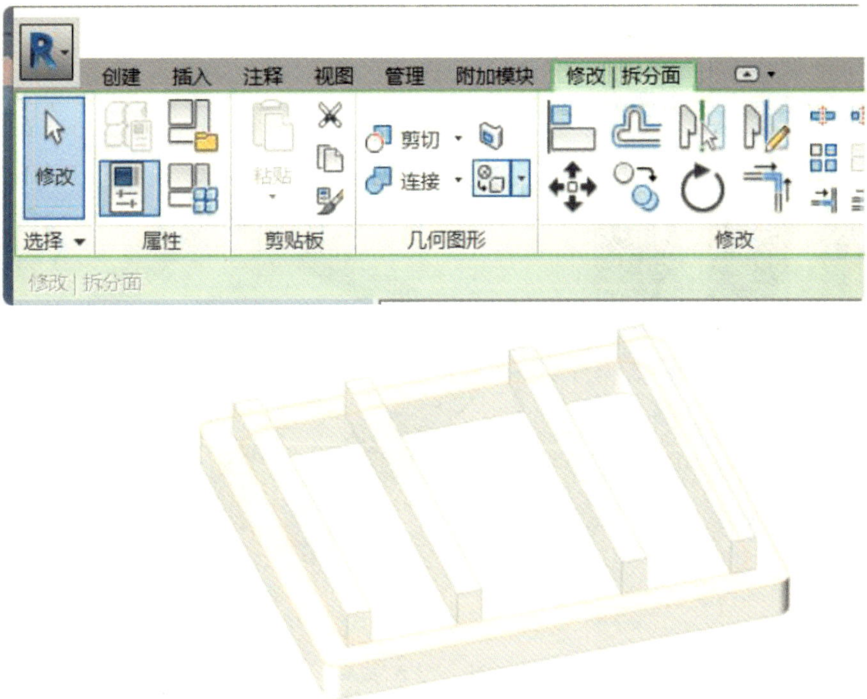


图 3-38　拆分面

（2）填色

该命令可在图元的面和区域中应用不同材质，如需取消填色则可使用“删除填色”，如图 3-39 所示。

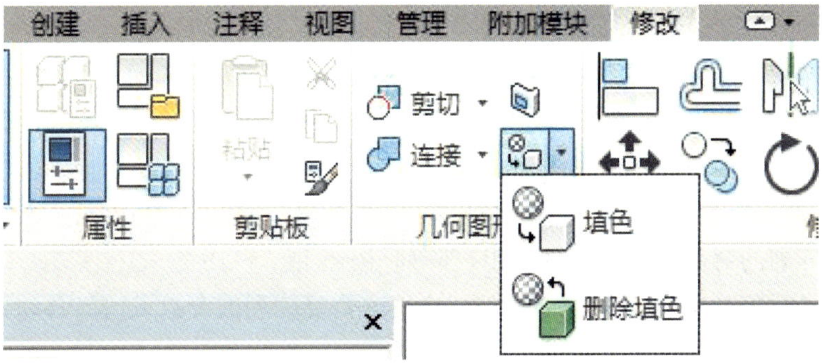


图 3-39　填色

具体操作如下：单击功能区“修改”➤“几何图形”➤“填色” 按钮，选择材质，利用 Tab 键选择并单击绘图区域要填色的面或区域，单击“完成”按钮，如图 3-40 所示。

单击功能区“修改”➤“几何图形”➤“删除填色”按钮，在面或区域上单击以删除其材质。

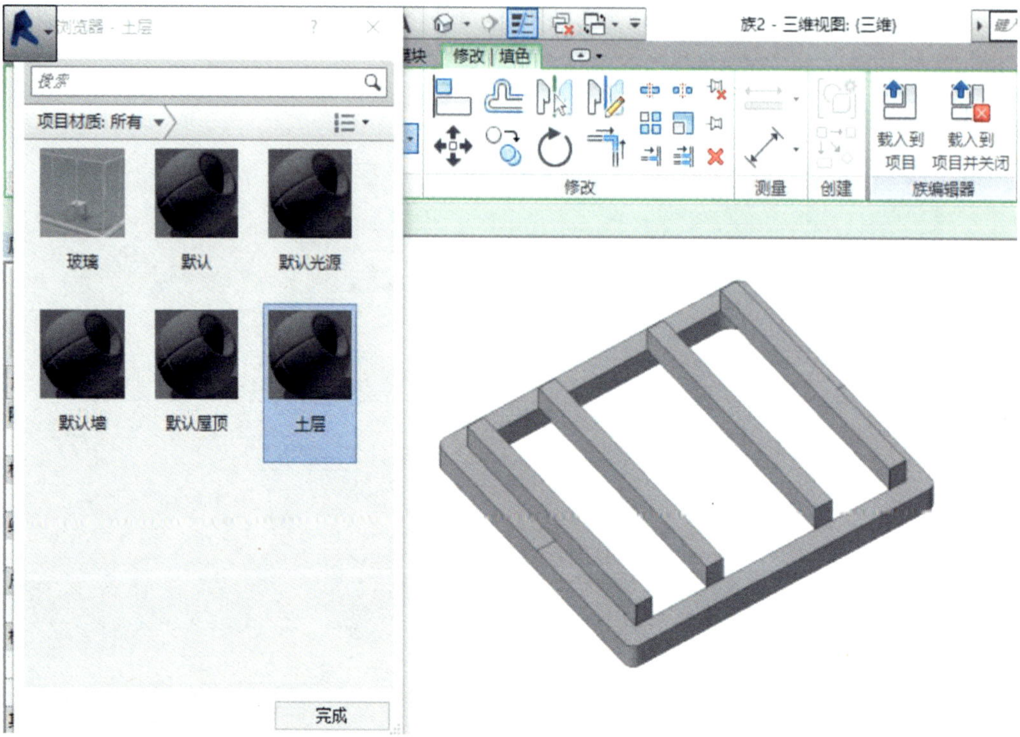


图 3-40　“填色”成果

3.2.3.3　对齐/修剪/延伸/拆分/偏移

Revit提供了一些图形修剪的功能，大多数命令都在“修改”选项卡的“修改”面板中进行操作，Revit族编辑器中的“对齐”、“修剪”、“延伸”、“拆分”、“偏移”等命令与Revit平台软件基本命令的操作一样，在此不再赘述。

3.2.3.4　移动/旋转/复制/镜像/阵列

Revit 的“移动”、“旋转”、“复制”、“镜像” 等命令，和其他绘图软件的基本命令一样，除了“阵列”命令比较难掌握外，其他命令都大同小异，这些命令也都在“修改”选项卡中，与Revit平台基本命令的操作基本一致，在此主要说明“阵列”命令的使用方法及技巧，其他内容不再赘述。

下面详细介绍“阵列”命令的使用方法和技巧。

（1）环形阵列

①选择要阵列的对象，并单击“修改”➤“阵列”按钮。

②单击“径向”阵列按钮，在“项目数”中输入需要阵列的个数，选择“移动到：最后一个”，单击“旋转中心：地点”。

③在绘图区域选定阵列中心点，选择起始边，在选项栏的“角度”中输入360°，按Enter键完成，如图3-41所示。

（2）矩形阵列

①选择要阵列的对象，并单击“修改”➤“阵列”按钮。

②单击“线性”阵列按钮，在“项目数”中输入需要阵列的个数，选择“移动到：第二个”，确定阵列的起终点，阵列完成，如图3-42所示。

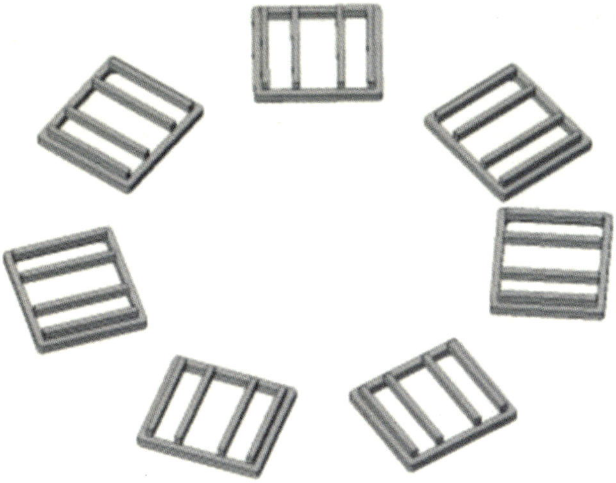

图 3-41　环形阵列

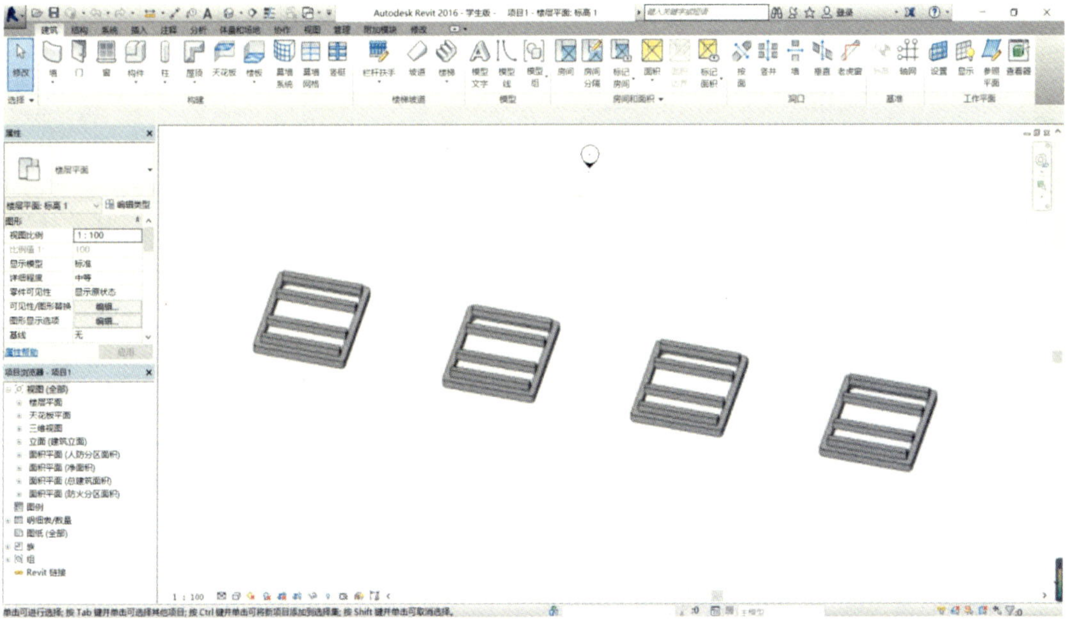

图 3-42　矩形阵列(一)

注:阵列出的物体间距离就是所选择阵列起终点之间的距离;勾选“成组并关联”选项后,阵列出的各个实体成组存在,修改其中任一物体对应的参数也将发生相应的改变。以该方式进行的阵列,可以以第一个物体与第二个物体间的距离控制整条阵列,但必须以第一个物体和第二个物体能通过的长度参数来控制阵列间距。

矩形阵列还有另外一种方式可完成阵列操作。方法如下:

①选择要阵列的对象,并单击“修改”➤“阵列”按钮 。

②单击“线性”阵列按钮 ,在“项目数”中输入需要阵列的个数,选择“移动到:最后一个”,确定阵列的起终点,阵列完成,如图 3-43 所示。

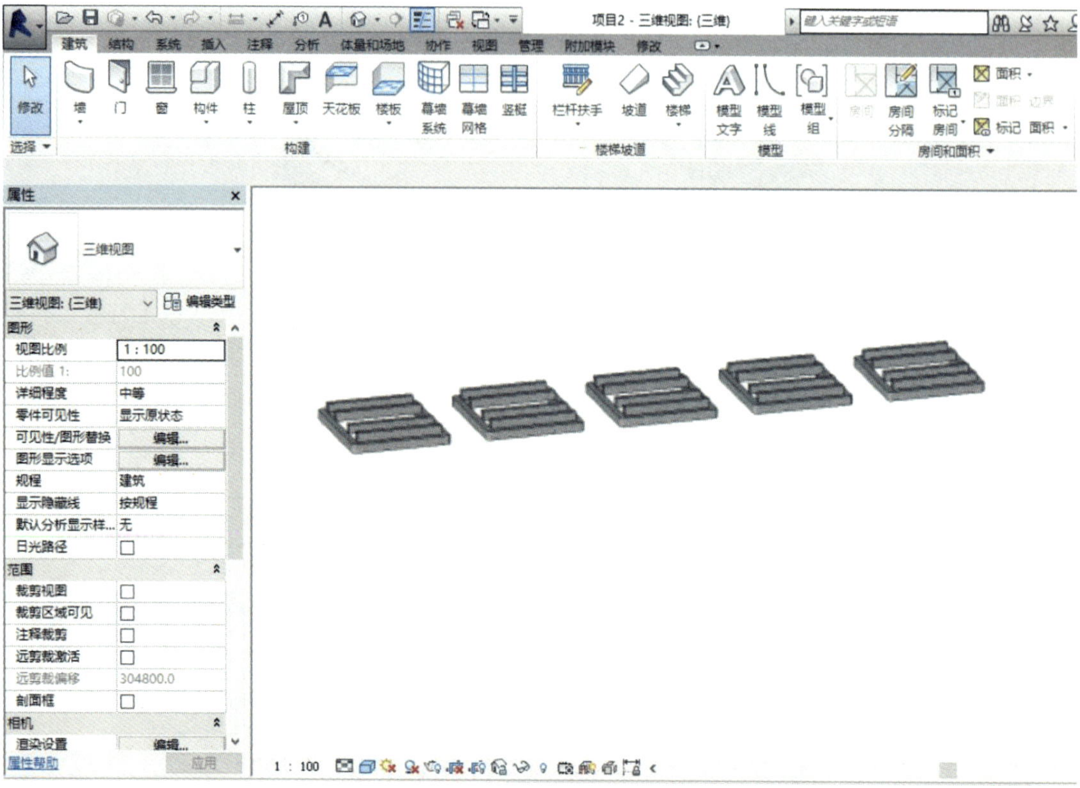

图 3-43　矩形阵列(二)

注:在项目中,若使用很多带"阵列"的族,可能会影响软件运行速度,创建族时应该考虑这一因素。

### 3.2.4　二维族基础知识

除三维族外,还包括二维族,二维族除可以单独使用外,也可载入三维族中使用。二维族主要包括轮廓族、详图构件族、注释族和标题栏族,它们有各自的创建样板。轮廓族和详图构件族只能在"楼层平面图"视图的"参照标高"工作平面上绘制,注释族和标题栏族只能在"视图"平面上绘制。二维族主要用于辅助建模、标注图元等,二维族分类和功能详见表 3-6。

表 3-6　二维族分类和功能

| 族名 | 功　能 |
| --- | --- |
| 轮廓族 | 用于绘制封闭的轮廓截面,放样、融合时作为轮廓族载入使用 |
| 详图构件族 | 用于绘制详图,所绘详图可附着在任何平面上 |
| 注释族 | 可用来表示二维注释的族文件,被载入到项目中后,其显示大小固定 |
| 标题栏族 | 用来绘制图纸样板的族文件,被广泛用于制作各种图框 |

## 3.2.5 族的嵌套

可以在族中载入其他族，被载入的族称为嵌套族。为节约建模时间，可将现有的族嵌套在其他族中，此时嵌套族可被多个族重复利用。现举例说明具体操作：

（1）用“公制常规模型”的族样板新建族文件，单击功能区中“创建”➤“形状”➤“拉伸”，单击 修改 | 创建拉伸 选项栏上 “绘制” ➤ “矩形” 按钮，在绘图区域绘制一个矩形，单击 按钮。

（2）在“族类型”对话框中新建一个族类型 “类型 1”，添加类型参数“长”和实例参数“宽”，如图3-44所示。

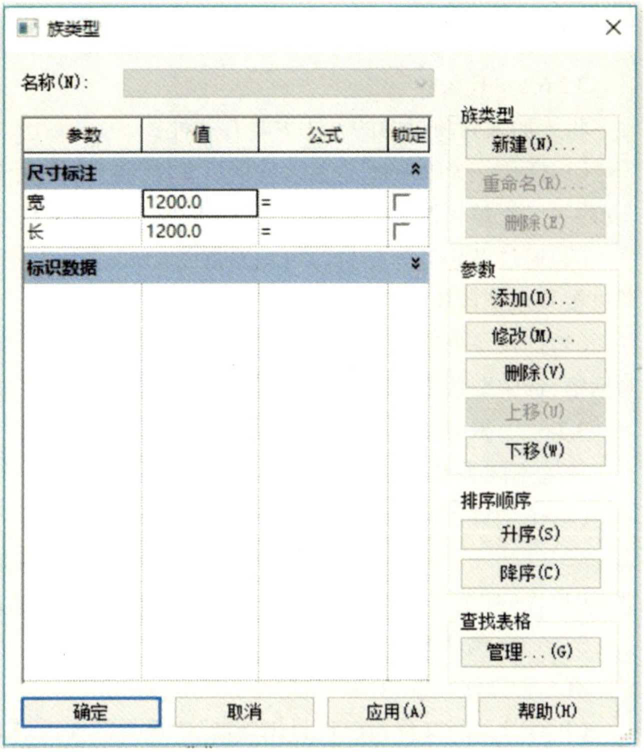


图 3-44 “族类型”对话框

（3） 将该族保存为 “嵌套族 1.rfa”。

（4）创建另一个族，保存为“主体族 .rfa”。

（5）打开文件“嵌套族 1.rfa”，单击“载入到项目”按钮，将该文件载入到“主体族 .rfa”中，如图 3-45 所示。

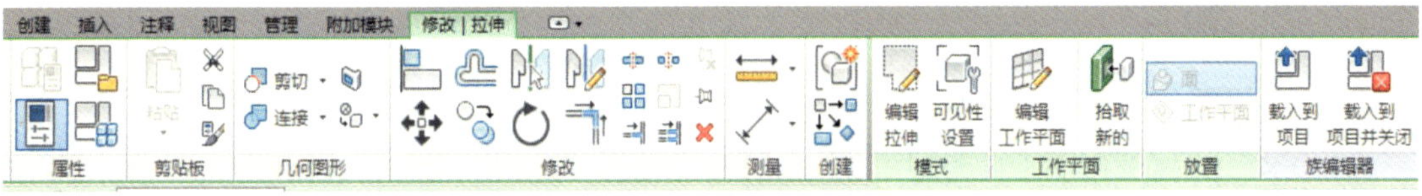


图 3-45 载入到项目

（6）在“主体族 .rfa”的项目浏览器里面出现一个类型为“类型 1”的嵌套族，单击“类型 1”，拖至绘图区域。

（7）在“主体族 .rfa”中，打开“族类型”对话框，添加类型参数“主体族长”和实例参数“主体族宽”，分别输入参数值。

（8）双击“类型 1”打开“类型属性”对话框，单击参数“长”最右边的“关联族参数”按钮，打开“关联族参数”对话框，选择“主体族长”。此时“嵌套族 1.rfa”中的“长”参数将被“主体族 .rfa”中的“主体族长”参数所驱动。

（9）采用同样的操作，也可以实现用“主体族 .rfa”中的“主体族宽”参数驱动“嵌套族 1.rfa”中的“宽”参数。

### 3.2.6 族的使用

3.2.6.1 载入族

将族加入到项目中的方法主要有三种：

（1）打开一个以“.rvt”为后缀的项目文件，再打开一个以“.rfa”为后缀的族文件，单击功能区中“创建”➤“族编辑器”➤“载入到项目中”，即可将该族载入到项目中。

（2）通过 Windows 的资源管理器将以“.rfa”为后缀的族文件拖到项目的绘图区域，该族文件即可被载入到该项目中。

（3）打开一个项目文件，单击功能区“插入”➤“从库中载入”➤“载入族”，即可打开“载入族”对话框，选中要载入的族，单击对话框右下角的“打开”，被选中的族即可被载入到该项目中。

3.2.6.2 放置不同类型的族

放置不同类型的族在项目中的方法主要有两种：

（1）在“项目浏览器”中族节点下选择需要放置的族类型名，直接拖到绘图区域。

（2）打开一个项目文件，单击功能区中“建筑”➤“构建”➤“构件”➤“放置构件”，在左侧“属性”选项板的“类型选择器”中选择一个族的族类型，点击图中合适位置放置所选族。

3.2.6.3 编辑项目中的族

有三种方法可编辑项目中的族：

（1）打开项目文件，在“项目浏览器”中选择需要编辑的族，单击鼠标右键，点击“编辑”即可打开族编辑器，对选中的族进行编辑。

（2）若族已放置于绘图区域中，单击该族，然后在“修改”选项卡中单击“编辑族”按钮，同样可以打开族编辑器。

（3）对已放置于绘图区域中的族，可单击族后再单击鼠标右键，在快捷菜单中单击“编辑族”即可打开族编辑器。

注：上述方法无法编辑系统族，比如墙体、楼板和天花板等，不可以使用“族编辑器”编辑系统族，只能在项目中创建、修改和删除它的族类型。

3.2.6.4 编辑项目中的族类型

有两种方法可编辑项目中的族类型：

（1）打开一个项目文件，在其“项目浏览器”中选择要编辑的族类型名，双击鼠标左键打开“类型属性”对话框，即可编辑项目中的族类型。

（2）在项目绘图区域中的族，可单击该族实例，在“属性”对话框中单击“编辑类型”，即可打开“类型属性”对话框编辑项目中的族类型。

注：若要选择某个族类型的所有实例，可在“项目浏览器”中或在绘图区域中右击该族类型，单击快捷菜单中的“选择全部实例”，选择“在整个项目中”的实例或者选择“在视图中可见”。

## 课后习题

**一、单选题**

1. 下列选项中哪个不是 Revit Architecture 族类型？（　）。

A. 系统族　　B.外部族　　C.可载入族　　D.内建族

2. Revit 关于“族”类型，分为(　)。

A. 系统族、内建族、可载入族　　B. 内建族、外部族

C. 内建族、可载入族　　D. 系统族、外部族

3. 参数对于族非常重要，正是因为有了参数传递的信息，族才有了强大的生命力。可通过“参数属性”对话框添加参数，关于参数类型不包括哪些内容？(　)。

A. 一般参数　　B. 族参数

C. 共享参数　　D. 特殊参数

**二、判断题**

1. 可载入族是指可以被载入到项目中的族，分组方式可根据参数集的共用性、在使用上的相同性或者图形表示的相似性来细化分类。(　)

2. “常规模型”族是通用族，无任何特定族特性，仅有形体特征。(　)

3. “族类型”是在项目中用户可以看到的族类型，一个族可有多个类型，每个类型可有不同尺寸、形状，且可分别调用。(　)

## 3.3 族　样　板

客制化构件族是 Revit 进行设计的一项重要内容，为方便用户自定义可载入族，Revit 提供了创建族的“样板”文件，它如同建筑物的基础一样，是创建族的基础。族样板为客制化提供了可能。

### 3.3.1 族样板概述

3.3.1.1　样板文件结构

软件安装完成后，软件自带的以“.rft”为后缀的文件就是族的样板文件。

族样板文件存储在“系统盘\ProgramData\Autodesk\RVTXXX\FamilyTemplates\Chinese”文件夹中。该目录在 Windows 系统中是隐藏文件。

默认族样板都是公制单位，该目录在Windows系统中是隐藏文件，可以通过Windows系统工具栏中“工具”➤“文件夹选项”➤“视图”选择“显示隐藏文件”。

“族样板”包含三个子文件夹：“标题栏”、“概念体量”和“注释”，用于创建相应构件族。根文件夹下其他样板包括创建门、窗、幕墙、场地、环境、家具等构件族。

3.3.1.2　族样板共性

(1)常用视图和参照平面

单击“应用程序菜单”按钮➤“新建”➤“族”➤选择“公制常规模型.rft”族样板，进入“公制常规模型”族编辑器界面。单击任一个参照平面即可见该参照平面的名称，如图 3-46 所示。

这两个参照平面相当于两个垂直相交的空间平面，可通过单击功能区中“创建”➤“工作平面”➤“查看器”进行查看，如图 3-47 所示。

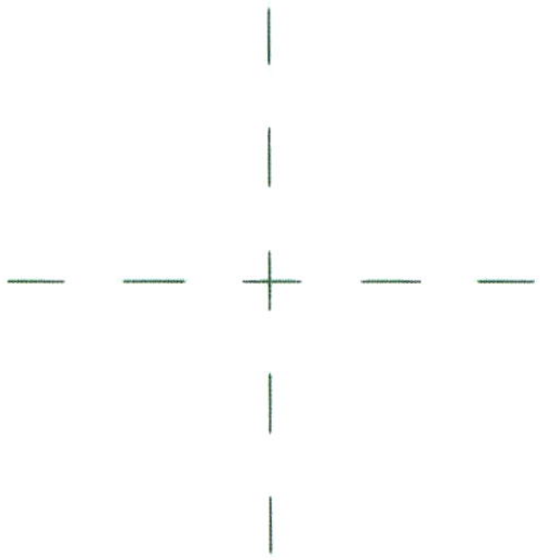

图 3-46　参照平面

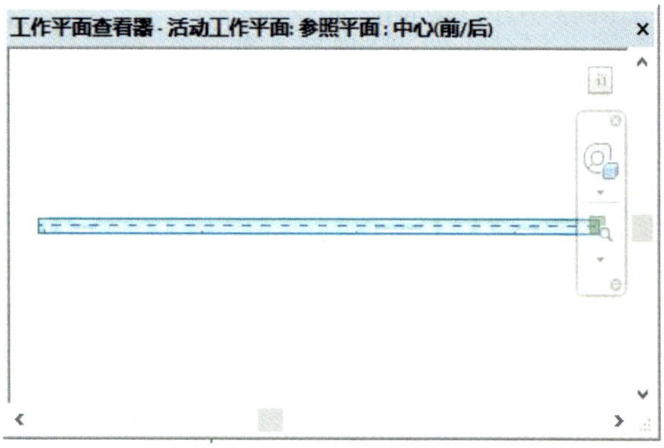


图 3-47　查看“工作平面”

在“项目浏览器”中双击鼠标左键打开立面中的每一视图，单击功能区“视图”➤“窗口”➤“平铺”，在每一立面视图中都可见相应参照平面和参照标高，如图 3-48 所示。

常用参照平面都预设了名称和参照的属性。样板中提供的这些参照平面和标高将被用于定义构件族的原点，来绘制其他参照平面和定义族的几何图形。

(2)族类别和族参数

族类别决定了族在项目中的工作特性，通常情况下，“族类别”与其样板同名。单击功能区“常用”➤“族类别和族参数”即可打开“族类别和族参数”对话框，如图 3-49 所示。选择不同“族类别”会有不同默认“属性”，分别选择“常规模型”和“火警设备”。这两个族类别，其默认属性设置不同，如图 3-50 所示。

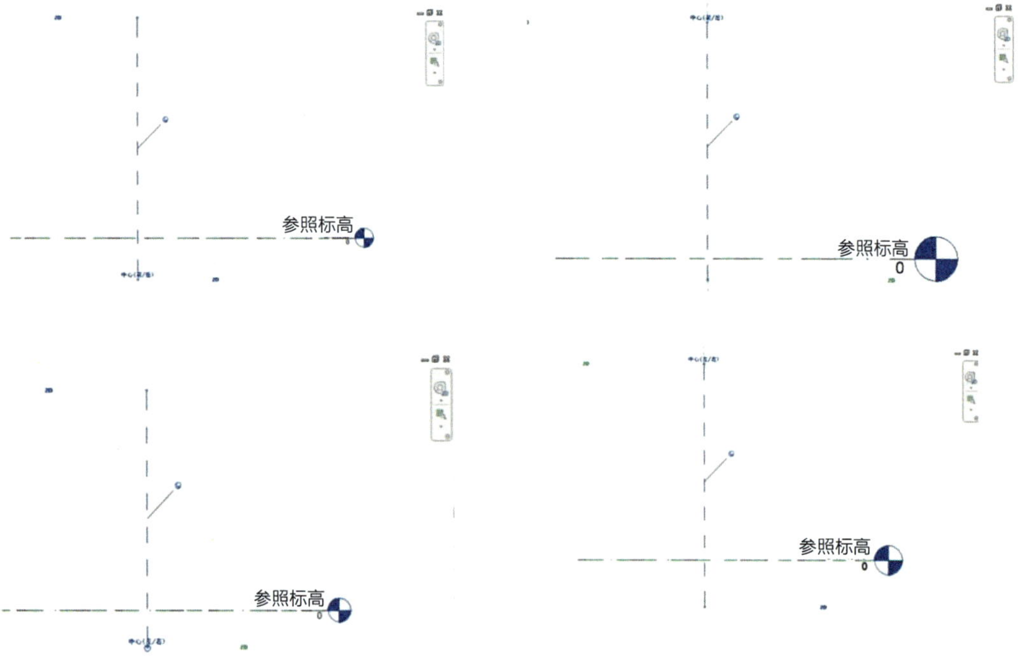


图 3-48　参照平面与参照标高

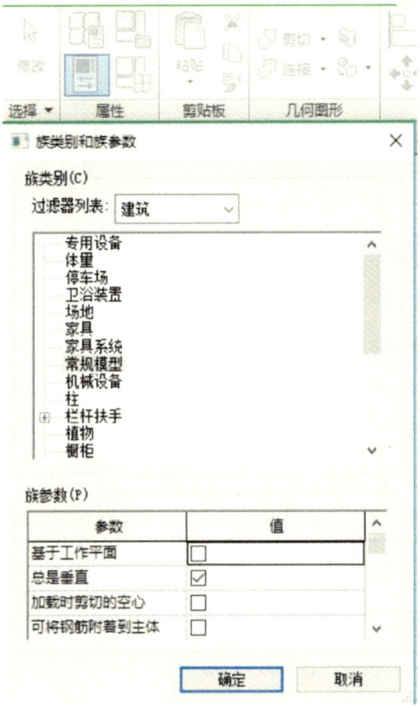


图 3-49 “族类别和族参数”对话框

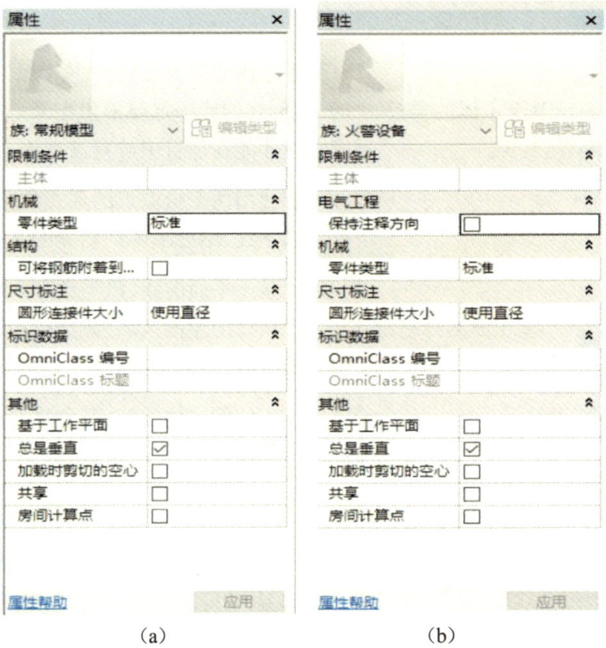


图 3-50 族类别“属性”

(3)系统参数

族样板中已经添加的参数被称为系统参数,系统参数默认设置了族的最基本信息,通常情况下是不能被删除的。

3.3.1.3 族样板特性

(1)预设构件

有的样板已经预设创建该类别族的常用构件(实心几何图形),同时包括该构件相关参数及尺寸标注。当然,如果创建时并没有用到样板中预设的构件,可以将该构件和相关参数删除。

(2)文字提示

有部分样板预设了有助于了解设计意图的文字提示,建议在创建族时删除。

## 3.3.2 族样板的分类及其选用

3.3.2.1 族样板的分类

基于族的使用方法,族样板可以分为四类,其分类见表 3-7。

3.3.2.2 族样板的选用

(1)族类别的确定

这是选择族样板的第一个原则,也是最重要的一个原则。族类别不仅决定了族的分类、明细表统计行为,还将影响族的默认参数、子类别、调用方式等内容。一旦族的类别确定了,通过族样板的文件名,就能很容易缩小选择的范围。

表 3-7　族样板分类

| 族样板 | 特　点 |
| --- | --- |
| 基于主体的样板 | 基于主体的样板有四种:基于墙体的、基于天花板的、基于楼板的和基于屋顶的。其创建的族一定要依附在某一特定建筑图元的表面,即仅当其对应的主体存在时才能在项目中放置该类族 |
| 基于线的样板 | 用于使用两个拾取点的形式放置在项目中的族,其形式有两种:普通线性效果的基于线、结合了阵列功能的基于线 |
| 基于面的样板 | 创建基于平面的族,该类族必须依附于某一工作平面或实体表面,无法独立放置于项目的绘图区域,该类样板比基于主体的样板更灵活。若是基于系统族的表面,则该族可修改它们的主体并在主体中进行复杂剪切 |
| 独立样板 | 创建不依赖主体的族,其创建的族可放在项目任何位置,不依附于任何工作平面或实体表面,可分为创建三维构件族的样板和创建二维构件族的样板 |

(2)族的使用方式

从使用角度出发,Revit 中的族可以分为:

①直接使用式:可以直接从项目浏览器中通过拖曳加入项目中,放置时无特殊要求和特性。

②间接使用式:需进行特殊放置或“装配”后才可使用特定命令加载到项目中。

特殊放置见表 3-8。

表 3-8　特殊放置

| 特殊放置 | 特　点 |
| --- | --- |
| 基于线 | 可通过指定起始点与终止点定义的线性族 |
| 基于主体 | 只有主体对象存在于项目中时才可在项目模型中创建该族 |
| 基于面 | 只有在项目模型的表面上才能创建该族 |

在项目中重新设置或组合使用族,对于“装配使用”族类别,只能选用指定样板文件;对于其他族类别,可根据所需要族的具体要求选用合适的族样板。同时,选择合适的放置方式不仅可以更高效地使用族,而且可以建立其与主体构件正确的互动关系。

### 3.3.3　族样板的创建

只需将文件后缀名“.rfa”改成“.rft”,就可直接将一个族文件转变成一个样板文件。以下将列出样板设置的关键点,掌握好关键点就能方便地对样板进行创建和修改:

①预设参照平面;

②预设参数(实例参数/共享参数/类型参数);

③定义三维构件;

④加载嵌套族;

⑤预设材质;

⑥预设对象样式(子类别)。

## 课后习题

**判断题**

1. 族样板中已经添加的参数被称为系统参数，系统参数默认设置了族的最基本信息，无论什么情况都可以被删除。(　)

2. 软件安装完成后，软件自带以".rft"为后缀的文件就是族的样板文件。(　)

3. "族样板"包含三个子文件夹："标题栏"、"概念体量"和"注释"。(　)

4. 基于族的使用方法，族样板可以分为三类，分别是基于主体的样板、基于线的样板、基于面的样板。(　)

5. 在使用族时，可以直接从项目浏览器中通过拖曳加入项目中，放置时无特殊要求和特性。(　)

# 3.4 可载入族创建实例

## 3.4.1 族创建基本步骤

3.4.1.1 族创建步骤

【视频讲解】

Revit 构件族基本创建步骤大致可以分为 6 步：

(1)族创建构思；

(2)族创建初期设置；

(3)族几何形体的绘制和参数化设置；

(4)族的其他属性设置；

(5)创建类型目录；

(6)族文件测试。

不同类别的族，其具体创建步骤也是不同的，在创建过程中视具体情况而定；第(3)步和第(4)步在实际操作时往往是并行的过程，并非按照严格的先后顺序进行。族编辑器功能的灵活性允许族在创建的过程中同步编辑、修改。

完整地创建一个构件族的流程如图 3-51 所示。

3.4.1.2 族创建构思

一个族构件的创建是从前期的构思开始的，构思的时候必须考虑清楚族的创建构思和实现方式，前期构思清晰合理可为成功创建族打下良好的基础。在前期构思中，需要考虑以下几点：

(1)族插入点/原点

应当将族的插入点/原点设置在有助于在项目中方便放置族的位置。一个家具族的插入点可以选用其几何形体投影到水平面的几何中心，但基于墙的家具或橱柜的插入点则应选在靠墙一侧的边界的中点。

(2)族主体

有一些族样板文件是带有主体的，如基于墙、基于楼板、基于天花板等。在创建族之前，需思

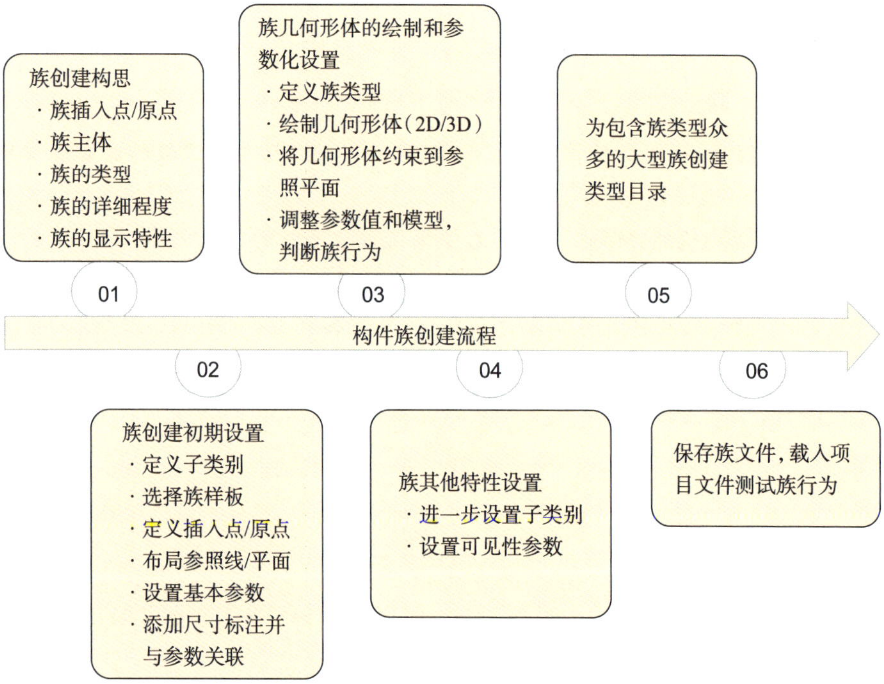


图 3-51　构件族的创建流程

考这个族在使用时是否需要依附在某个主体上。比如吸顶灯必须吸附在天花板上，很多卫浴设施和橱柜都要求吸附在墙上。明确族的主体，有助于族样板的选取。

(3)族的类型

需要预设多个族类型的族，可能是以下几种情况的一种或多种：

族类型之间有不同的预设尺寸的区别；

族类型之间有可见性或材质的区别；

族类型之间有族在主体中相对位置的区别。

创建时一般建议先创建一个族类，在确保族质量合格以后，再通过复制和修改参数值来添加其他族类型。如果族类型不少于 6 种，建议避免将所有族类型都内建，而是通过类型目录去实现族类型的切换。

(4)族的详细程度

在某些情况下，如果在某些特定视图中(如楼层平面图)不需要显示族的三维形体，或需要三维形体的某些细节，建议采用二维图形替代或简化三维形体的方式，减少建模工作量和族的文件大小。

(5)族的显示特性

族在不同的视图和不同的精细度下，其显示特性有所区别。例如一个带贴面的双扇平开门，根据国家制图标准，其平面视图中门显示为开启状态，但在立面和三维视图中，门显示为关闭状态。

### 3.4.2　族创建实例

门窗族是建筑设计中最常用的三维构件族。由于在绘制过程中涉及的参数类型多、数量广，建模结构与尺寸约束复杂，用户在创建门窗族时困扰较多，本节将重点介绍窗族的创建构思与流程。

下面以“某双扇窗”为例，介绍一个窗族文件的具体创建过程。

(1)选择族样板

单击 按钮➤“新建”➤“族”➤“基于墙的公制常规模型 .rft”族样板，如图 3-52 所示。

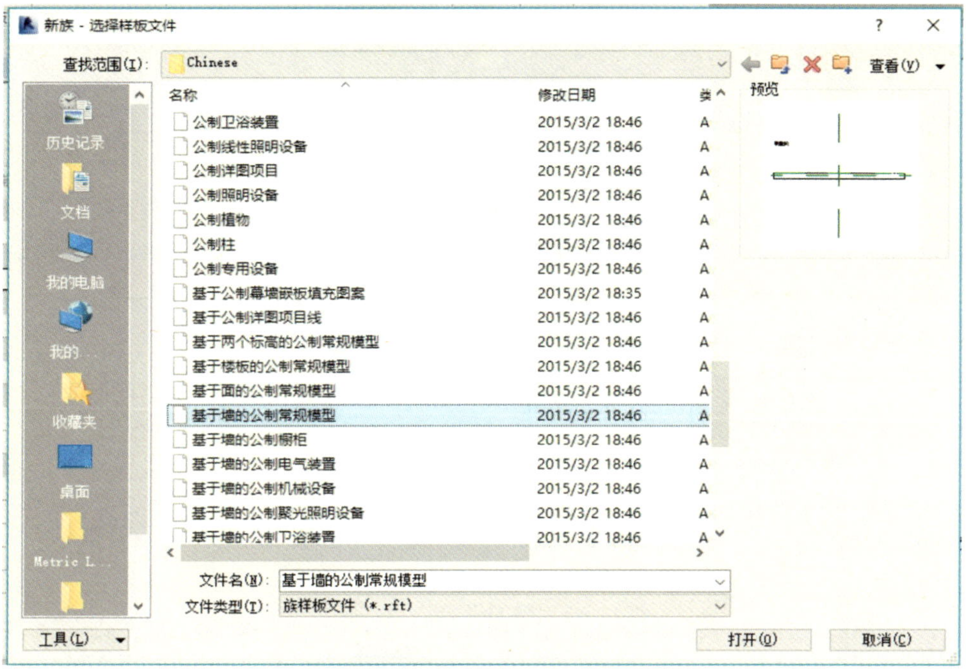


图 3-52　新建族样板文件

(2)定义原点

因为在“基于墙的公制常规模型”中已经定义原点，在此不再进行原点定义。

(3)设置族类别和族参数

①打开“族类别和族参数”对话框，将族类别改为“窗”，确认勾选“总是垂直”，如图 3-53 所示。

②单击“创建”➤“属性”➤“族类型”功能，在“族类型”对话框中单击右侧“参数”中的“添加”按钮打开“参数属性”对话框，在“参数数据”中将“名称”设为“窗框材质”，在“参数类型”下拉列表中选择“材质”，同样创建一个“窗扇材质”为“玻璃”的参数。

(4)创建几何形体

①单击“创建”➤“参照平面”，在中心参照平面左右两侧分别绘制参照平面以确定窗的左右边缘。参照平面绘制完成后，在“属性”选项卡中，分别将左右参照平面的名称和“是参照”改为“左”、“右”，如图 3-54 所示。

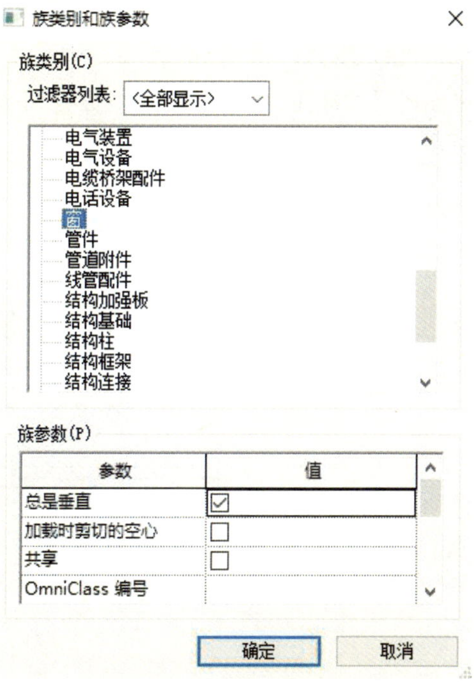


图 3-53　设置“族类别和族参数”

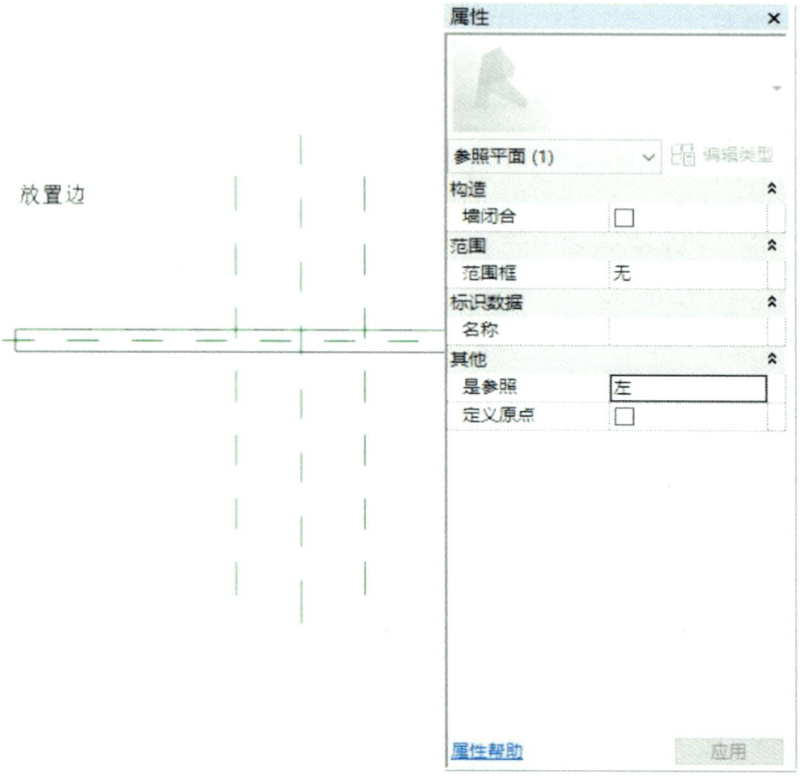


图 3-54　绘制窗的左右边缘

②添加参数进行位置的驱动:首先单击“注释”➤“对齐”,对左右参照平面进行连续标注,并单击“EQ”使其对齐,单击“注释”➤“对齐”,标注左右参照平面,如图 3-55 所示。选择左右参照平面的尺寸标注,点击选项栏中“标签”下拉框,再点击“添加参数”来添加标签“宽度”,如图 3-56 所示。

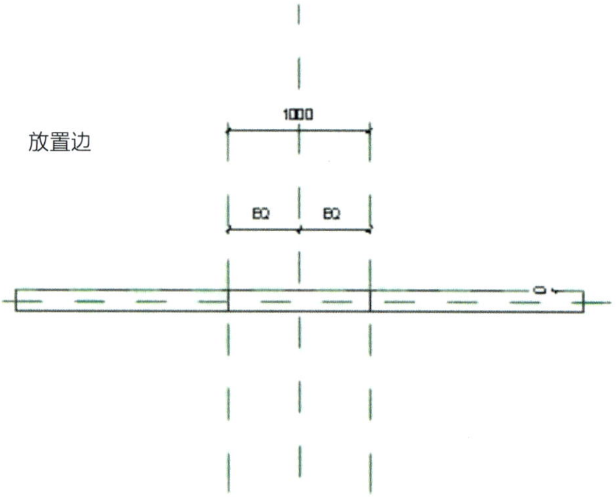


图 3-55　标注左右参照平面

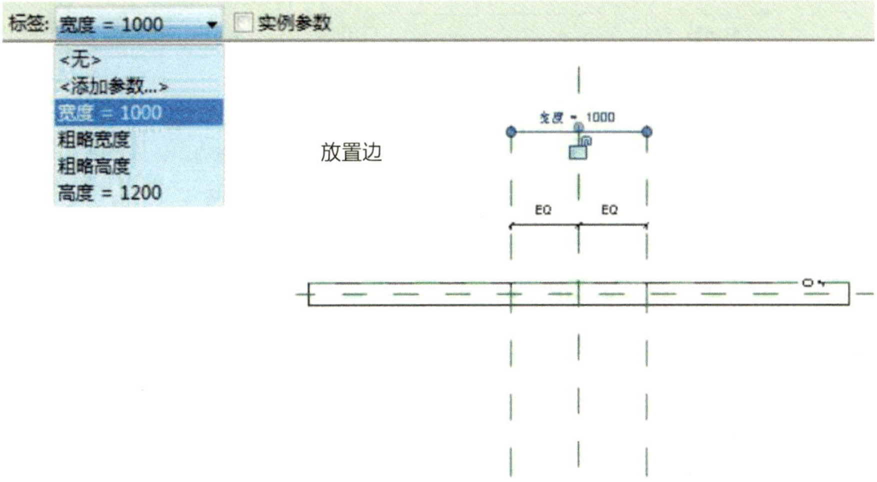


图 3-56　添加参数

③切换至“立面:放置边”视图。采用步骤①的方式,用参照平面定义该窗在墙立面的上下边缘。

④添加参数进行位置的驱动:首先单击“注释”➤“对齐”,对上下参照平面进行标注,然后选择上下参照平面的尺寸标注,采用步骤②的方法添加标签“高度”。对底部参照平面与参照标高进行标注,选中该尺寸标注,添加窗台的“底高度”标签,如图 3-57 所示。

⑤采用步骤①的办法,在中心参照面左右两侧 25mm 处各绘制一参照平面。垂直于中心平面绘制两个参照平面,对这两个参照平面进行标注,添加“窗框宽度”标签。

⑥进行族参数修改:单击“族类型”按钮,弹出“族类型”对话框,如图 3-58 所示,对族参数进行修改。

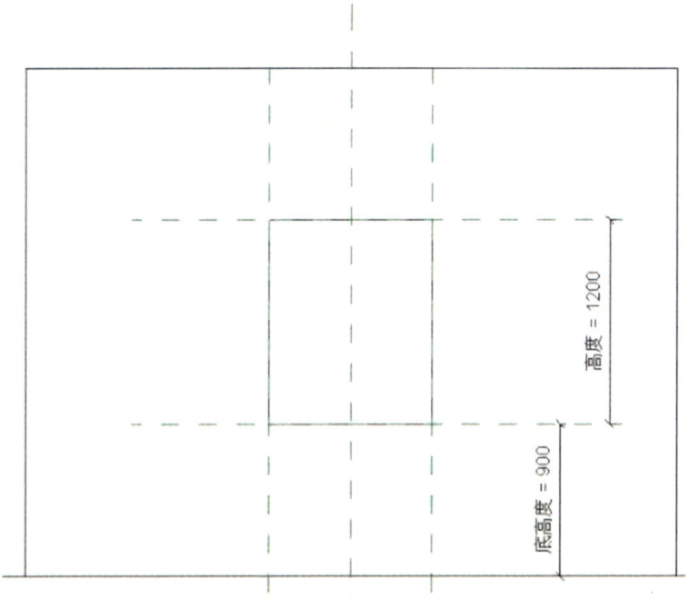


图 3-57　绘制窗户的上下边缘

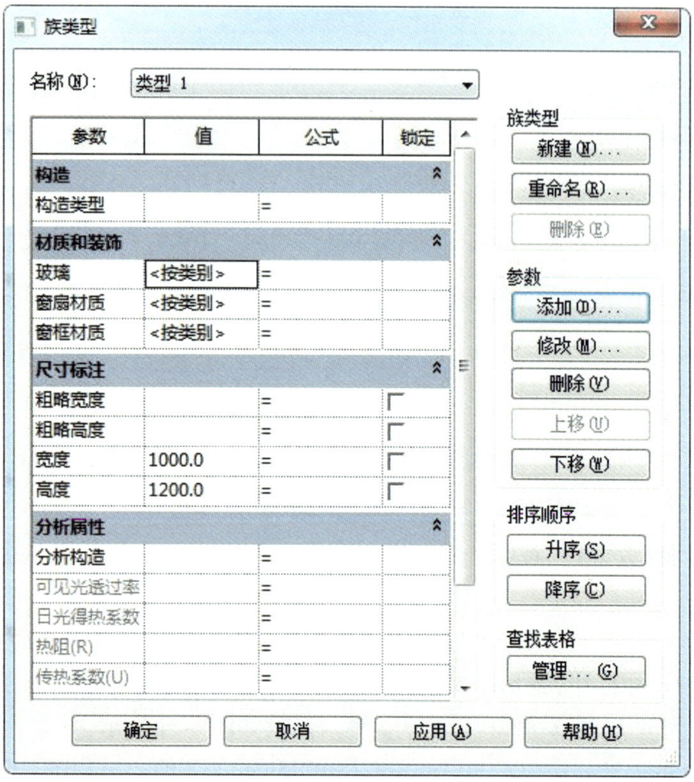


图 3-58 修改族参数

⑦创建洞口：单击“创建”➤“洞口”，激活“修改创建洞口边界”选项卡，用“矩形”工具进行洞口边界绘制，点击边界线的锁形图标将边界线与参照平面锁定，实现洞口边界的参数联动，如图3-59 所示。绘制完成后单击✔完成绘制并切换至三维视口进行查看，如图 3-60 所示。

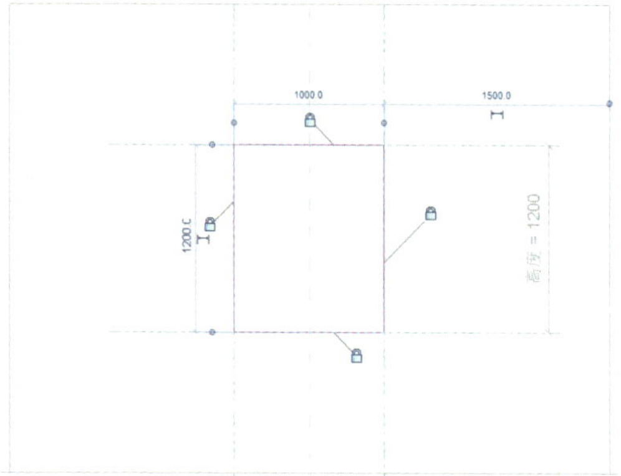


图 3-59 锁定边界线

图 3-60 创建窗洞口

⑧窗框的创建：在“楼层平面：参照标高”视图中单击“创建”➤“工作平面”中的“设置”命令，通过“拾取一个平面”选择墙中心线作为工作平面，转到“立面：放置边”视图。单击“创建”➤“拉伸”，激活“修改创建拉伸”选项卡，选用“矩形”工具沿洞口边缘绘制封闭矩形，将矩形边界线与洞口边缘锁定，继续选用“矩形”工具，在选项栏中设置偏移量为“−60”，沿洞口边缘再绘制封闭

矩形,在“属性”对话框中将“拉伸起点”改为“−30”,将“拉伸终点”改为“30”,单击 ✔完成拉伸。同之前的步骤一样,先将窗框内边缘与参照平面锁定,添加标注,再添加“窗框宽度”参数,如图 3-61 所示。

⑨窗扇的创建:在“楼层平面:参照标高”视图中,单击“创建”>“工作平面”中的“设置”命令,通过“拾取一个平面”选择墙中心线作为工作平面,转到“立面:放置边”视图。单击“创建”>“拉伸”,激活“修改创建拉伸”选项卡,选用“矩形”工具沿窗框、中心线边缘绘制封闭矩形,将矩形边界线与窗框、中心线边缘锁定,继续选用“矩形”工具,在选项栏中设置偏移量为“−40”,沿洞口边缘再绘制封闭矩形,在“属性”对话框中将“拉伸起点”改为“−20”,将“拉伸终点”改为“20”,单击✔完成拉伸。同之前的步骤一样,先将窗扇内边缘与参照平面锁定,添加标注,再添加“窗扇宽度”参数,如图 3-62 所示。

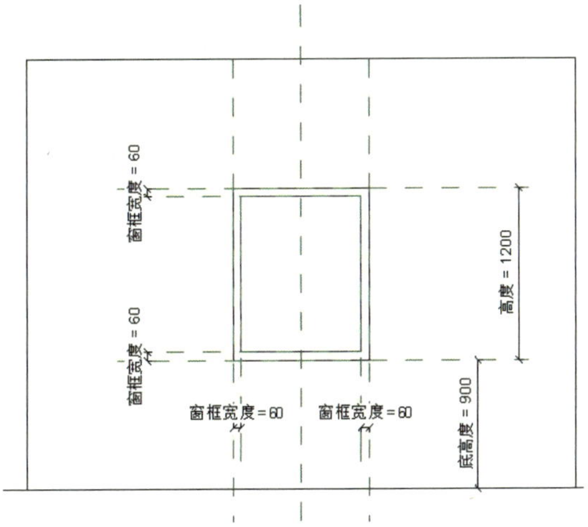


图 3-61　窗框的创建

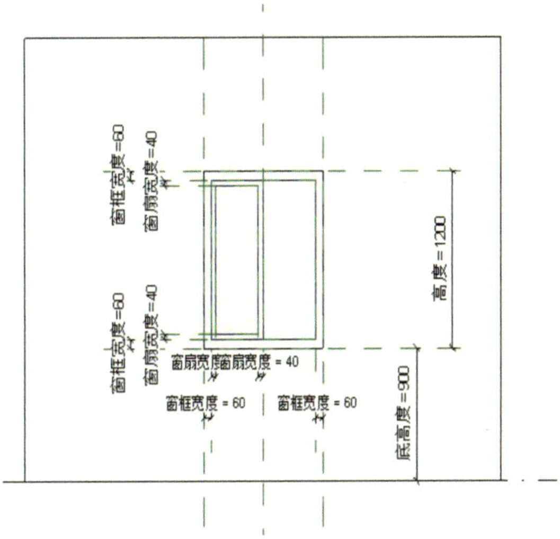


图 3-62　窗扇的创建

⑩玻璃的创建:在“楼层平面:参照标高”视图中,单击“创建”>“工作平面”中的“设置”命令,通过“拾取一个平面”选择墙中心线作为工作平面,转到“立面:放置边”视图。单击“创建”>“拉伸”,激活“修改创建拉伸”选项卡,选用“矩形”工具沿窗扇内边缘绘制封闭矩形,将矩形边界线与窗扇内边缘锁定,在“属性”对话框中将“拉伸起点”改为“−3”,将“拉伸终点”改为“3”,单击✔完成拉伸。框选窗扇与玻璃,选择“镜像-拾取轴”命令,选取中心线进行镜像,如图 3-63 所示。

(5)关联材质

选中窗框部分,在“属性”选项板里单击“材质和装饰”>“材质”右侧的“关联参数”按钮,选择“窗框材质”并单击“确定”。选中窗扇部分,在“属性”选项板里单击“材质和装饰”>“材质”右侧的“关联参数”按钮,选择“窗扇材质”并单击“确定”。选中玻璃部分,在“属性”选项板里单击“材质和装饰”>“材质”右侧的“关联参数”按钮,选择“玻璃”并单击“确定”。切换至三维视口进行查看,如图 3-64 所示。

(6)保存文件

单击“应用程序菜单”按钮>“另存为”>“族”,保存族文件。至此,双扇窗创建完毕。

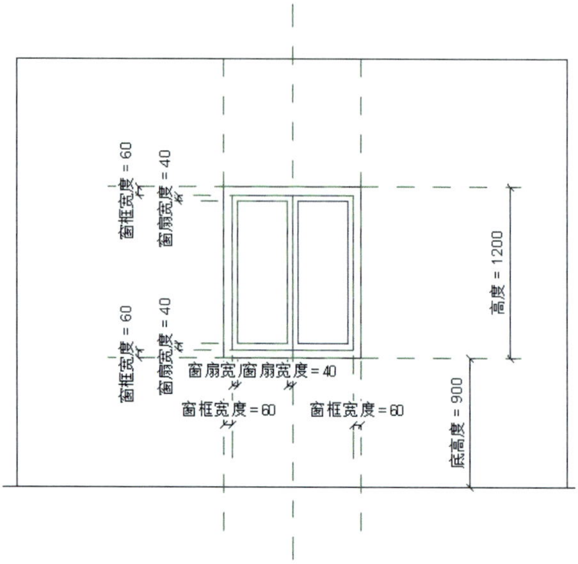


图 3-63　玻璃的创建

图 3-64　关联材质

## 课后习题

### 一、单选题

1. 通过"放样融合"工具，可以沿着二维路径放置几种不同轮廓定义体量或族几何图形？（　）。

A. 1　　B. 2　　C. 3　　D. 3 个以上

2. "实心拉伸"命令用法，对的是（　）。

A. 轮廓可沿弧线路径拉伸

B. 轮廓可沿单段直线路径拉伸

C. 轮廓可以是不封闭线段

D. 轮廓按给定深度值作拉伸，不能选取路径

3. 在建立窗族时，已经指定了窗外框材质参数为"窗框材质"，如果使用"连接几何图形"工具将未设立材质窗分隔梃与之连接，则窗分隔框模型材质（　）。

A. 将自动使用指定"窗框材质"参数

B. 没有变化

C. 将使用"窗框材质"中定义材质，但在项目中不可修改

D. 不会使用"窗框材质"参数，但可以在项目中修改

### 二、判断题

1. 不同类别的族，其具体创建步骤是相同的，要按照严格的先后顺序进行。（　）

2. 在族创建构思中，我们可以思考族的类型、族的显示特征、族的详细程度等。（　）

3. 有一些族样板文件是带有主体的，如基于墙、基于楼板、基于天花板等。（　）

### 三、技能提升

根据下图中给定的投影尺寸，创建台阶的构建集。

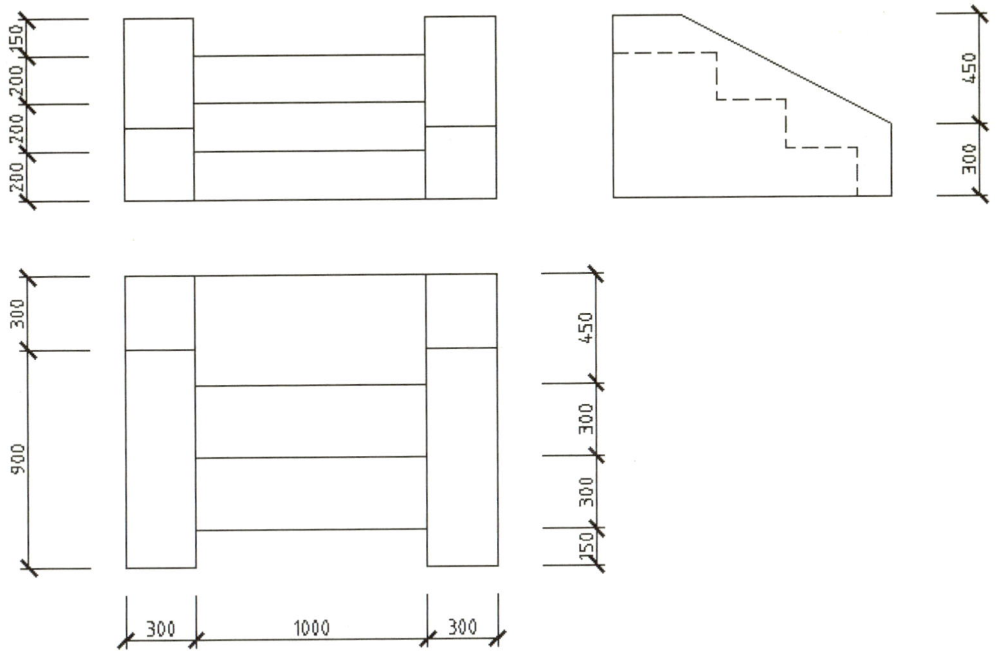


## 3.5 概念设计环境的族

随着建筑行业的不断发展，建筑形态越来越多样化，各种天马行空的设计开始被推崇并且逐渐流行开来。Revit 提供了“概念设计环境”这一特殊的族编辑器，它不仅可以用来创建建筑构件，而且可在其中完成建筑整个形体的概念设计，由此可生成体量族。该族编辑器在设计过程的早期为建筑师、结构工程师和室内设计师提供了较标准族编辑器更为灵活的编辑功能，使他们能够更为准确、自由、快速地表达想法，创建可集成到建筑信息模型中的参数化族体量，既加快了设计流程的进度，使之可视化，同时又满足了现代建筑发展潮流和趋势对软件的需求。

【视频讲解】

有两种方式可进入概念设计环境，下面分别进行介绍。

### 3.5.1 调用族样板文件

相关族样板文件位置相同。概念设计环境提供了四个标准族样板文件，其默认的打开视图为三维视图。

（1）公制体量 .rft

该样板用于创建可表达建筑整个形体的概念体量族，其对应的族类别为“体量”。体量作为一种特殊的族类别，其族文件被载入到项目后不具备任何建筑属性，需要人为地去指定和添加具备建筑属性的图元，例如墙、楼板、屋顶、幕墙等。

（2）基于公制幕墙嵌板填充图案 .rft

该样板用于创建形成模型表面填充图案或幕墙嵌板的构件族，其对应的族类别为“幕墙嵌板”。这种构件通常作为更大概念体量族一部分的嵌套族。

(3)基于填充图案的公制常规模型 .rft

该样板的用途类似于“基于公制幕墙嵌板填充图案 .rft”。

(4)自适应公制常规模型 .rft

该样板用于创建自适应构件族,其对应的族类别为“常规模型”,可作为嵌套族载入体量族内或直接应用于项目文件中。自适应构件可以用在通过布置多个符合自定义限制条件的构件而生成的重复系统中。

### 3.5.2 概念体量的创建

【视频讲解】

在Revit项目中使用“内建体量”工具创建或操纵体量族的方法与“概念体量”的创建原理是一样的,此处不再详述。

在概念体量的创建环境中提供了基本标高平面和相互垂直且垂直于标高平面的两个参照平面。如图3-65所示,这几个面可以理解为空间 $X$、$Y$、$Z$ 坐标平面,3个平面的交点(图中箭头所指的位置)可以理解为坐标原点。

【视频讲解】

在创建概念体量时,通过指定轮廓所在平面及距离原点的相对距离来定位轮廓线的空间位置。

在创建概念体量模型时,必须先创建标高、参照平面、参照点等工作平面,再在工作平面上创建草图轮廓,选中草图轮廓,点击“修改”选项卡中“形状”面板的“创建形状”工具,将草图轮廓转换生成三维概念体量模型。

“创建形状”工具将自动分析所拾取的草图,通过拾取草图形态可以生成拉伸、旋转、放样、融合等多种形态的对象,类似于可载入族创建中的五个基本命令。

例如,当选择两个位于平行平面的封闭轮廓时,“创建形状”后将以这两个轮廓为端面,以融合的方式创建模型。

表3-9列出了概念体量中拾取各种形状生成实体的方式。

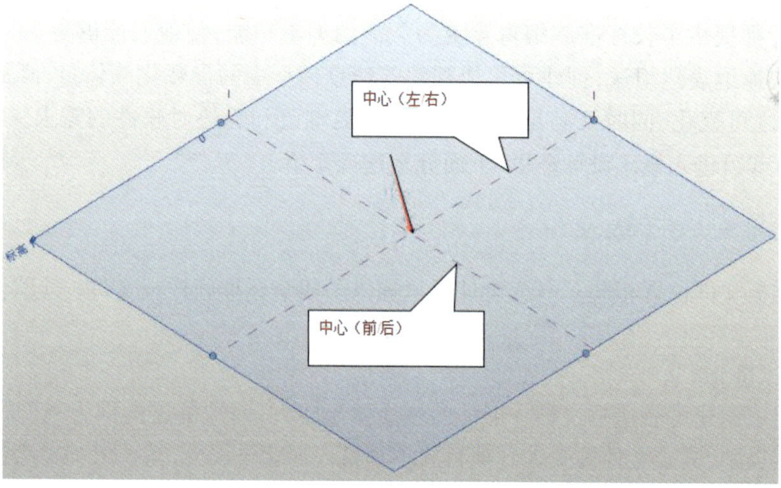


图 3-65 定位轮廓线的空间位置

表 3-9　概念体量中拾取形状生成实体的方式

<table>
<tr><th>拾取内容</th><th>生成结果</th><th>生成方式</th><th>备注</th></tr>
<tr><td></td><td></td><td rowspan="2">拉伸</td><td>线拉伸成面</td></tr>
<tr><td></td><td></td><td>单一封闭轮廓拉伸成体</td></tr>
<tr><td rowspan="2"></td><td>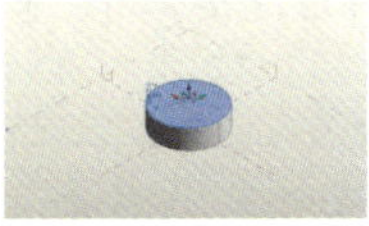</td><td>拉伸</td><td rowspan="2">可选择拉伸成体或者旋转成体</td></tr>
<tr><td></td><td>旋转</td></tr>
<tr><td></td><td>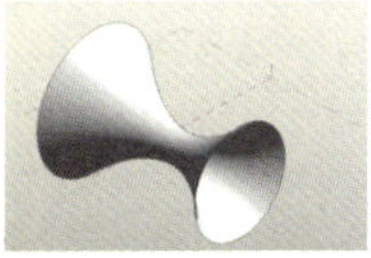</td><td>旋转</td><td>位于同一平面内的曲线和直线（默认以直线为旋转轴）</td></tr>
<tr><td>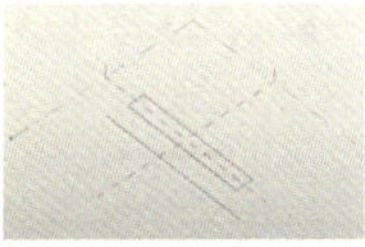</td><td>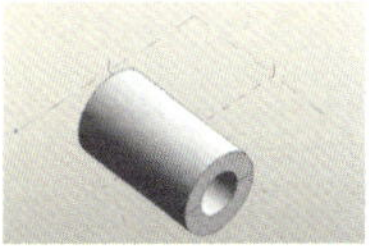</td><td>旋转</td><td>位于同一平面内的直线和封闭轮廓</td></tr>
<tr><td></td><td></td><td>放样</td><td>路径线与垂直于路径上的某一轮廓</td></tr>
<tr><td>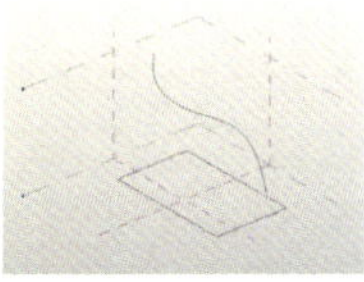</td><td></td><td>融合</td><td>位于相互平行的不同平面上的封闭轮廓或非封闭轮廓</td></tr>
<tr><td></td><td></td><td>放样融合</td><td>路径和所有垂直于路径的封闭轮廓</td></tr>
</table>

“创建形状”工具除了可以创建实体模型外，也可以创建空心模型。一般情况下，空心模型将自动剪切与之相交的实体模型，也可以自动剪切创建的实体模型。使用“修改”选项卡“编辑几何图形”面板中的“剪切几何图形”和“取消剪切几何图形”工具，可以控制空心模型是否剪切实体模型。

## 课后习题

**一、判断题**

1. “概念设计环境”这一特殊的族编辑器，它不仅可以用来创建建筑构件，而且可在其中完成建筑整个形体的概念设计，由此可生成体量族。(　)

2. 概念设计环境提供了三个标准族样板文件。(　)

3. 公制体量.rft，该样板用于创建可表达建筑整个形体的概念体量族，其对应的族类别为“体量”。(　)

4. 基于公制幕墙嵌板填充图案.rft，该样板用于创建可表达建筑整个形体的概念体量族。(　)

5. 基于填充图案的公制常规模型.rft，该样板的用途类似于“基于公制幕墙嵌板填充图案.rft”。(　)

**二、技能提升**

根据下图中给定的投影尺寸，创建形体体量模型。

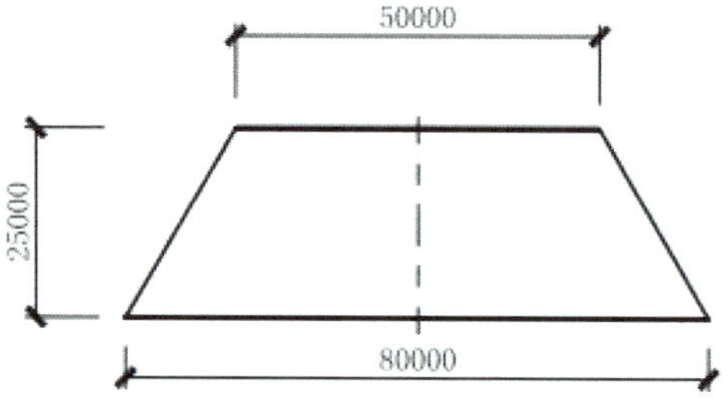


正面图　1:1000

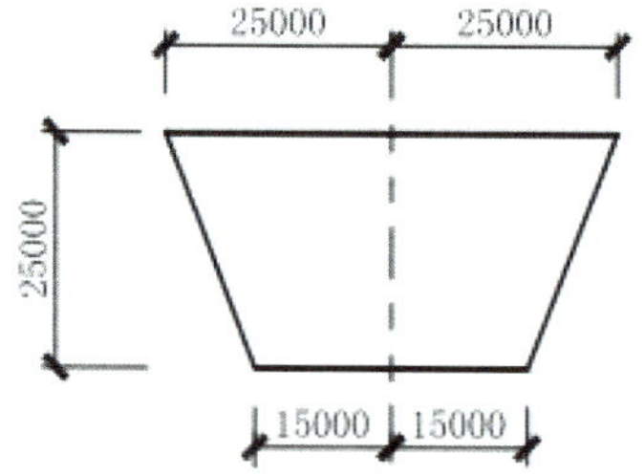


侧面图　1:1000

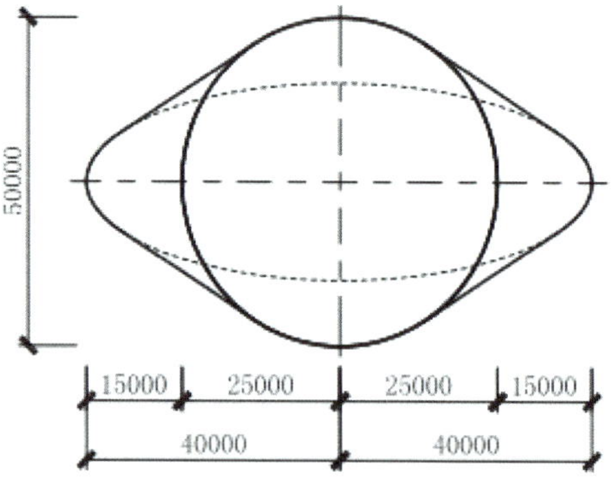


平面图　1:1000

## 3.6　族文件测试与管理

在实际使用族文件前应对创建的该文件进行测试，以确保在实际使用中的正确性。大量的族文件还需以一定标准加以管理才能在实际项目中有效发挥其功能。族文件测试包括测试目的、流程，族文件管理包括文件夹结构、文件命名规范等内容。本节将从以上几个方面来简要说明如何对 Revit 建筑构件族进行测试与管理。

## 3.6.1 族文件测试

3.6.1.1 测试目的

(1)确保族文件良好的参变性能

对族文件的参数参变进行测试，从而保证族文件在实际项目中具备稳定的参变性能。

(2)符合国家建筑设计规范与公司内部出图规范

参考国家建筑设计规范与图集，以及公司内部有关线型、图例的出图规范，对族文件在不同视图和粗细精度下的显示进行检查，从而保证项目文件最终的出图质量。

(3)具有统一性

上述两种测试，是保证族文件质量的关键，缺一不可。而对于族文件统一性的测试，虽然不直接影响质量本身，但是如果在创建族文件时注意统一性方面的设置，将对族库的管理非常有帮助。而且在族文件载入项目文件后，也将对项目文件的创建带来一定的便利。

①族文件与项目样板的统一性。在项目文件中加载族文件后，族文件自带的信息，例如“材质”、“填充样式”和“线形图案”等将被自动加载至项目文件中。如果项目文件已包含同名的信息，则族文件中的信息将会被项目文件所覆盖。因此，在创建族文件时，建议尽量参考项目文件已有的信息。如果有新建的需要，在命名和设置上应当与项目文件保持统一，以免造成冗余的信息。

②族文件自身的统一性。规范族文件的某些设置，例如插入点、保存后的缩略图、材质、参数命名等，将有利于族库的管理、搜索，以及载入项目文件后使之本身所包含的信息达到统一。

3.6.1.2 测试流程

族的测试，其过程可以用一句话概括为依据测试文档的要求，将族文件分别在测试项目文件环境中、族编辑器环境和文件浏览器环境中进行逐条测试，并产出测试报告，如图 3-66 所示。

①制定测试文档；

②创建测试项目文件；

③在测试项目环境中进行测试；

④在族编辑器环境中进行测试；

⑤在文件浏览器中进行测试；

⑥完成测试报告。

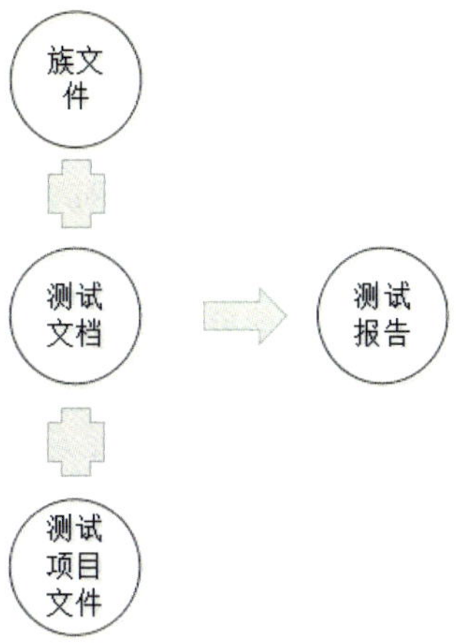


图 3-66 测试流程

## 3.6.2 族文件管理

(1)文件夹结构

用户可参考族类别对族进行分类、建立一级根目录，某些根目录下面包含多个族类别。对于族数量及种类较多者，宜建立二级、三级子目录。子目录可按用途、形式、材质等进一步分类，但目录级数不宜过多。

（2）族文件的命名

族以及嵌套族的命名应准确、简短、明晰，如“单扇平开玻璃门”。有多个同类族时应突出该族的特点，实在无法用明确的中文描述时也可在最后加数字编号予以区别。

（3）族类型的命名

族类型的命名主要基于各类型参数的不同，突出各类型之间的区别，包括样式、尺寸、材料、个数等，以门族为例，可设定多个尺寸类型，如“1000mm×2000mm”、“1500mm×2200mm”，也可设定多个样式类型，如“有横档”、“无横档”等。

（4）族参数的命名

如果新添加的族参数为主要参数，用户在使用过程中根据需要对参数进行实时且频繁的修改，则该类族参数的命名宜选用明确的中文名称。对于辅助参数，不需要用户修改或很少修改，则其命名可选用中文名称或特定代号。

（5）族管理工具和免费云族库

族的使用特别频繁，建筑物里用到的族类型和样式很多。如果每一个都自己去创建，会特别费时费力，对BIM的效率产生很大的影响。一些BIM相关机构推出了族库和族资源，可以直接使用其提供的大量族，减少大量建族的工作量。

例如，橄榄山快模里面的云族库和族管家Revit插件，可管理用户本地文件夹中的族文件，快速搜索本地族以及橄榄山云族库中的海量族，批量加载本地或橄榄山云上传族文件到项目中；也可以直接点击橄榄山云上的族来创建实例，免去了加载和启动创建这两个动作。

## 课后习题

**判断题**

1. 在实际使用族文件前应对创建的该文件进行测试，以确保在实际使用中的正确性。（　）

2. 族文件测试包括测试目的、流程，族文件管理包括文件夹结构、文件命名规范等内容。（　）

3. “对族文件的参数参变进行测试，从而保证族文件在实际项目中具备稳定的参变性能。（　）

4. 族类型的命名主要基于各类型参数的不同，突出各类型之间的区别，包括样式、尺寸、材料、个数等。（　）

5. 族文件测试流程有七项。（　）

# 第 4 章　基于 BIM 的 Revit 土建建模技术

## 【学习目标】

通过本章的学习，掌握建筑各类构件的属性参数定义和设置；掌握创建标高、轴网等基准，以及创建柱、梁、基础、墙体、楼板、门窗、楼梯扶手、屋顶等建筑常规构件；熟练创建场地及场地构件的布置；熟练建筑效果的设置以及图纸的深化与导出。

## 【思维导图】

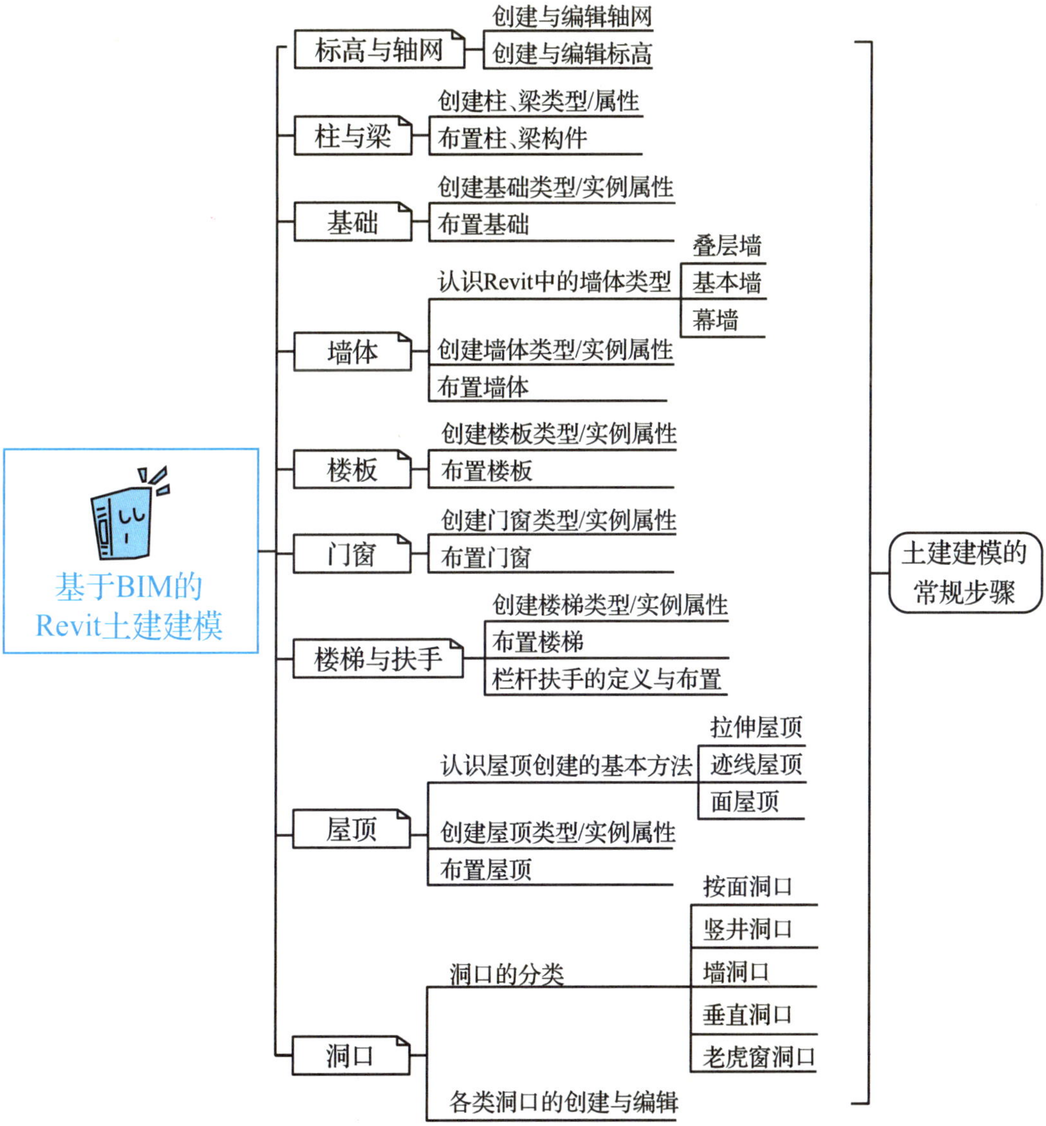

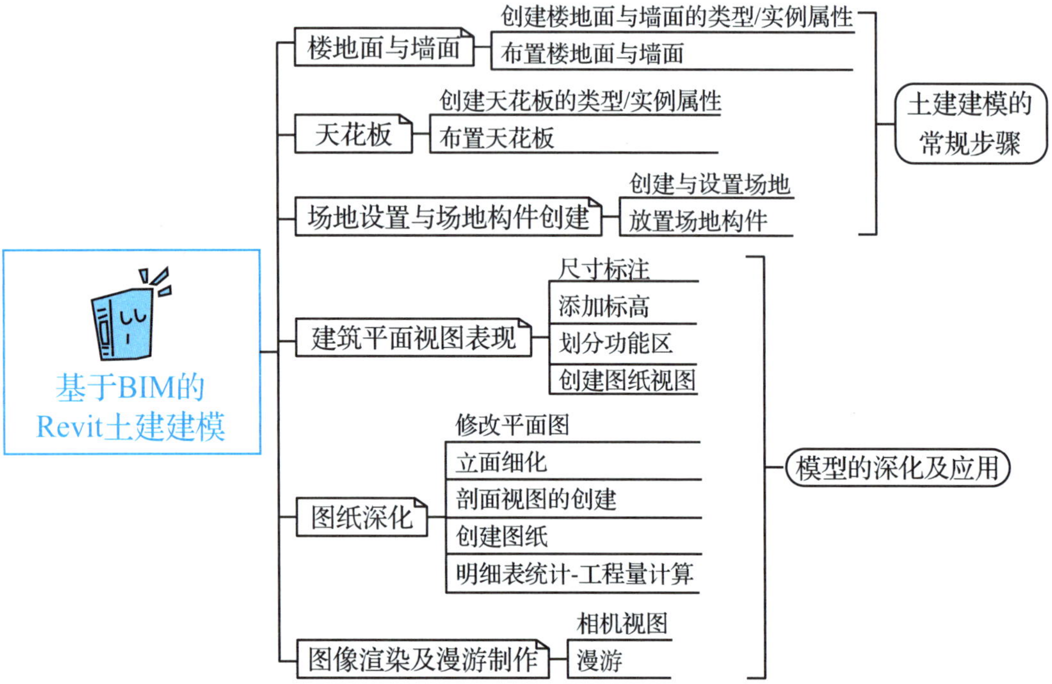
基于BIM的
Revit土建建模
楼地面与墙面
创建楼地面与墙面的类型/实例属性
布置楼地面与墙面
天花板
创建天花板的类型/实例属性
布置天花板
场地设置与场地构件创建
创建与设置场地
放置场地构件
土建建模的
常规步骤
建筑平面视图表现
尺寸标注
添加标高
划分功能区
创建图纸视图
图纸深化
修改平面图
立面细化
剖面视图的创建
创建图纸
明细表统计-工程量计算
图像渲染及漫游制作
相机视图
漫游
模型的深化及应用

在 Revit 中，基本设计流程是选择项目样板，创建空白项目，确定项目标高、轴网，创建墙体、门窗、楼板、屋顶，为项目创建场地、地坪及其他构件。完成模型后，再根据模型生成指定视图，对视图进行细节调整，为视图添加尺寸标注和其他注释信息，将视图布置于图纸中并打印；对模型进行渲染，与其他分析、设计软件进行交互。本章内容以某一项目为例，具体介绍各步骤的操作过程。

## 4.1　标高与轴网

标高是标注建筑高度的一种尺寸标注形式，轴网是建筑图中定位房屋各承重构件的重要参考定位工具。在 Revit 绘图中，只有轴线的标头位于最上面一层标高线之上，保证轴线与所有标高线相交，所有楼层平面视图中才会自动显示轴网。因此，建议先绘制标高，再绘制轴网，这样才能够在平面中正确地显示轴网。

### 4.1.1　标高的绘制

【视频讲解】

标高用于反映建筑构件在高度方向上的定位情况，因此，在利用 Revit 开始建模前，应先对项目的层高和标高信息作出整体规划。

启动 Revit，默认打开“最近使用的文件”页面。点击左上角图标 ➤新建➤项目，选择Revit样板文件创建项目，最后可以选择另存为“×××.rvt”文件或者是“×××.rte”文件（如果直接打开或者双击“×××.rte”文件将只能保存为扩展名为 .rte 的样板文件）。

4.1.1.1　绘制标高

（1）在图 4-1 所示“项目浏览器”界面的“视图”下找到“立面”进入任意立面，在这里进入“东立面”，双击“东”即可进入东立面视图，开始进行标高的绘制（注：标高一般在立面绘制）。

（2）点击“建筑”选项卡下“基准”面板中“标高”命令，绘制标高，系统会自然默认标高的形式，绘制完后可以对标高进行编辑。在“项目浏览器”中的“楼层平面”下自然生成平面“-1F-2”，其对应图形如图 4-2 所示。

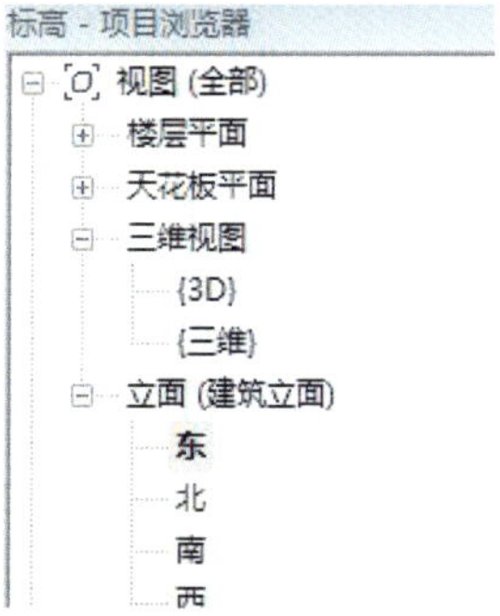


图 4-1　项目浏览器

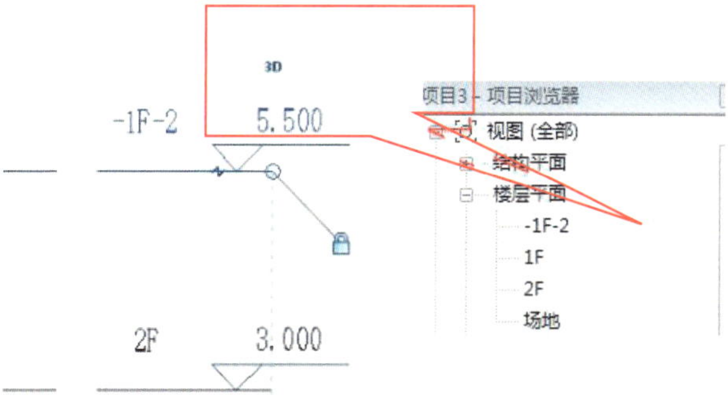


图 4-2　楼层平面

4.1.1.2　修改标高

（1）鼠标左键单击绘图区域的“-1F-2”即可激活它，如图 4-3 所示，输入“3F”，随后将出现图 4-4 所示对话框“是否重命名相应视图”，点击“是”即可。

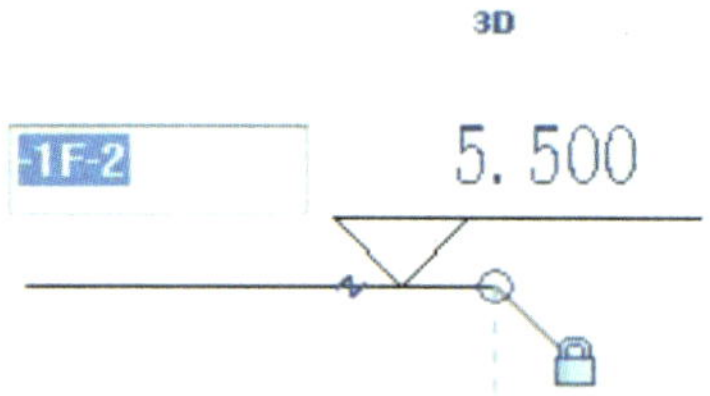


图 4-3　修改楼层

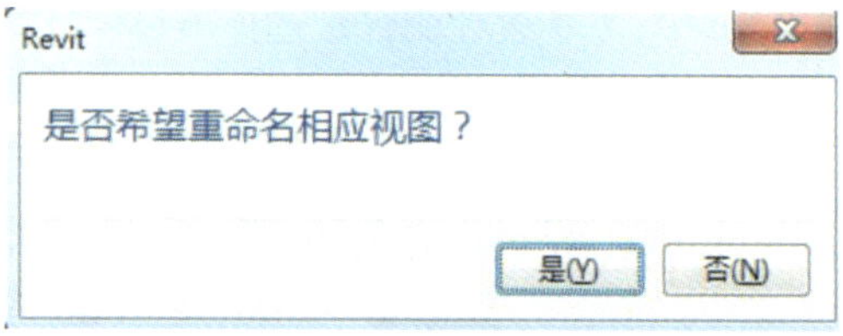


图 4-4　“是否重命名相应视图”对话框

（2）同理点取标高数值，也可以对其进行修改。现在把 2F 的标高改为“3.600”，把 3F 的标高改为“6.600”。也可以点击 2F 这条标高线，如图 4-5 所示，激活临时尺寸 3000，直接输入 3600，也可以把 2F 的标高修改为“3.600”。

图 4-5　修改标高数值

注：临时尺寸的单位是 mm，而标高高程点的单位是 m，这也是上面在修改临时尺寸改为 3600，而直接修改标高高程改为 3.6 的原因。选取标高线后，在标高线的两侧都出现了 ☑，如果点击“取消右侧”对勾，该标高线的右侧标头将被隐藏，如图 4-6 所示。

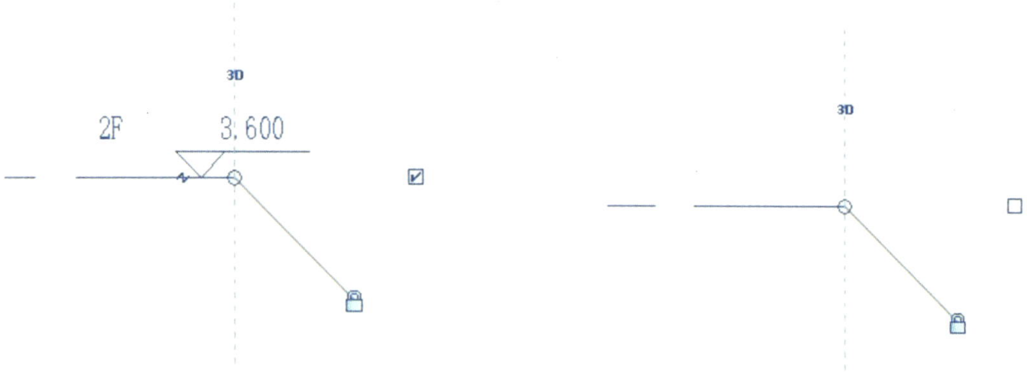


图 4-6　显示与隐藏标高线

4.1.1.3　复制标高

（1）选择标高 2F，点击“修改”选项卡中“修改”面板上的“复制”命令，如图 4-7 所示，选取标高线后向下复制。将左上角“选项栏”中的“约束”命令勾选上 修改 | 标高 ☑约束 □分开 □多个（这样可以保证图元在水平或垂直方向移动）。

注：在 Revit 选取命令前，最好先选中图元，再选择命令，否则还要按回车键。复制时不要

用±0.000 标高去复制，如果用该标高去复制，则新生成的标高高程点始终是±0.000。

（2）根据上述讲解的方法，把标高名称改为“0F”，把标高值改为“−0.450”，修改后如图 4-8 所示。

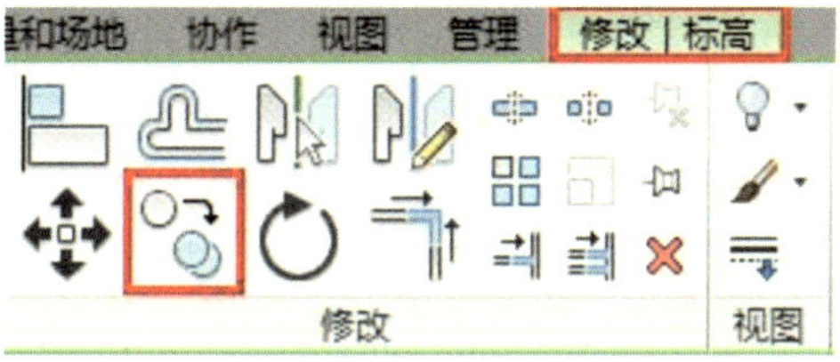


图 4-7 “选项栏”面板

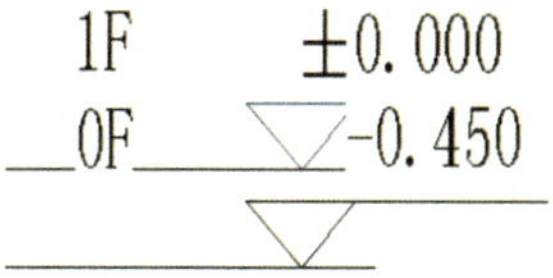


图 4-8 修改标高值

注：由于两条标高线的距离较近，数字之间互相重叠，可以选中“0F”这个标高，点击“属性”栏中右侧的黑色小三角形，把“上标高标头”改为“下标高标头”，如图 4-9 所示。修改后的效果如图 4-10 所示。

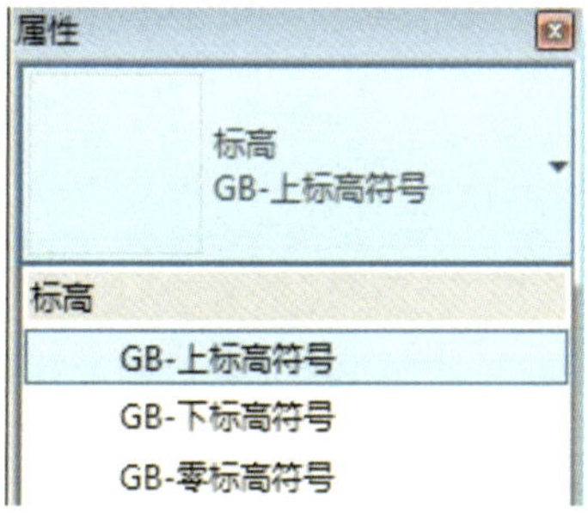


图 4-9 标高属性

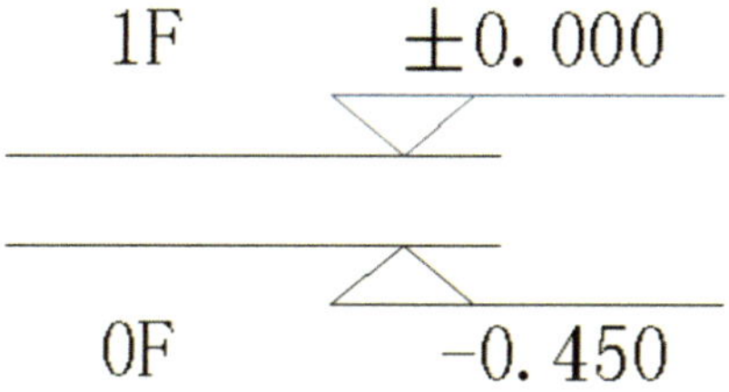


图 4-10 修改标高标头

（3）点击“视图”选项卡中“平面视图”面板中的“楼层平面”，弹出一个对话框，选择刚新建的标高“0F”，这时“楼层平面”中出现“0F”，如图 4-11 所示。选中“0F”点击“确定”按钮，绘图区域会自动跳转到“0F”平面视图。

（4）可以绘制任意楼层标高，完成结果如图 4-12 所示。

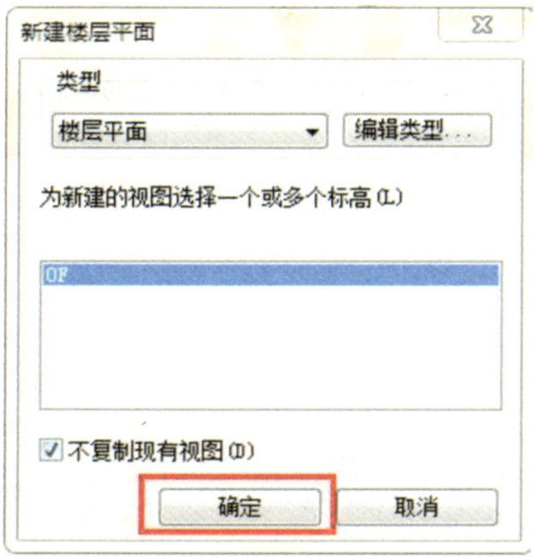


图 4-11 新建楼层平面

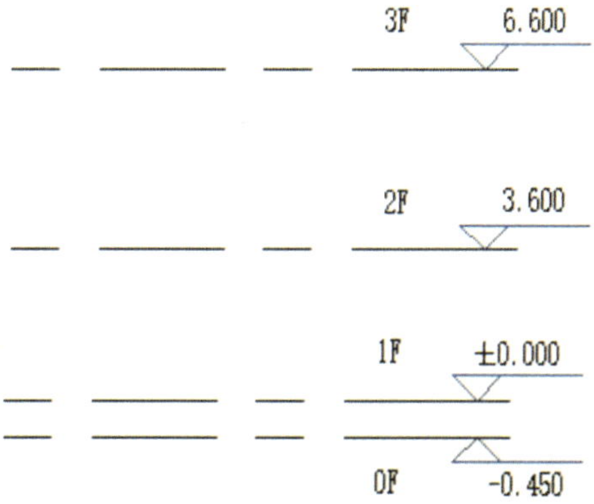


图 4-12 绘制各楼层标高

直接用“标高”命令绘制标高，在“楼层平面”中会出现相应的标高平面；但如果是用“复制”等命令创建的标高，则在“楼层平面”中不会出现相应的平面视图，此时需要将复制的标高手动添加到“楼层平面”中，在“视图”选项卡的“平面视图”中选中标高，添加到楼层平面即可。

选中任意一个标高线，会显示“临时尺寸”、一些控制符号和复选框，可以编辑标高线的长短，通过拖动符号可以整体或者单独调整标高标头的位置，控制标高标头的显示和隐藏等操作，可参照图4-13所示尝试操作。

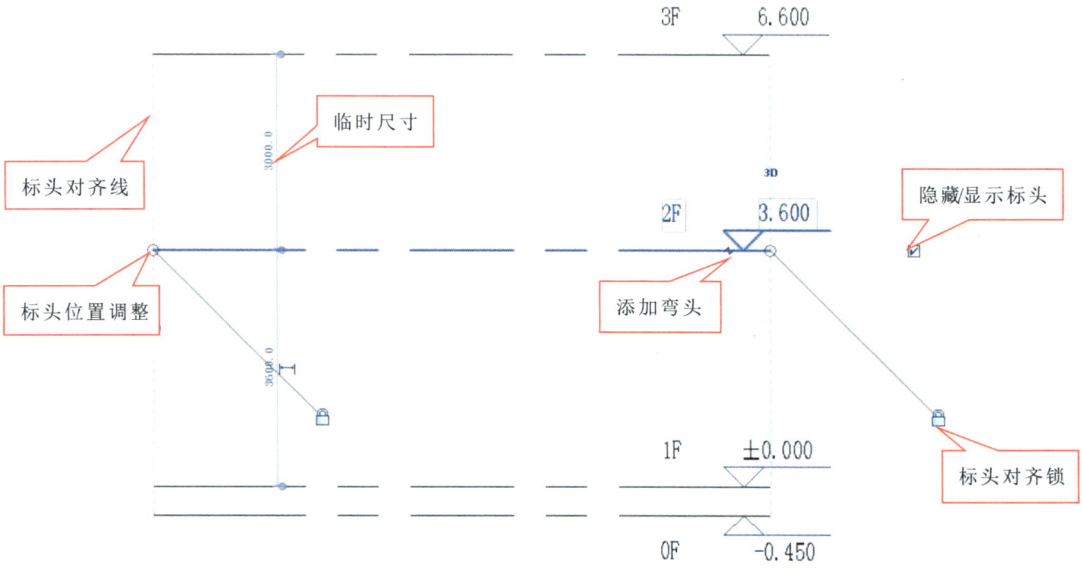


图4-13 标高标头的操作

## 4.1.2 轴网的绘制

【视频讲解】

标高创建完成以后，可以切换至任意平面视图(例如楼层平面视图)创建和编辑轴网。轴网用于在平面视图中定位图元，Revit提供了“轴网”命令，用于创建轴网对象，其操作与创建标高的操作基本一致，下面介绍项目轴网的创建与编辑。

4.1.2.1 绘制竖向轴网

(1)在“项目浏览器”中“视图”下点击“楼层平面”，双击“1F”进入一层平面。

(2)单击“建筑”选项卡下“轴网”命令，开始进行轴网的绘制。把鼠标光标移动到绘图区域，从上到下竖向绘制一条轴网，系统默认轴号为1。

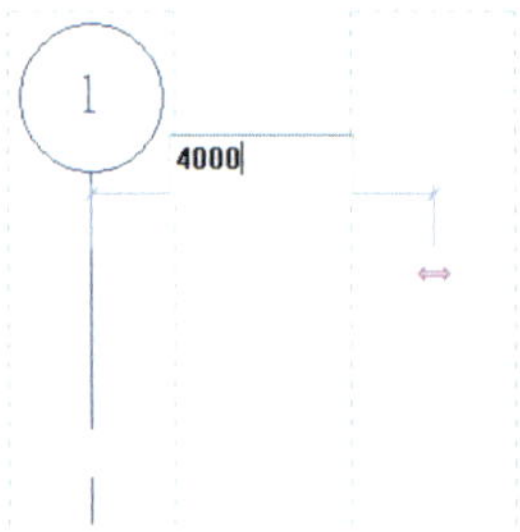


图4-14 绘制轴网

(3)选择刚刚绘制的轴网，点击“修改”面板中的“复制”命令(快捷键CO)，并且勾选选项栏中的“约束”和“多个”选项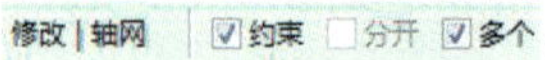。



注：“约束”选项可以保证轴网沿竖直或水平方向移动，“多个”选项为点击一次复制命令可以依次复制多根轴线。

(4)鼠标单击轴网1并向右移动一定距离，输入数值4000，则绘制出2号轴网，如图4-14所示。

(5)鼠标继续向右拖动，依次输入数值，分别为3600、3000、1000，如图4-15所示。

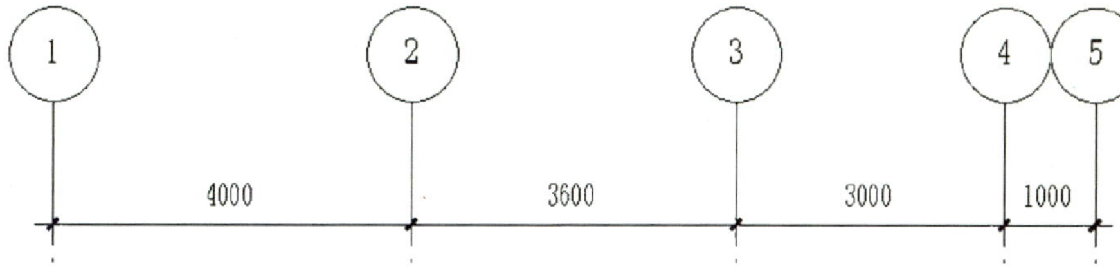


图 4-15　连续绘制轴网

（6）此时，竖向轴网绘制完成，如图 4-16 所示。

4.1.2.2　绘制横向轴网

（1）单击“建筑”选项卡下的“轴网”命令，把鼠标光标放在绘图区域，在 1 号轴网左边从左到右绘制一条横向轴网，此时系统会依据竖向轴网依次排列。在制图时，横向轴网用大写的 A、B、C、…表示，绘制完第一条轴网后，点击数字“6”改为“A”，如图 4-17 所示。

图 4-16　完成竖向轴网绘制

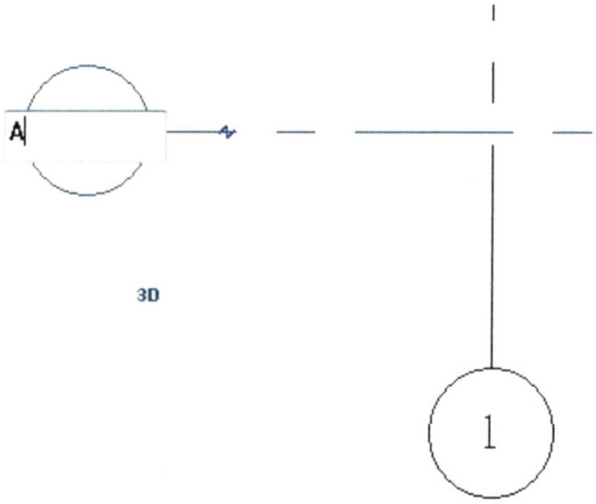


图 4-17　设置横向轴网编号

（2）选择刚绘制的轴网，再次使用“复制”命令，勾选“约束”和“多个”选项，依次输入数值，分别为 500、5700、3000、1500、700。轴网绘制完成，如图 4-18 所示。

注：目前的软件版本还不能自动排除I、O、Z等轴线编号，创建到这几根轴线时需要及时重命名。轴网绘制完成并做相应的调整后，选中所有的轴线，自动激活“修改轴网”选项卡，单击“修改”面板中的“锁定”命令 锁定轴网，以免在后续操作时不小心将轴网移动。如果后期要对轴网进行编辑操作，首先需要选中轴网，点击“修改”面板中的解锁 ，方可对其进行编辑。

4.1.2.3　编辑轴网

（1）若在项目中发现轴网 A 和 B 以及轴网 E 和 F 的标头相交在了一起，此时就需要手动调整轴网标头的位置。

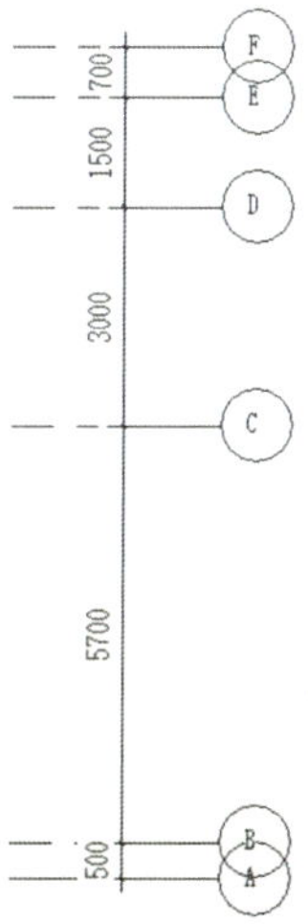


图 4-18　完成横向轴网绘制

操作如下：

选中轴网A，点击轴网A上的“剖断符号”，如图4-19所示，轴网A和轴网B彼此就分开了。还可以通过拖曳蓝色实心圆点进一步对轴网标头位置进行调整，如图4-20所示。轴网E和轴网F的标头可用同样的方法进行调整。

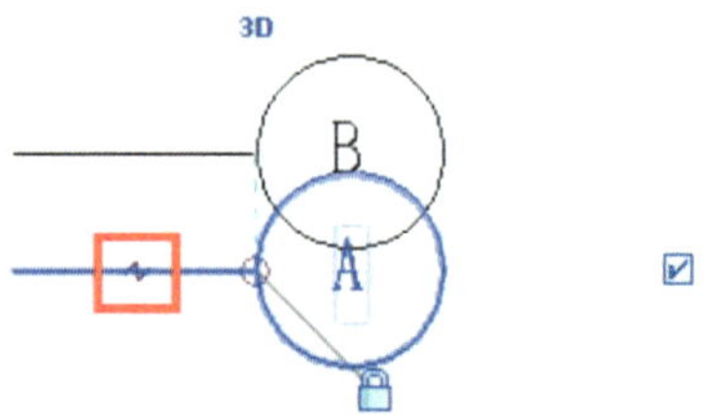

图4-19　调整轴网标头

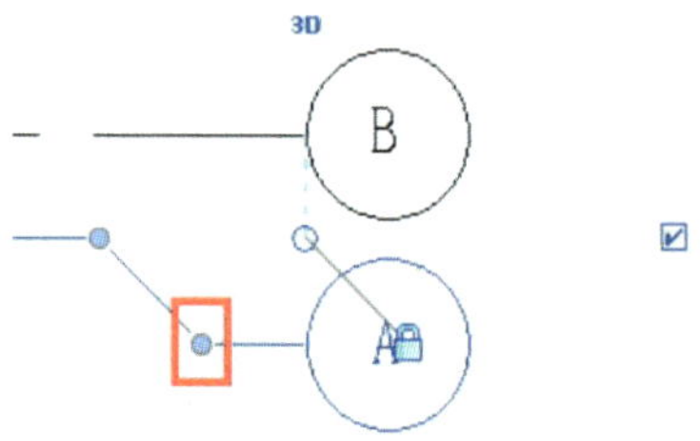

图4-20　轴网标头调整效果

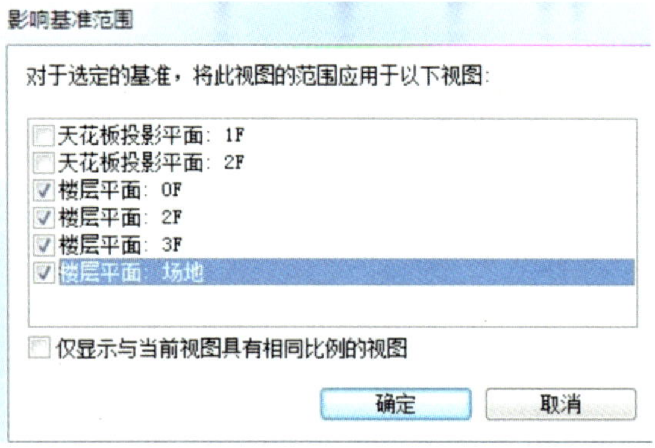

图4-21　“影响基准范围”对话框

（2）修改后轴网只是在当前平面视图做了调整，为对其他视图轴网也进行同样调整，需选中所有刚修改过的轴网，点击“基准”面板“影响范围”，弹出“影响基准范围”对话框，把其他楼层平面勾选上，点击“确定”，如图4-21所示。

（3）至此，所有轴网绘制完成，如图4-22所示。

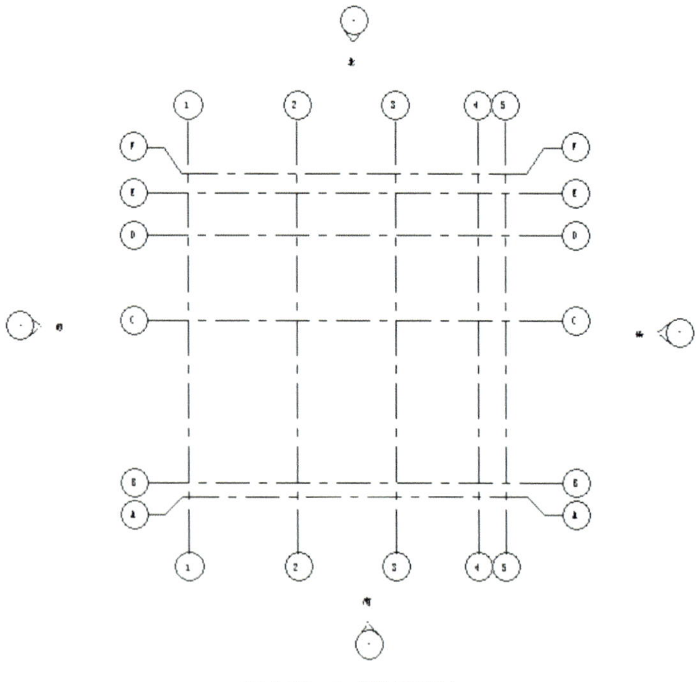
图4-22　完成轴网绘制

4.1.2.4 轴网小结

(1)选择任意一根轴线,会出现蓝色的“临时尺寸”标注,单击数值可激活临时尺寸并对其进行修改,调整轴线的位置。

(2)选择任意一根轴线,所有轴线的标头处会出现一条对齐的虚线,用鼠标拖动蓝色的小圆圈,可整体调整轴线标头的位置。

(3)如果只想单独移动一根轴线,则先选中轴线上的小锁 ,点击解锁,然后再拖曳被选中轴线标头的小圆圈,即可单独调整这根轴线的位置。

(4)如果被选中的轴线出现“3D”字样,则表示被选中轴线的变化会同步到楼层平面的其他视图;单击“3D”字样,可切换到“2D”模式,此时如果调整轴线,则只有当前视图发生变化,其他视图不会做相应的调整。

(5)选择任意一根轴线,发现轴网标头外面出现 ☑ 符号,通过调整对勾的勾选和隐藏,可以改变轴网标头的显示和隐藏。

(6)选择任意一根轴线,会出现“剖断符号”,点击“剖断符号” 可解决两个轴网标头相互碰撞的问题。

轴网调整示意图如图 4-23 所示。

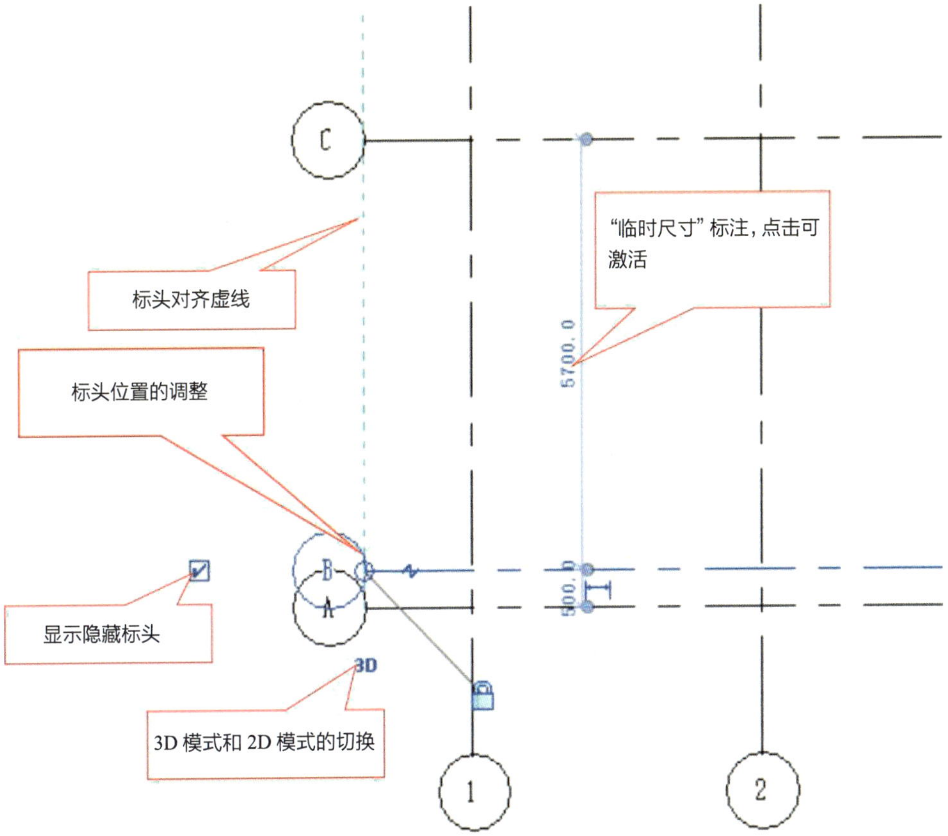


图 4-23 轴网调整

## 课后习题

### 一、单选题

1. 选中任意一条标高线，不会显示哪个操作信息？(　　)。

A. 删除标高　　B. 临时尺寸　　C. 添加弯头　　D. 隐藏/显示标头

2. 关于轴网的绘制，下列哪个操作是错误的？(　　)。

A. "约束"可以保证轴网在竖直或水平方向移动

B. "多个"为点击一次复制命令可以间隔复制多根轴线

C. 选择任意一根轴线，所有轴线的标头处会出现一条对齐的虚线，鼠标拖动蓝色的小圆圈，可整体调整轴线标头的位置

D. 选择任何一根轴线，会出现蓝色的"临时尺寸"标注，单击数值可激活临时尺寸并对其进行修改，调整轴线的位置

3. 选择任意一根轴线，发现轴网标头外面出现什么符号？通过调整对钩的勾选和隐藏，可以改变轴网标头的显示和隐藏。(　　)。

A. 　　B. 　　C. 　　D. 3D

### 二、判断题

1. 轴网对象由轴线和轴网标头两部分构成。(　　)

2. 阵列复制的标高是参照标高，会自动创建楼层平面。(　　)

3. 标高的编辑中，临时尺寸标注的单位是米。(　　)

### 三、技能提升

某建筑共30层，其中首层地面标高为±0.000，首层层高5.0 m，第二至第四层层高4.5 m，第五层及以上层高均为4.0 m。请按要求建立项目标高，并建立每个标高的楼层平面视图。并且，请按照以下平面图中的轴网要求绘制项目轴网。

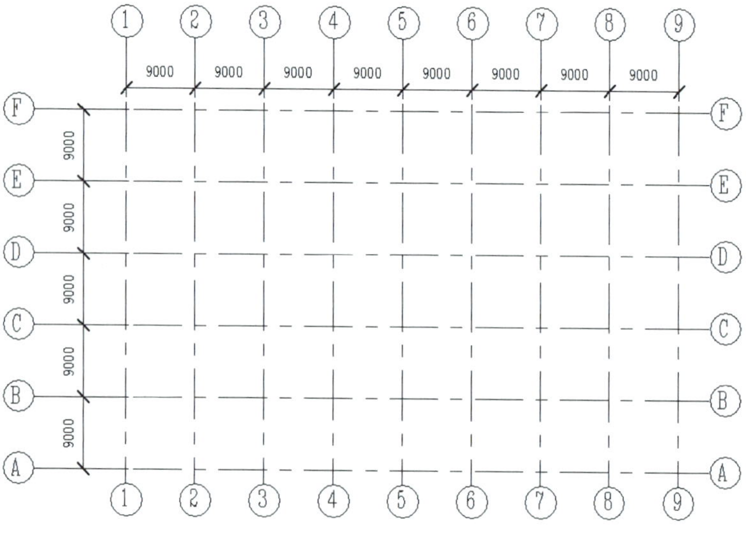


1至5层轴网布置图

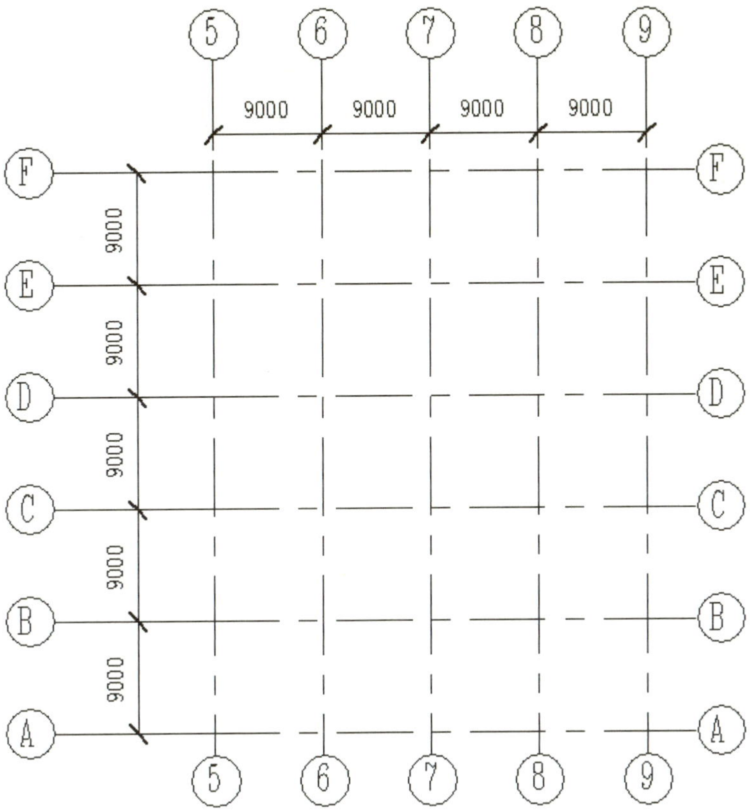


6层及以上轴网布置图

# 4.2 柱与梁

## 4.2.1 结构柱的创建和编辑

在布置结构柱前需确认已创建的结构平面视图，并在结构选项卡中完成。Revit提供两种柱：建筑柱和结构柱。建筑柱适用于墙垛、装饰柱等；在框架结构模型中，结构柱用于支撑上部结构并将其荷载传递给基础。

【视频讲解】

4.2.1.1 创建结构柱

（1）在"项目浏览器"中"视图"下点击"楼层平面"，双击"1F"进入一层平面视图，点击"建筑"选项卡下"构建"面板中"柱"命令，其下拉菜单有"结构柱"和"建筑柱"。首先介绍结构柱。

（2）点击"结构柱"，在"属性"栏中选择所需要的柱子类型"钢筋混凝土300×300mm"，如图4-24所示。

4.2.1.2 放置结构柱

（1）将右上角选项中的"深度"改为"高度"，将后面标高改为"2F"，如图4-25所示。

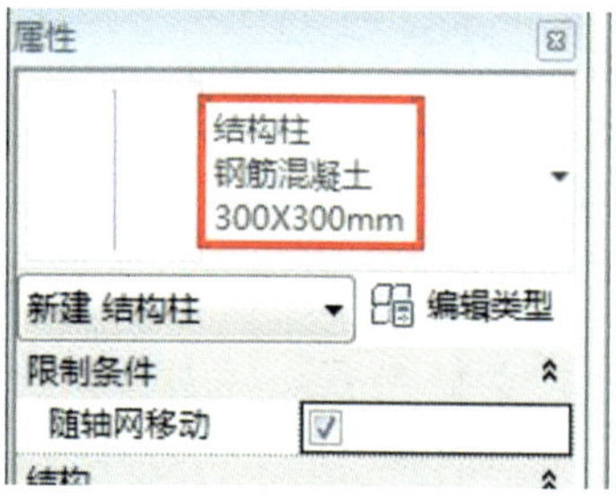


图 4-24　结构柱"属性"对话框

图 4-25　修改结构柱参数

注:"深度"状态下放置柱子,柱子方向是从本楼层伸到下一楼层;"高度"状态下放置柱子,柱子方向是从本楼层伸到上一楼层。

(2)为准确给柱子定位,在此需绘制"参照平面"作为参照线。点击"建筑"选项卡下"工作平面"面板 参照 平面 ,在 1 轴左侧、2 轴上侧、5 轴右侧、B 轴下侧、E 轴上侧位置绘制参照平面,分别距离相应轴线 120mm,如图 4-26 所示。

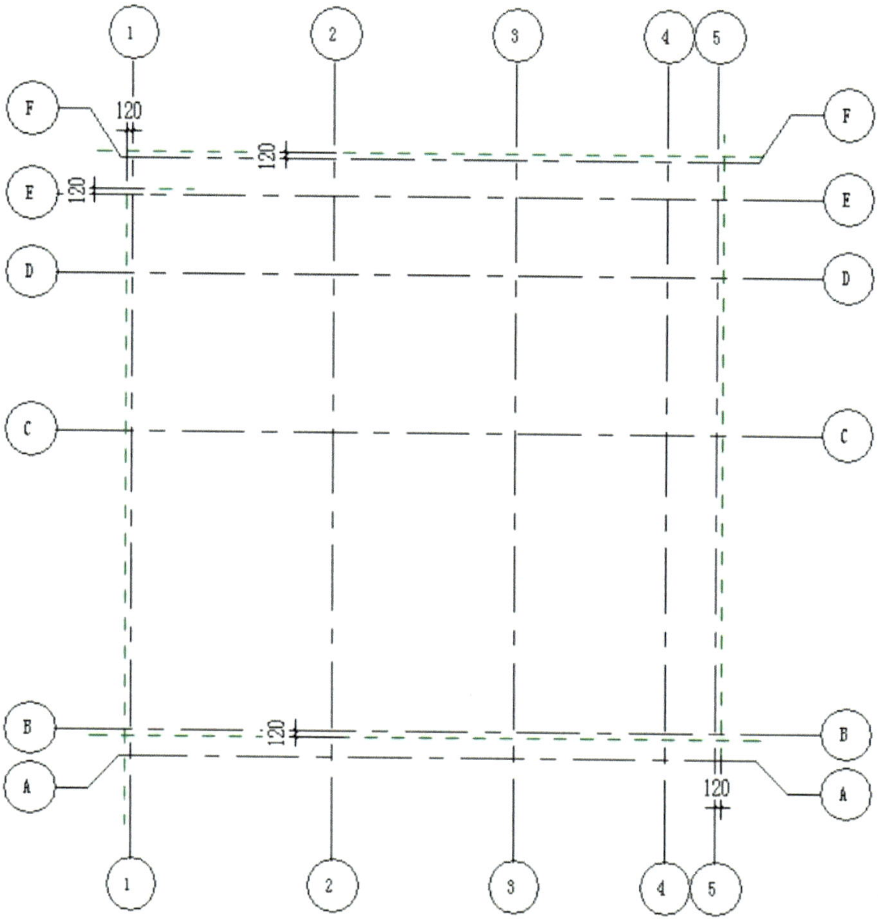


图 4-26　绘制参照平面

注:修改尺寸有两种方法,一种是利用临时尺寸选择需要修改的图元,修改其临时尺寸的数值;另一种是点击"注释"选项卡下"尺寸标注"面板中的"对齐"标注,将两条线标注,选择需要修改的线,尺寸标注就会被激活,修改数值即可。

(3)接下来开始放置“钢筋混凝土 300×300mm”结构柱,放置结构柱位置如图 4-27 所示。

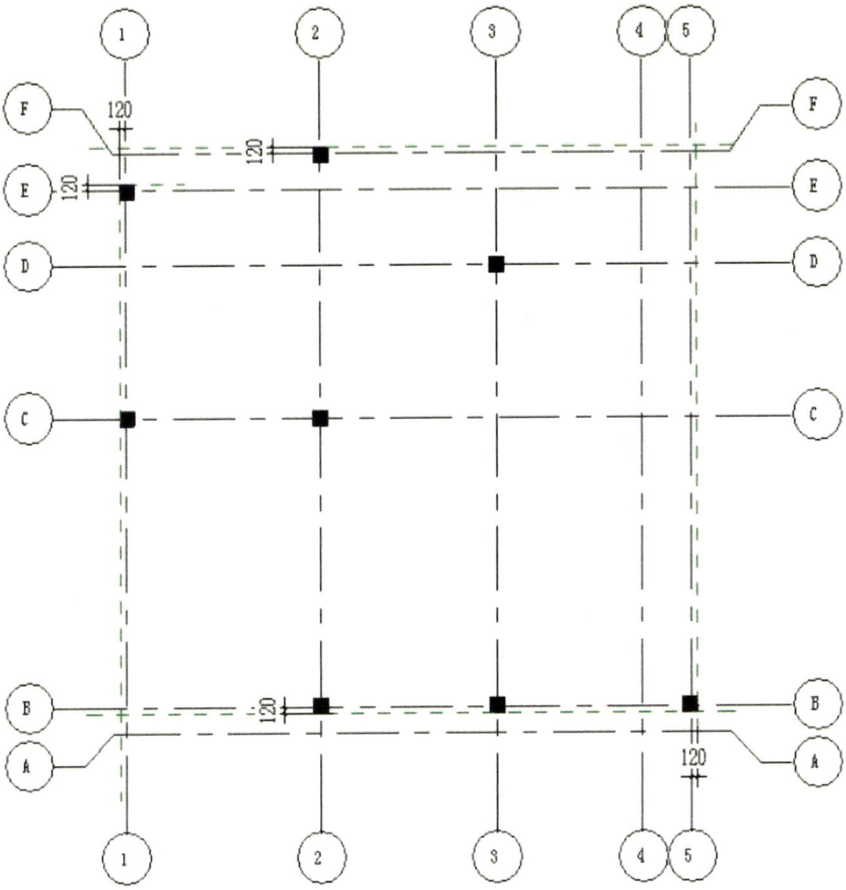


图 4-27　放置结构柱

(4)同理,放置“钢筋混凝土 240×240mm”结构柱。首先要绘制“参照平面”,在上步操作的基础上继续绘制两条“参照平面”,距离轴 4 左侧 620mm,距离 C 轴下侧 1920mm,柱的位置按图 4-28 所示放置。

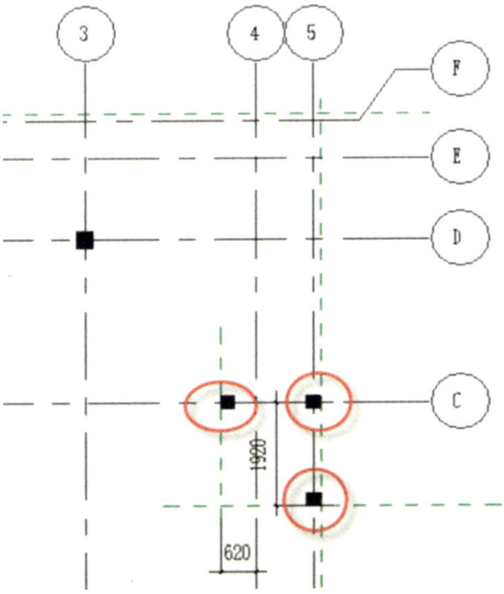


图 4-28　继续绘制参照平面

4.2.1.3　修改结构柱

(1)将所有“钢筋混凝土 300×300mm”结构柱选中(可选中一个柱子,鼠标右键单击“选择全部实例”、“在视图中可见”,可快速选择相同实例的图元),在“属性”面板中修改其“底部偏移”为“−450.0”,点击“属性”面板右下角“应用”按钮,如图 4-29 所示。

(2)同理,将所有“钢筋混凝土 240× 240mm”结构柱选中,在“属性”面板中修改标高和偏移值,点击“属性”面板右下角“应用”按钮,如图 4-30 所示。

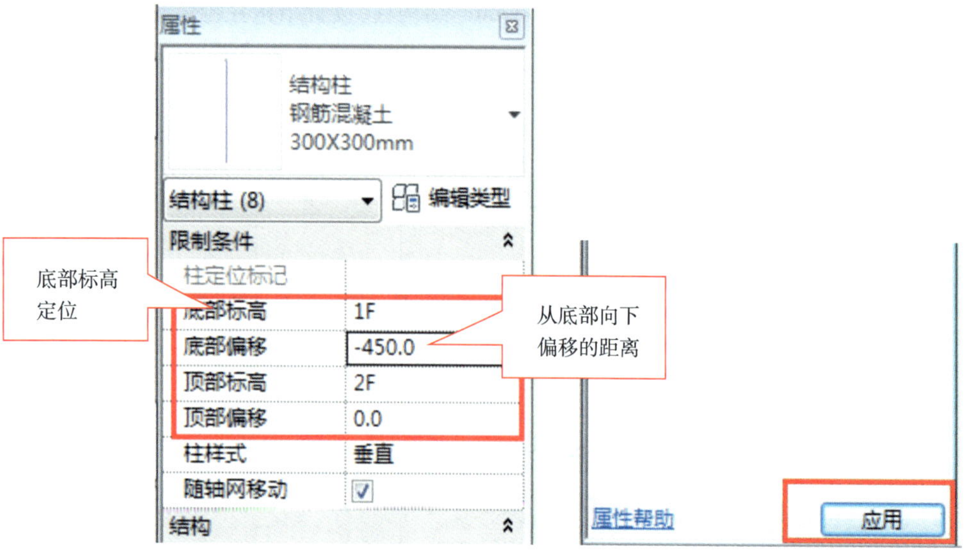


图 4-29 修改柱底部偏移

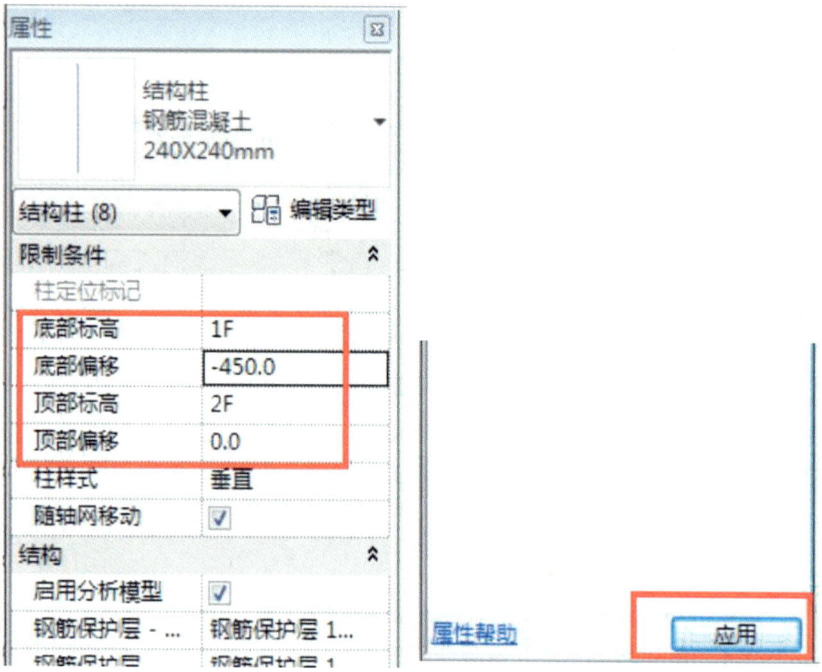


图 4-30 “应用”按钮

4.2.1.4 创建入口柱子

（1）在南面入口处先绘制一个参照平面，点击“建筑”选项卡下“工作平面”面板中 参照 平面，参照平面定位如图 4-31 所示。

（2）点击“结构”选项卡中“构建”面板的“柱”命令，下拉菜单中选择“结构柱”，“属性”面板中选择柱类型为“带帽门口柱 300×300”，放置到图 4-32 所示位置。

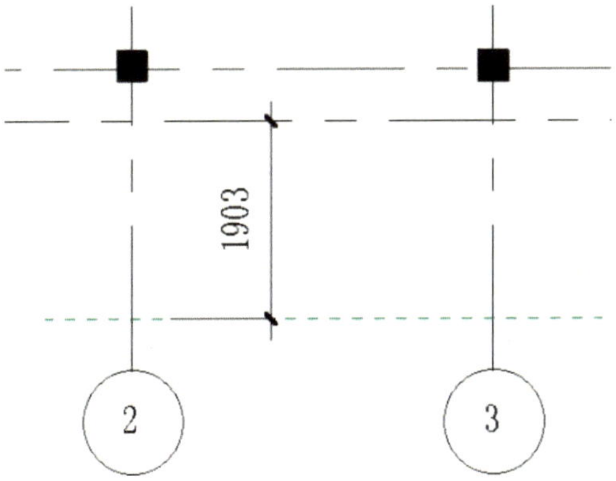


图 4-31　参照平面定位

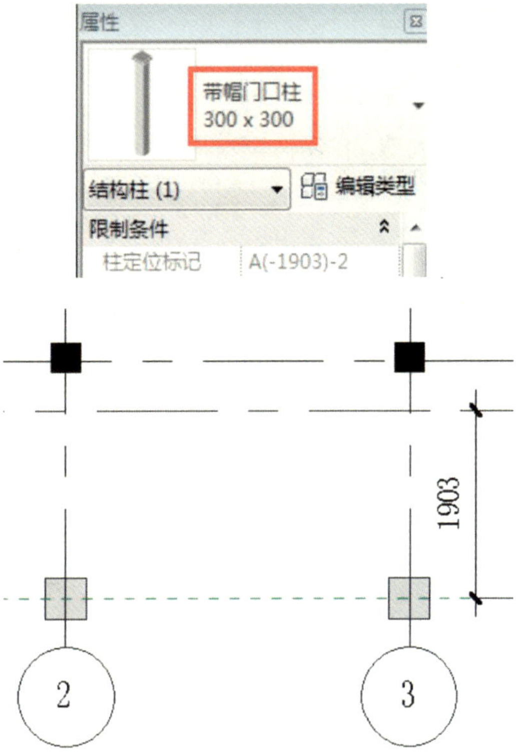


图 4-32　修改柱属性

(3)选中刚刚绘制的“带帽门口柱 300×300”,在“属性”面板中修改其标高及偏移量参数,设置完成后点击“应用”按钮,如图 4-33 所示。

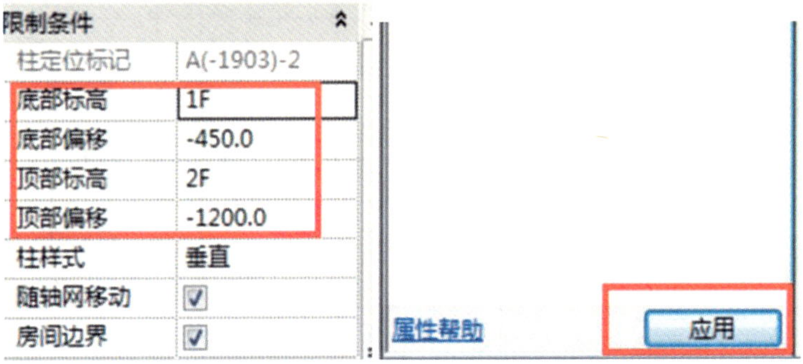


图 4-33　修改柱标高及偏移量参数

(4)点击“插入”选项卡下“从库中载入”面板中的“载入族”,弹出“载入族”对话框,打开“Architecture”文件夹,再找到“柱”文件夹,鼠标双击“爱奥尼柱整体”这个族,即可载入到项目中,如图 4-34 所示。

注:如项目中没有需要的柱子类型,则需要单击“插入”选项卡中“从库中载入”面板下的“载入族”工具,打开相应族库载入族文件,如图 4-35 所示。

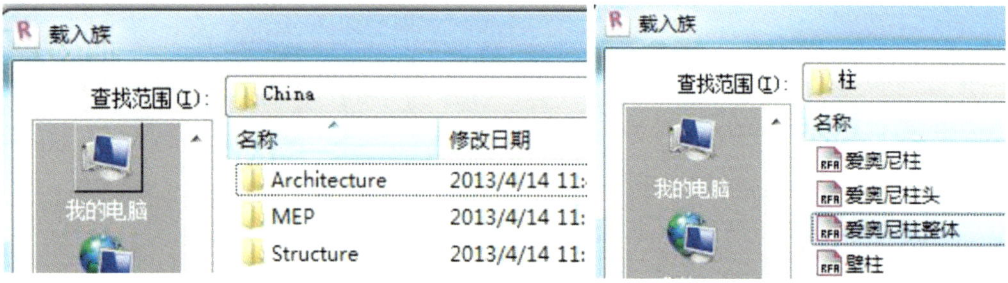


图 4-34　从库中载入柱族

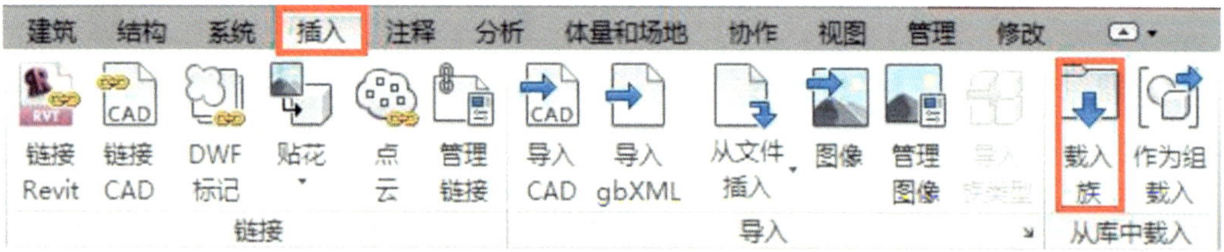


图 4-35　载入族

（5）在东面入口处绘制参照平面，距离 5 轴右侧 1200mm，距离 C 轴下侧 1800mm。点击“建筑”选项卡下“构建”面板下的“构件”命令下拉菜单中的“放置构件”，把刚刚载入的柱子分别放置在图 4-36 所示位置。

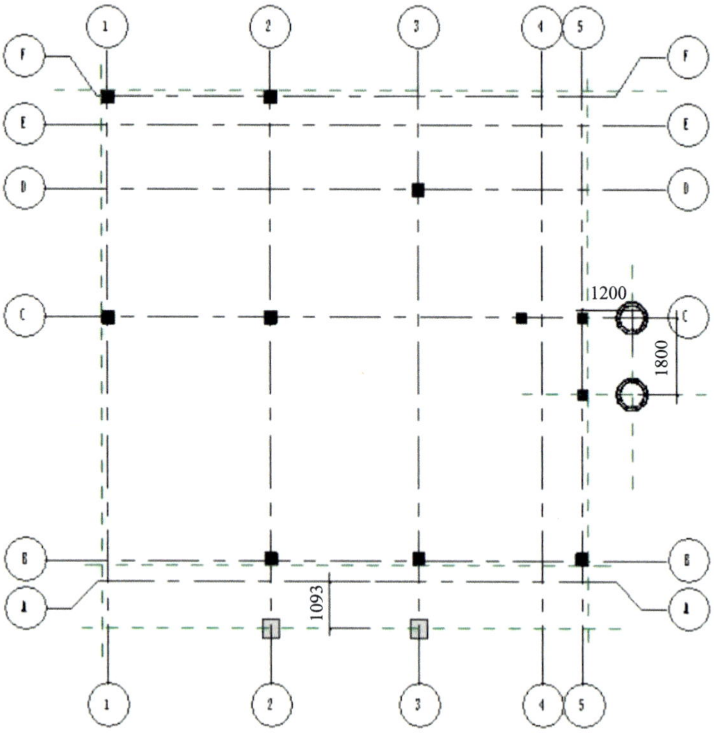


图 4-36　放置柱构件

（6）修改入口柱子，选中刚创建的建筑柱，点击“属性”面板中的“编辑类型”，修改“柱高度”为“2515.0”，如图 4-37 所示。至此，一层所有柱子添加完成，如图 4-38 所示。

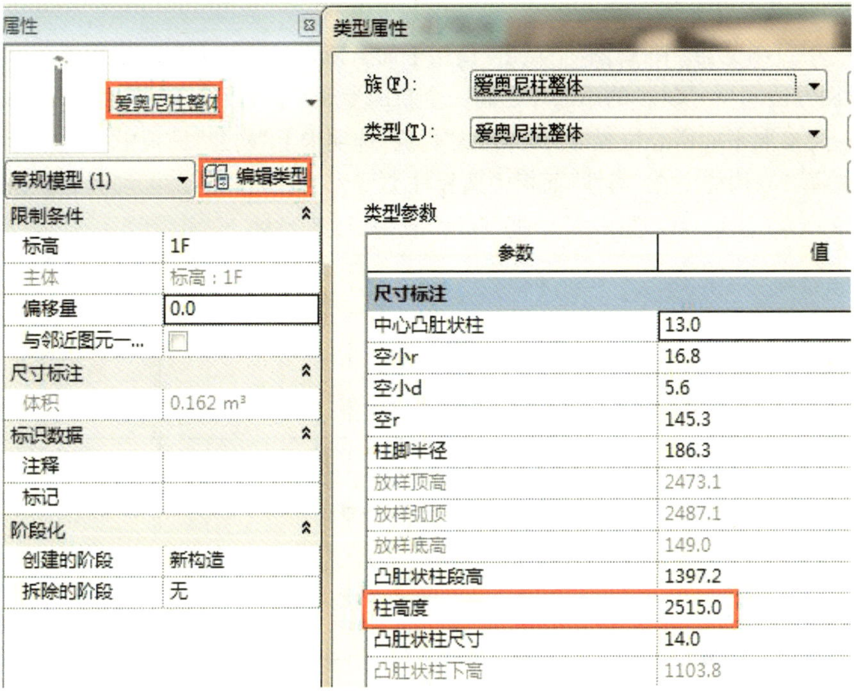


图 4-37　修改柱高度

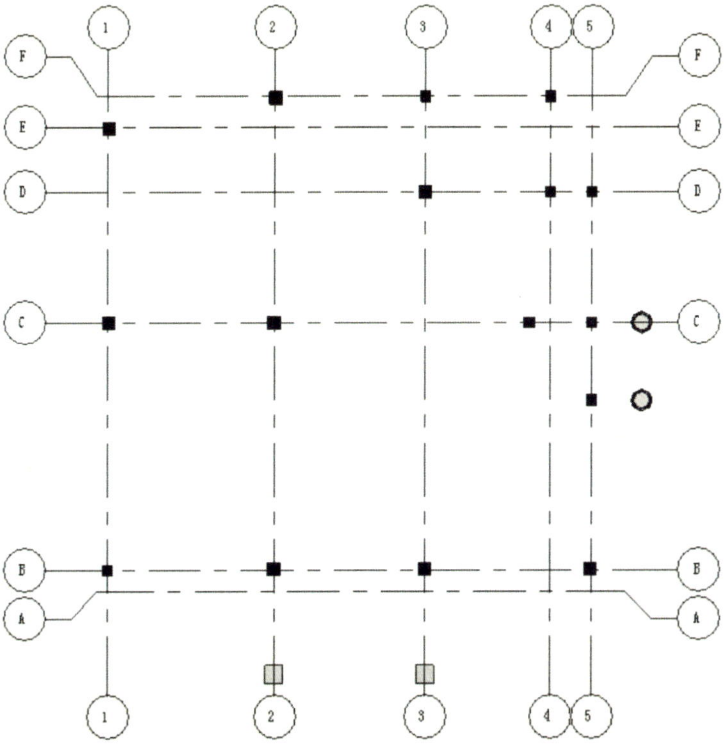

图 4-38　完成一层柱绘制

4.2.1.5　二层柱子的添加

（1）在“项目浏览器”中“视图”下点击“楼层平面”，双击“2F”进入二层平面视图。

（2）添加方法同“一层柱”的添加。绘制一个新的参照平面，距离4轴左侧500mm，其他参照平面借助一层参照平面所绘位置即可。点击“建筑”选项卡下“构建”面板中的“柱”命令，在其下拉菜单中选择 “结构柱”，在“属性”面板中选择柱类型为“钢筋混凝土300×300mm”，柱的添加位置如图4-39所示（注意，在“选项栏”中把“深度”改为“高度” 高度: 3F ）。

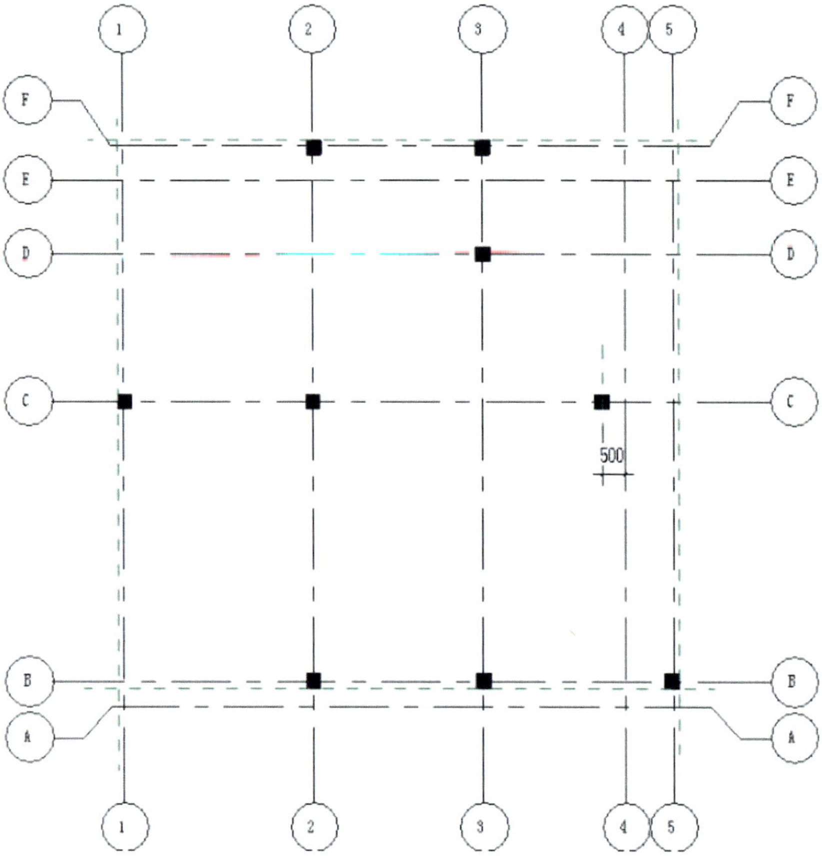


图4-39　放置二层柱

（3）选中刚绘制的“钢筋混凝土300×300mm”结构柱，在“属性”面板下修改柱子标高和偏移量，并点击“应用”按钮，如图4-40所示。

（4） 继续创建 “钢筋混凝土240×240mm” 结构柱，绘制一个新的参照平面，距离E轴下侧700mm，添加的位置如图4-41所示。

（5）同理，选中刚创建的“钢筋混凝土240×240mm”结构柱，在“属性”面板下修改柱子标高和偏移量，并点击“应用”按钮，如图4-42所示。

（6）添加建筑柱。绘制参照平面，选择建筑柱命令，在“属性”面板中选择柱类型为“栏杆柱子”，如图4-43所示，并修改柱高和偏移量，如图4-44所示。放置位置如图4-45所示，将柱中心放到参照平面的交点处。

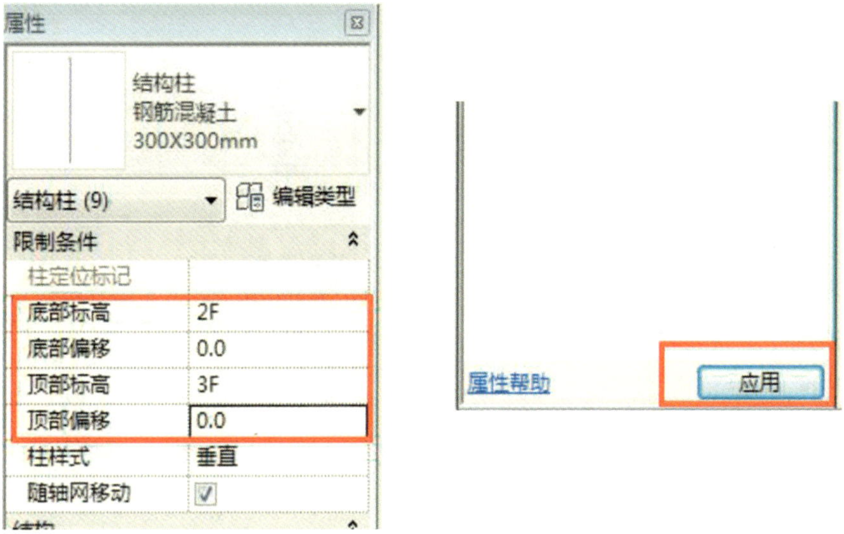


图 4-40　修改柱参数(一)

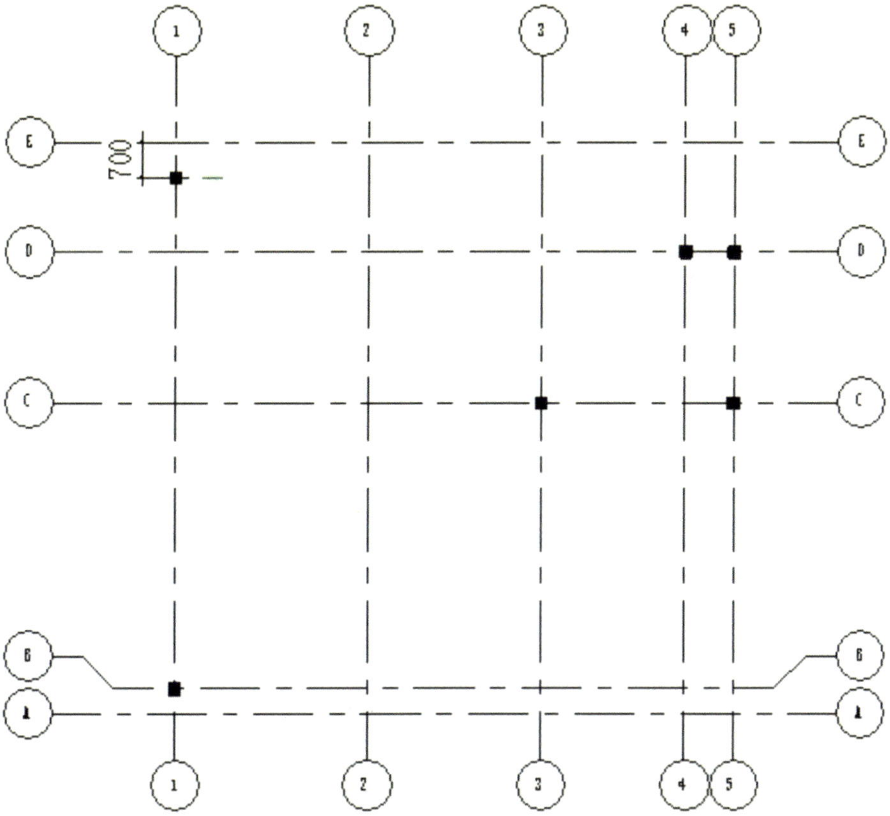


图 4-41　添加二层结构柱

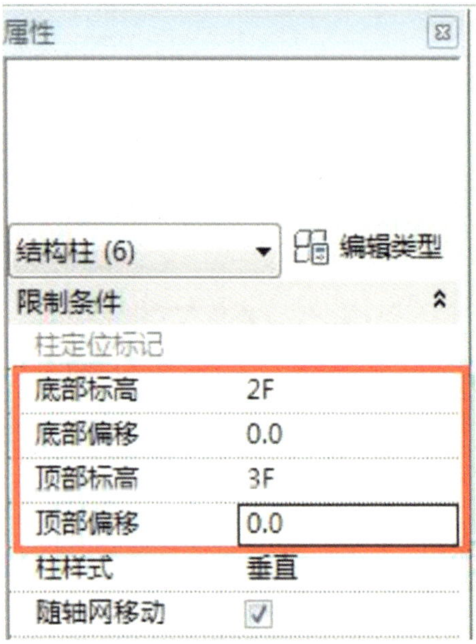


图 4-42 修改柱参数(二)

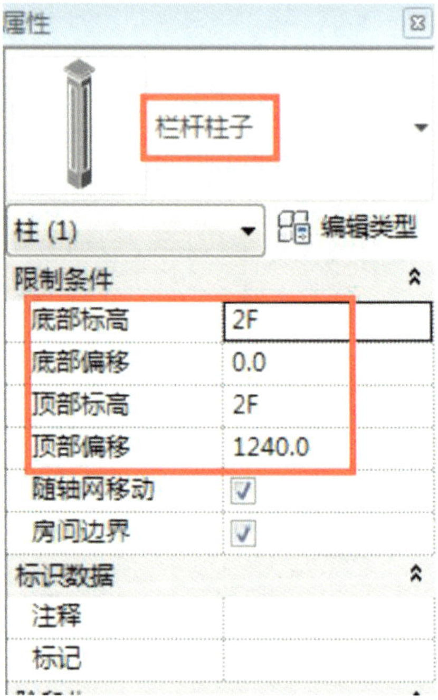


图 4-43 修改柱参数(三)

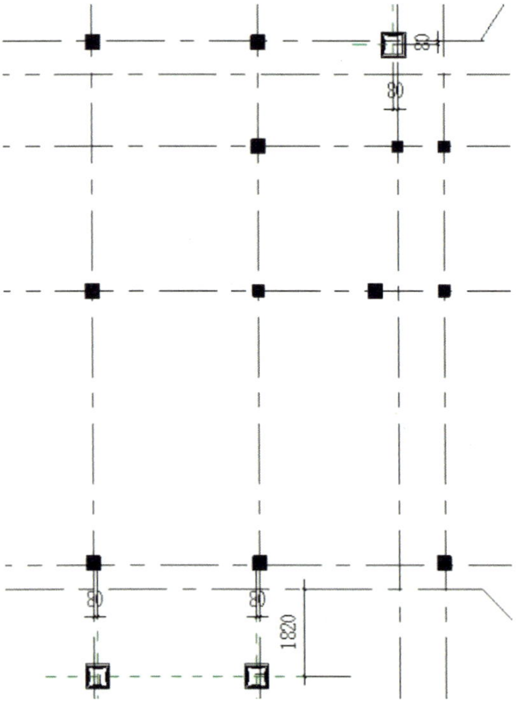


图 4-44 修改柱高与偏移量

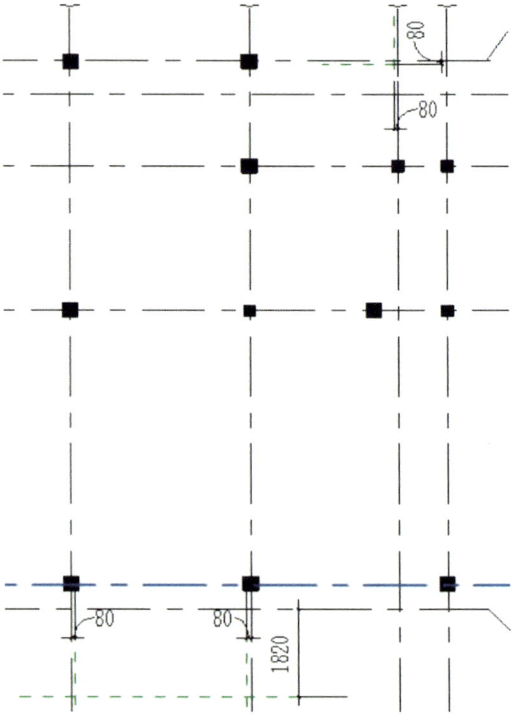


图 4-45 确定柱放置的位置

(7)至此,二层所有柱子创建完成,如图 4-46 所示。

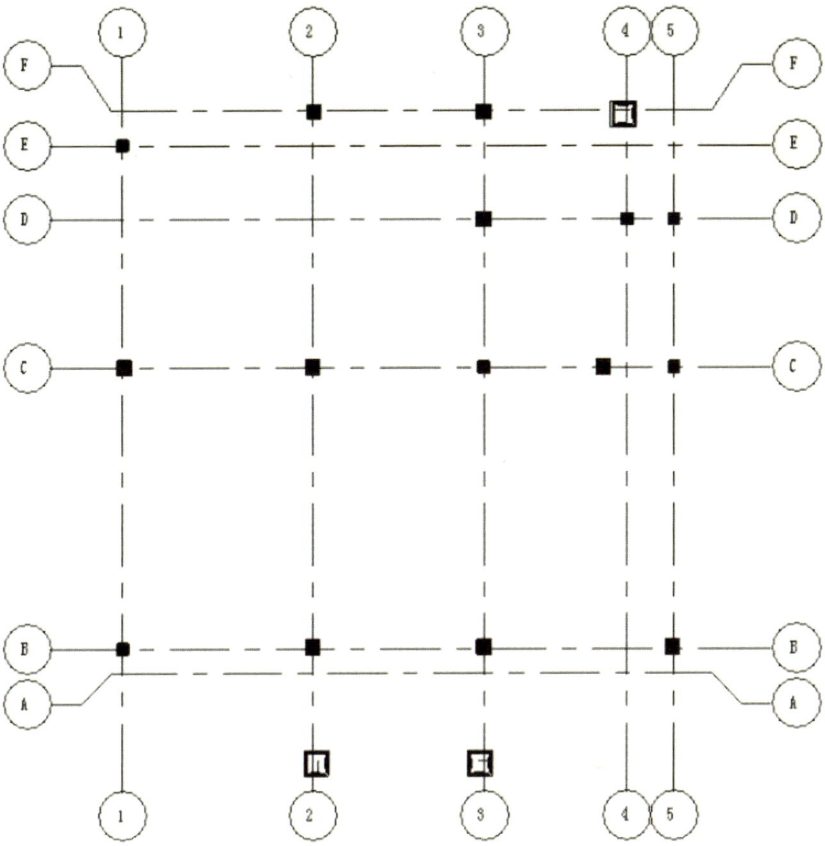


图4-46 完成二层柱创建

思考：如果样板文件中没有合适的柱尺寸，那应该怎样创建一种新柱尺寸呢？

例：在项目中需要一种“钢筋混凝土300×500mm”的结构柱，但项目中没有这种尺寸的柱子，此时可以采取如下操作：

选择任意一种尺寸的结构柱，在“属性”面板中点击“类型属性”，弹出“编辑类型”对话框，编辑柱子属性，点击“复制”命令创建新的尺寸规格，注意修改柱宽度、厚度尺寸参数，如图4-47所示。

注：在“类型属性”对话框中有“复制”和“重命名”两个选项，如点击“重命名”，则把当前选择的柱尺寸改变了；如果点击“复制”，则是在当前选中的柱子基础上重新创建了另一种柱尺寸，在这里要注意区分两者的不同。

## 4.2.2 梁的创建和编辑

梁的创建继续在“结构”选项卡中完成。Revit提供了两种创建梁的方式，使用梁前必须先载入相关的梁的族文件。为了便于建模，在各标高创建结构楼层平面视图，并在该视图中隐藏除结构柱和轴网之外的其他图元。

（1）打开项目文件，切换至1F结构平面视图，检查并设置结构平面视图“属性”面板中“规程”为“结构”。单击“结构”选项卡下“结构”面板中的“梁”工具命令，自动切换至“修改放置梁”上下文选项卡中。从“类型”选择器的下拉列表中选择需要的梁类型，如没有，请从库中载入。

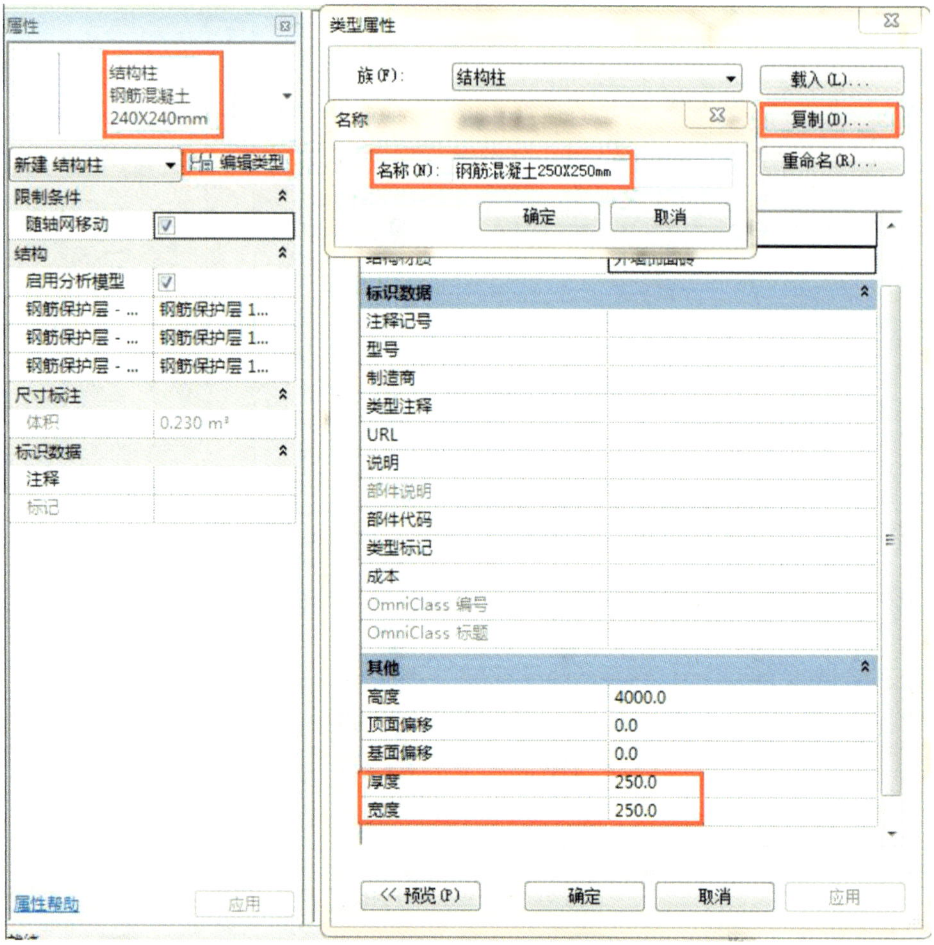


图 4-47　修改柱尺寸参数

(2)单击“模式”面板中的“载入族”命令，载入练习文件“混凝土-矩形-梁.rfa”族文件，Revit将当前族类型设置为刚载入的族文件。

①使用“三维捕捉”选项，通过捕捉任意视图中的其他结构图元，可以创建新梁。

②要绘制多段连接的梁，请选择选项栏中的“链”，如图 4-48 所示。

图 4-48　绘制多段连续梁

③选中梁，端点位置会出现操纵柄，用鼠标拖曳可调整端点位置，如图 4-49 所示。

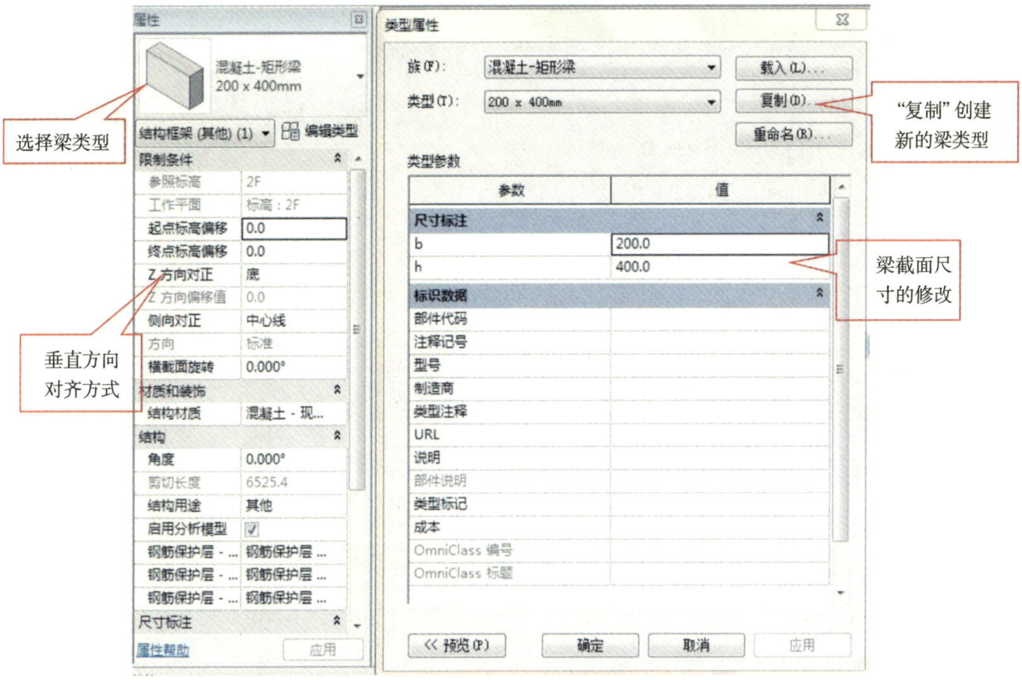


图 4-49　梁的类型属性设置

（3）选中创建好的梁会自动激活上下文选项卡"修改|结构框架"，通过"属性"面板可以修改梁的实例参数，通过单击"属性"面板中"编辑类型"按钮，打开"类型属性"对话框，可以改变梁的类型属性参数。打开"类型属性"对话框，复制并新建名称为"200×400mm"的梁类型，修改类型参数中的宽度为"200.0"，高度为"400.0"，如图 4-50 所示。注意，修改"类型标记"值为"200×400mm"。完成后，单击"确定"按钮退出"类型属性"对话框。

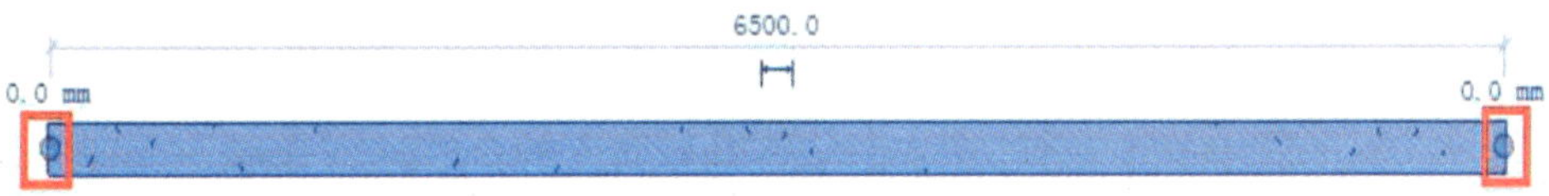


图 4-50　修改类型属性参数

（4）确认"绘制"面板中的绘制方式为"直线"，激活"标记"面板中"在放置时进行标记"选项，设置选项栏中的"放置平面"为"2F"，修改结构用途为"大梁"，不勾选"三维捕捉"和"链"选项。

（5）确认"属性"面板中"Z方向对正"设置为"顶"，即所绘制的结构梁将以梁图元顶面与"放置平面"标高对齐。如图 4-51 所示，移动鼠标至 5 轴线与 C 轴线相交位置并单击，将其作为梁起点；沿 5 轴线竖直向上移动鼠标直至 5 轴线与 D 轴线相交位置并单击，将其作为梁终点，绘制结构梁。

（6）由于梁与柱的关系为梁与柱外边缘平齐，因此需对所建梁作对齐处理。使用"对齐"命令，进入对齐修改模式。如图 4-52 所示，鼠标移动到结构柱外侧边缘位置，单击作为对齐目标位置，在梁外侧边缘单击鼠标左键，则梁外侧边缘将与柱外侧边缘对齐。

（7）使用类似的方式绘制 2F 结构平面视图其他部分的梁。注意，位于外侧的梁均与结构柱外侧边缘对齐，结果如图 4-53 所示。

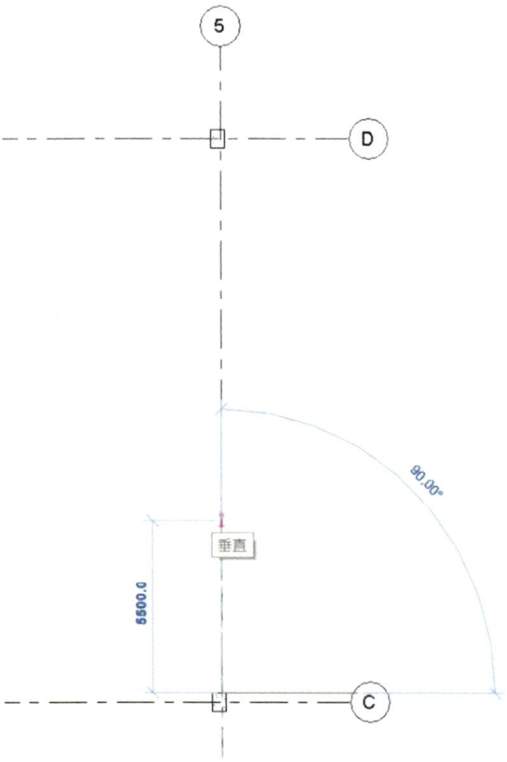


图 4-51　绘制结构梁

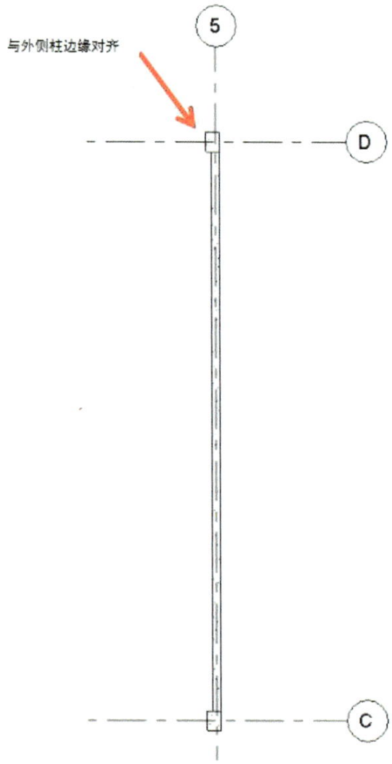


图 4-52　结构梁与柱对齐

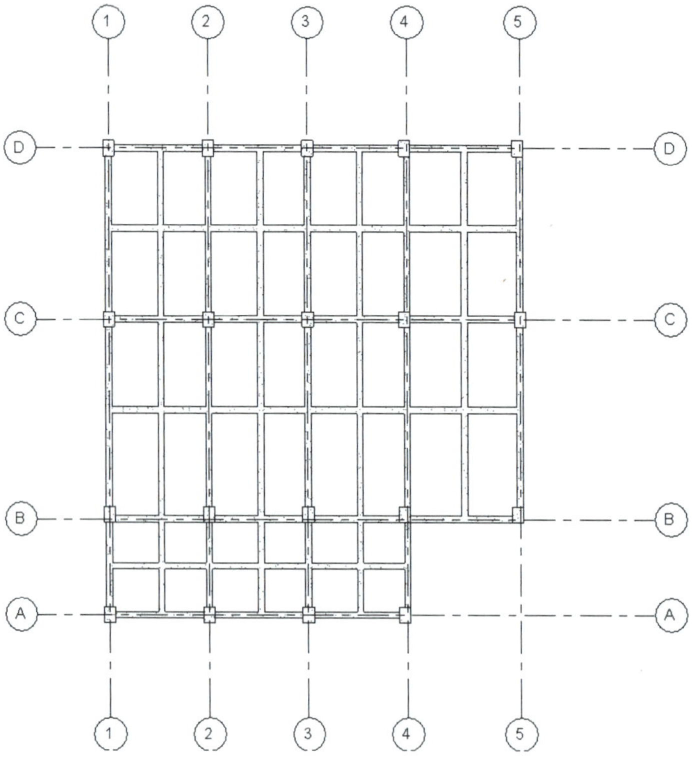


图 4-53　结构梁绘制完成

（8）框选 2F 结构平面视图中所有图元，使用“过滤器”过滤选择所有已创建的梁图元和梁标记。配合使用“复制到剪贴板”➤“与选定的视图对齐”的方式粘贴到“1F”与“屋面标高结构平面视图”。切换至默认三维视图，创建完成后的框架梁如图 4-54 所示。

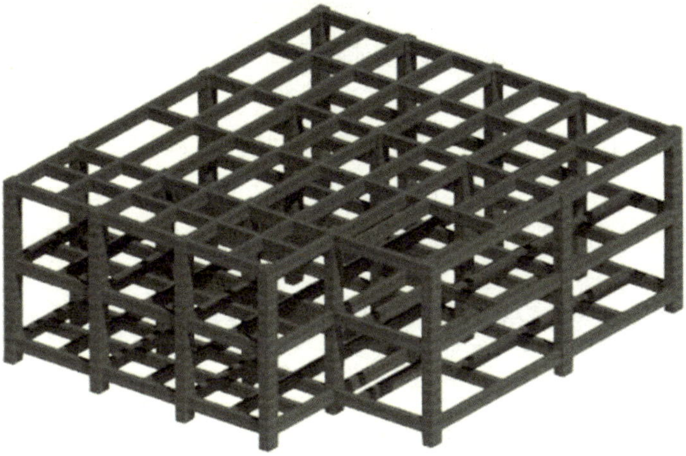

图 4-54　完成后的框架梁模型

## 课后习题

**一、单选题**

1.绘制柱构件时，按以下哪个键可以旋转构件方向以放置？（　）。

A. Tab　　B. Shift　　C. Space　　D. Alt

2. 在 Revit 软件中，布置墙垛、装饰柱应采用（　）。

A. 建筑柱　　B. 结构柱　　C. 构造柱　　D. 钢柱

3. 放置梁时 Z 轴对正方式不包括（　）。

A. 原点　　B. 中心线　　C. 统一　　D. 底

**二、判断题**

1. 建筑柱适用于墙垛、装饰柱等；框架结构模型中，结构柱用于支撑上部结构并将其荷载传递给基础。（　）

2. 建筑柱和结构柱的使用方法和功能均无区别。（　）

3. 放置结构柱时，修改左上角选项中的“深度”改为“高度”，因为“高度”状态下放置柱子，柱子方向是从本楼层伸到上一楼层。（　）

## 4.3　基　　础

前面介绍了如何使用结构柱、梁工具为项目创建上部框架结构，下面继续完成下部结构基础的创建。这些操作将继续在“结构”选项卡中完成。Revit 提供了 3 种形式的基础，分别是独立基础、条形基础和基础底板，用于创建不同类型的基础。本节以框架结构下的独立基础为例来讲解基础构件的创建过程。

（1）打开项目文件，切换至1F结构平面视图，检查并设置结构平面视图“属性”面板中“规程”为“结构”。单击功能区“结构”➤“基础”➤“独立基础”命令，由于当前项目所使用的项目样板中不包含可用的独立基础族，因此弹出提示框“是否载入结构基础族”对话框，如图4-55所示。

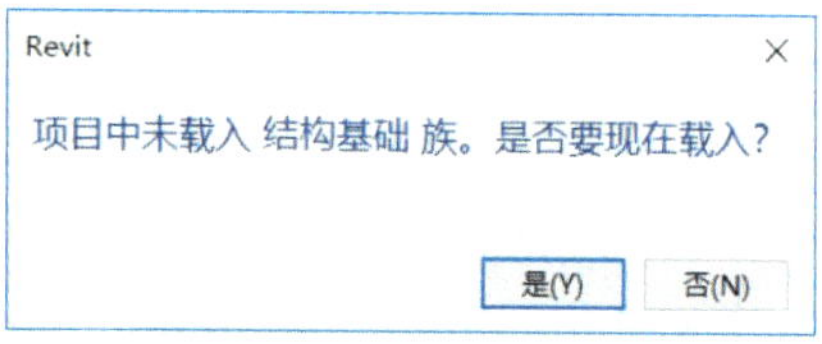


图4-55　载入结构基础族

（2）单击“是”，打开“族”对话框。打开练习文件“独立基础-坡形截面”族文件，载入该基础族。Revit将自动切换至”修改｜放置图”上下文选项卡。

（3）如图4-56所示，单击“多个”面板“在柱处”命令，进入“修改｜放置独立基础➤在结构柱处”模式。

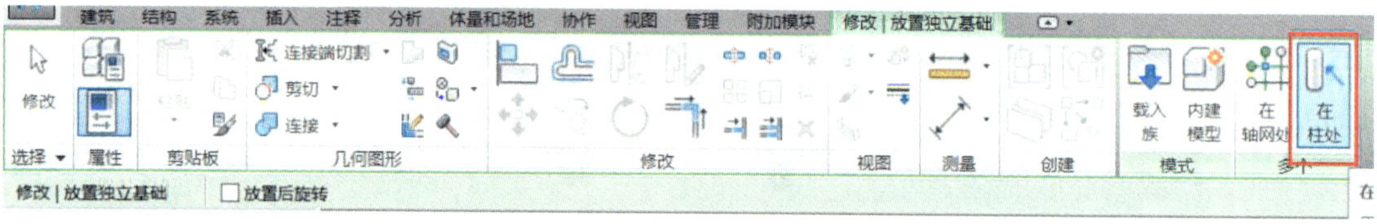


图4-56　“修改｜放置独立基础”模式

（4）如图4-57所示，在该模式下Revit允许用户拾取已放置于项目中的结构柱。框选视图中所有结构柱，Revit将显示基础放置预览。单击“多个”面板中“完成”按钮，完成结构柱选择。

注：独立基础仅放置于结构图元下方，不可以在建筑柱下方生成独立基础。

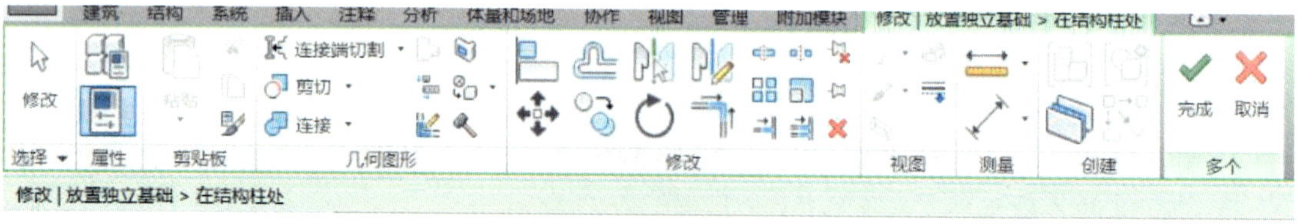


图4-57　完成结构柱选择

（5）Revit将自动在所选择结构柱底部生成独立基础，并将基础移动至结构柱底部。Revit给出警告对话框，单击视图任意空白位置可关闭该警告对话框。

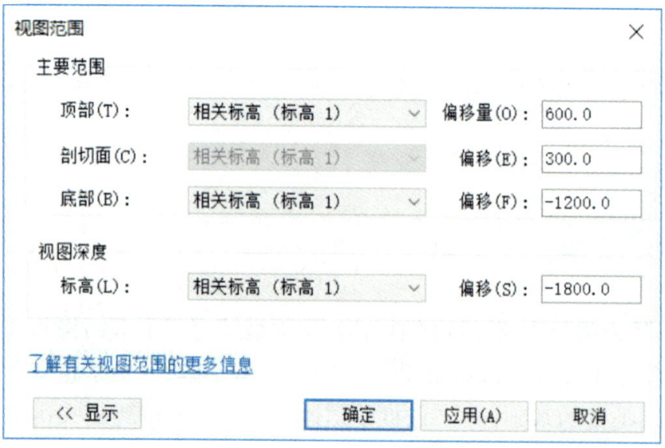


图4-58　修改视图范围

（6）按Esc键两次，退出所有命令，此时“属性”面板中显示当前结构平面视图属性。单击“视图范围”参数后的“编辑”按钮，打开“视图范围”对话框。如图4-58所示，修改“视图深度”中的标高“偏移”量为“-1800.0”，修改“主要范围”中底部“偏移”量为“-1200.0”。完成后单击“确定”按钮退出“视图范围”对话框。

(7)修改视图范围后，基础将显示在当前楼层平面视图中，如图 4-59 所示。当基础尺寸不相同时，可使用图元“属性”编辑基础的长度、宽度、阶高、材质等，可从类型选择器切换至其他尺寸规格类型，可用“移动”、“复制”等编辑命令进行创建编辑。切换至默认三维视图，完成后的基础模型如图 4-60 所示。

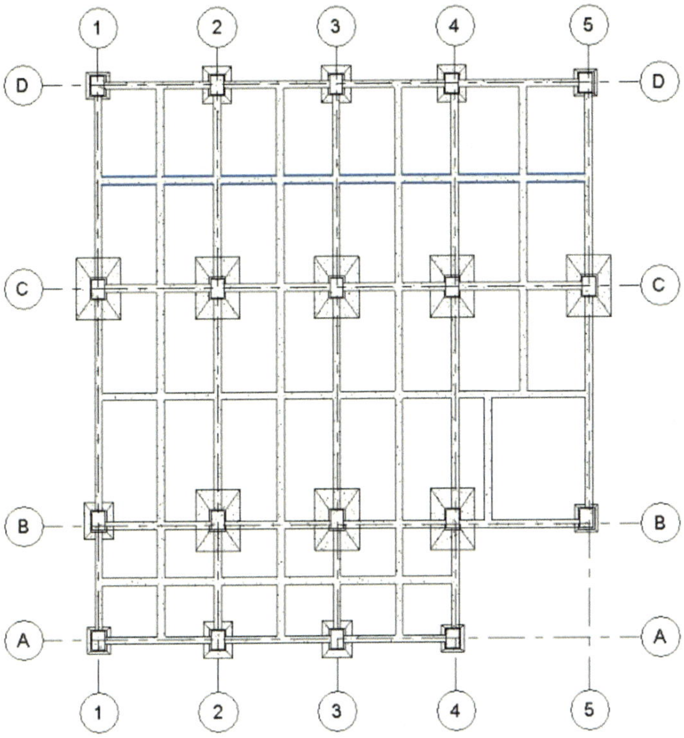


图 4-59　完成基础放置

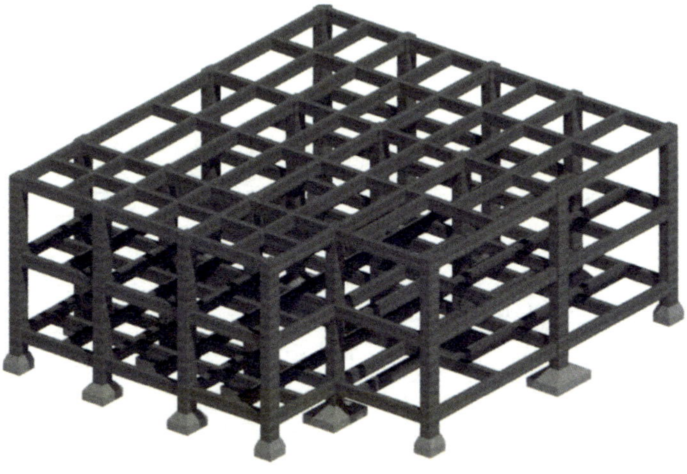

图 4-60　完成后的基础模型

至此，完成了独立基础的布置，保存该项目文件。

条形基础的用法类似于墙饰条，用于沿墙底部生成带状基础模型。单击选择“墙”即可在墙底部添加指定类型的条形基础。可以分别在条形基础类型参数中调节条形基础的坡脚长度、根部长度、基础厚度等参数，以生成不同形式的条形基础。与墙饰条不同的是，条形基础属于系统族，无法为其指定轮廓，而且条形基础具备诸多结构计算属性，而墙饰条则无法参与结构承载力计算。

独立基础是将自定义的基础族放置在项目中，并作为基础参与结构计算。使用“公制结构基础 .rte”族样板可以自定义任意形式的结构基础。基础底板则可以用于创建建筑筏板基础。

## 课后习题

### 一、单选题

1. 绘制基础时，以下哪个不是 Revit 提供的基础形式？(　　)。

A. 独立基础　　B. 条形基础　　C. 箱型基础　　D. 基础底板

2. 绘制独立基础时，可以通过以下哪种方式找到绘制命令？(　　)。

A. 单击功能区“结构”→“基础”→“独立基础”命令

B. 单击功能区“建筑”→“基础”→“独立基础”命令

C. 单击“属性”面板→“结构”→“基础”→“独立基础”命令

D. 单击“属性”面板→“建筑”→“基础”→“独立基础”命令

3. 基础仅放置于结构图元哪个方位？(　　)

A. 下方　　B. 上方　　C. 任意方位　　D. 不可放置

### 二、判断题

1. 如果当前项自所使用的项目样板中不包含可用的独立基础族，会弹出提示框“是否载入结构基础族”对话框。(　　)

2. 条形基础虽然属于系统族，但是也可以为其指定轮廓。(　　)

3. 当基础尺寸不相同时，可使用图元“属性”编辑基础的长度、宽度、阶高、材质等。(　　)

### 三、技能提升

根据下图中给定的投影尺寸，创建形体体量模型，基础底标高为 −3.2m，设置该模型材质为混凝土。

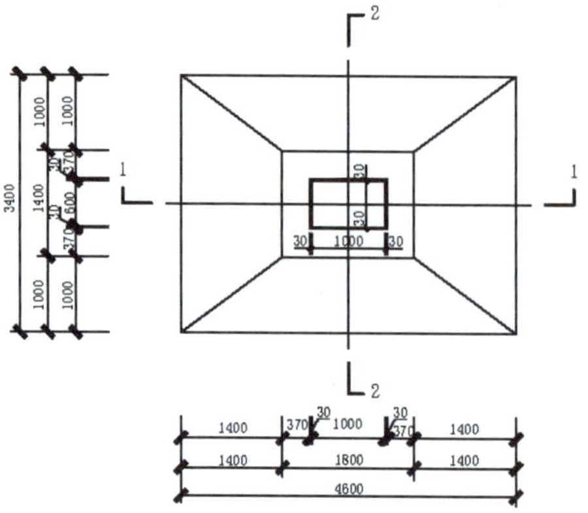


俯视图　1:150

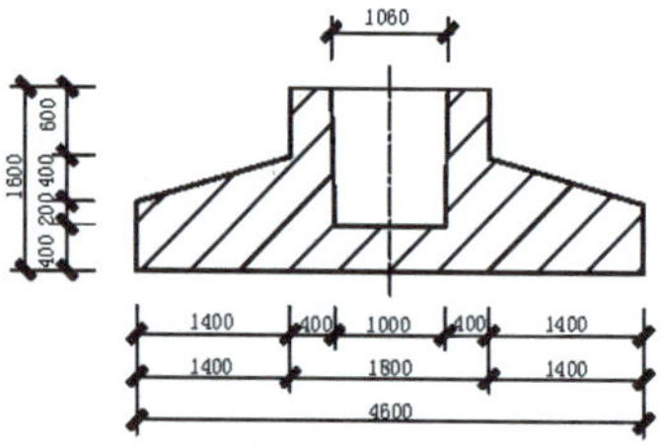


1-1剖面图　1:150

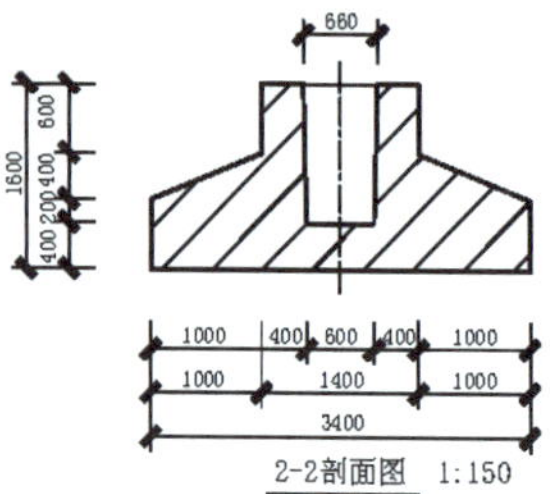


2-2剖面图　1:150

# 4.4 墙　　体

建筑模型在建筑楼层平面视图中创建,并在建筑选项卡中完成。

墙体模型创建时,需要根据墙的用途及功能(例如墙体的高度、墙体的构造、立面显示、内墙和外墙的区别等),来创建不同的墙体类型和赋予不同的属性。

## 4.4.1 墙体建模基本知识

在 Revit 中创建墙体模型,可以通过功能区中的“墙”命令来进行。“墙”命令的使用与结构梁相似。Revit 提供了建筑墙、结构墙和面墙三种不同的墙体创建方式。

单击“建筑”选项卡下“构建”面板中“墙”命令。“墙”命令的下拉菜单中有用于绘制墙体的建筑墙、结构墙、面墙,以及起装饰作用的墙饰条、分隔缝,如图 4-61 所示。

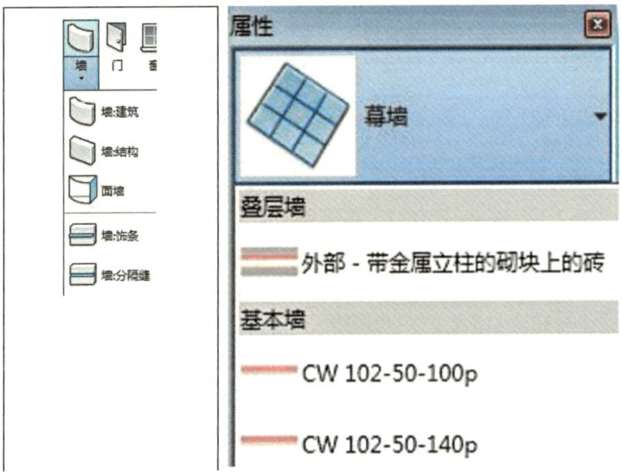


图 4-61　“墙”命令

建筑墙:在建筑模型中创建非结构墙;

结构墙:在建筑模型中创建承重墙或剪力墙;

面墙:可以使用体量面或常规模型来创建墙;

墙饰条和分隔缝:都是沿某条路径拉伸轮廓来创建。

注:墙饰条和分隔缝无法在平面视图中创建。

现以建筑墙为例说明墙体模型的创建过程。

选择“墙:建筑”,在“属性”面板下拉菜单中,可以选择“叠层墙”、“基本墙”、“幕墙”等墙体的类型。

## 4.4.2 一般墙体的绘制与编辑

### 4.4.2.1 一层墙体的绘制与编辑

(1)在“项目浏览器”的“视图”下单击“楼层平面”,双击“1F”进入一层平面视图。

(2)单击“建筑”选项卡“墙”下拉菜单中的“墙:建筑”,在类型选择器中选择“常规-200mm”的墙体,单击“复制”,命名为“外墙-240mm”,如图 4-62 所示。

【视频讲解】

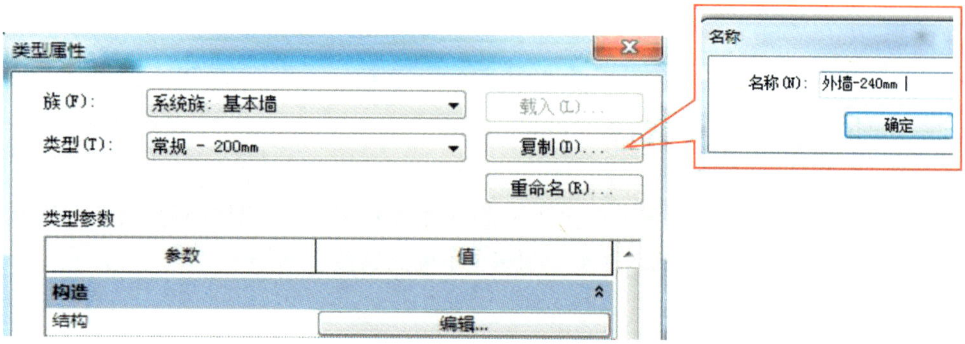


图 4-62　墙的“类型属性”

(3)单击“结构”后面的“编辑”按钮，弹出“编辑部件”对话框，如图 4-63 所示，利用“插入”、“删除”、“向上”、“向下”命令编辑该墙体的结构层，设置完成后点击两次“确定”完成新墙体的编辑。

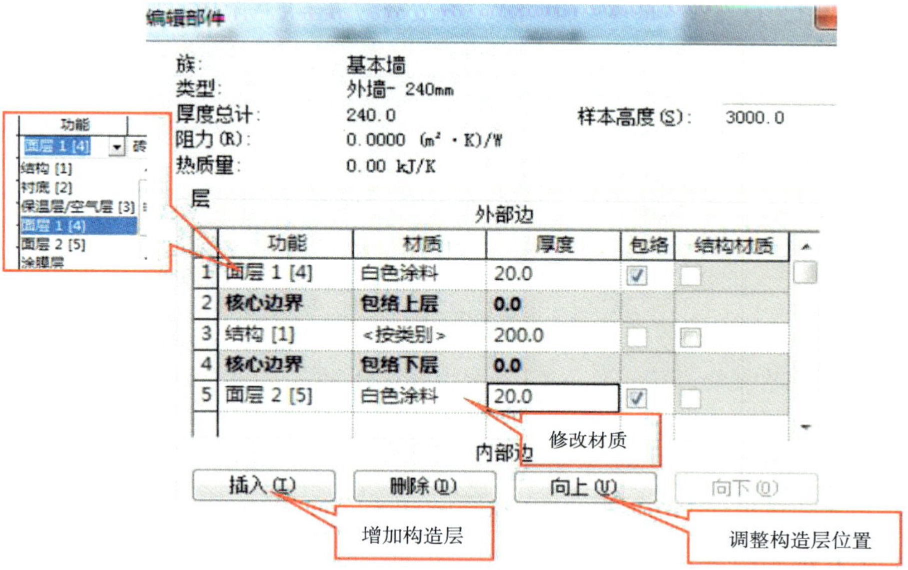


图 4-63　“编辑部件”对话框(一)

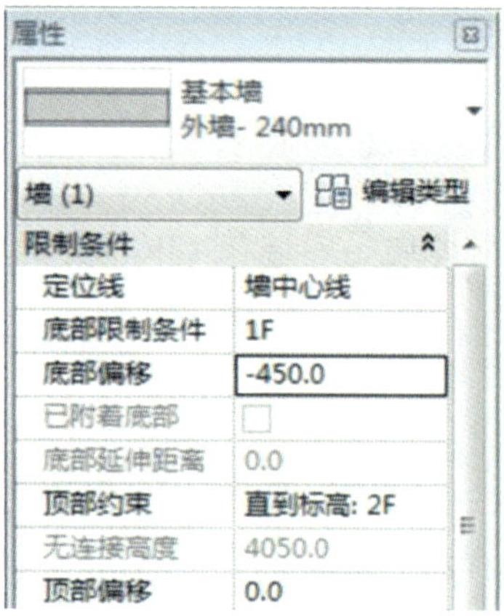


图 4-64　基本墙属性

(4)继续设置墙体“属性”面板中的实例属性参数，如图 4-64 所示，“定位线”为“墙中心线”，“底部限制条件”为“1F”，“底部偏移”为“−450.0”，“顶部约束”为“直到标高：2F”，“顶部偏移”为“0.0”。设置完成后，单击“属性”面板右下角“应用”按钮。

(5)点击“直线”命令沿外圈柱子顺时针绘制一圈外墙，绘制拐角的墙时，可先用参照平面定位，绘制结果如图 4-65 所示。

注：因 Revit 中有内墙面和外墙面之分，所以为了保证墙体方向的正确性，这里要注意顺时针方向绘制墙体。

选中绘制好的墙体按空格键可对其进行翻转。选中绘制

完成的墙体图元，单击“修改”选项卡可以对其进行“移动”、“复制”、“拆分”、“修剪”等命令。进行“移动”命令时注意“约束”选项的运用，勾选“约束”和“多个”选项 修改|墙 ☑约束 □分开 ☑多个，只能对其进行单一轴方向移动。

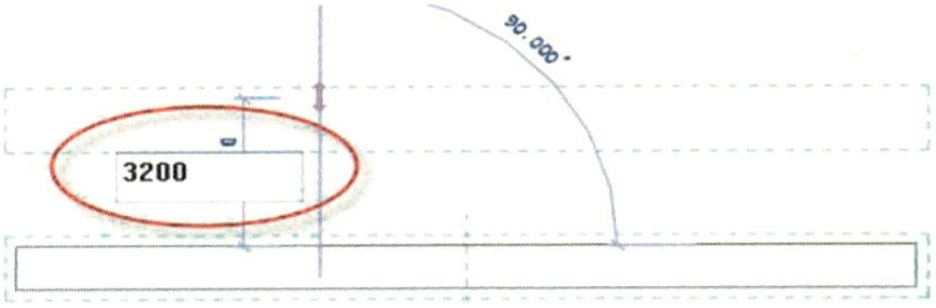


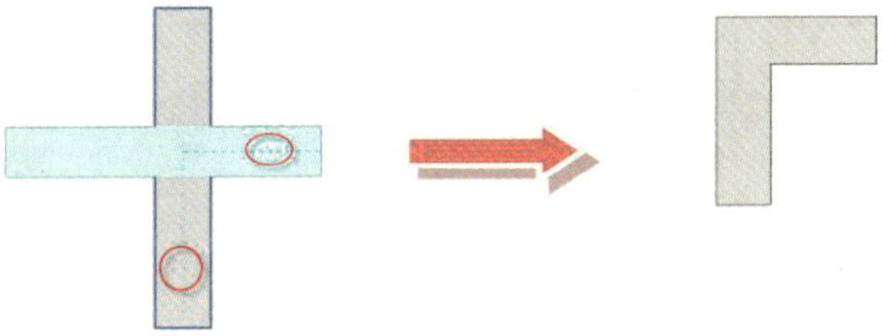

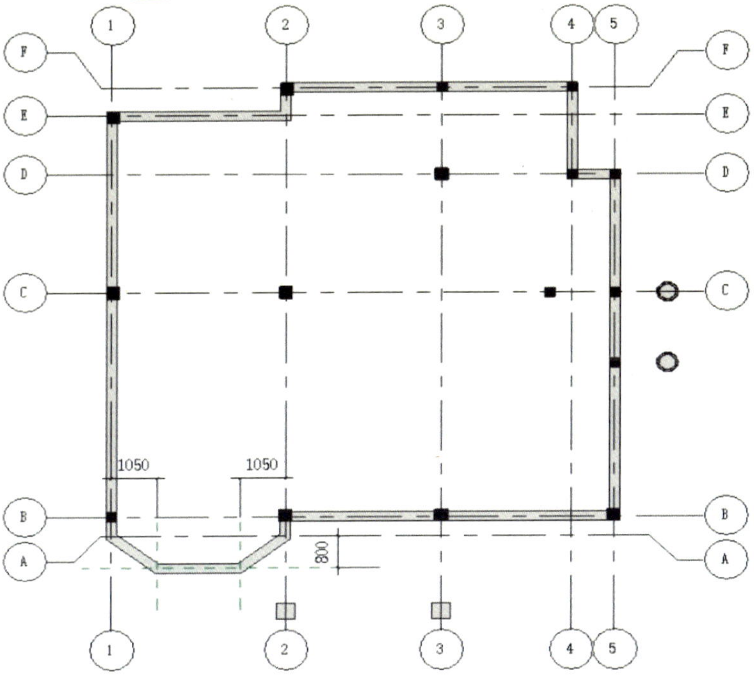


图 4-65　墙绘制结果

复制命令：进行复制命令时勾选“约束”和“多个”选项 修改|墙 ☑约束 □分开 ☑多个，可以进行单一方向的多个复制，点击“复制”命令后确定基点，移动鼠标位置输入数值并按回车键完成复制。

拆分命令：通过拆分命令可以将墙体图元拆分，如图 4-66 所示。

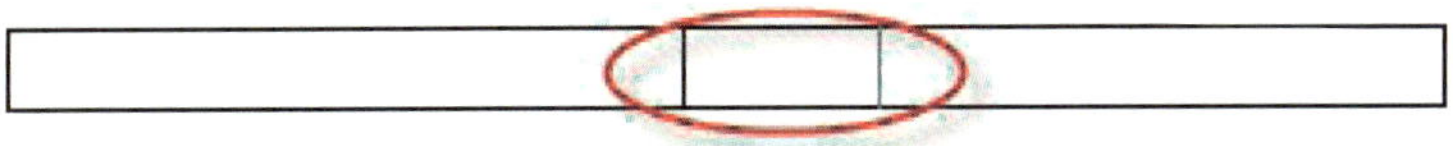

图 4-66　墙体图元拆分

修剪命令：相交墙体可以用修剪命令对其进行修剪，修剪时点击想保留的部分即可。

（6）利用上述方法选择“外墙-240mm ”，在“类型属性”对话框中通过“复制”创建另一种新的墙体，命名为“内墙-240mm”，如图 4-67 所示，构造层设置不变，点击两次“确定”完成墙体的新建。

（7）在“属性”面板中修改实例属性参数，如图 4-68 所示，修改完成后单击“属性”面板右下角“应用”按钮，然后绘制图 4-69 所示的三道内墙。

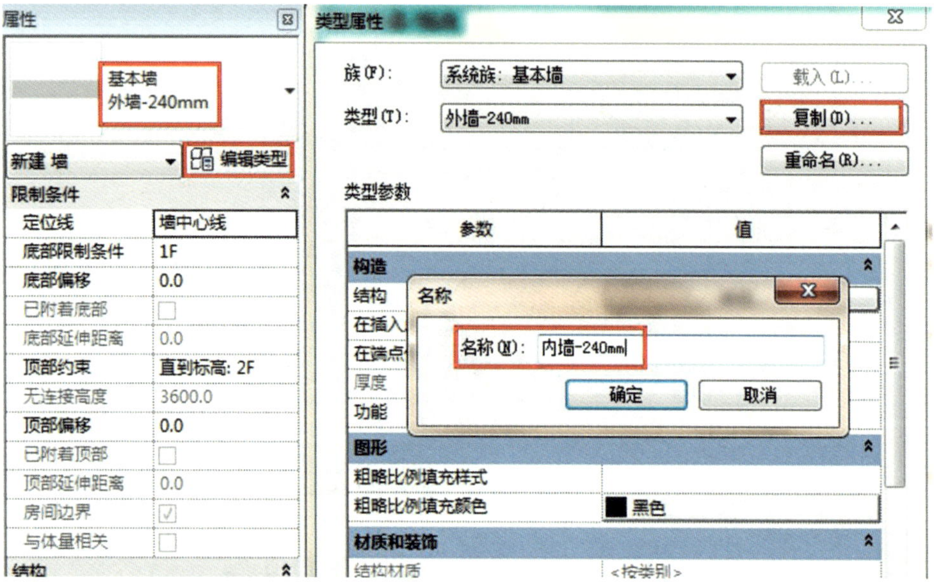


图 4-67 创建新墙体

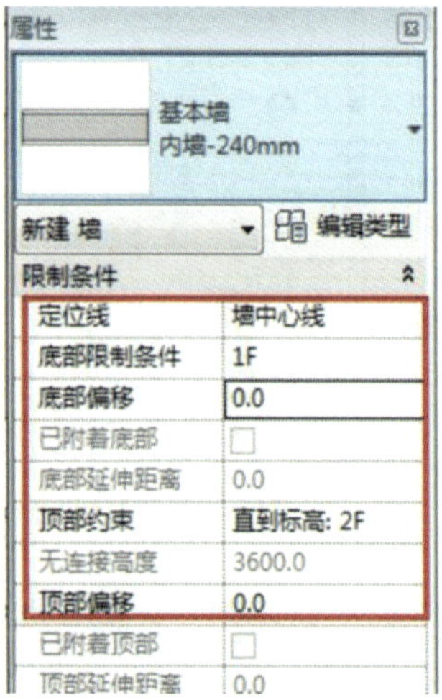


图 4-68 修改内墙实例属性参数

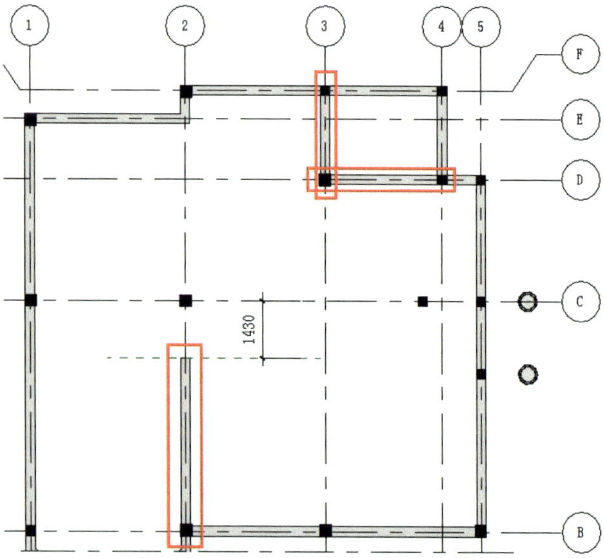


图 4-69 绘制三道内墙

（8）按同样方法选择“常规-200mm”墙体，“复制”另一种新的墙体，命名为“隔墙-120mm”，单击“结构”后面的“编辑”按钮，打开“编辑部件”对话框，修改其“厚度”为“120.0”，如图 4-70 所示，点击两次“确定”完成墙体的新建。

（9）在“属性”面板中，定位线设为“面层面-内部”。从上向下，从左到右绘制图 4-71 所示的两道隔墙，没有在轴线上的墙体通过绘制参照平面作为辅助线。

(10)选中刚刚绘制的一道墙体,单击鼠标右键选择“创建类似实例”,如图 4-72 所示。继续创建“隔墙-120mm”的墙体,修改墙定位线为“墙中心线”,并绘制图 4-73 所示的位置内墙。

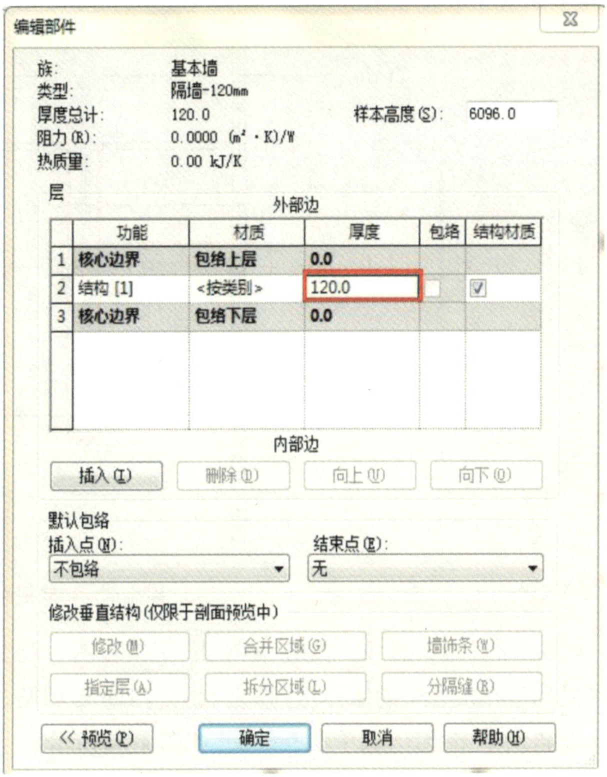


图 4-70 “编辑部件”对话框(二)

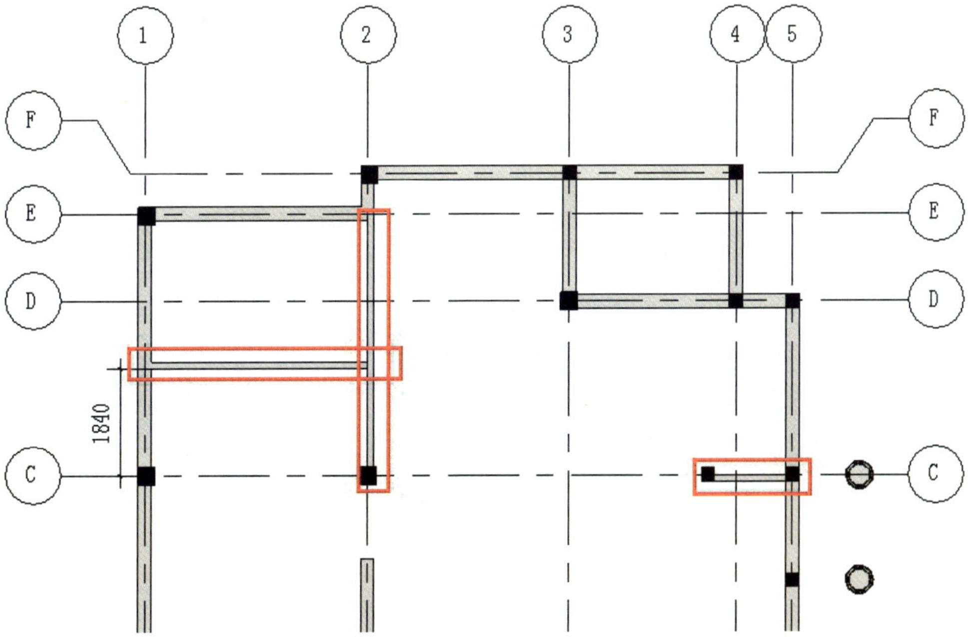


图 4-71 绘制隔墙

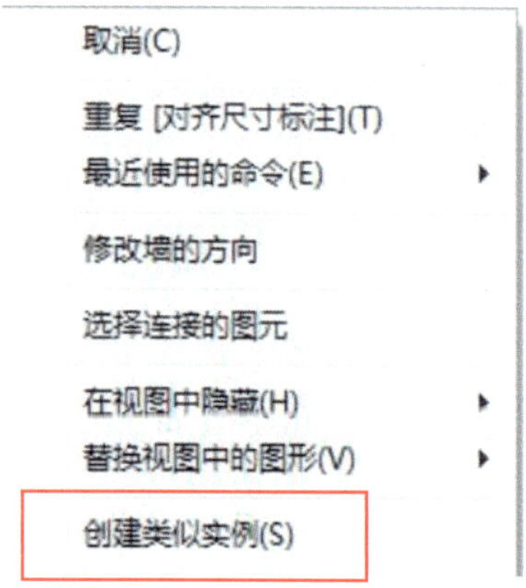


图 4-72　创建类似实例

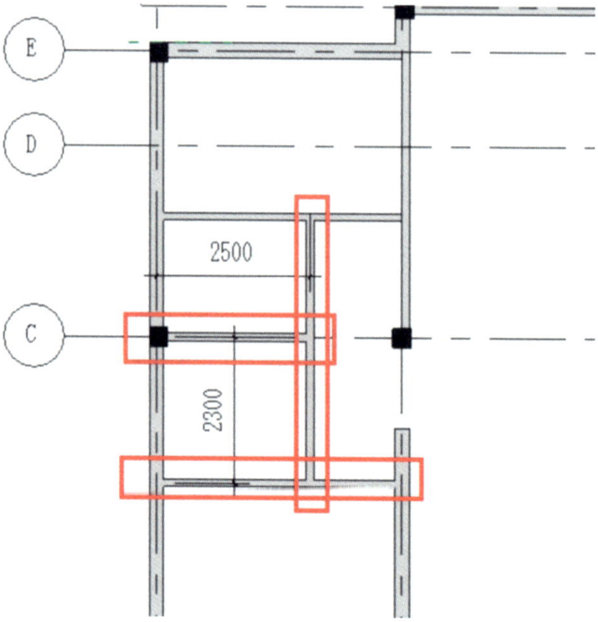


图 4-73　继续创建隔墙

（11）绘制二层墙体。在“项目浏览器”的“视图”下单击“三维视图”，双击“3D”进入三维视图。选中其中一道外墙，将鼠标放在被选中的墙体上，按键盘上的 Tab 键切换，注意左下角状态栏中出现“墙或线链” 墙或线链 ，再次单击墙体，选中所有外墙，如图 4-74 所示。

（12）单击“修改”选项卡中“剪贴板”面板中“复制到剪贴板”命令，在“粘贴”的下拉菜单中选择“与选定的标高对齐”，在弹出的“选择标高”对话框中选择“2F”，如图 4-75 所示。

图 4-74　形成一层外墙

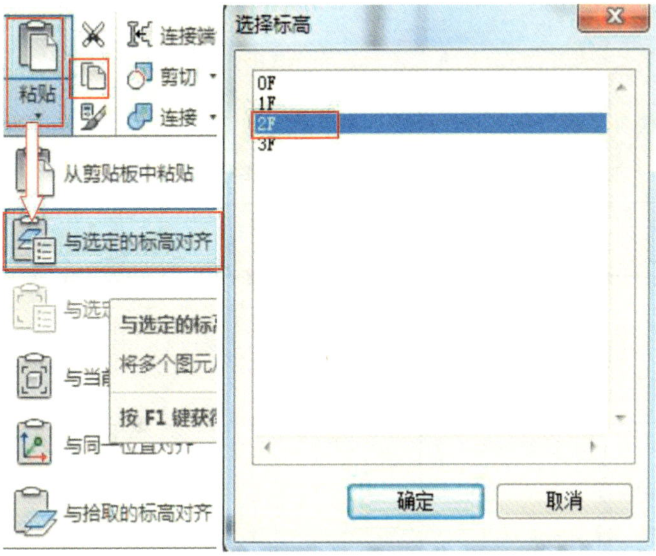


图 4-75 复制一层墙体到二层

注：当单击“确定”后，会弹出图 4-76 所示的警告，告知在绘图区域高亮显示的墙体重叠，原因是一层层高和二层层高的高度不同，所以从一层复制到二层的墙体会和一层有重叠，这时只需选中所有二层的外墙，修改墙体标高即可。

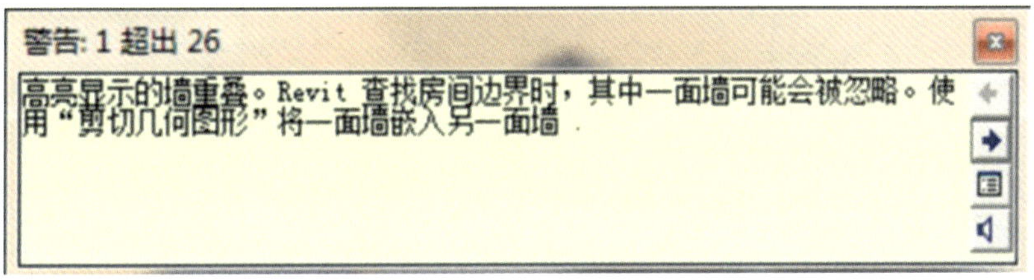


图 4-76 墙体重叠警告

4.4.2.2 二层墙体的绘制与编辑

（1）将一层外墙复制到二层，完成后修改二层外墙的标高，进入二层平面，按上述方法通过 Tab 键快速选中所有外墙，如图 4-77 所示。

在“属性”面板中修改墙体实例属性参数，底部限制条件为“2F”，底部偏移为“0.0”，顶部约束为“直到标高：3F”，顶部偏移为“0.0”，如图 4-78 所示。二层墙体初步绘制完成效果如图 4-79 所示。

（2）接下来对二层部分外墙进行修改。进入二层平面，修改三道外墙，如图 4-80 所示，修改图 4-81 所示的墙体的高度。至此，二层外墙创建完成。

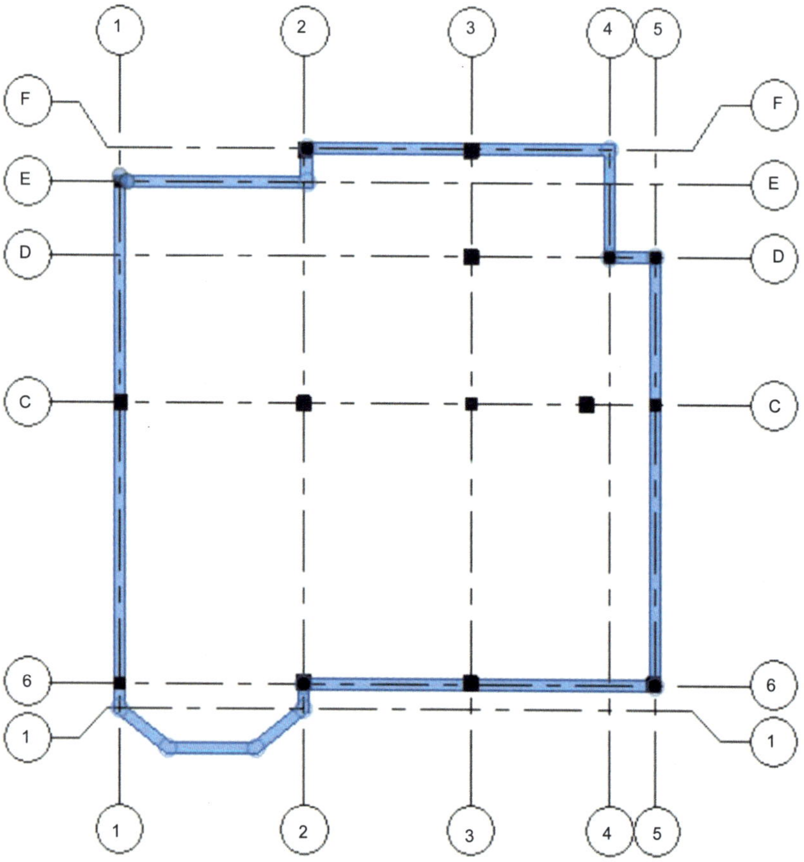


图 4-77　选中所有外墙

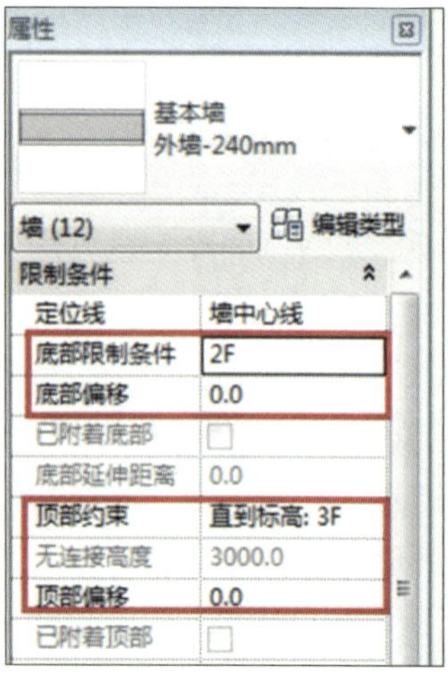


图 4-78　修改墙体实例属性参数

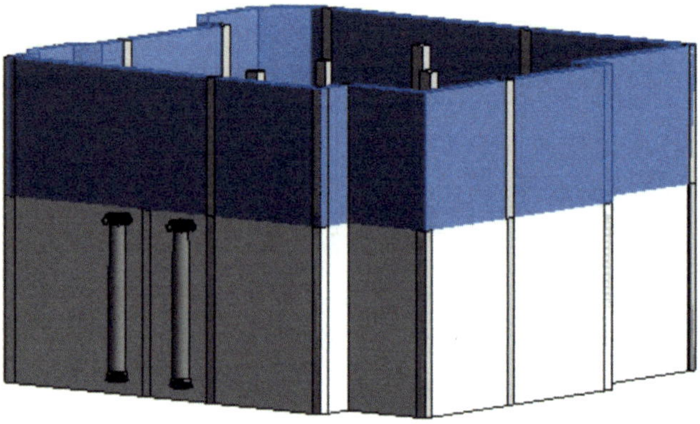

图 4-79　完成二层墙体的初步绘制

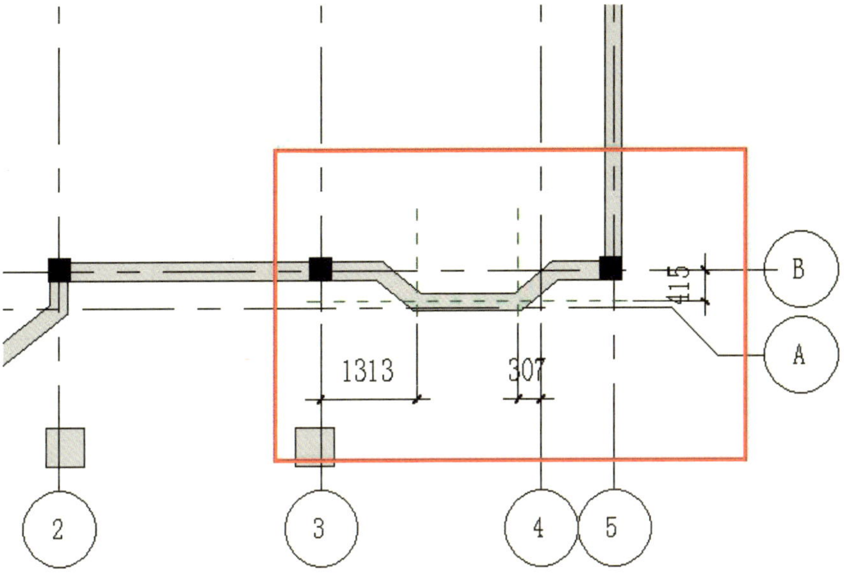


图 4-80 修改部分外墙

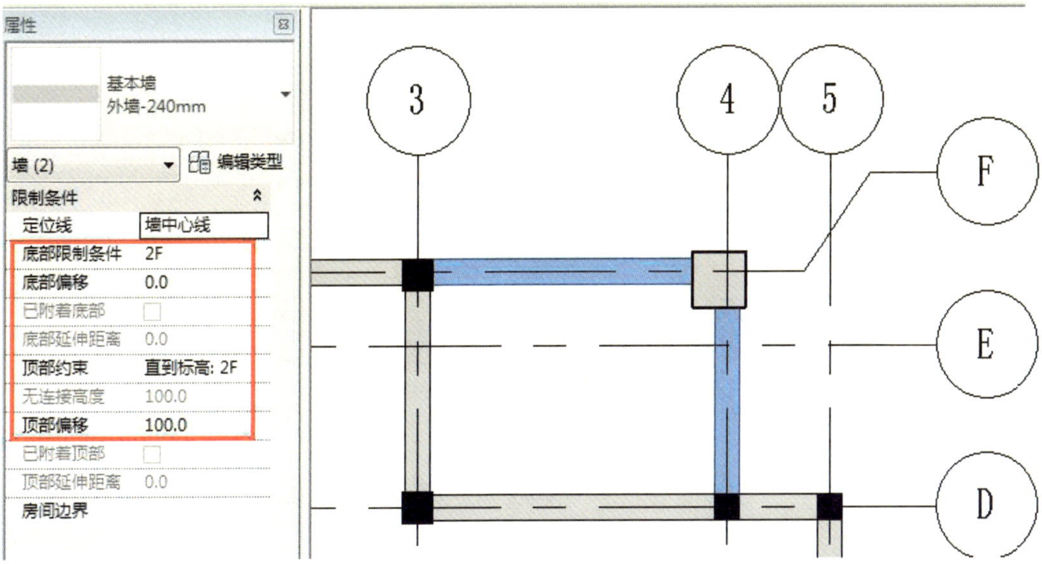


图 4-81 修改墙体参数

（3）绘制二层内墙。打开二层平面视图，选择墙体类型为“内墙-240mm”，定位线为“墙中心线”，底部标高为“2F”，底部偏移为“0.0”，顶部标高为“3F”，顶部偏移为“0.0”，绘制图 4-82 所示位置内墙。

（4）选择墙体类型“隔墙-120mm”，通过“复制”命令创建新的墙体“隔墙-180mm”，修改其结构层厚度为 180mm，如图 4-83 所示。

（5）在D轴下方沿参照平面绘制图 4-84 所示墙体，单击“修改”面板上的“对齐”命令，单击“内墙-240mm”的外边线，再单击“隔墙-180mm”的外边线，使两墙体的外边线对齐，如图 4-85 所示。

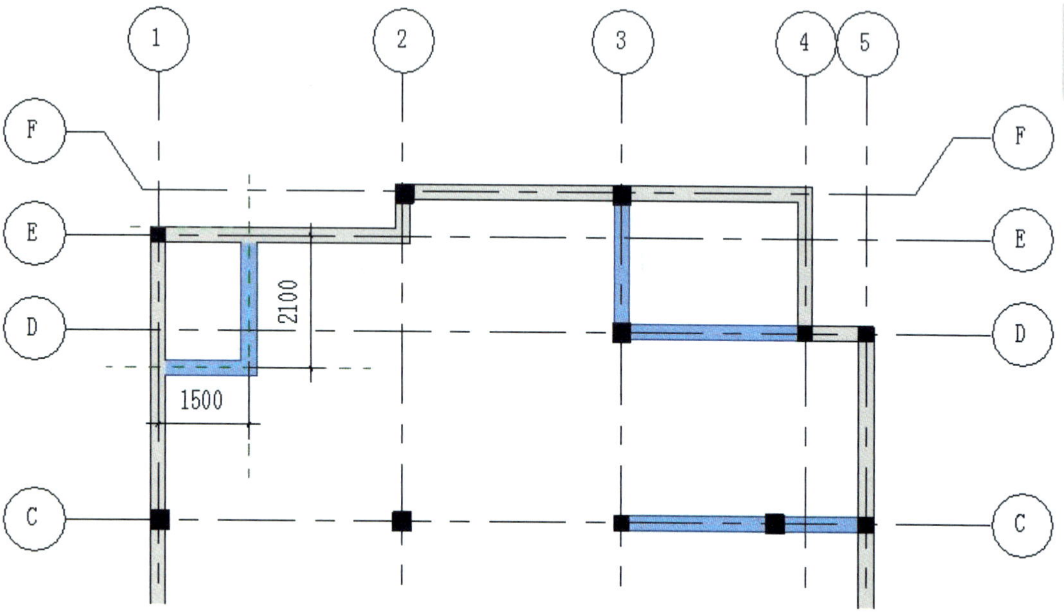


图 4-82　绘制内墙

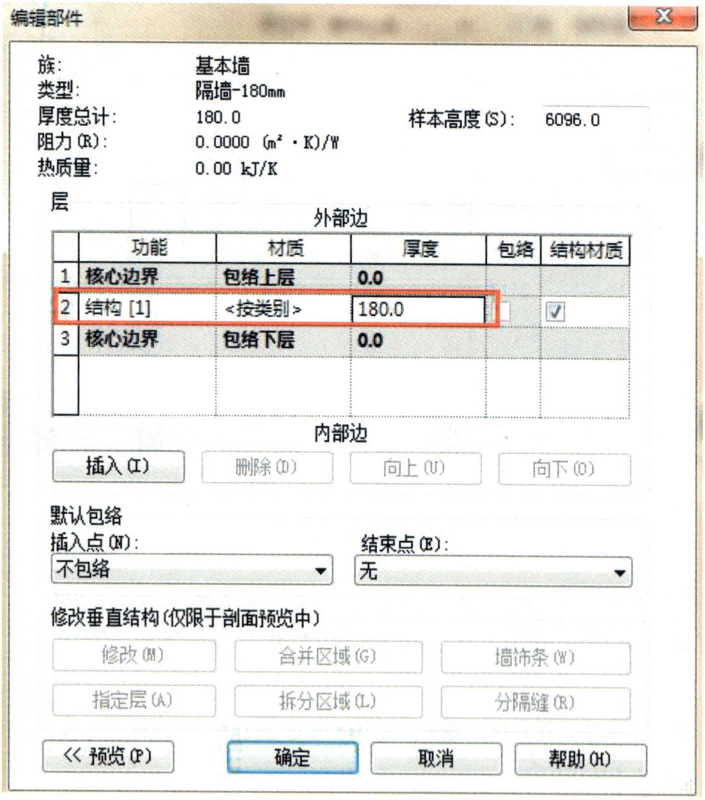


图 4-83　修改隔墙厚度

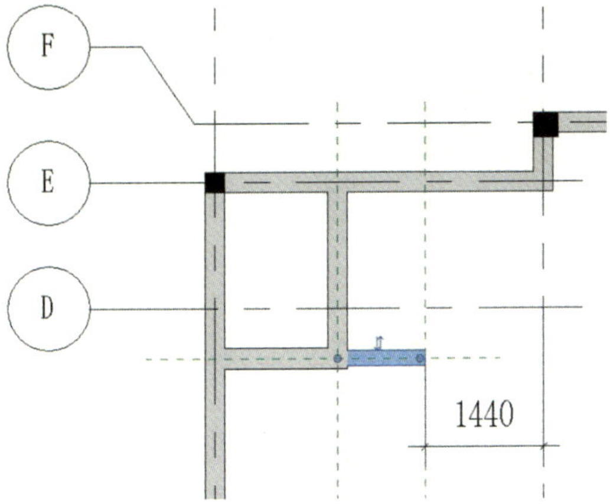


图 4-84　绘制 240mm 隔墙

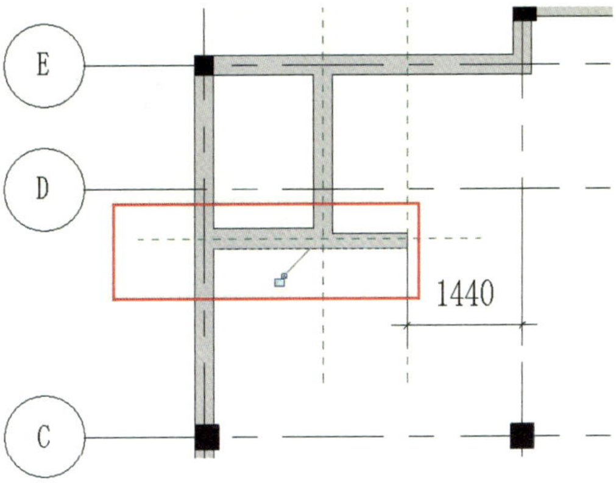


图 4-85　隔墙对齐效果

（6）选择墙体类型为“隔墙-120mm”，定位线为“墙中心线”，底部标高为“2F”，底部偏移为“0.0”，顶部约束为“3F”，顶部偏移为“0.0”，绘制图 4-86 所示位置墙体。

（7）继续选择“隔墙-120mm”，修改墙体定位线为“面层面：内部”，绘制图 4-87 所示墙体。

（8）至此，一层和二层的所有墙体绘制完成，如图 4-88 所示。

注：保证所有外墙箭头朝外，这样才是外墙面层向外，如图 4-89 所示。如果箭头朝里，可以单击“箭头”去翻转墙体，也可以直接单击空格键。

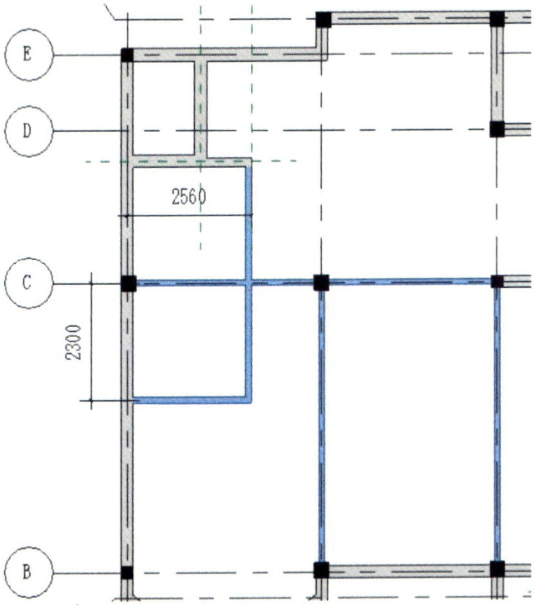


图 4-86　绘制 120mm 隔墙

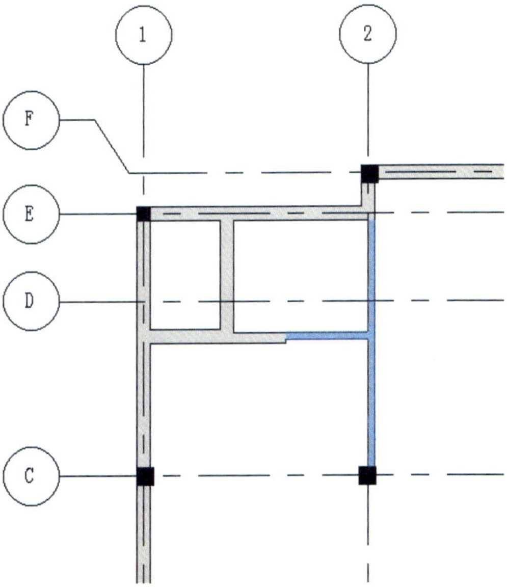


图 4-87　继续绘制隔墙

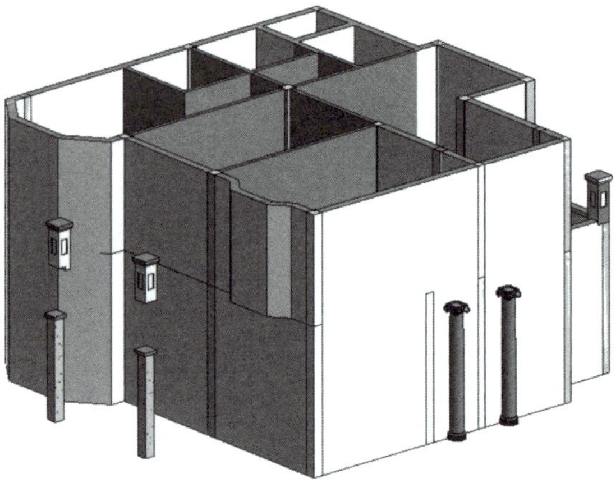

图 4-88　墙体完成的初步效果

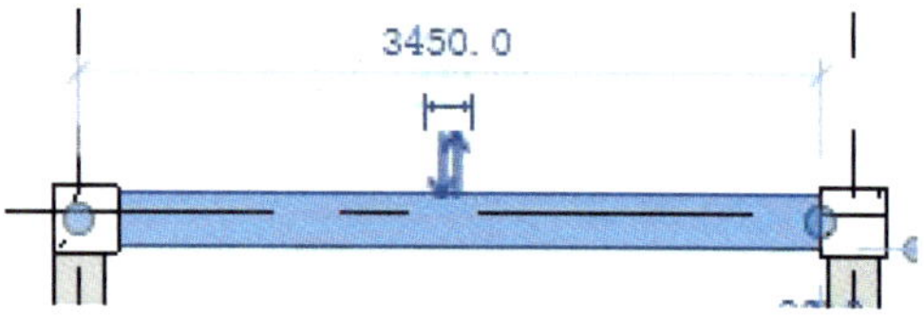


图 4-89　外墙箭头朝外

4.4.2.3　绘制门口的造型墙

进入一层平面，选择墙体类型“隔墙-120mm”，绘制图 4-90 所示位置墙体。

（1）选择刚绘制的墙体，在“属性”面板中修改实例属性参数，如图 4-91 所示。

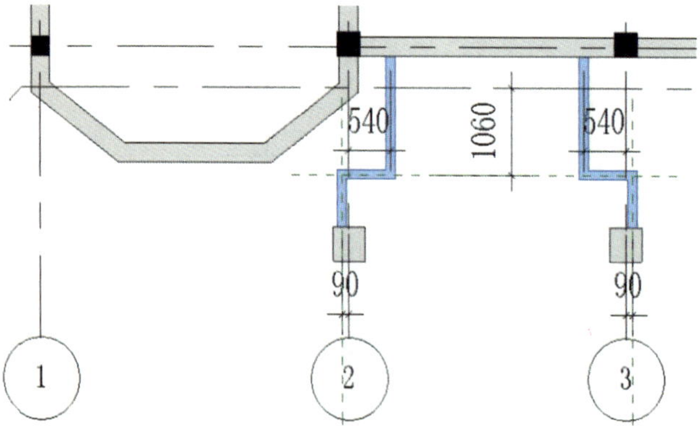


图 4-90　绘制门口造型墙

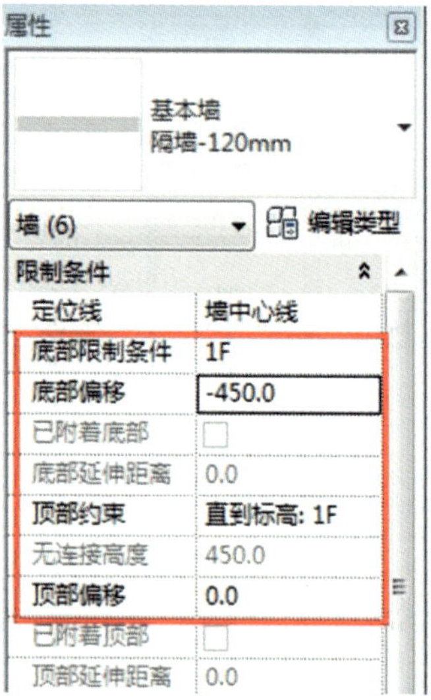


图 4-91　修改隔墙实例属性参数

（2）创建二层门口造型墙。进入二层平面，选择墙体类型“外墙-240mm”绘制墙体，如图 4-92 所示。

（3）选中刚绘制的三道墙体，在“属性”面板下修改墙体高度，如图 4-93 所示。

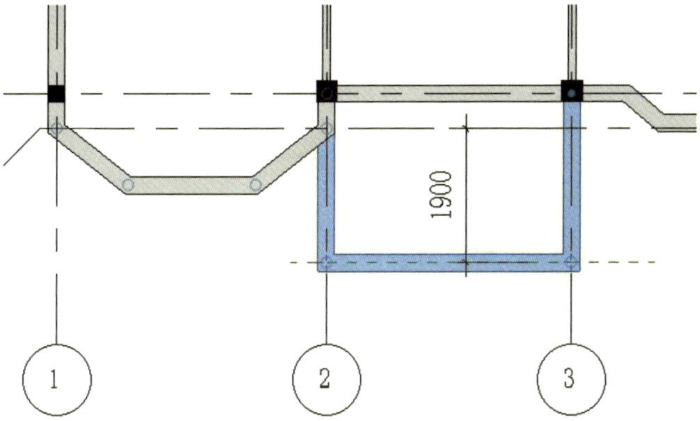


图 4-92　创建二层门口造型墙

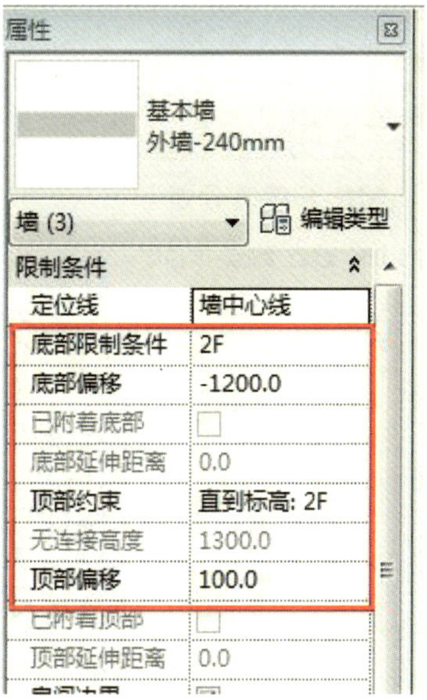


图 4-93　修改墙体高度

(4)选中刚绘制的一道墙体,如图 4-94 所示,单击“模式”面板下的“编辑轮廓”,弹出“转到视图”对话框,双击“立面:南”,进入南立面,开始编辑墙体形状,如图 4-95 所示。

(5)进入编辑界面后,在“绘制”面板中选择“起点-终点-半径弧”(图 4-96),编辑轮廓形状如图 4-97 所示。

(6)用同样的方法,对剩下的左右两道墙体进行相同的编辑,完成效果如图 4-98 所示。

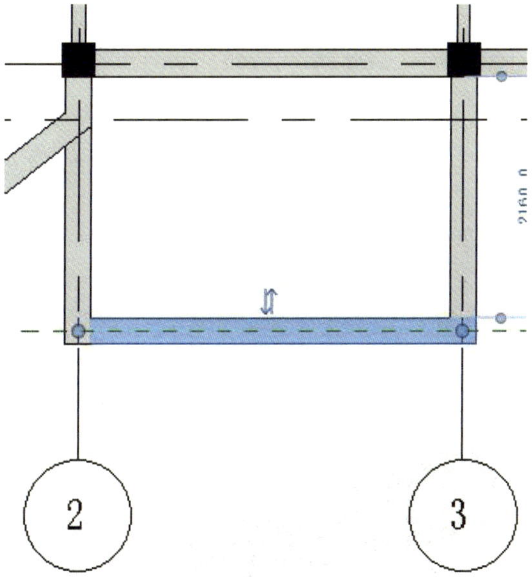


图 4-94　选中墙体

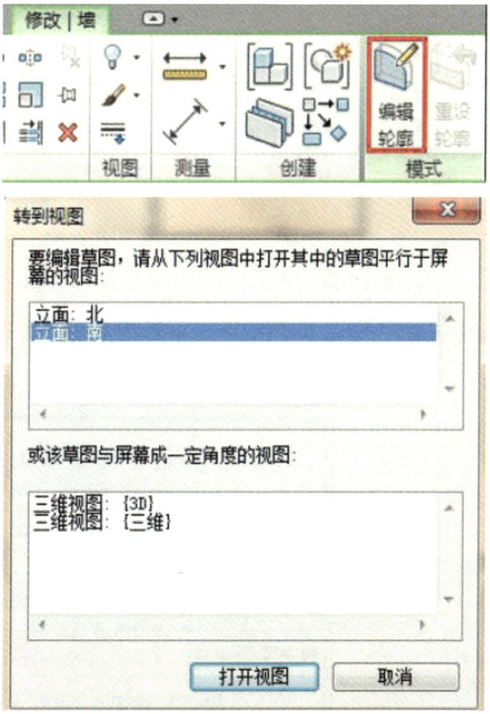


图 4-95　采用“编辑轮廓”命令修改墙体形状

图 4-96　起点-终点-半径弧

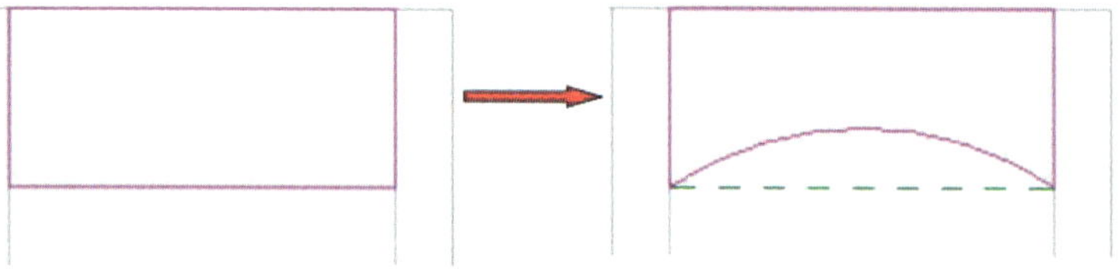

图 4-97　编辑弧形轮廓

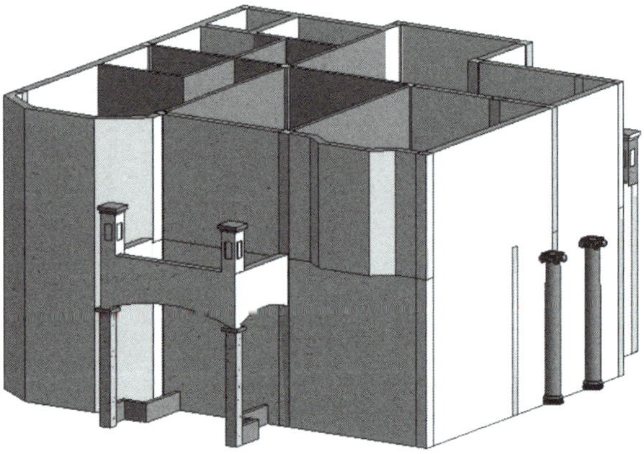

图 4-98　门口造型墙效果图

幕墙的创建和编辑

## 4.4.3　叠层墙设置

（1）单击“墙”，选择基本墙，创建需要的墙体。这里首先创建两种墙体：“外墙-红砖 240mm”和“外墙-白色涂料 240mm”，如图 4-99、图 4-100 所示。

| | 功能 | 材质 | 厚度 | 包络 | 结构材质 |
|---|---|---|---|---|---|
| 1 | 面层 1 [4] | ，普通，红色 | 20.0 | ☑ | ☐ |
| 2 | 核心边界 | 包络上层 | 0.0 | | |
| 3 | 结构 [1] | <按类别> | 220.0 | ☐ | ☐ |
| 4 | 核心边界 | 包络下层 | 0.0 | | |

图 4-99　创建红砖 240mm 厚外墙

| | 功能 | 材质 | 厚度 | 包络 | 结构材质 |
|---|---|---|---|---|---|
| 1 | 面层 1 [4] | 白色涂料 | 20.0 | ☑ | ☐ |
| 2 | 核心边界 | 包络上层 | 0.0 | | |
| 3 | 结构 [1] | <按类别> | 220.0 | ☐ | ☐ |
| 4 | 核心边界 | 包络下层 | 0.0 | | |

图 4-100　创建白色涂料 240mm 厚外墙

（2）选择墙的类型，叠层墙选择“外部-带金属立柱的砌块上的砖”，复制一种新的墙体“叠层墙-外墙 240mm”，如图 4-101 所示。

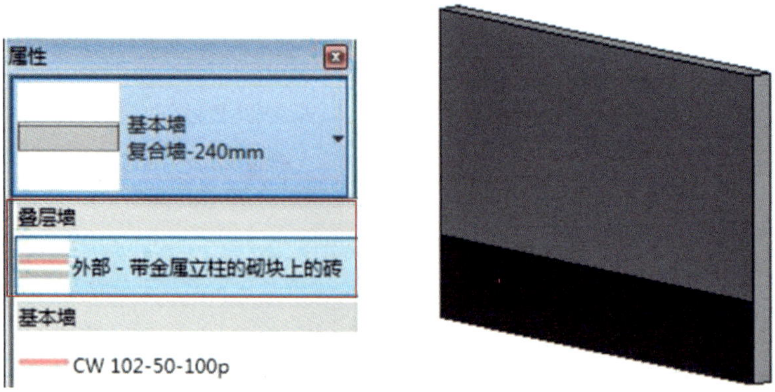


图 4-101　复制新墙体类型

(3)可通过修改底部墙体参数值来修改底部墙体高度,如图 4-102 所示。

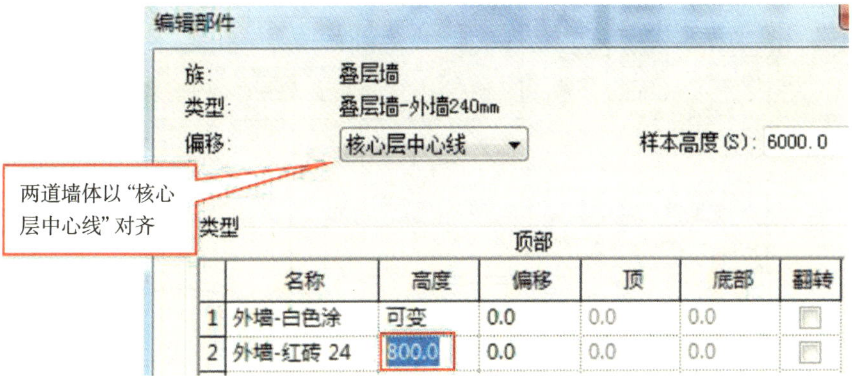


图 4-102　修改叠层墙参数

(4)选择所有的外墙。进入一层平面视图,鼠标放在其中任意一面外墙上,按 Tab 键切换,注意观察左下角状态栏中显示“墙或线链”,选择一层所有的外墙,在“属性”面板上将墙体类型替换成“复合墙-240mm”,完成效果如图 4-103 所示。

图 4-103　完成一层外墙替换

## 4.4.4　异形墙的创建

平时需要的墙体大部分都是横平竖直的,随着异形建筑的增多,异形墙也多了。在 Revit 中,可以用体量创建异形墙体。

(1)单击“体量和场地”选项卡中“概念体量”面板中“显示体量-形状和楼层”命令,如图 4-104 所示。

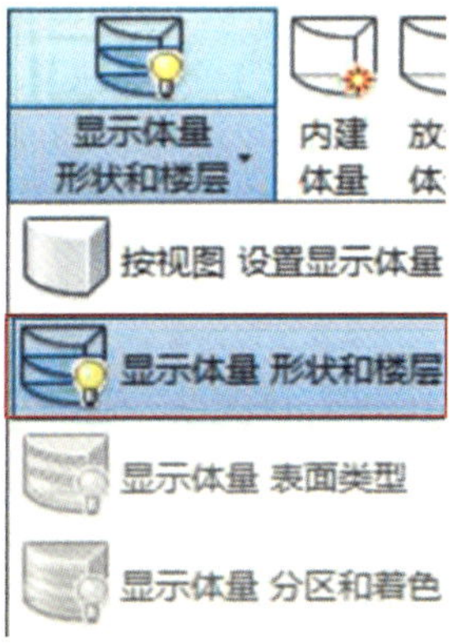


图 4-104　显示体量命令

(2)进入任意平面视图,单击“内建体量”命令,弹出“名称”对话框,给体量命名“墙体 1”,如图 4-105 所示。

(3)在“绘制”面板中选择“直线”和“弧形”,绘制图 4-106 所示轮廓,选中完成轮廓,单击右上角“形状”面板上的“创建形状”,选择“实心形状”,单击“完成体量”。

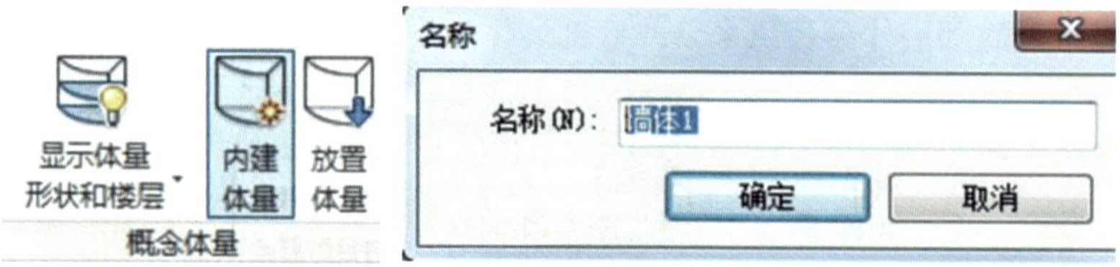


图 4-105　内建体量

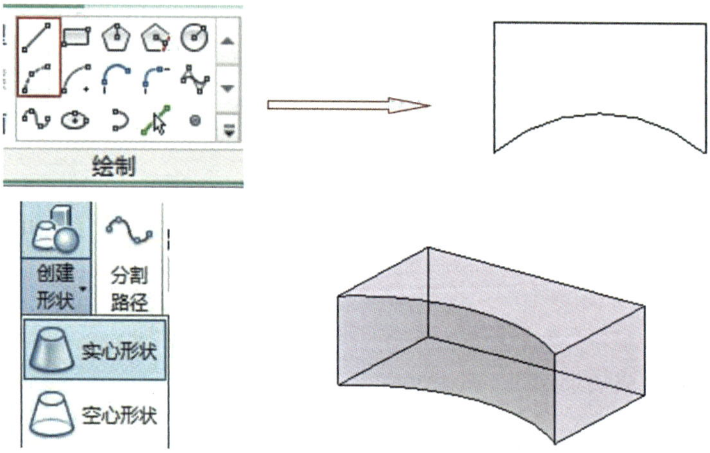


图 4-106　创建形状

（4）单击“体量和场地”选项卡中“面模型”面板中的“墙”命令，单击体量需要创建墙体的那一面，生成墙体，异形墙创建完成，如图 4-107 所示。

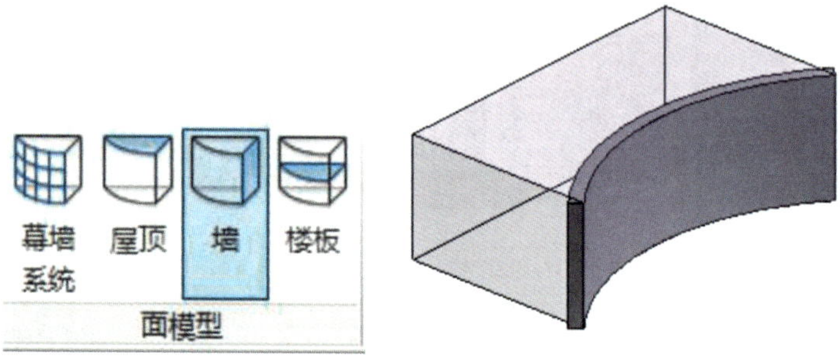


图 4-107　创建异形墙

## 4.4.5　墙饰条、分隔缝

### 4.4.5.1　墙饰条轮廓族的创建

（1）单击“应用程序菜单”，新建“族”，找到族样板“公制轮廓-主体”，如图 4-108 所示。

（2）单击“创建”选项卡中“详图”面板上“直线”命令，绘制图 4-109 所示轮廓，另存为名为“墙饰条-轮廓”的文件，然后单击“修改”面板下“载入到项目”，此时就将创建的“墙饰条-轮廓”族载入到了项目中。

图 4-108　创建“族”对话框

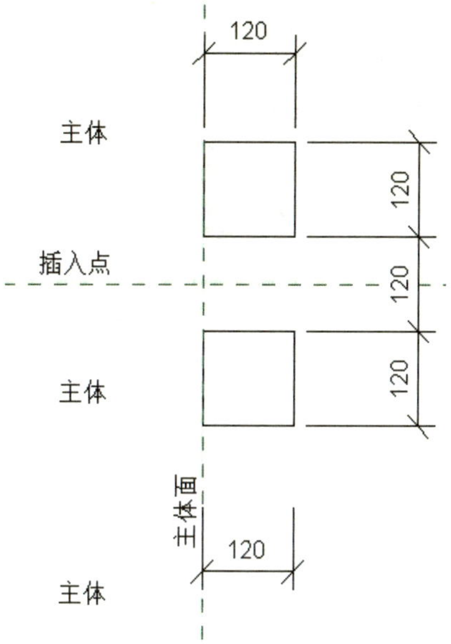


图 4-109　创建“墙饰条-轮廓”族

4.4.5.2　墙饰条的添加

（1）单击“建筑”选项卡中“墙”面板下的“墙饰条”，选择类型“檐口”，然后进入三维视图，靠近任意墙体单击放置墙饰条，然后选中放置的墙饰条，单击“属性”面板中的“编辑类型”对话框，在“轮廓”后面选择刚刚绘制的轮廓族“墙饰条-轮廓”，如图 4-110 所示。修改完成后如图 4-111 所示。

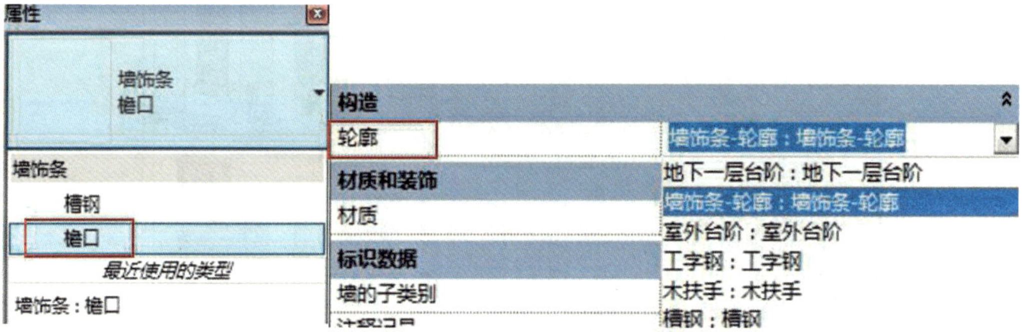


图 4-110　“墙饰条:轮廓”命令

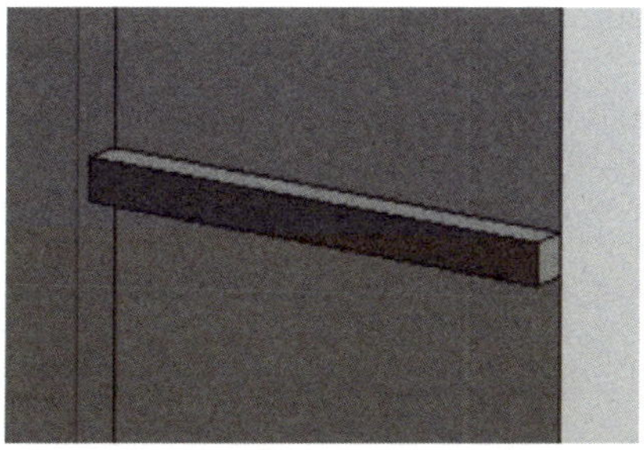

（a）

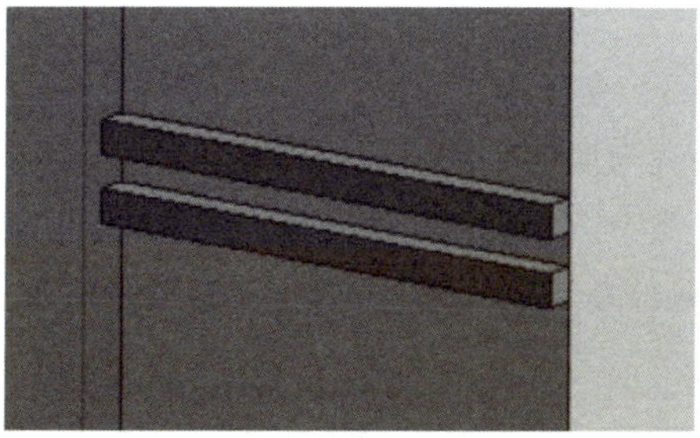

（b）

图 4-111　创建墙饰条

（2）选择“墙饰条-檐口”，靠近一面墙，单击放置墙饰条，如图4-112所示，墙饰条中心位置和一层墙体顶部对齐（注：墙饰条只能在三维视图中才能放置）。

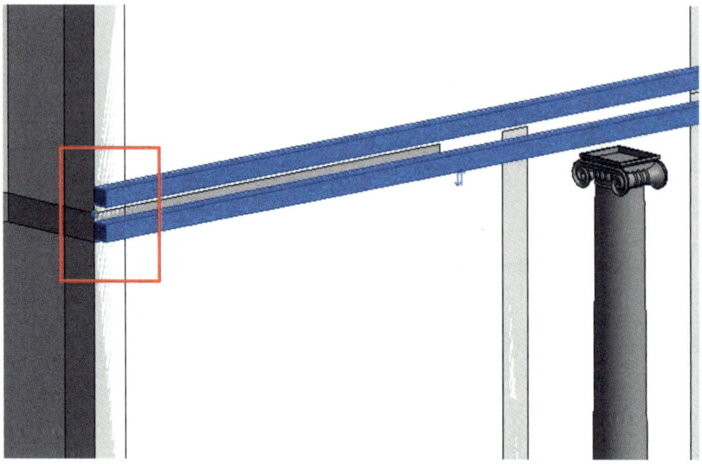

图4-112 放置墙饰条

（3）继续沿着刚刚放置的墙饰条高度在剩下的墙体上放置墙饰条，放置完成后如图4-113所示。

图4-113 墙饰条效果图

4.4.5.3 分隔缝

分隔缝与墙饰条都需要轮廓族，它的编辑方法和墙饰条一样。单击“墙-分隔缝”，在“类型属性”中的“轮廓”下拉列表中选择创建好的轮廓族即可添加分隔缝，如图4-114所示，进入三维视图，靠近墙体单击放置即可，如图4-115所示。

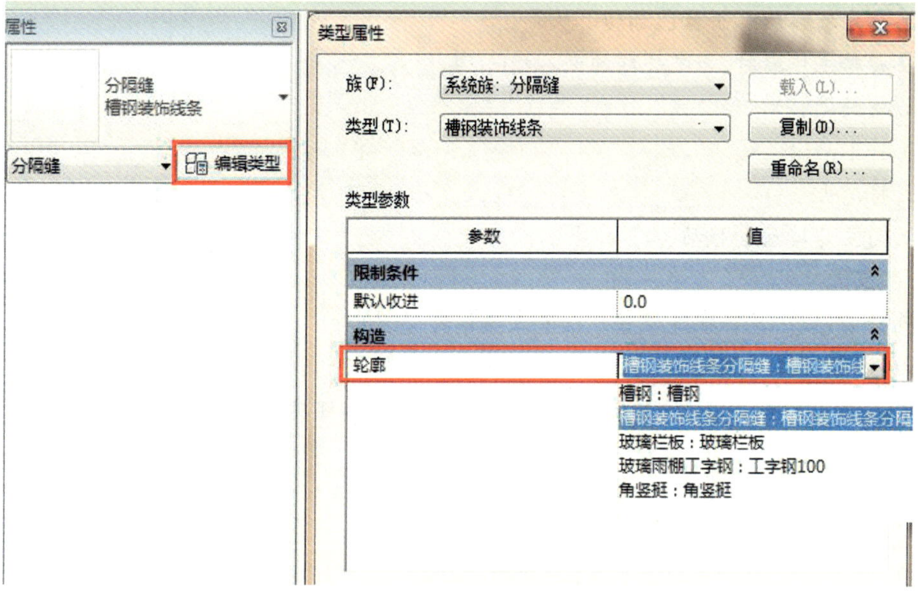


图 4-114　分隔缝命令

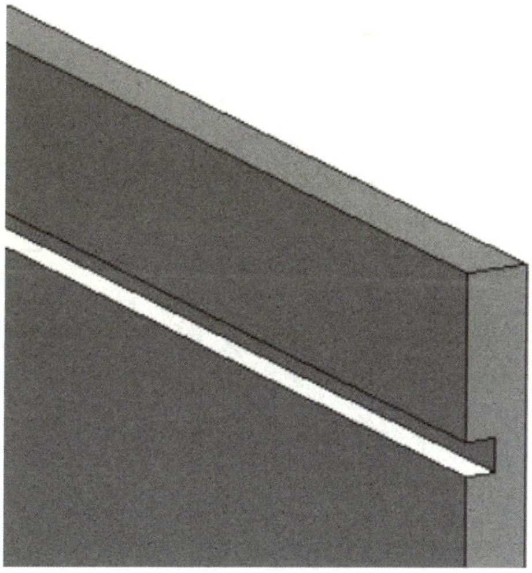

图 4-115　放置分隔缝

## 课后习题

### 一、单选题

1. 由于 Revit 中有内墙面和外墙面之分，最好按照哪种方向绘制墙体？(　　)。

A. 顺时针　　　　B. 逆时针

C. 顺、逆时针都可以　　　　D. 以上都不对

2. 在绘制墙时，要使墙的方向在外墙和内墙之间翻转，如何实现？(　　)。

A. 单击墙体

B. 双击墙体

C. 选中墙体后按 Tab 键

D. 选中墙体后单击蓝色翻转箭头

3. 在旋转主体墙时，与之关联的嵌入墙(　　)。

A. 将随之移动

B. 将不动

C. 将消失

D. 与主体墙反向移动

**二、判断题**

1. 选择墙以后，鼠标拖曳控制可以修改墙体类型。(　　)

2. Revit 可以在立面视图中可以使用“墙饰条”工具。(　　)

3. Revit 提供了建筑墙、结构墙和面墙三种不同的墙体创建方式。(　　)

**三、技能提升**

按照下图所示，新建项目文件，创建如下墙类型，以标高 1 到标高 2 为墙高，创建半径为 5000 mm 的圆形墙体。

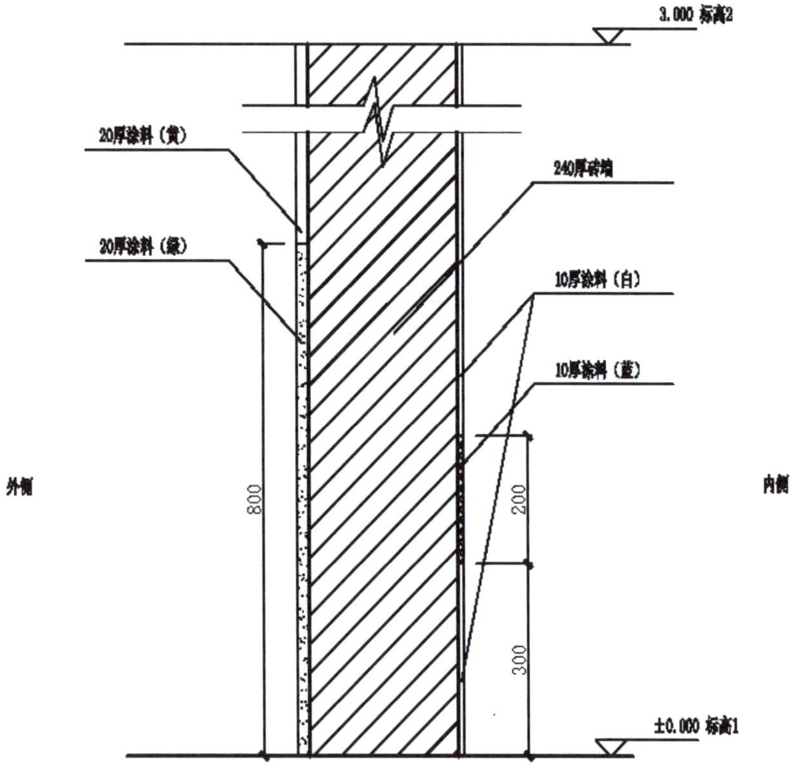


墙身局部详图　1:5

## 4.5　楼　　板

楼板是建筑物重要的水平构件，主要起划分楼层空间和水平支撑作用。在 Revit 中楼板属于平面草图绘制构件，这和之前创建单独构件的绘制方式不同。

楼板属于系统族，Revit 提供了四个楼板的相关命令："楼板：建筑"、"楼板：结构"、"面楼板"和"楼板边缘"。其中，"楼板边缘"属于 Revit 的主体放样构件，通过使用"类型属性"中的指定轮廓，再沿楼板边缘放样生成带状图元。

## 4.5.1 楼板的创建

【视频讲解】

### 4.5.1.1 创建一层房间楼板

（1）进入一层平面视图。选择"建筑"选项卡中"楼板"下拉列表中"楼板：建筑"，进入"创建楼板边界"界面，在"绘制"面板中选择"直线"绘制楼板边界，如图 4-116 所示。

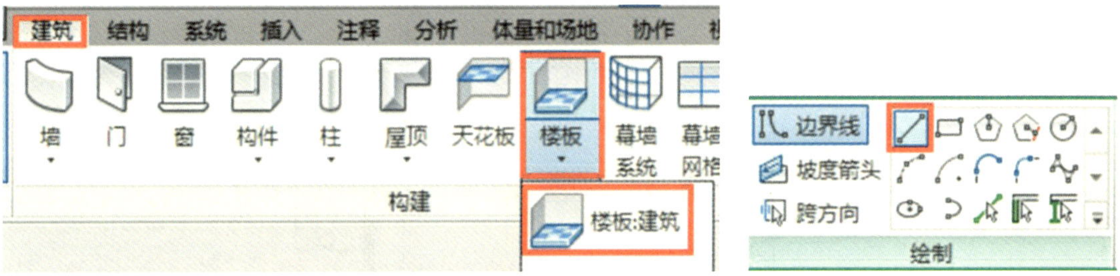


（a）（b）

图 4-116　绘制楼板边界

（2）在"属性"面板中设置楼板类型为"常规-450mm"，"自标高的高度偏移"为"−150.0"，如图 4-117 所示。

（3）开始创建厨房和卫生间的楼板，绘制图 4-118 所示轮廓线（一般厨房和卫生间都要降板）。

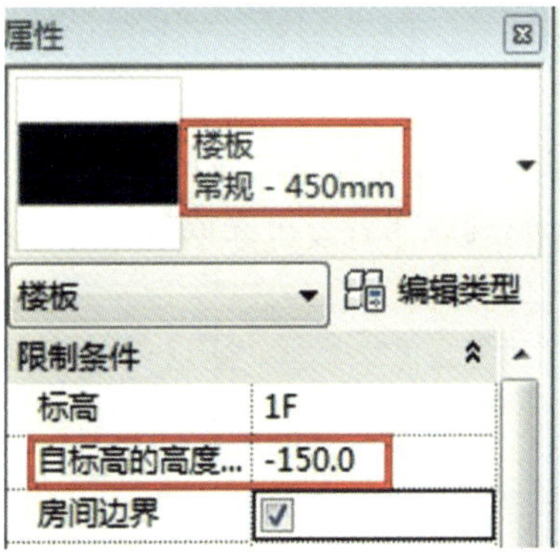


图 4-117　修改楼板参数

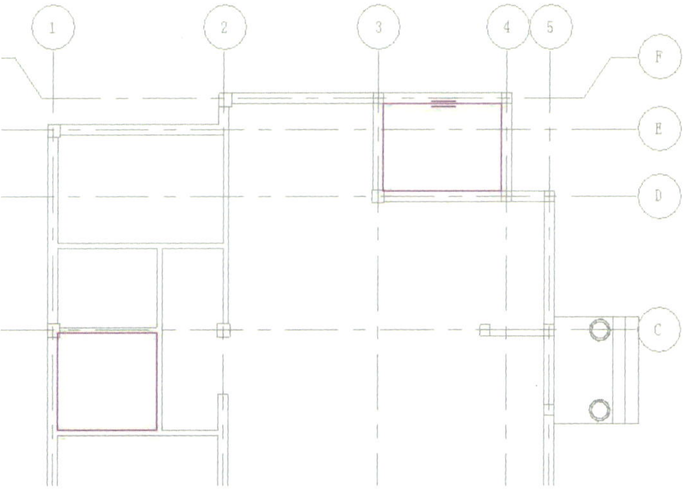


图 4-118　绘制轮廓线

注：绘制楼板时，由于框架结构、砖混结构等不同结构类型对楼板的搭建要求不同，为了作图方便、美观，楼板绘制原则是，外墙沿墙中心线绘制，内墙沿内墙边绘制。

（4）点击"完成编辑模式" ✔，弹出图 4-119 所示对话框，通常都点击"否"，最终完成楼板的绘制，如图 4-120 所示。

（a）　（b）

图 4-119　编辑模式对话框

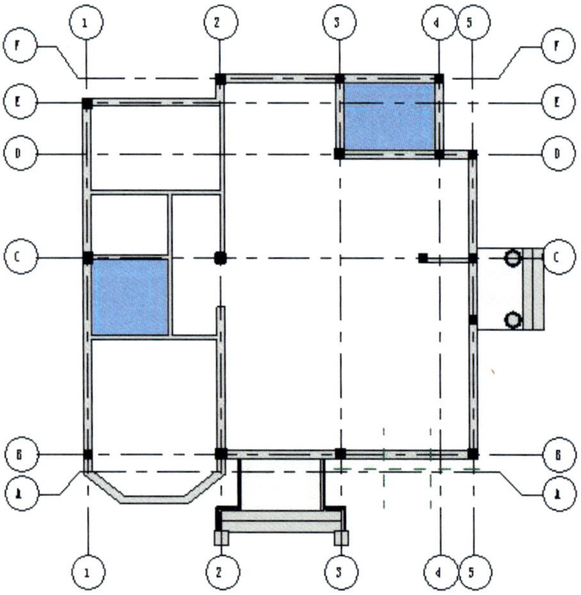


图 4-120　完成楼板绘制

注："是否希望将高达此楼层标高的墙附着到此楼层的底部？"如果选择"是"，楼板会和外墙产生关联，当以后对墙体进行编辑时，也会对楼板产生影响；如果选择"否"，那么以后对墙体做任何编辑时不会对楼板产生影响，所以在这里选择"否"。

绘制楼板时，楼板边界可以是多个闭合的轮廓，但一定要保证轮廓都是闭合的。如果不闭合，系统会弹出图4-121所示警告，此时点击"继续"，手动把轮廓线闭合方可完成楼板创建。

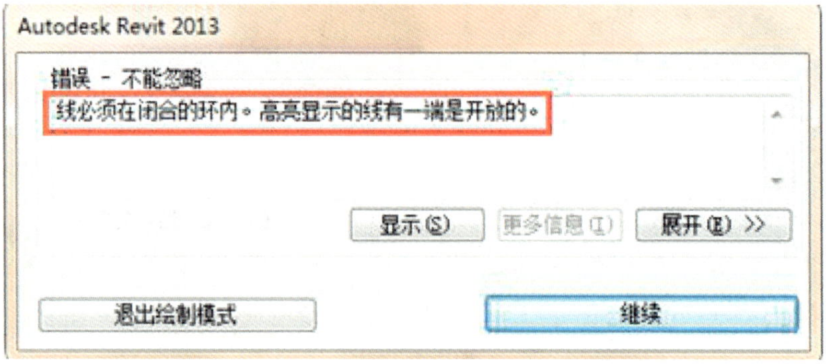


图 4-121　警告对话框

（5）绘制剩余房间楼板。"建筑"选项卡下选择"楼板：建筑"，进入"创建楼板边界"界面，在

“绘制”面板中选择“直线”绘制楼板边界；在“属性”面板中选择楼板类型为“常规-450mm”，“自标高的高度偏移”为“0.0”，如图 4-122 所示。

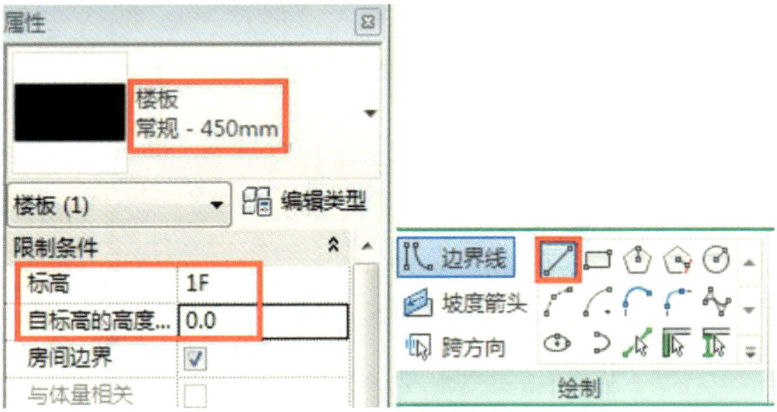


图 4-122　楼板“属性”对话框

（6）绘制楼板边界，按图 4-123 所示绘制楼板边界。

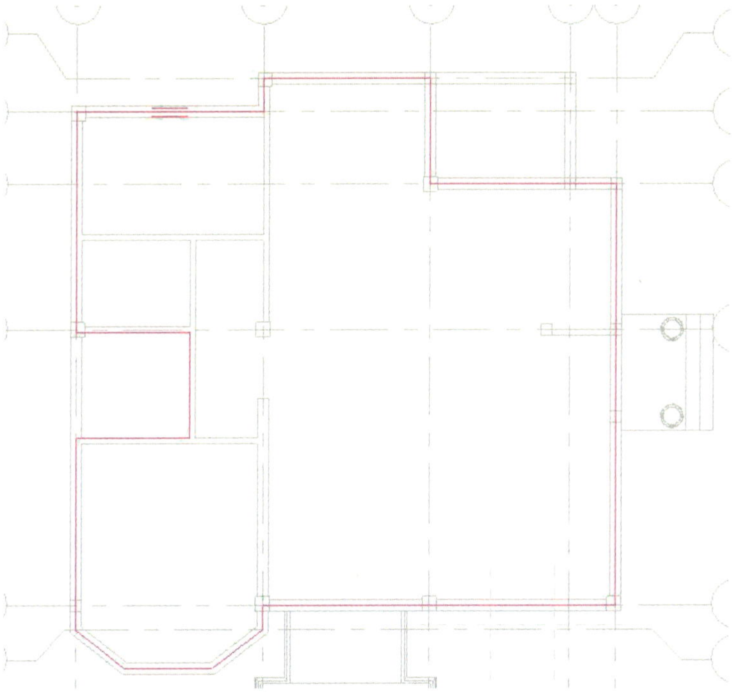

图 4-123　绘制楼板边界

（7）点击“完成编辑模式”，在弹出的对话框上点击“否”，完成楼板的创建，如图 4-124 所示。

（8）一层楼板绘制完成后，进入二层平面视图绘制楼板。同理，选择建筑楼板，进入“创建楼板边界”界面，在“绘制”面板中选择“直线”，绘制图 4-125 所示轮廓线。

（9）在“属性”面板中选择楼板类型为“常规-450mm”，标高为“2F”，“自标高的高度偏移”为“0.0”，如图 4-126 所示。点击“完成编辑模式”，在弹出的对话框中点击“否”，最终完成楼板的绘制，如图 4-127 所示。

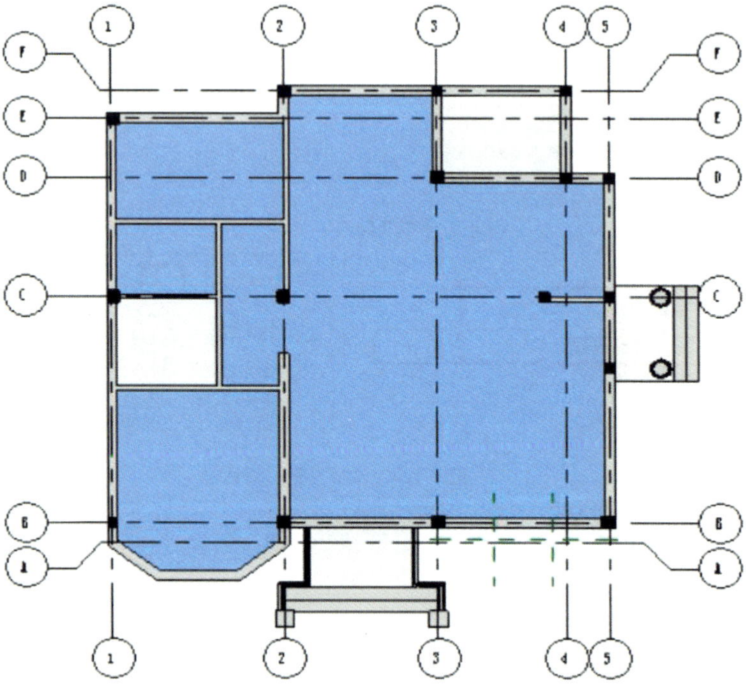


图 4-124 完成一层楼板创建

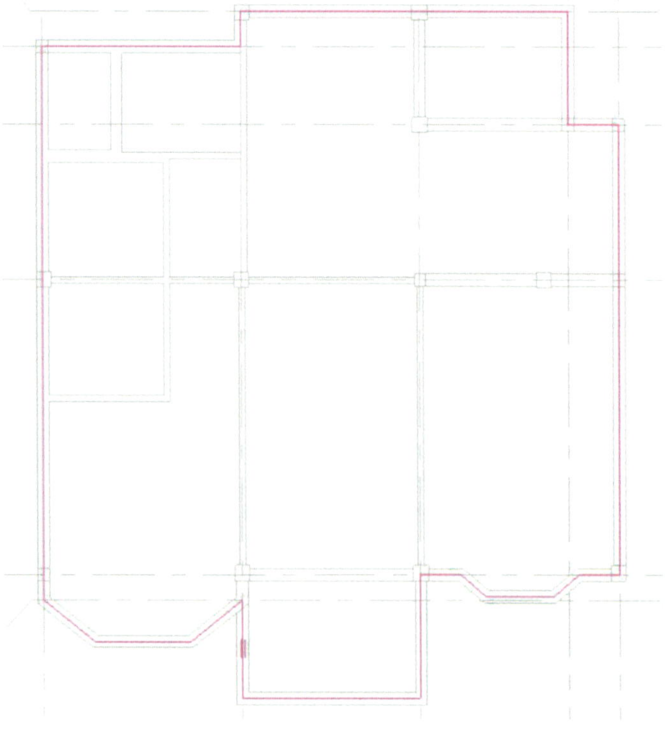

图 4-125 绘制二层楼板轮廓线

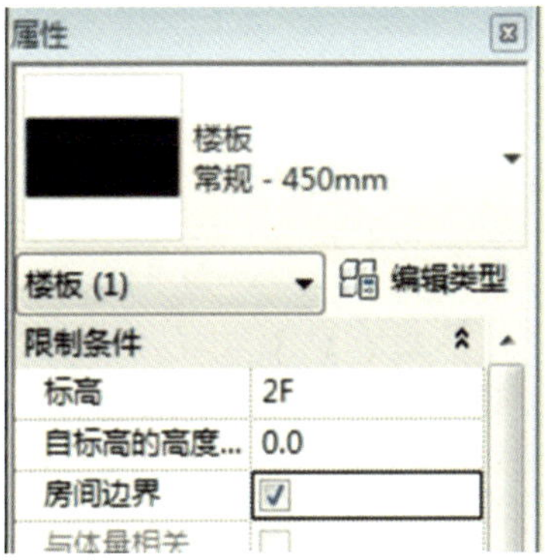


图 4-126　楼板“属性”对话框

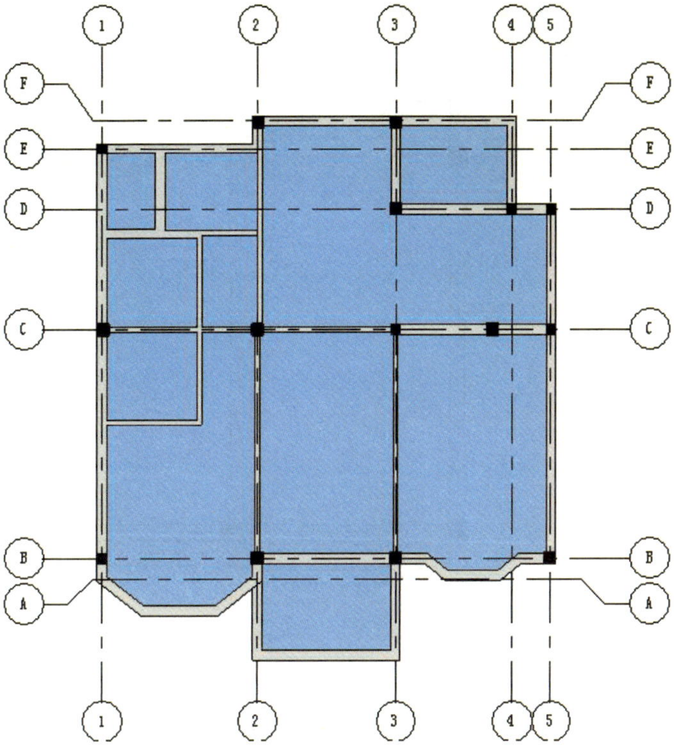


图 4-127　完成二层楼板绘制

如果想要修改绘制好的楼板轮廓，则只需选中要修改的楼板，在“修改|楼板”面板下选择“编辑边界”，如图 4-128 所示，重返“编辑边界”界面，根据需要对楼板边界进行修改。

4.5.1.2　创建入口楼板

（1）进入一层平面视图，选择建筑楼板，进入“创建楼板边界”界面，在“绘制”面板中选择“直线”，绘制图 4-129 所示轮廓线。

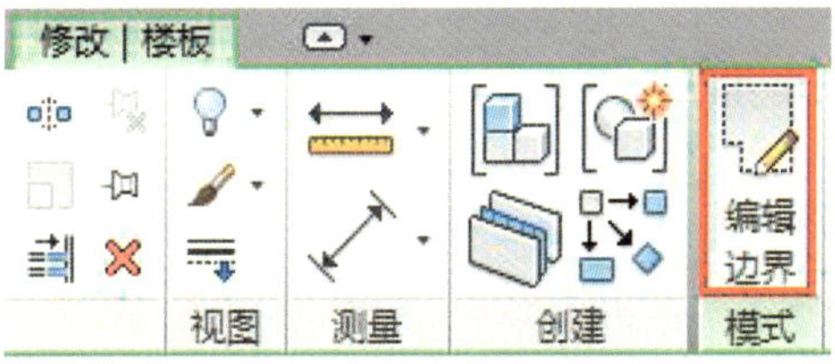


图 4-128　“编辑边界”界面

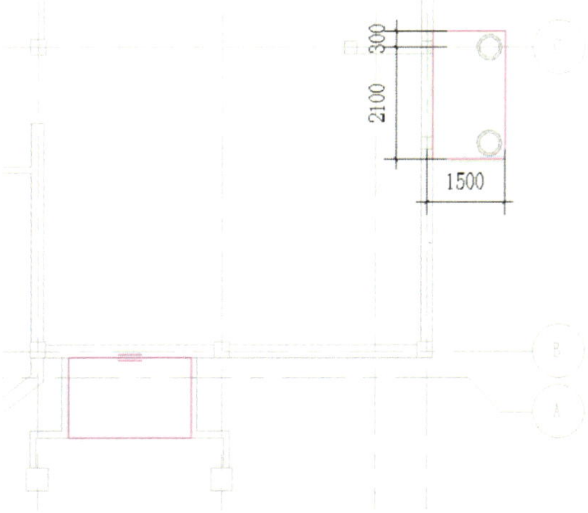


图 4-129　创建入口楼板边界

（2）在“属性”面板中选择楼板类型为“常规-450mm”，标高为“1F”，自标高的高度偏移为“0.0”，点击“完成编辑模式”✔，完成入口楼板创建，如图4-130所示。

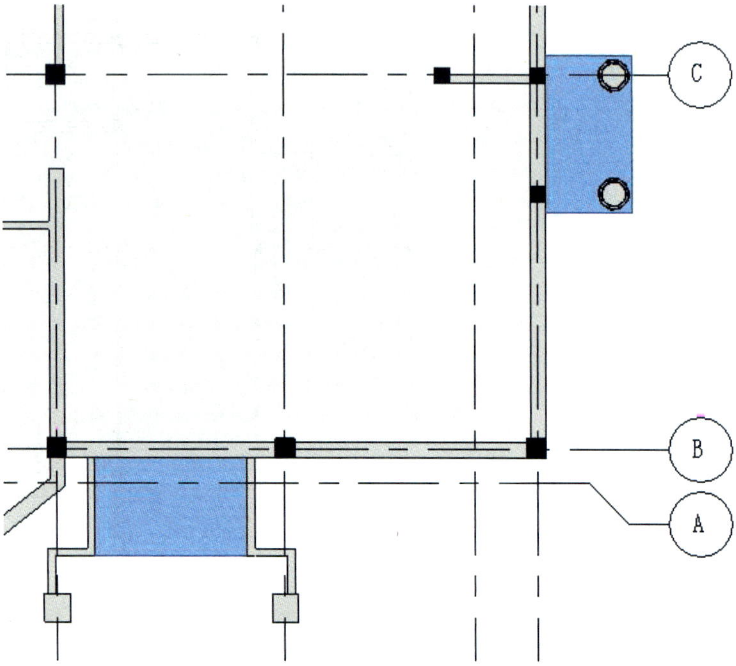


图4-130　完成入口楼板创建

## 4.5.2　楼板边缘

（1）点击“建筑”选项卡下“楼板”，在下拉列表中选择“楼板：楼板边”，在“属性”面板中选择楼板边缘类型“台阶”，如图4-131所示。

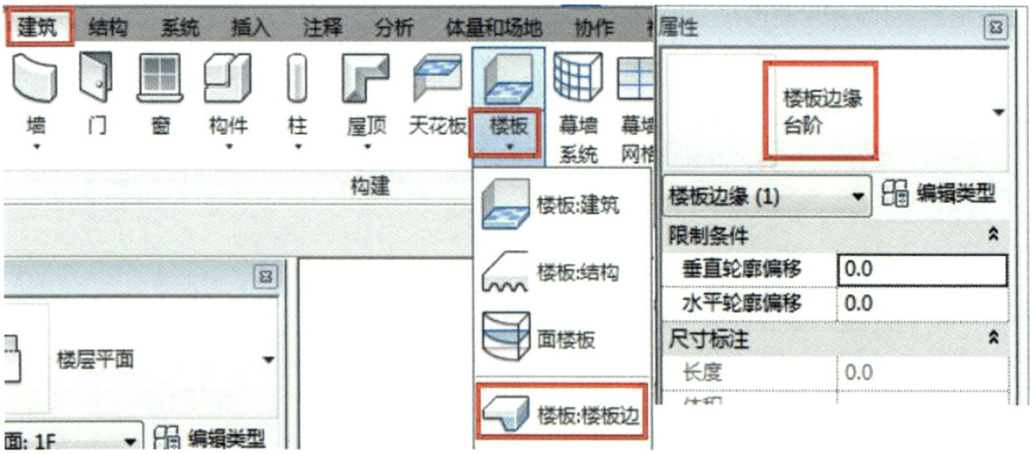


图4-131　楼板边缘台阶

（2）进入三维视图，点击楼板的上边缘线，生成台阶，如图4-132所示。

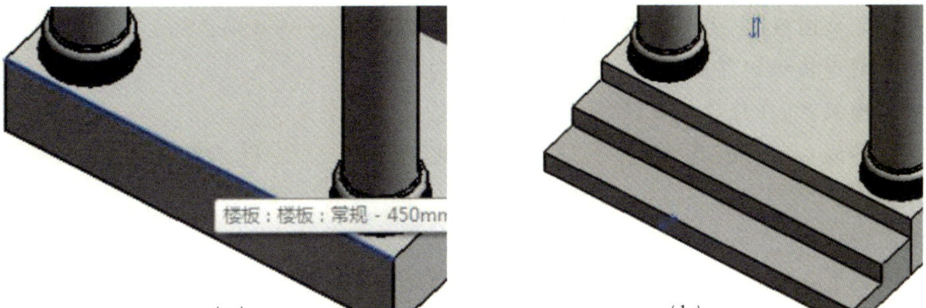


（a）　（b）

图 4-132　生成台阶

（3）另一个入口处也用此方法添加台阶，如图 4-133 所示。但这里需要手动拖动台阶的两端到墙边，选中台阶时出现两个小蓝点，分别用鼠标拖动即可，完成后如图 4-134 所示。

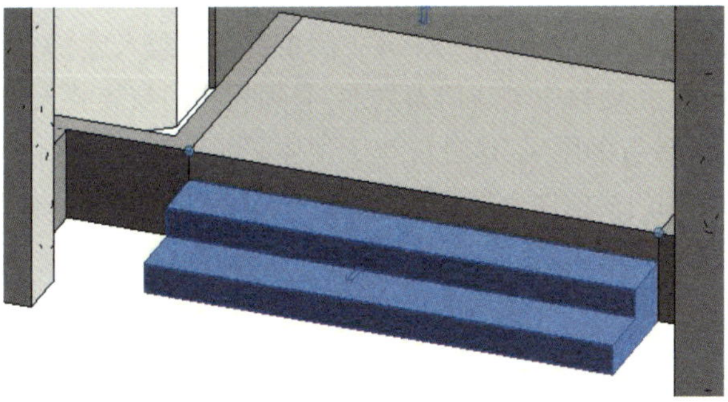

图 4-133　添加另一入口台阶

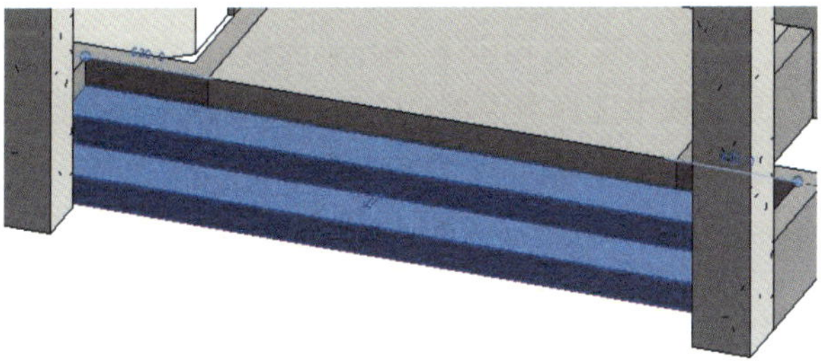

图 4-134　修改台阶

至此，完成楼层楼板和入口楼板以及台阶的创建，保存文件。

## 课后习题

### 一、单选题

1. 楼板的厚度取决于(　)。

A. 楼板结构　B. 工作平面　C. 构件形式　D. 实例参数

2. Revit 提供几种方式创建倾斜楼板？(　)。

A. 1　B. 2　C. 3　D. 4

3. 以下关于创建倾斜楼板的方向错误的是(　)。

A. 在创建楼板边界的时候，绘制一个坡度箭头

B. 指定草图线的“相对基准的偏移”属性值

C. 指定草图线的“定义坡度”和“坡度”属性值

D. 在创建楼板边界的时候，绘制一个跨方向

4. 创建楼板时，在修改栏中绘制楼板边界不包含的命令是(　　)。

A. 边界线　　B. 跨方向　　C. 坡度箭头　　D. 默认厚度

**二、判断题**

1. 创建楼板时，在修改栏中绘制楼板边界不包含默认厚度命令。(　　)

2. 楼板属于系统族，Revit提供了四个楼板的相关命令：“楼板：建筑”、“楼板：结构”、“面楼板”和“楼板边缘”。(　　)

3. 绘制楼板时，楼板边界可以是不闭合的轮廓。(　　)

# 4.6 门　　窗

门窗是建筑中最常用的构件之一。在Revit中门窗都是可载入族，关于族的概念和创建方法详见第3章。在项目中创建门窗之前，必须先将门窗族载入当前项目中。门窗都是以墙为主体放置的图元，这种依赖于主体图元而存在的构件称为“基于主体的构件”。本节将使用门窗构件为项目创建门窗，并学习门窗的信息修改方法。

【视频讲解】

在创建门窗的时候会自动在墙上形成剪切洞口，在Revit中门窗除了具体族的区别外，创建步骤大体相似。

## 4.6.1 窗户的创建

4.6.1.1　添加窗户

(1)进入一层平面图，点击“建筑”选项卡下“构建”面板中“窗”命令，开始放置窗户。

(2)在“类型属性”对话框中选择窗类型“C-0718”，通过“复制”创建一种新的窗户类型“C-1518”，如图4-135所示，修改其“高度”和“宽度”的参数。

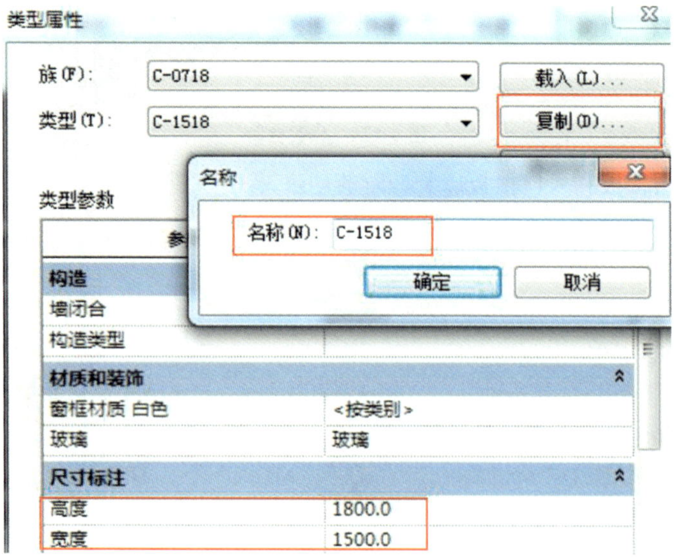


图4-135　修改窗户参数

(3)激活“修改|放置 窗”选项卡中“标记”面板上“在放置时进行标记”命令，如图 4-136 所示，可以为放置的每个窗图元进行标记。

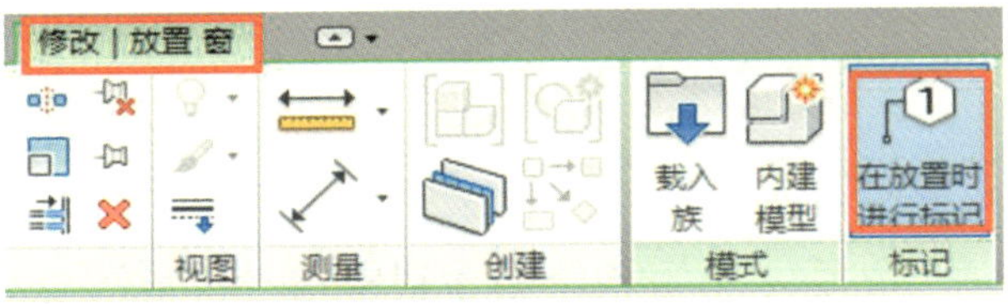


图 4-136　放置窗对话框

若放置时忘记启用“在放置时进行标记”，可以单击“注释”选项卡中的“按类别标记”添加门窗标记，或者选中所有的门窗单击“注释”选项卡中的全部标记，在弹出的对话框中进行设置，然后单击“确定”，如图 4-137 所示。

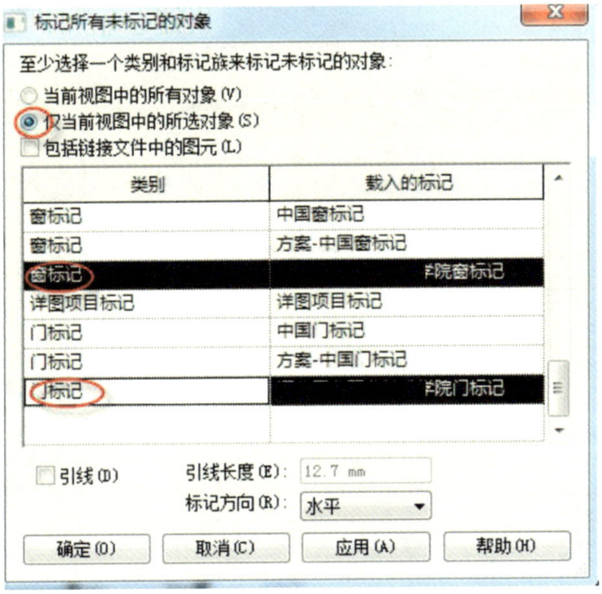


图 4-137　修改标记对话框

(4)单击鼠标左键放置窗户，如图 4-138 所示，选中刚刚放置的窗户，激活临时尺寸，修改窗户与轴网之间的距离，如图 4-139 所示。

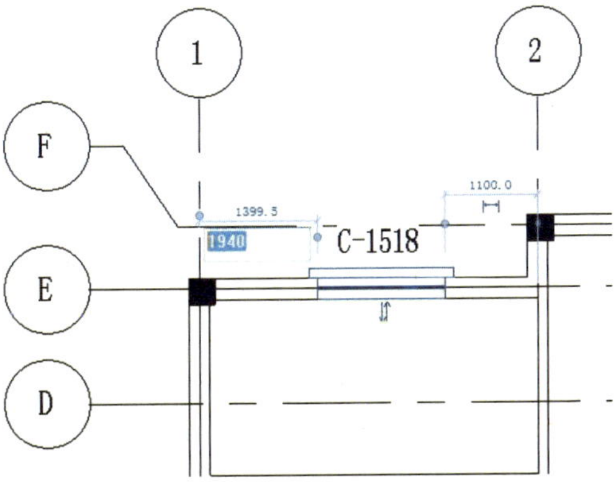


图 4-138　放置窗户

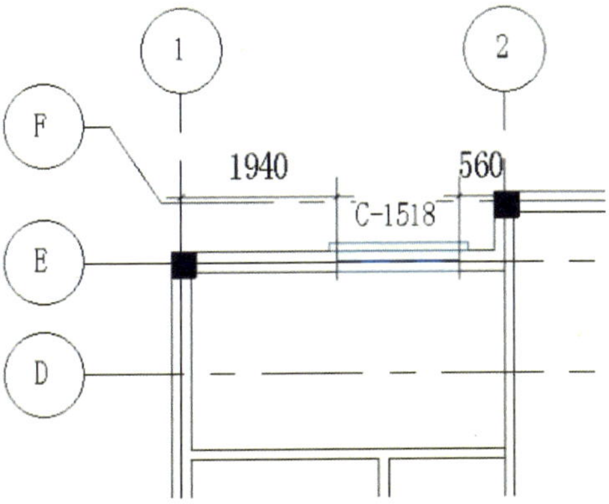


图 4-139　修改窗户与轴网的距离

(5)选择窗户类型为“C-2118”,输入“SM”可将窗户放在2号轴线和3号轴线之间墙体的中间位置,如图4-140所示。

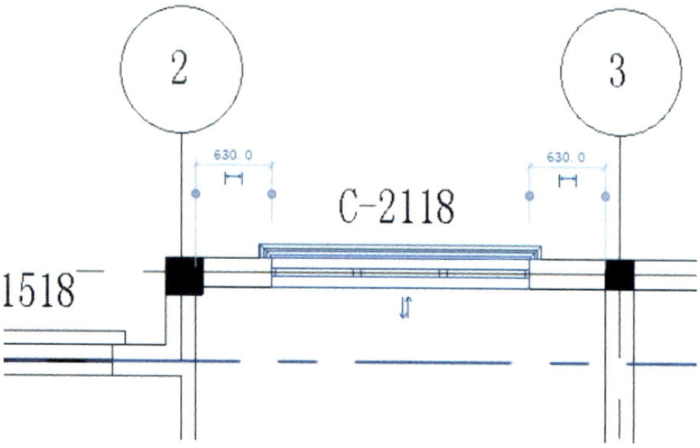


图4-140　在墙体中间插入窗户

(6)接下来一层所有的窗户都按图4-141所示位置放置。

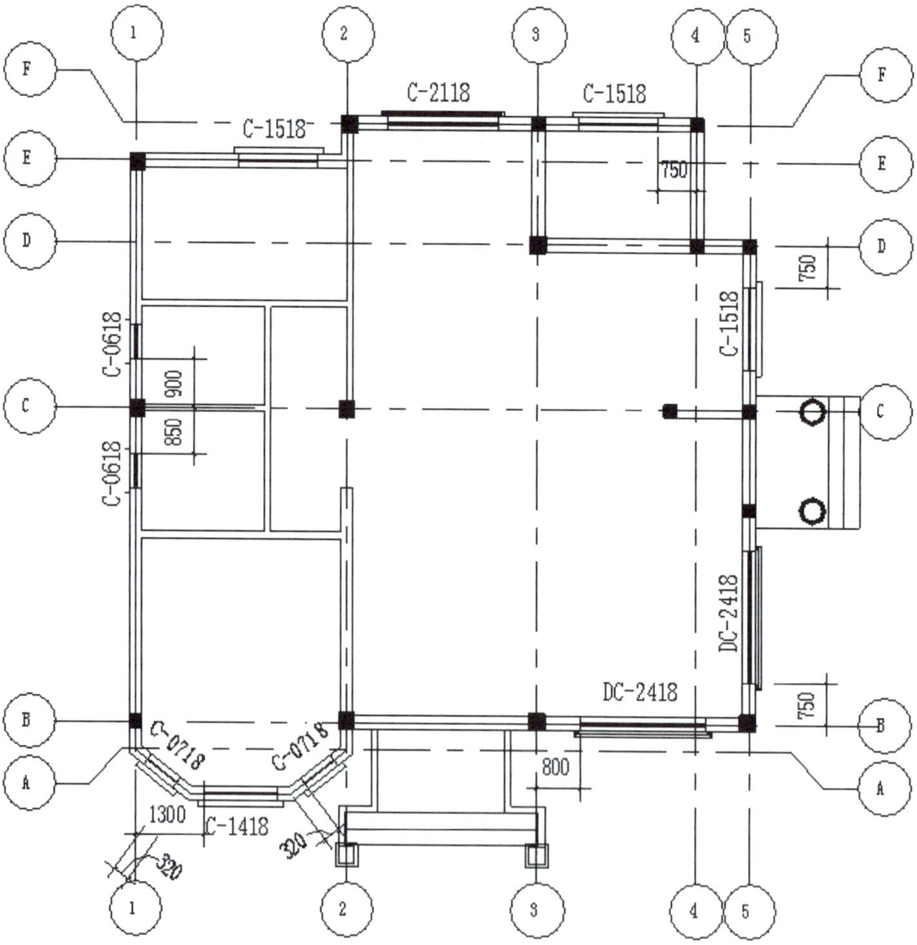


图4-141　完成一层窗户放置

注:项目中如果没有需要的窗户类型,可按照上述方法创建新的窗户类型。

(7)二层窗户的放置方法也是如此,放置位置及窗户类型如图4-142所示。

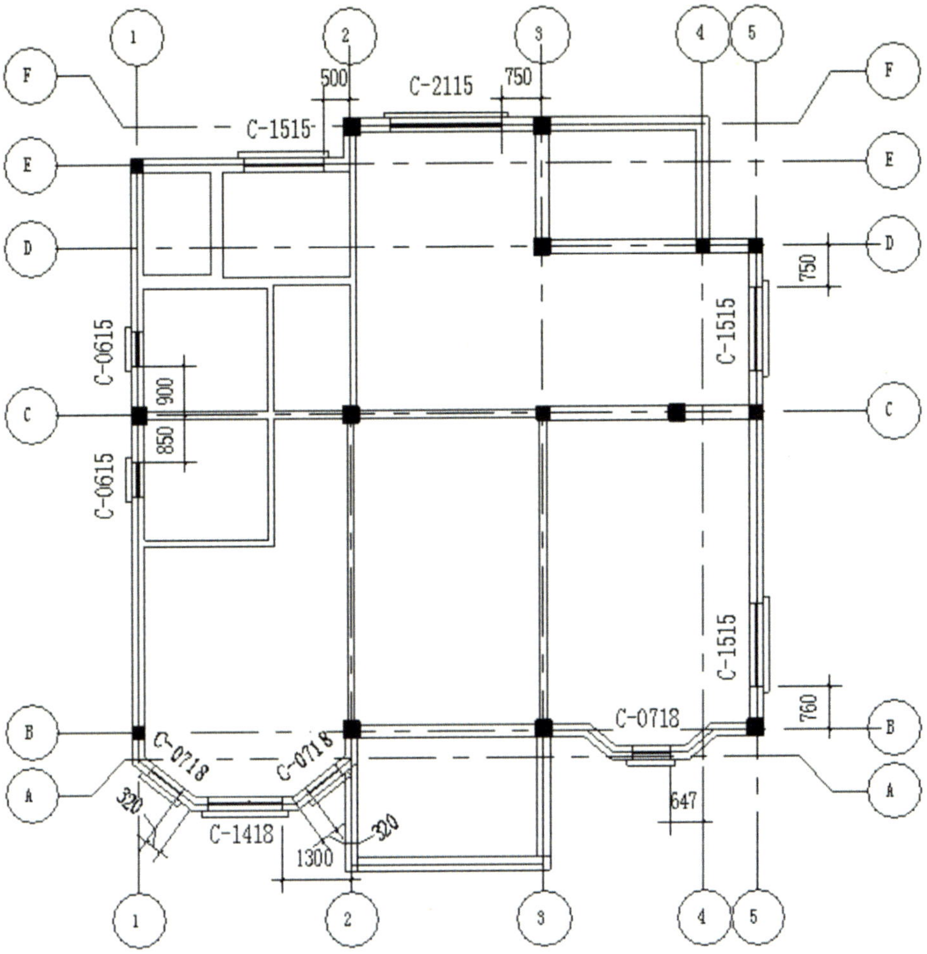


图4-142　完成二层窗户放置

4.6.1.2　编辑窗户

(1)放置窗户时,如果放置方向反了,则点击“翻转”箭头,如图4-143所示,即可翻转窗户方向,或者按空格键直接翻转窗户方向。

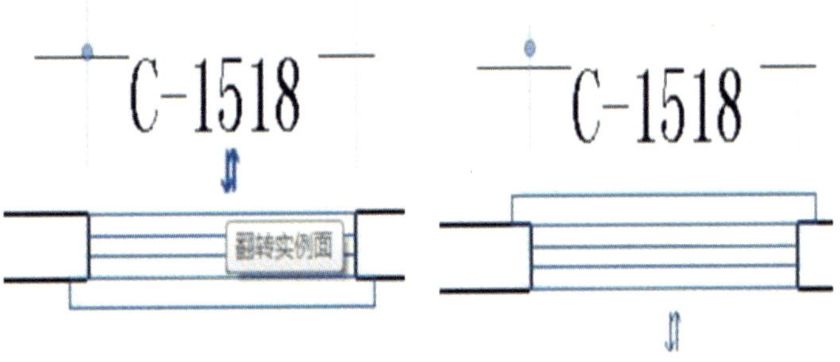


图4-143　翻转窗户方向

(2)进入一层平面,选中所有的窗户(从左到右框选所有的图元),如图4-144所示。

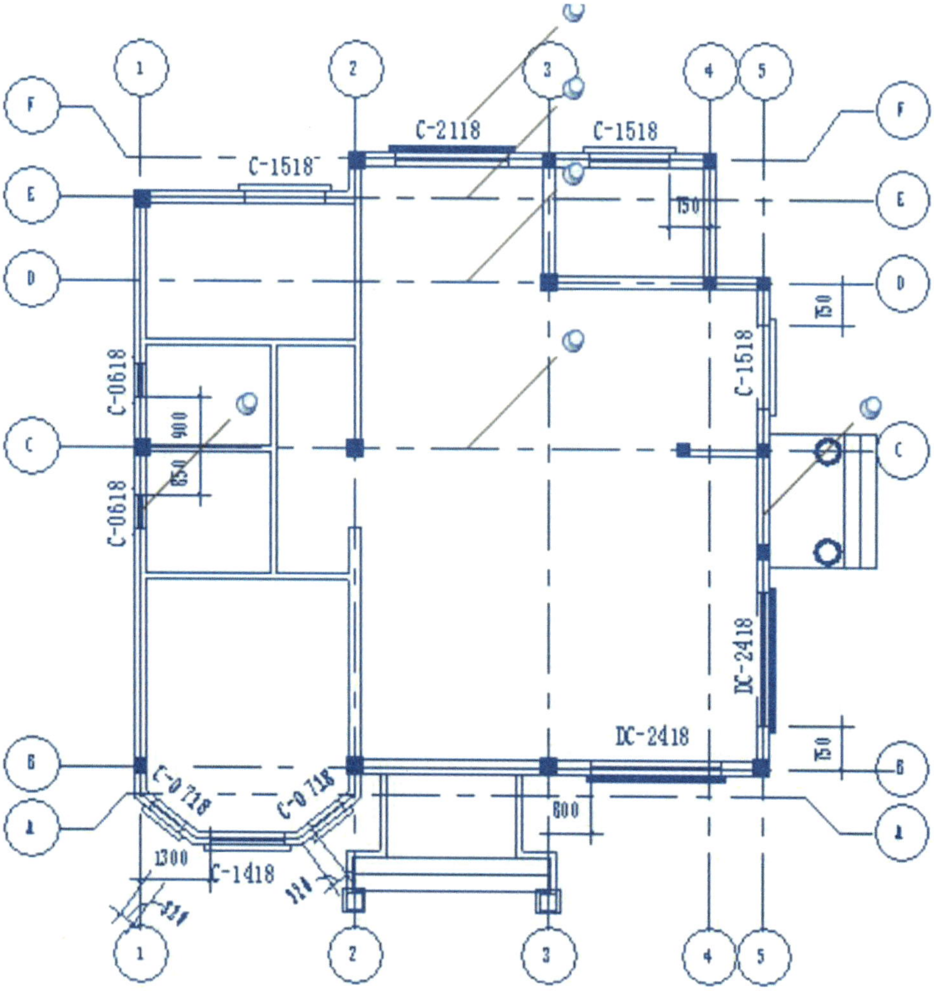


图 4-144　框选窗户图元

(3)点击“修改|选择多个”选项卡中“选择”面板中的“过滤器”，如图 4-145 所示，弹出“过滤器”对话框，点击“放弃全部”，只勾选“窗”，如图 4-146 所示，在“属性”面板中修改“限制条件”，将“底高度”改为“800.0”。

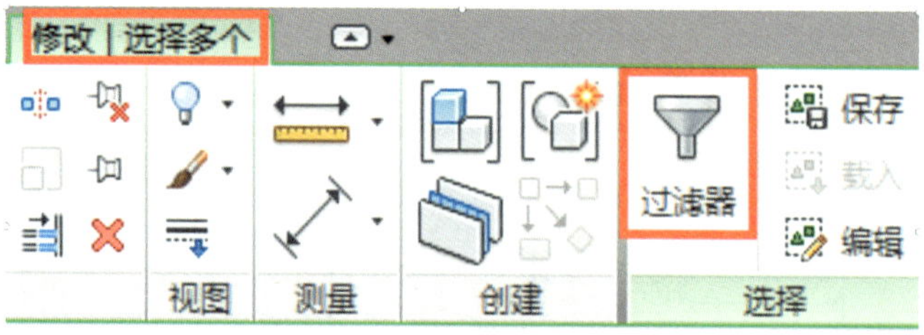


图 4-145　“选择”面板中的“过滤器”

注：在 Revit 中，“过滤器”是一种快速选择图元的工具。

(4)修改二层平面的窗户，选中所有的窗户，修改其“底高度”也为“800.0”。

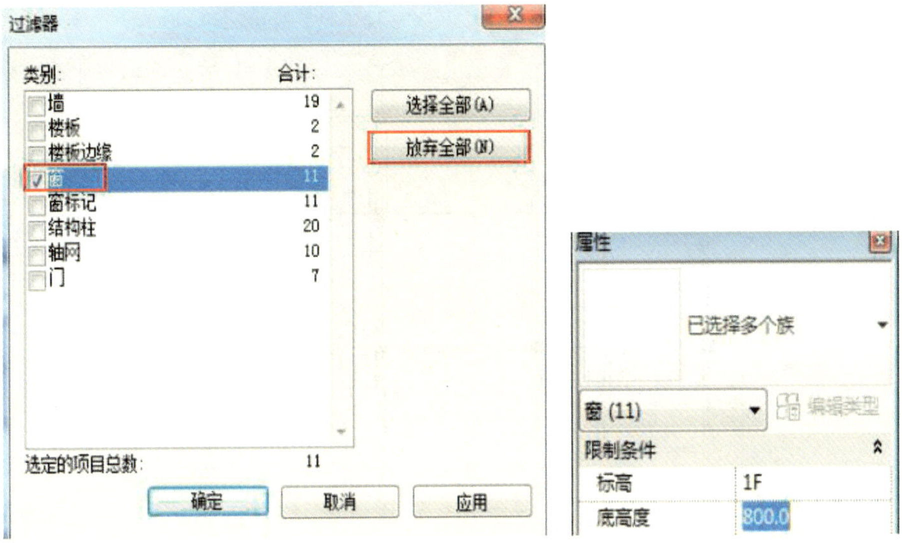


图 4-146 修改窗户属性

## 4.6.2 门的创建

(1)门的添加和窗户的添加方法一样。进入一层平面,选择“建筑”选项卡下“构建”面板中的“门”命令,单击“在放置时进行标记”按钮,开始放置门,放置位置如图 4-147 所示。

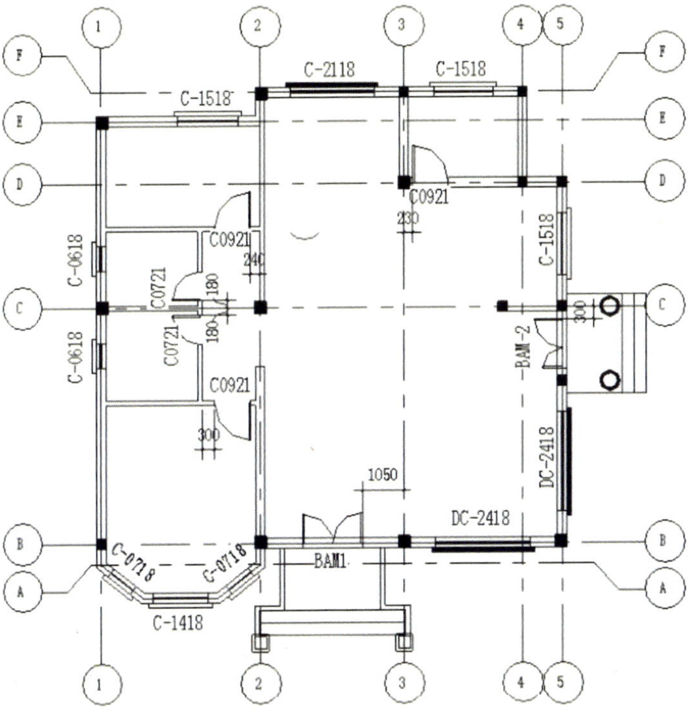


图 4-147 放置一层门

(2)进入二层平面,选择“建筑”选项卡下“构建”面板中的“门”命令,单击“在放置时进行标记”按钮,门的放置位置如图 4-148 所示。

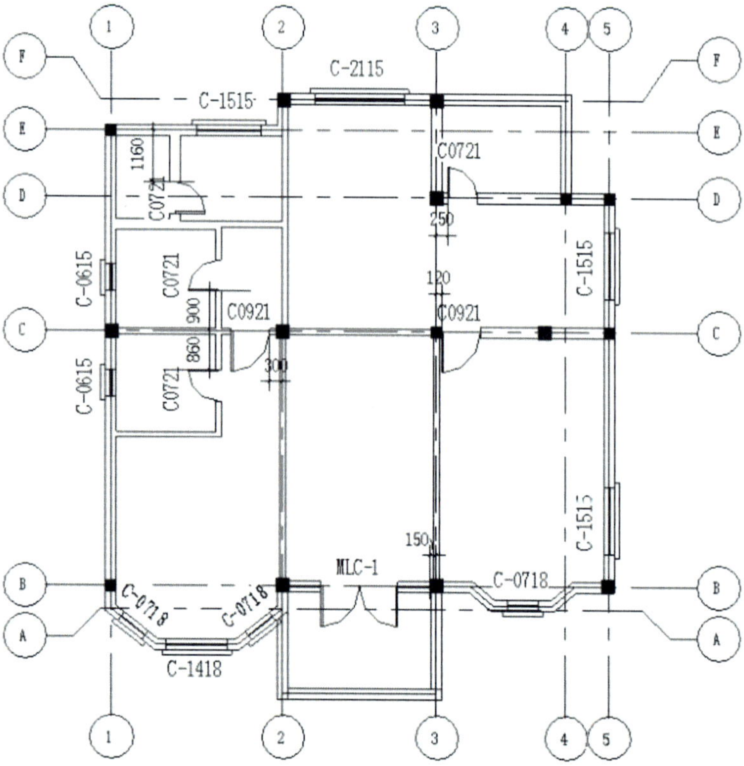


图 4-148　放置二层门

(3)在二层阳台口处 2 轴、3 轴之间的 B 轴上放置一个门联窗，点击“插入”选项卡中的“从库中载入”面板，弹出“载入族”对话框，如图 4-149 所示，选择“Architecture”文件夹➢“门”➢“普通门”➢“平开门”➢“双扇”➢“双扇平开连窗玻璃门 2”，将其重命名为“MLC-1”，如图 4-150 所示。

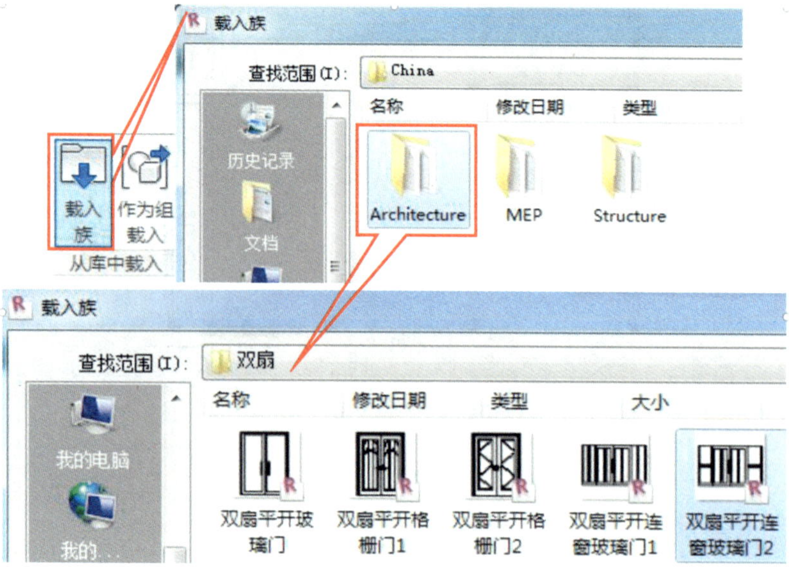


图 4-149　载入门族

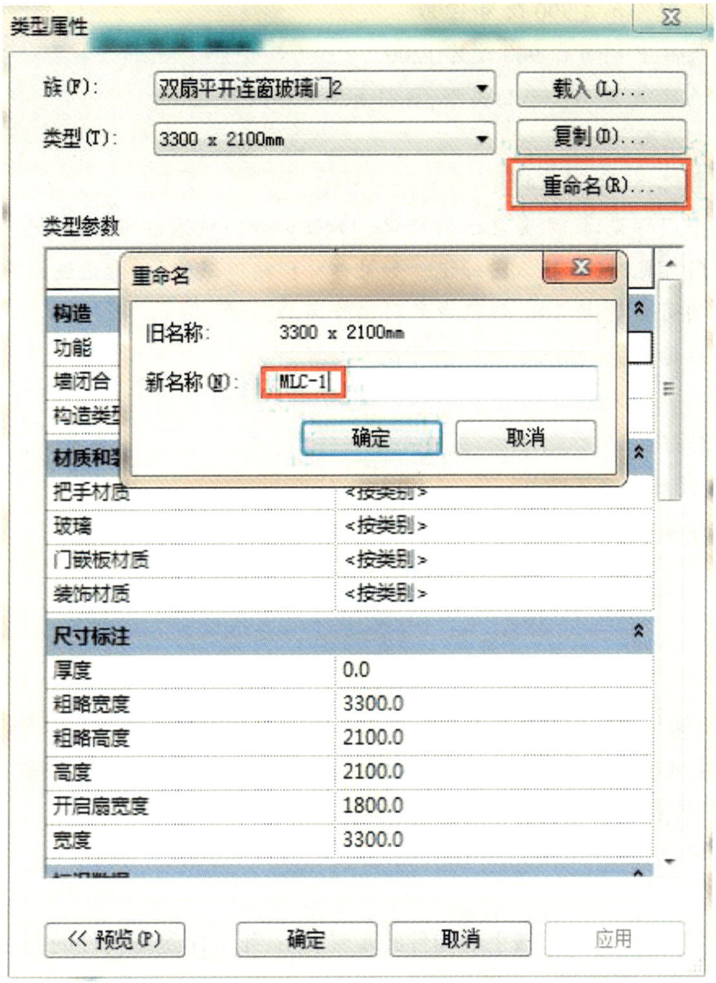


图 4-150　门窗重命名

注：如果样板文件或者所做的项目中没有需要的门窗，则可以通过“载入族”去库中找到需要的族载入使用。

## 课后习题

### 一、单选题

1. 在视图中单击选中一个 C1527 窗，在属性栏中将底标高由 600 修改为 900，那么在模型中(　　)。

A. 所有窗底标高变为 900

B. 所有名称为 C1527 的底标高均变为 900

C. 该 C1527 的底标高变为 900，其他 C1527 的底标高不变

D. 以上均不对

2. 关于在单扇门族类型中有 $b900\times h2100$ 类型($b$、$h$ 均为实例参数)，在项目视图中创建了两个单扇门，现在需要把其中一个改为 $b1200\times h2100$，已单击该门，之后的步骤是(　　)。

A. 在属性栏中将 $b$ 由 900 改为 1200

B. 在类型属性中,将 $b$ 由 900 改为 1200

C. 在类型属性中,复制一个新类型,再将 $b$ 由 900 改为 1200

D. 以上均不正确

3. 关于门的标记,说法正确的是(　　)。

A. 仅当整个门可见时,才会显示门标记。如果部分门被遮蔽,则门标记不可见

B. 当整个门可见时,会显示门标记。如果部分门被遮蔽,则门标记还是可见

C. 当放置相同类型的门时,标记中的门编号不会递增

D. 复制并粘贴门时,标记中的门编号也不会递增

**二、判断题**

1. 门、窗等图元可以不依附于墙、屋顶而单独存在。(　　)

2. Revit 墙门窗属于标注构件。(　　)

3. 当旋转主体墙时,与之关联的门窗将随之移动。(　　)

## 4.7　楼梯与扶手

在 Revit 中楼梯与扶手均为系统族,楼梯主要包括梯段和平台部分。楼梯的绘制分为"按构件"和"按草图"两种方式,建议创建楼梯时使用"按构件"方式,该方式可直接放置梯段和平台,并且其在编辑时也可以使用"编辑草图"命令。

栏杆扶手既可以直接在绘制楼梯或者坡道等主体时一起创建,也可以直接在平面中绘制路径来创建。

下面以在项目中创建楼梯、扶手等构件的步骤,来详细介绍这些构件的创建和编辑方式。

### 4.7.1　楼梯的创建

【视频讲解】

4.7.1.1　创建楼梯

(1)进入一层平面视图。由于项目中的楼梯为异形楼梯,为便于绘制,可以参照 CAD 去绘制。

(2)单击"插入"选项卡下的"导入 CAD"面板,如图 4-151 所示。打开课件自带的"CAD 图纸"文件夹找到"一层平面图.dwg"CAD 文件,设置"导入 CAD"的参数,如图 4-152 所示。单击"打开"按钮即可把 CAD 文件导入 Revit 中。

图 4-151　导入 CAD

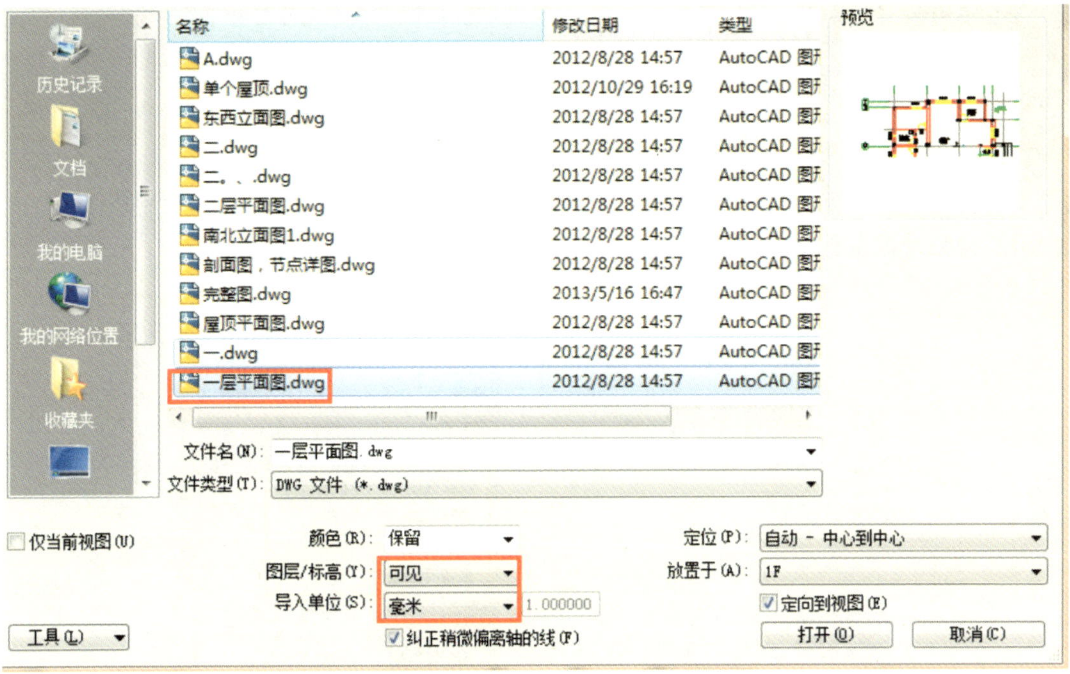


图 4-152　设置“导入 CAD”参数

（3）打开之后会发现 CAD 图纸没有和 Revit 模型对应在一起，需要手动调整 CAD 图纸的位置。选中 CAD 图纸，导入的图纸一般默认锁定，先将图纸解锁，然后单击“修改”面板中的“移动”命令，捕捉 CAD 图纸轴线 1 和轴线 F 的交点处，移动到 Revit 模型中轴线 1 和轴线 F 的交点处，完成 CAD 图纸的位置调整。

（4）CAD 图纸调整完成后，找到楼梯位置，如图 4-153 所示，接下来开始绘制楼梯草图。

（5）单击“建筑”选项卡下“楼梯坡道”面板上的“楼梯”按钮，在下拉列表中选择“楼梯（按草图）”，如图 4-154 所示。

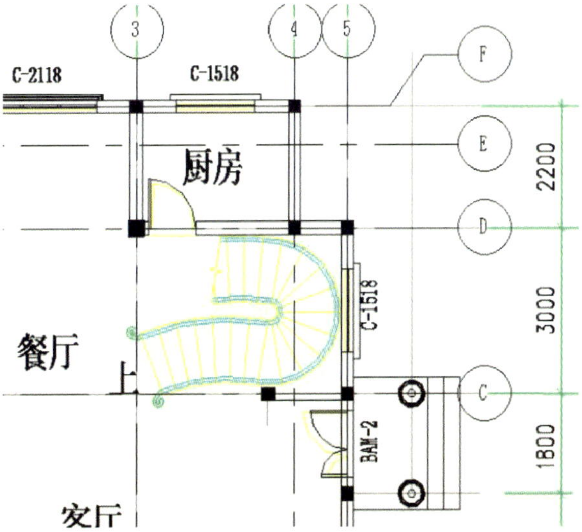


图 4-153　楼梯位置

注：在Revit中，楼梯的绘制有两种方法，一种是“楼梯(按构件)”，另一种是“楼梯(按草图)”，前者绘制的楼梯是软件预设好的，相当于在工厂预制好后在现场直接安装，不便于后期对楼梯的修改编辑；后者绘制的楼梯运用比较灵活，相当于自己设计好楼梯样式，然后成型，对于后期楼梯的编辑很方便，所以一般绘制楼梯时会选择第二种方式。

(6)在“属性”面板中设置楼梯参数，选择楼梯类型为“楼梯-整体式楼梯”，“限制条件”和“尺寸标注”参数设置如图4-155所示。

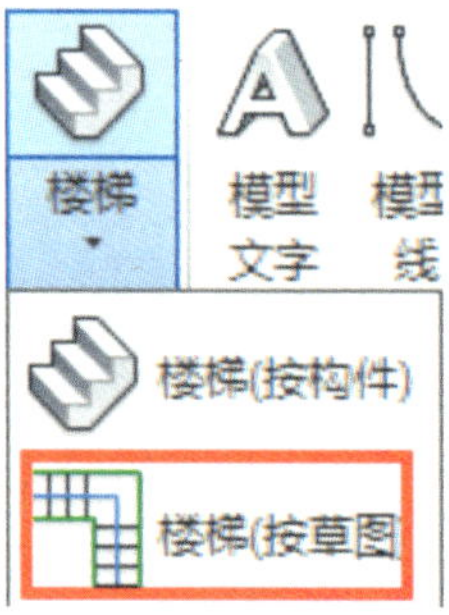


图4-154 “楼梯”按钮

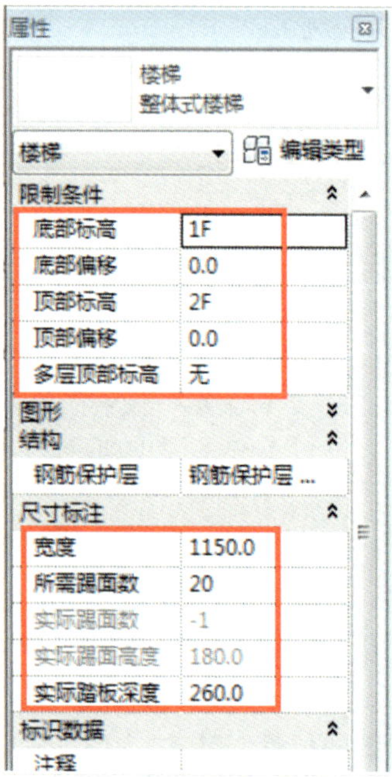


图4-155 楼梯参数设置

(7)单击“楼梯”命令后，软件进入“创建楼梯草图”工作界面，在“绘制”面板中有“梯段”、“边界”、“踢面”三个选项，如图4-156所示。

图4-156 “修改|创建楼梯草图”界面

注：选择“梯段”可以直接绘制楼梯，绘制出来的楼梯草图包括下面的“边界”和“踢面”，一般用“梯段”可以绘制直梯、弧形楼梯等；“边界”和“踢面”不能单独绘制形成楼梯，只有两者结合才能形成楼梯，一般创建异形楼梯时用“边界”和“踢面”去绘制比较方便。下面介绍采用了“边界”和“踢面”绘制楼梯的步骤。

(8)选择“边界”，单击“拾取线”，如图4-157所示，拾取CAD图纸边界，完成楼梯边界的绘制，如图4-158所示。

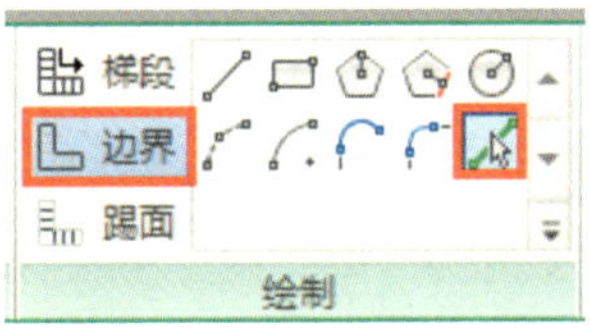


图 4-157　拾取边界

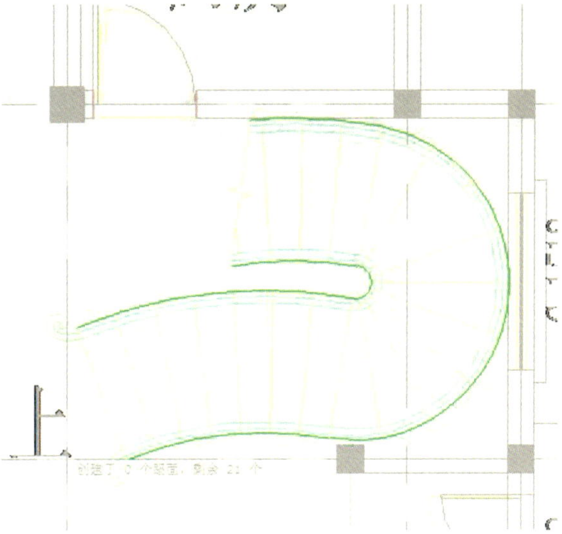

图 4-158　完成楼梯边界的绘制

(9)选择“踢面”，单击“拾取线”，从左下方开始拾取CAD图纸中的踢面，完成楼梯踢面的绘制，如图4-159所示。

(10)用“修剪/延伸为角”命令修剪楼梯边界和踢面断开处，完成后效果图如图4-160所示。至此，完成了楼梯草图的绘制。

(11)设置楼梯扶手类型，单击“栏杆扶手”按钮，设置栏杆类型为“1100mm”，如图4-161所示，单击“模式”面板中“完成编辑模式”✔，最终完成楼梯的绘制。

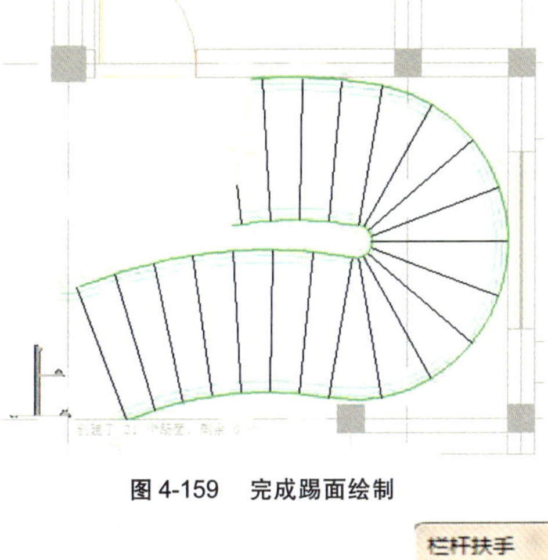

图 4-159　完成踢面绘制

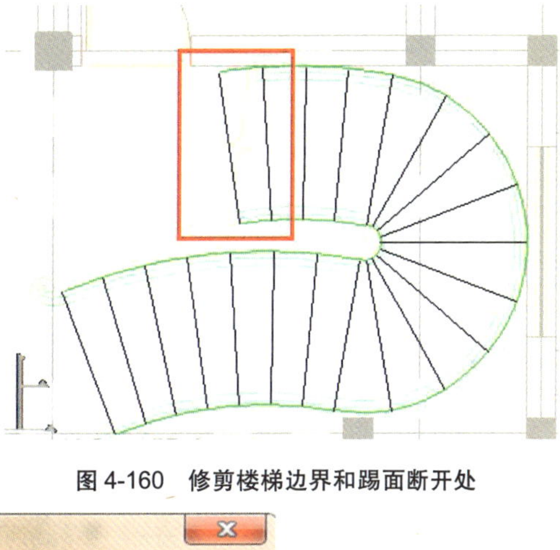

图 4-160　修剪楼梯边界和踢面断开处

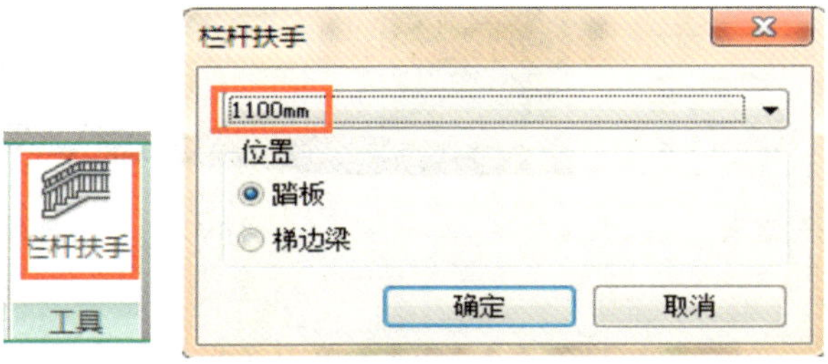


图 4-161　设置“栏杆扶手”类型

（12）楼梯绘制完成后仔细观察会发现，绘制完成的楼梯和CAD图纸中的楼梯方向反了，如图4-162（a）所示，此时直接单击图4-162（b）中的小箭头即可改变楼梯方向。

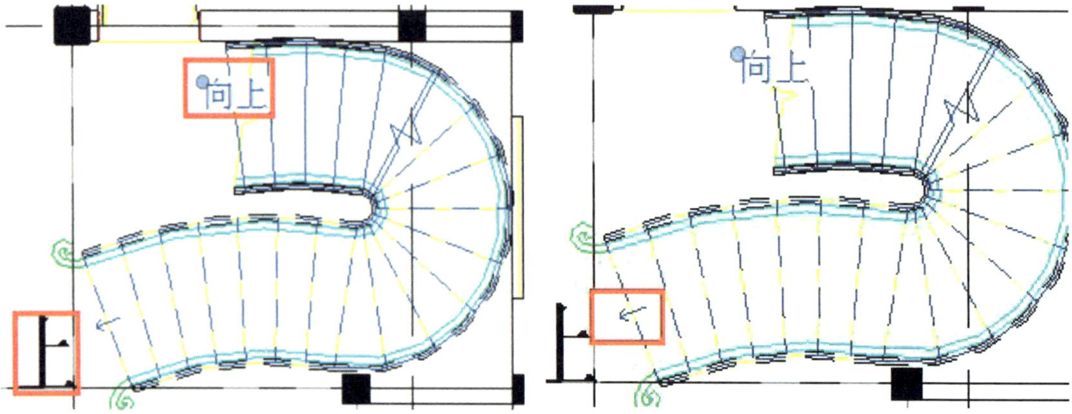


（a）　　　　（b）

**图4-162　调整楼梯方向**

（a）楼梯方向；（b）单击箭头调整方向

*思考：若此时想在三维视图中查看刚刚绘制好的楼梯，进入三维视图会发现楼梯藏在了房间里面，那么应该怎么办呢？*

进入三维视图后，在“属性”面板中找到“范围”参数栏中的“剖面框”选项，如图4-163所示，在其后面的方框内单击鼠标勾选上，此时会发现绘图区域中出现了一个长方体的剖面框，选中剖面框可以任意拖动剖面框边界的位置，如图4-164所示。将剖面框的边界拖动到楼梯所在位置，即可在三维视图看到室内的楼梯，如果想隐藏剖面框，取消勾选即可。

**图4-163　“剖面框”选项**

**图4-164　拖动剖面框边界**

4.7.1.2　编辑楼梯

所绘制项目为两层，二楼楼梯已经完成，此时需要对楼板进行编辑，此操作方法在前面已经介绍，此处不再叙述。编辑结果如图4-165所示。

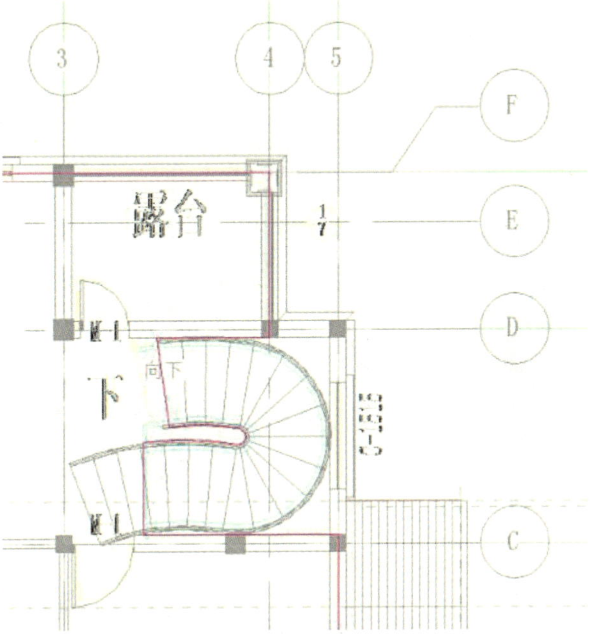


图 4-165　编辑楼梯

下面需要在二层平面的楼梯转弯处进行安全扶手的绘制。

(1)将视图切换到二层平面,单击“栏杆扶手”下拉列表中的“绘制路径”命令。单击“属性”对话框栏杆扶手,复制一个 1200mm 的栏杆扶手(前边已经讲过复制方法,在此不再叙述),设置为默认扶手。其绘制路径如图 4-166 所示。

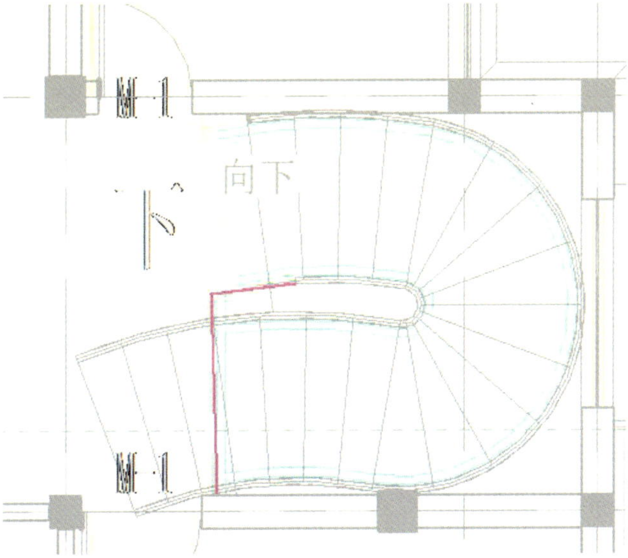


图 4-166　扶手绘制路径

(2)单击“模式”面板中“完成编辑模式” ✔,最终完成扶手的绘制。最终完成的楼梯如图 4-167 所示。

注:楼梯绘制完成后,导入 Revit 中的 CAD 文件如果不再需要,可把 CAD 文件直接隐藏,操作如下:进入平面视图,在“属性”面板中单击“可见性/图形替换”后面的“编辑”按钮,在弹出的对

话框中单击“导入的类别”按钮，在“可见性”栏，取消勾选要隐藏的CAD文件前面的对钩，即可隐藏CAD文件，如图4-168所示。

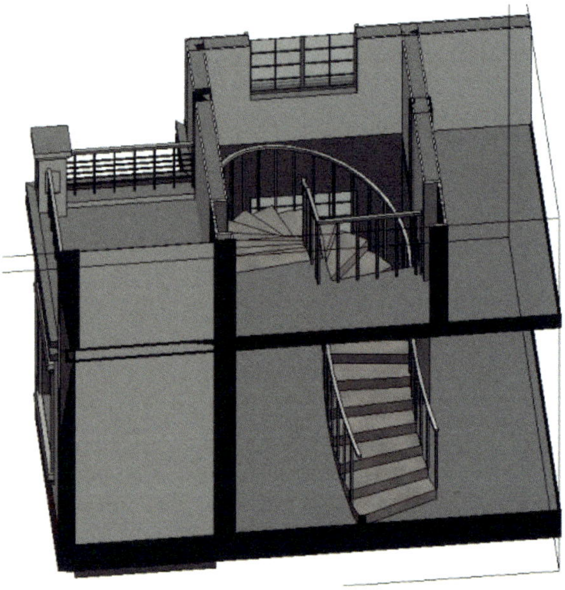

图4-167　完成楼梯的绘制

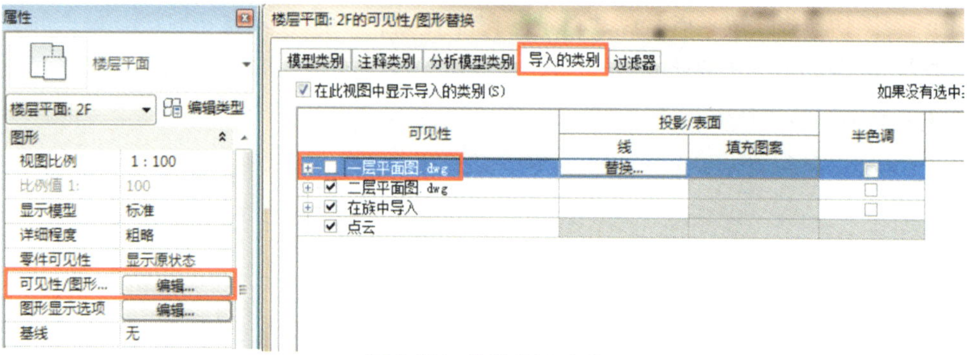


图4-168　隐藏CAD文件

## 4.7.2　扶手的创建

【视频讲解】

4.7.2.1　创建一层入口扶手

（1）进入一层平面视图。在“建筑”选项卡“楼梯坡道”面板上“栏杆扶手”下拉菜单中选择“绘制路径”命令，如图4-169所示，进入创建“栏杆扶手”路径界面。

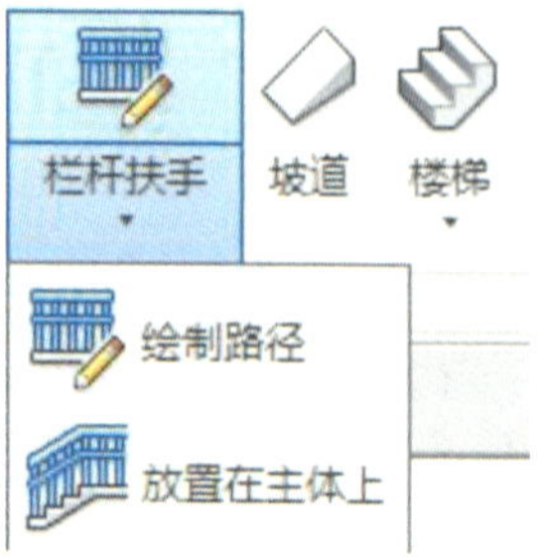


图4-169　创建“栏杆扶手”路径

（2）在“属性”面板选择栏杆类型为“900mm”，点击“编辑类型”进入“类型属性”编辑器界面，通过“复制”命令创建新栏杆类型“750mm”，如图4-170所示。

（3）样板文件中只有轮廓“M-矩形扶手”，复制一种新轮廓，选择“项目浏览器”中“族”，找到“轮廓”族，选择“M-矩形扶手”下

“50×50mm”，单击鼠标右键选择“类型属性”，通过“复制”命令新建轮廓族“15×15mm”，修改其参数，如图 4-171 所示。

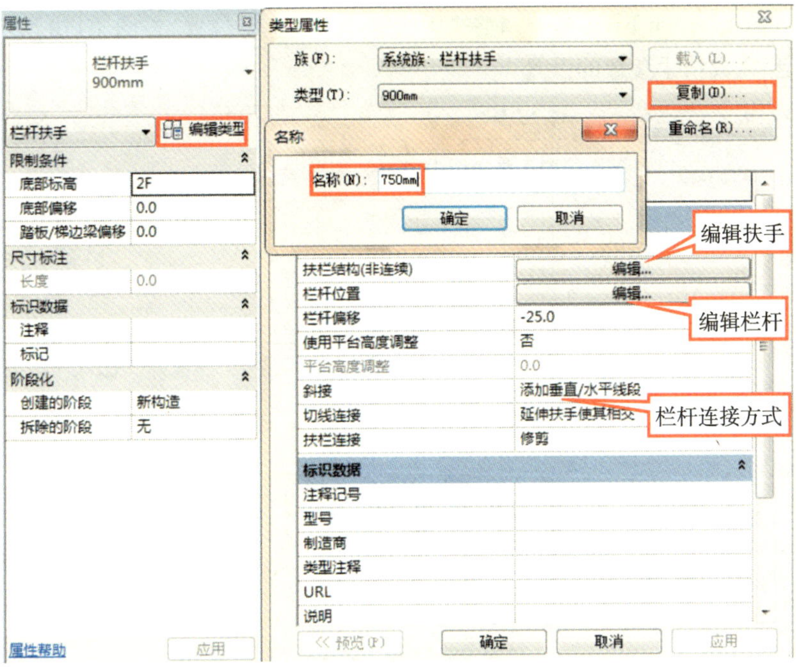


图 4-170　栏杆“类型属性”界面

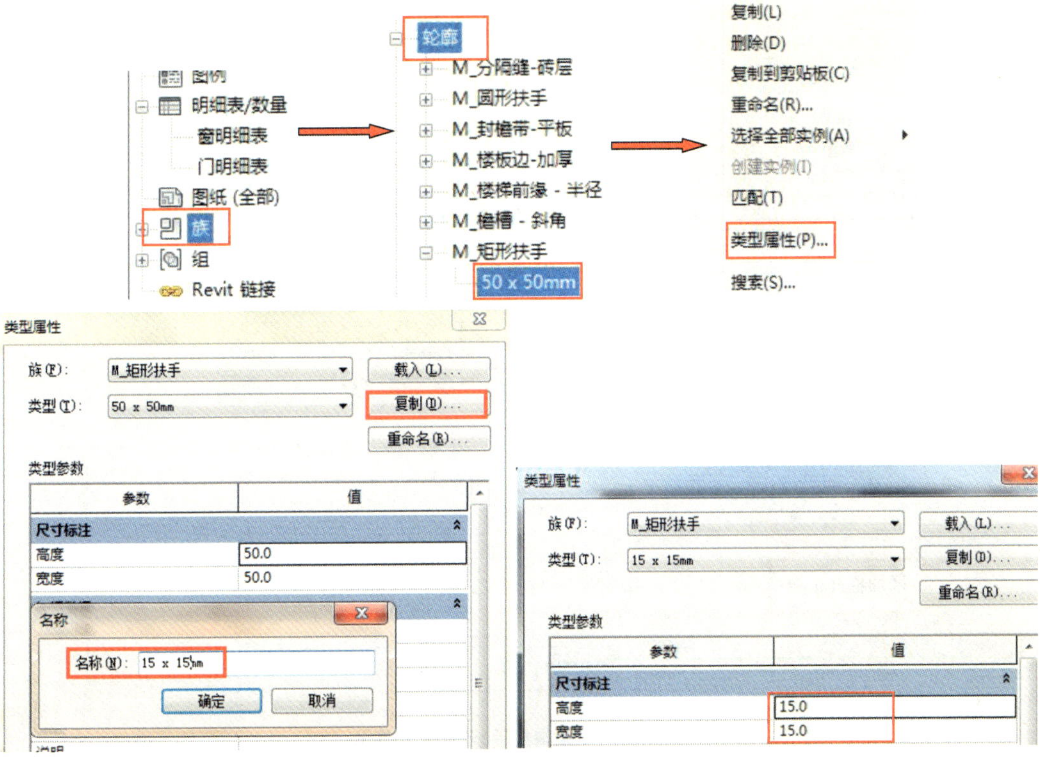


图 4-171　设置扶手新轮廓族

(4)设置扶手参数。点击“类型属性”对话框中“扶栏结构(非连续)”后面的“编辑”按钮,如图4-172所示。进入“编辑扶手(非连续)”界面,可编辑扶手的轮廓、材质、高度等。也可以通过“复制”、“删除”、“向上”、“向下”等命令调整扶手的数量以及上下位置,按图4-173所示设置扶手参数,点击“确定”完成扶手参数的设置。

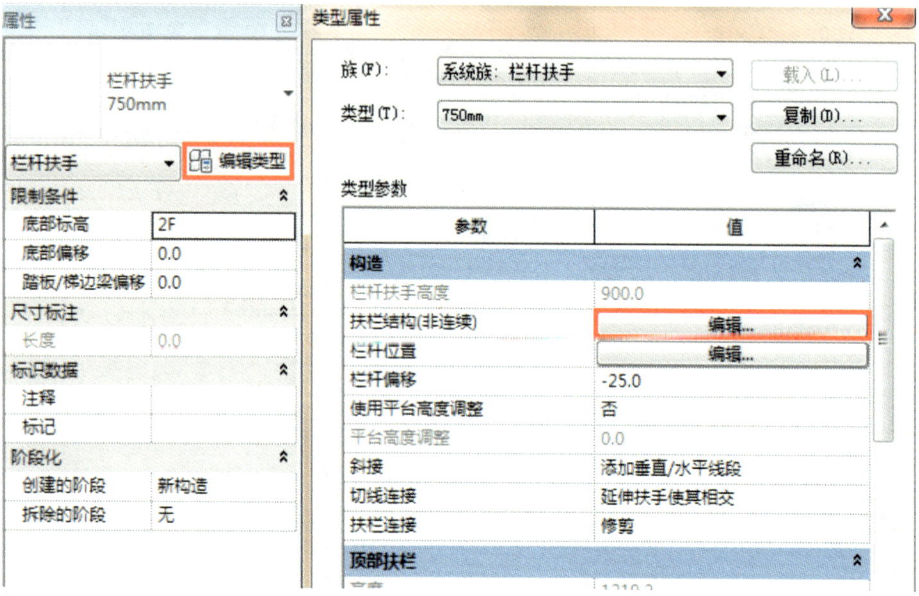


图4-172 设置扶手参数

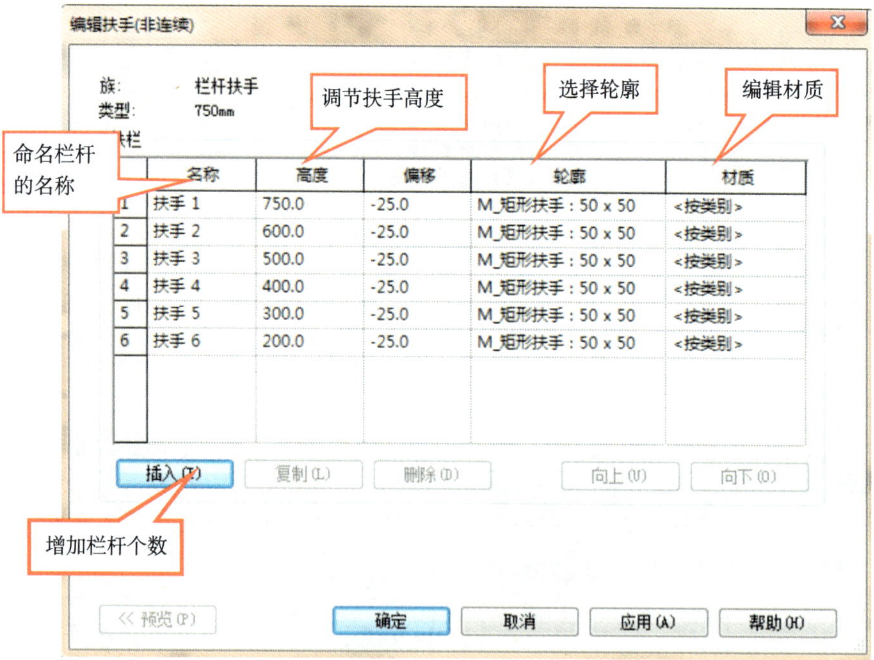


图4-173 “编辑扶手(非连续)”界面

(5)设置栏杆参数。单击“扶手位置”后面的“编辑”按钮，进入“编辑栏杆位置”界面，如图4-174所示，即可选择栏杆族、栏杆的位置和高度。

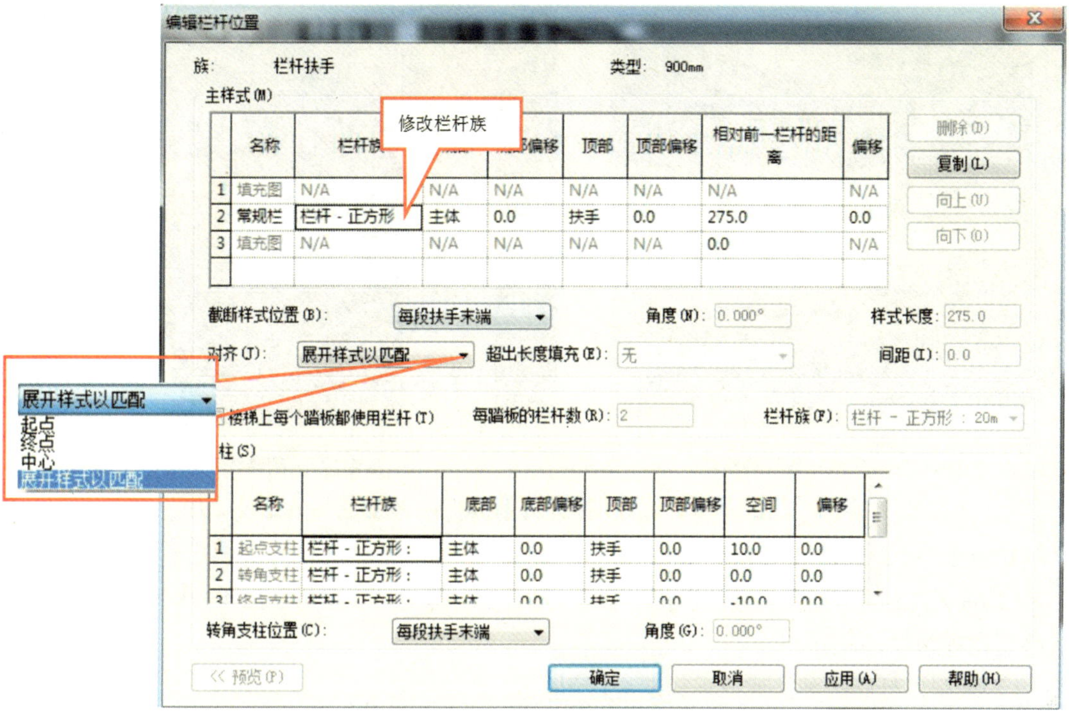


图4-174 “编辑栏杆位置”界面

(6)开始绘制栏杆，在一层入口处绘制图4-175所示栏杆路径。

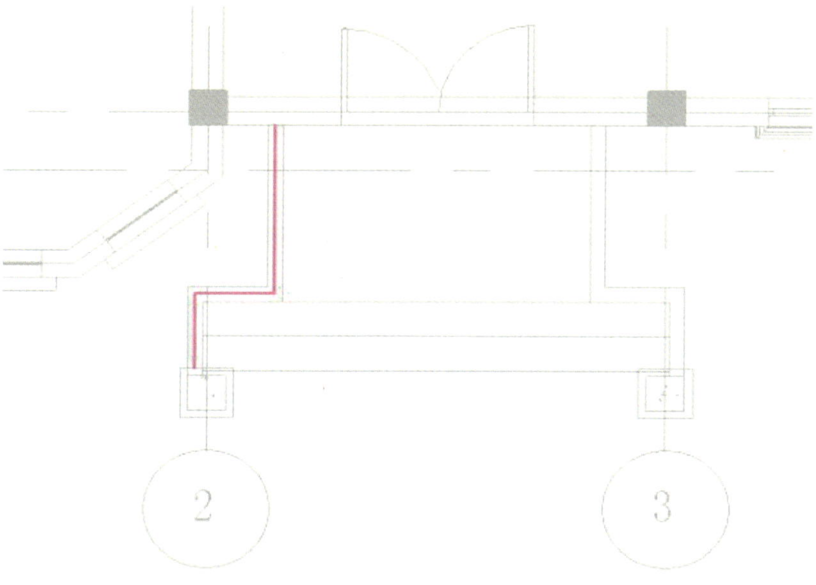


图4-175 绘制一层入口栏杆

(7)路径绘制完成，点击“完成编辑模式”按钮 ✔，一段栏杆绘制完成，如图4-176所示。

（8）继续绘制另一边的栏杆，绘制方法同上。绘制完成后，点击主要扶手旁边的“翻转”符号，可以翻转扶手方向，如图 4-177 所示。

图 4-176　完成一段栏杆绘制

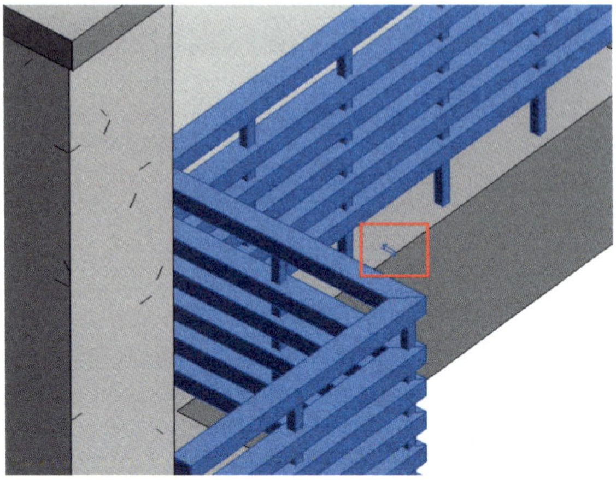

图 4-177　翻转扶手方向

注：栏杆路径必须是一条连续的线段，所以入口处左右两边的栏杆必须分开绘制。

4.7.2.2　创建二层阳台扶手

（1）进入二层平面视图，选择栏杆类型为“900mm”，编辑扶手参数如图 4-178 所示，设置完成后绘制栏杆路径，方法同上。

（2）绘制栏杆路径和完成效果如图 4-179 所示。

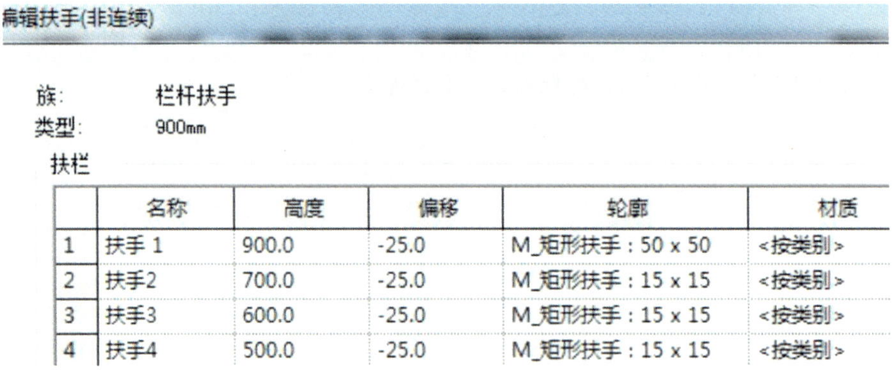

编辑扶手(非连续)

族：　栏杆扶手

类型：　900mm

扶栏

| | 名称 | 高度 | 偏移 | 轮廓 | 材质 |
|---|---|---|---|---|---|
| 1 | 扶手 1 | 900.0 | -25.0 | M_矩形扶手 : 50 x 50 | <按类别> |
| 2 | 扶手2 | 700.0 | -25.0 | M_矩形扶手 : 15 x 15 | <按类别> |
| 3 | 扶手3 | 600.0 | -25.0 | M_矩形扶手 : 15 x 15 | <按类别> |
| 4 | 扶手4 | 500.0 | -25.0 | M_矩形扶手 : 15 x 15 | <按类别> |

图 4-178　编辑二层扶手参数

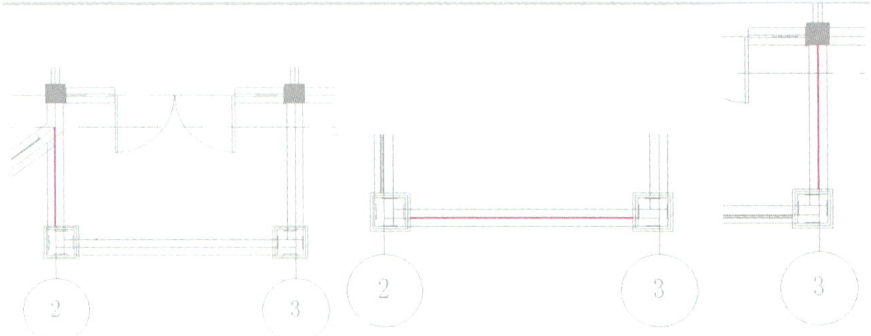


(a)

(b)

图 4-179　绘制栏杆路径和效果

注：绘制扶手时只能绘制一条线，不连接的线无法同时绘制，上面三个栏杆需绘制三次。

（3）绘制二层东北角处的栏杆，绘制方法如上。至此，所有的栏杆已经绘制完成，如图 4-180 所示。

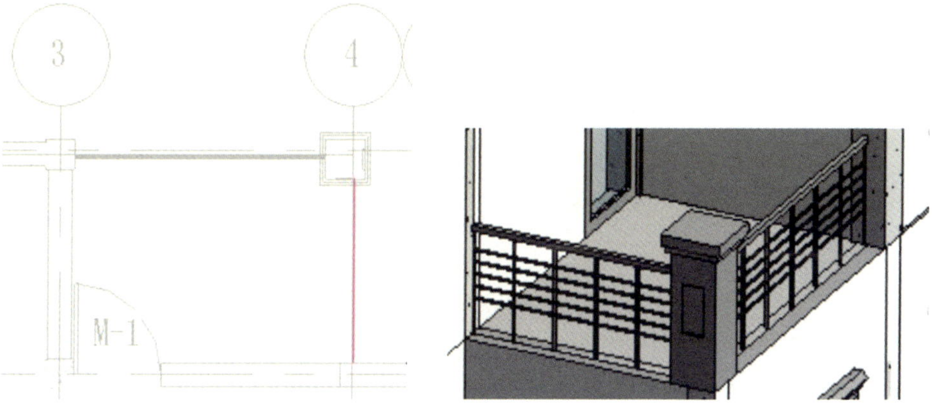


(a)　　(b)

图 4-180　完成二层栏杆绘制

## 课后习题

### 一、单选题

1. 栏杆扶手对齐方式不包含(　　)。

A. 起点　　B. 终点　　C. 等距　　D. 中心

2. 关于扶手的描述，错误的是(　　)。

A. 扶手不能作为独立构件添加到楼层中，只能将其附着到主体上，例如楼板或楼梯

B. 扶手可以作为独立构件添加到楼层中

C. 可以通过选择主体的方式创建扶手

D. 可以通过绘制的方法创建扶手

3. Revit 中创建楼梯，在“修改创建楼梯”—“构件”中不包含哪个构件？(　　)。

A. 支座　　B. 平台　　C. 梯段　　D. 梯边边梁

**二、判断题**

1. 栏杆扶手可以直接在绘制楼梯或者坡道等主体时一起创建，也可以直接在平面中绘制路径来创建。(　)

2. 楼梯的绘制有两种方法，一种是“按构件”，另一种是“按草图”。(　)

**三、技能提升**

按照给出的楼梯平、剖面图，创建楼梯模型，并参照题中平面图在所示位置建立楼梯剖面模型，栏杆高度为1100，栏杆样式不限。

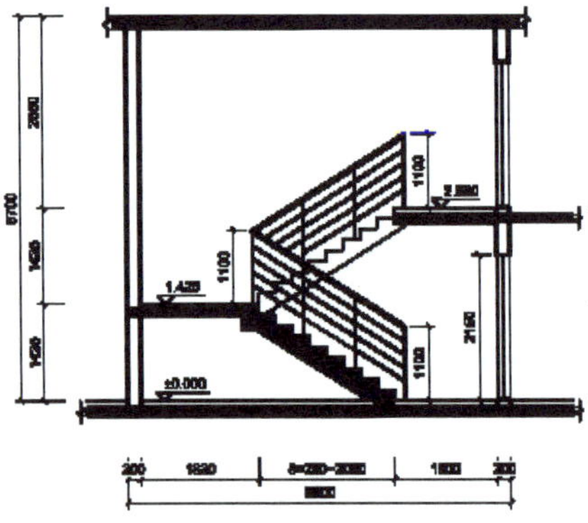

楼梯1-1剖面图　1:100

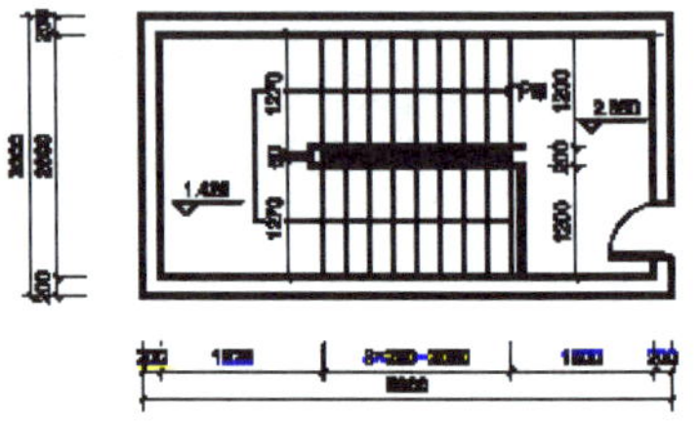

二层楼梯平面图　1:50

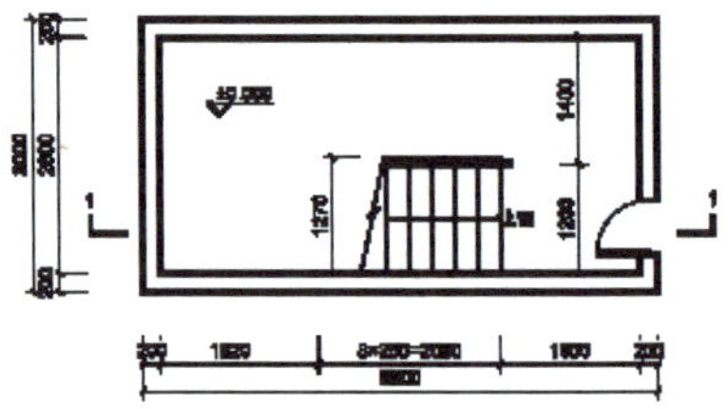

一层楼梯平面图　1:50

## 4.8　屋　　顶

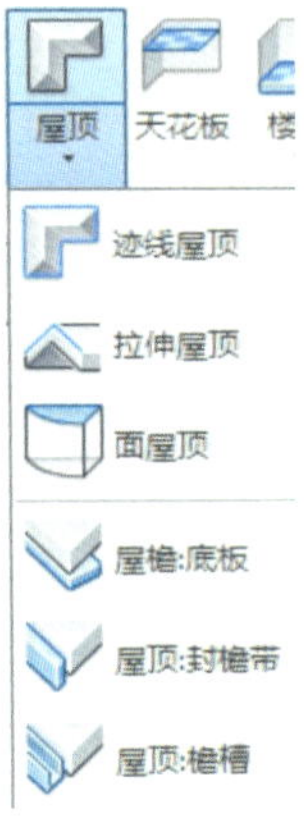


图4-181　屋顶命令

屋顶属于系统族，在“建筑”选项卡下“构建”面板中“屋顶”命令的下拉菜单中，有三种创建屋顶的方法：“迹线屋顶”、“拉伸屋顶”、“面屋顶”，依附于屋顶进行放样的命令有：“屋檐:底板”、“屋顶:封檐带”、“屋顶:檐槽”，如图4-181所示。

迹线屋顶：通过创建屋顶边界线，采用定义边线属性和坡度的方法创建各种常规坡屋顶和平屋顶。

拉伸屋顶：当屋顶的横断面有固定形状时可以用“拉伸屋顶”命令创建屋顶。

面屋顶：异形屋顶可以先创建参照体量的形体，再用“面屋顶”命令拾取面进行创建。

## 4.8.1 屋顶的创建与编辑

【视频讲解】

以小别墅为案例介绍屋顶的创建过程。小别墅屋顶的最终效果图和定位图分别如图 4-182、图 4-183 所示。

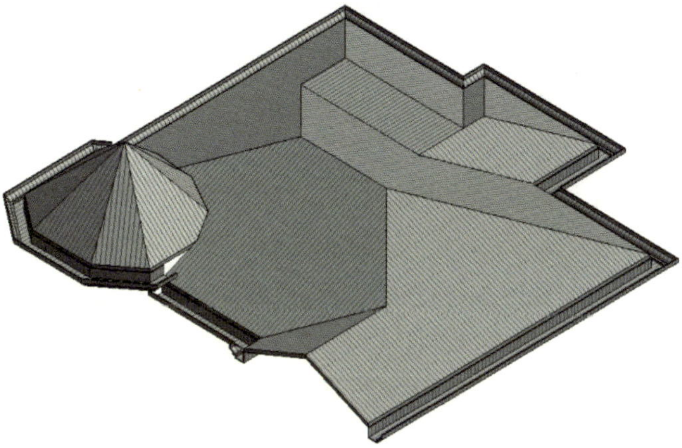

图 4-182 小别墅屋顶最终效果图

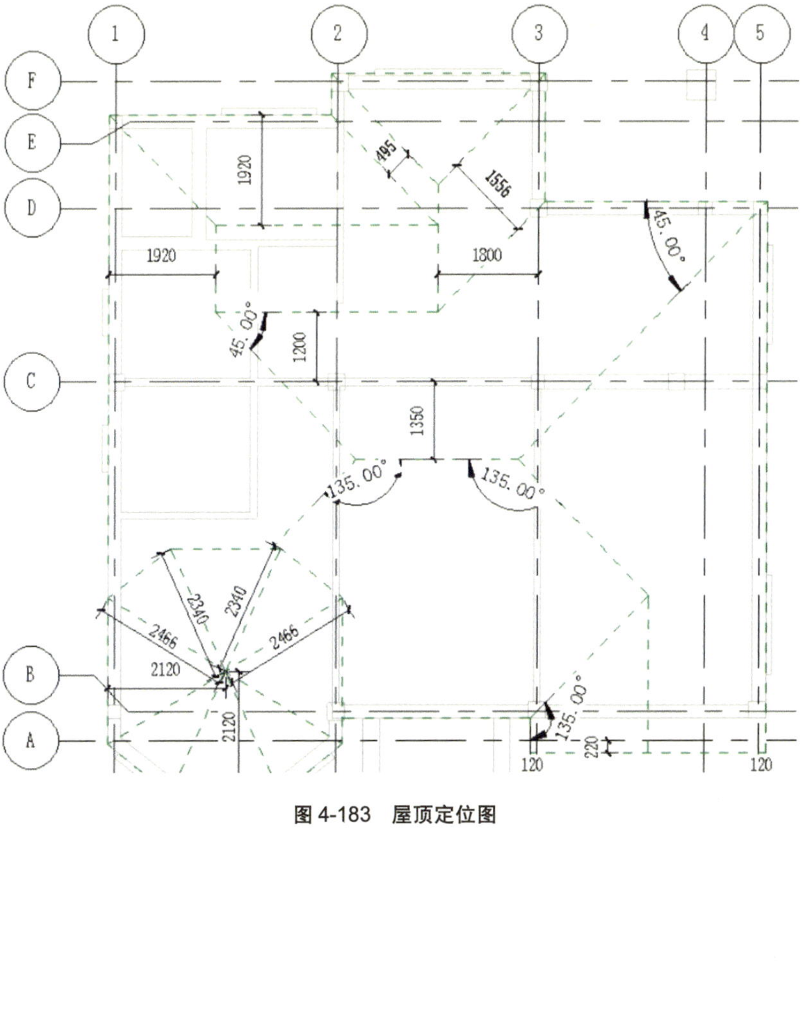


图 4-183 屋顶定位图

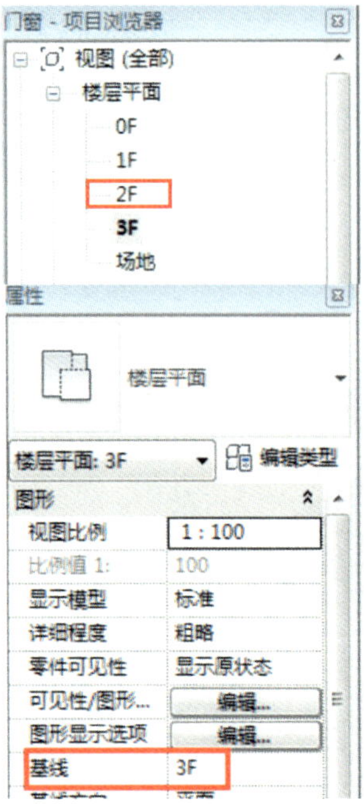


图 4-184　调整基线参数图

（1）在“项目浏览器”中双击“3F”进入3F的平面视图，然后编辑3F的视图属性，将“基线”调整为“3F”，如图4-184所示。

（2）参照提供的CAD图纸，点击“插入”选项卡下的“导入CAD”，找到保存的“CAD文件”，打开“屋顶平面图.dwg”文件，如图4-185所示。将CAD图导入Revit后，调整CAD图的位置和Revit模型相对应。

由于本项目屋顶不能一次绘制完成，需要分块来完成，故先来绘制第一块屋顶。

（3）在“建筑”面板中点击“屋顶”下拉列表中“迹线屋顶”命令，如图4-186所示，进入屋顶草图编辑模式。

（4）选取“绘制”面板中的“直线”命令，如图4-187所示。

（5）对选项栏进行设置，确定坡度、偏移量等参数，如图4-188所示。

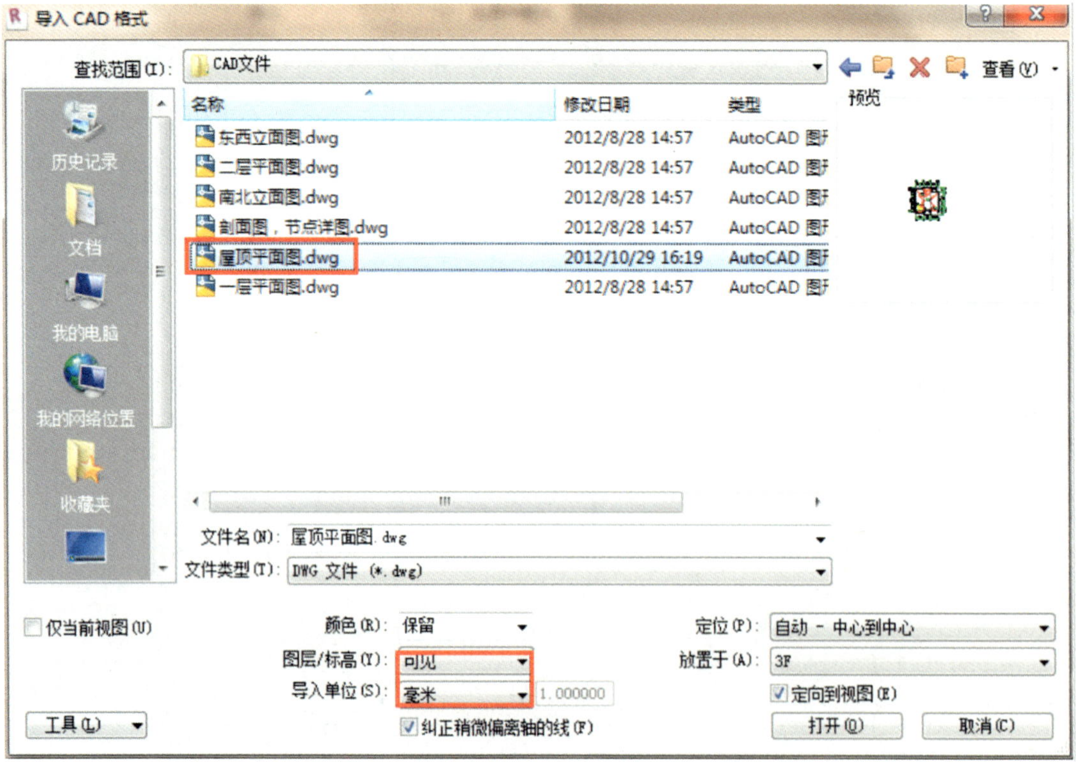


图 4-185　选择屋顶平面图

图 4-186 “迹线屋顶”命令

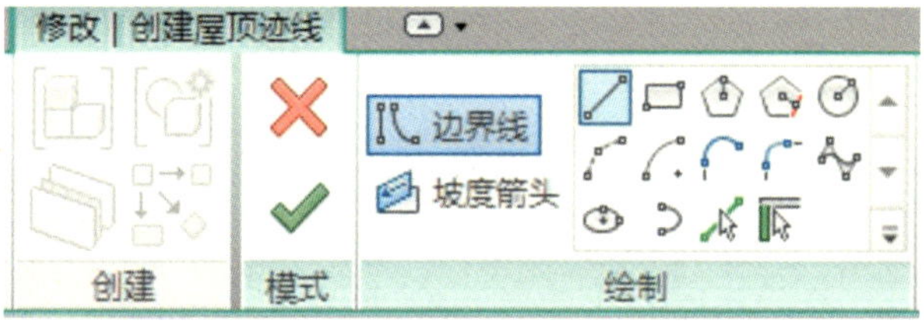


图 4-187 “直线”命令

图 4-188 定义坡度和偏移量等参数

(6)在“属性”面板中设置迹线屋顶的实例属性，如图 4-189 所示，设置完成后点击“属性”面板右下角的“应用”按钮。

(7)参照导入进来的 CAD 图纸，绘制图 4-190 所示的迹线。

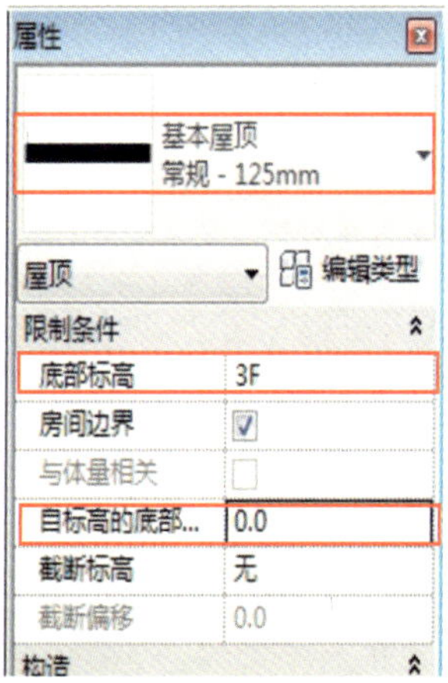


图 4-189 设置屋顶属性

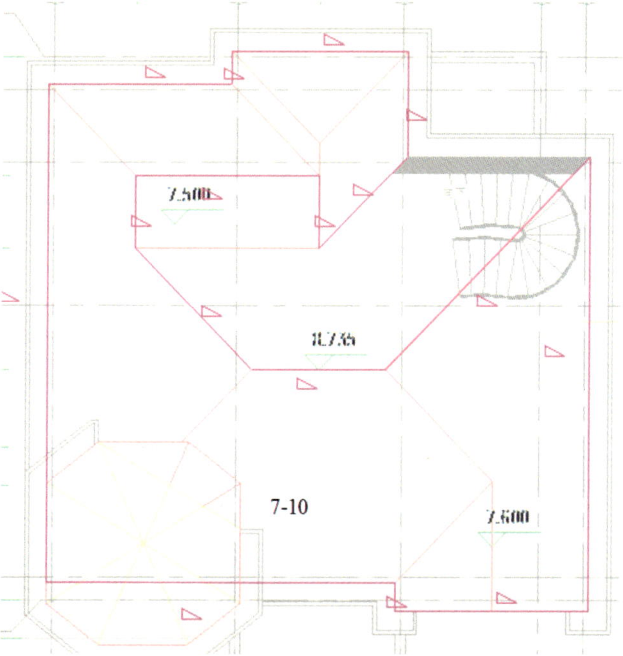


图 4-190 绘制屋顶迹线

(8)选中蓝色显示线条，取消勾选“定义坡度”选项前面的对钩，如图 4-191 所示，此时被选中迹线上的坡度符号即被取消，如图 4-192 所示。

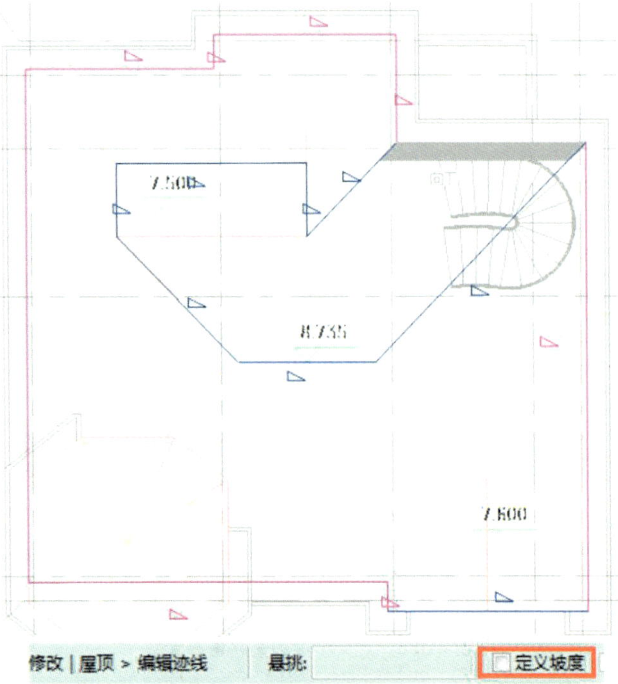


图 4-191　取消“定义坡度”(一)

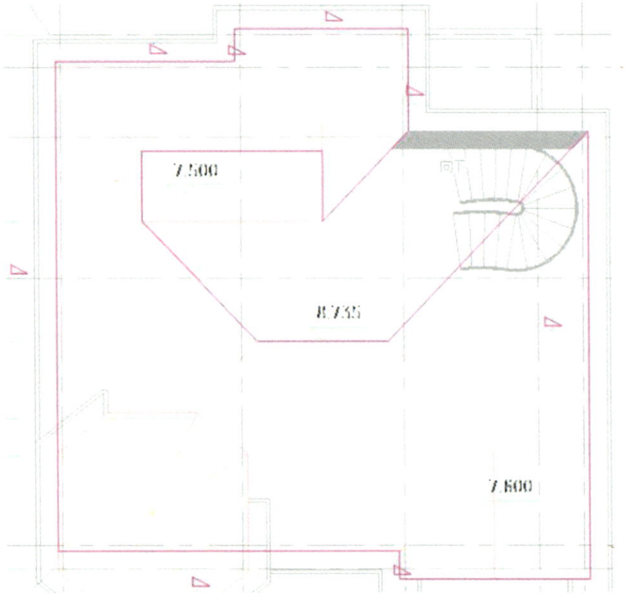


图 4-192　取消“定义坡度”效果

注:一定要注意观察所绘制的迹线,观察哪条迹线定义了坡度,哪条迹线取消了坡度。

(9)绘制一个参照平面,如图 4-193 所示,在“修改”面板中选择“拆分图元”命令 ,鼠标变成一个小刀状的图标,此时把鼠标放在参照平面与迹线相交的交点处,单击鼠标左键,此时轴线 2 和轴线 3 之间的迹线被分割成了两段,并出现两个坡度符号,如图 4-194 所示。

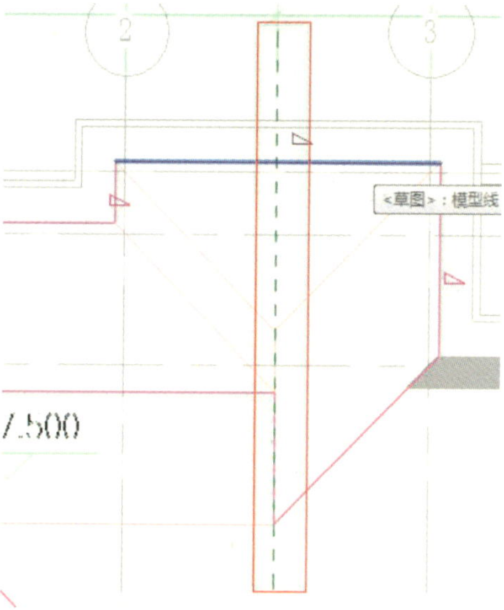


图 4-193　拆分图元

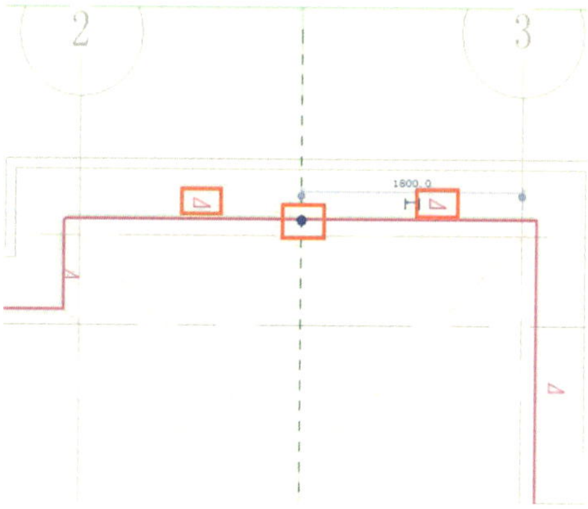


图 4-194　拆分迹线效果

(10)绘制完成后点击“完成编辑模式” ✔，即完成屋顶的绘制，三维效果如图 4-195 所示。

(11)按照上述的方法参照 CAD 图创建第二块坡迹线屋顶，如图 4-196 所示。

图 4-195　屋顶三维效果图

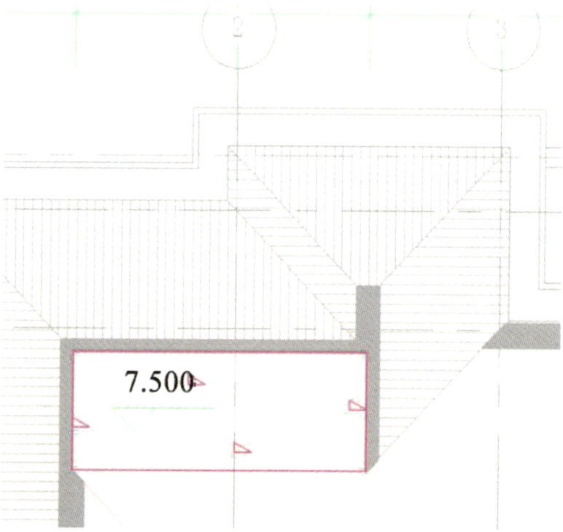


图 4-196　创建坡迹线屋顶

（12）选中四条迹线，按上述方法取消“定义坡度”的勾选，完成后如图 4-197 所示。在“属性”面板中修改屋顶的高度，如图 4-198 所示。

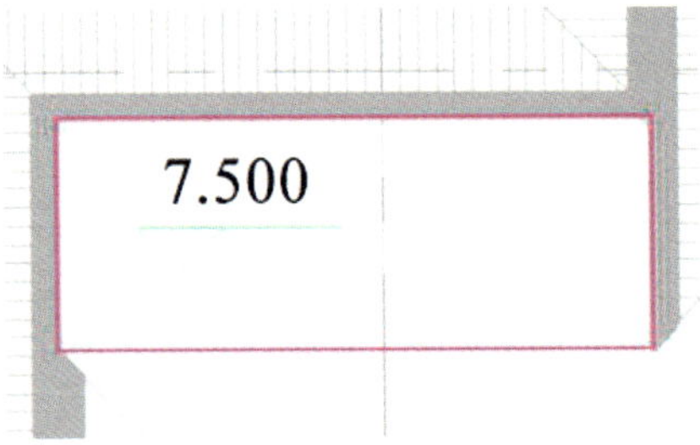


图 4-197　修改屋顶高度

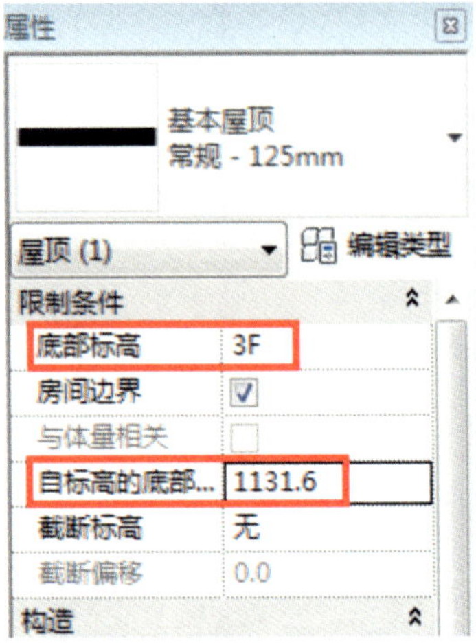


图 4-198　屋顶“属性”面板

（13）点击“完成编辑模式” ✔，即完成屋顶的绘制。

（14）参照 CAD 图绘制第三块屋顶的迹线，如图 4-199 所示。按图 4-200 所示，选中蓝色迹线，取消“定义坡度”的勾选，点击“完成编辑模式” ✔，即完成屋顶绘制，结果如图 4-201 所示。

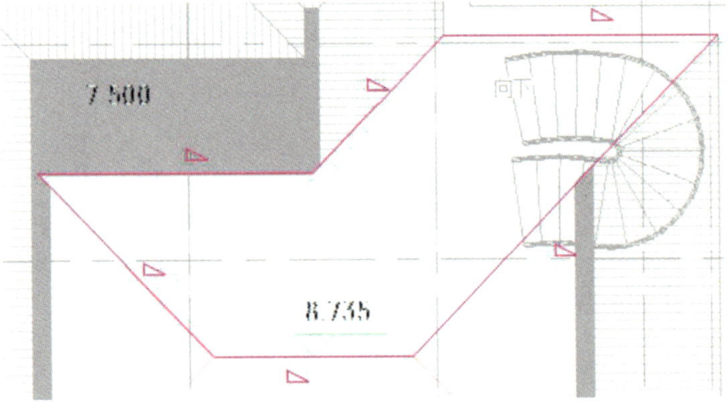


图 4-199　绘制第三块屋顶迹线

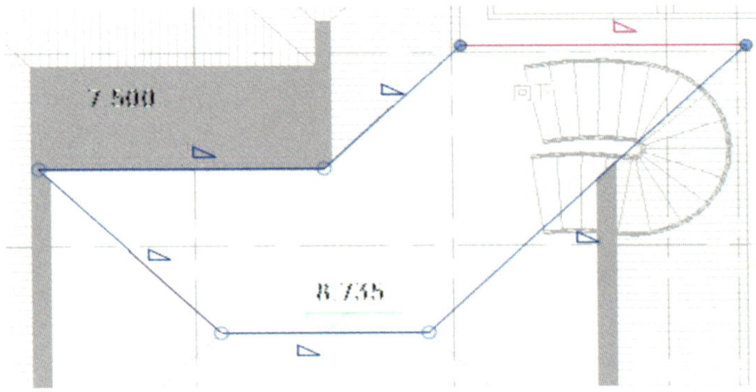

图 4-200　取消“定义坡度”（二）

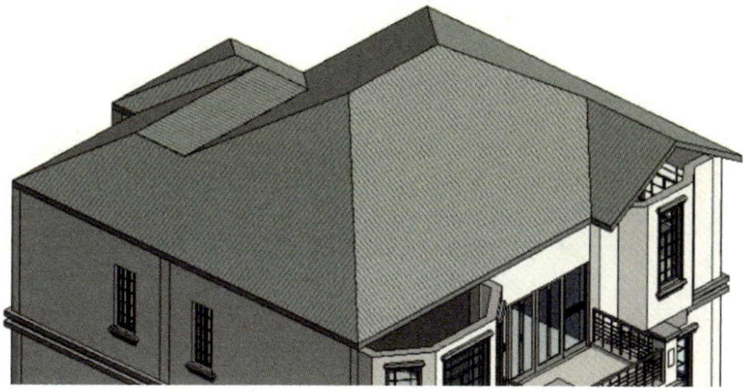

图 4-201　小别墅屋顶部分效果图

（15）现在来创建尖角屋顶。转到 3F 平面视图，进入屋顶的迹线编辑模式，绘制图 4-202 所示迹线，并取消“定义坡度”的勾选。

（16）同时修改屋顶的实例属性参数，如图 4-203 所示。

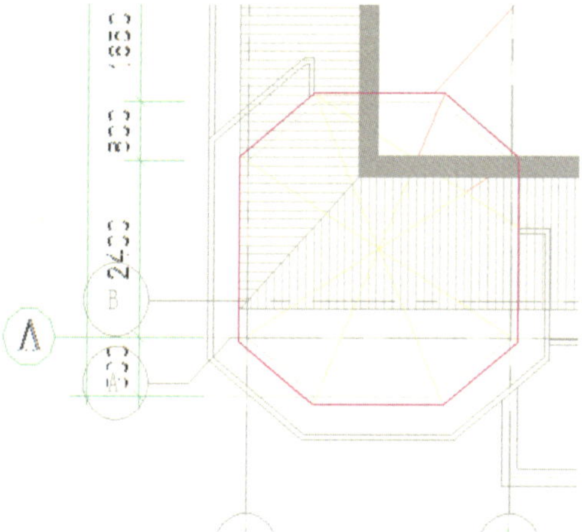

图 4-202　绘制尖角屋顶迹线

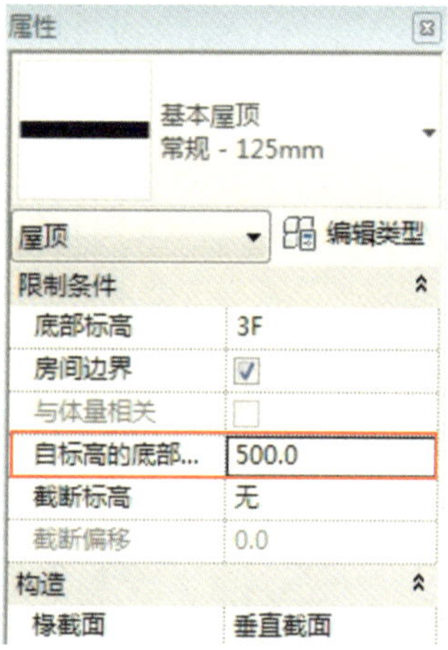


图 4-203　修改屋顶的属性参数

（17）点击“完成编辑模式”，即完成尖角屋顶的创建，效果如图 4-204 所示。

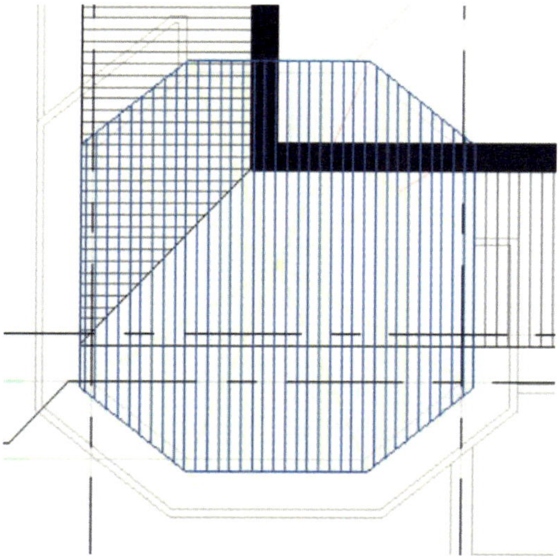

图 4-204　完成尖角屋顶创建

(18)选中刚刚绘制的屋顶，点击“修改|屋顶”选项卡下“形状编辑”面板中的“添加分割线”命令，如图 4-205 所示。

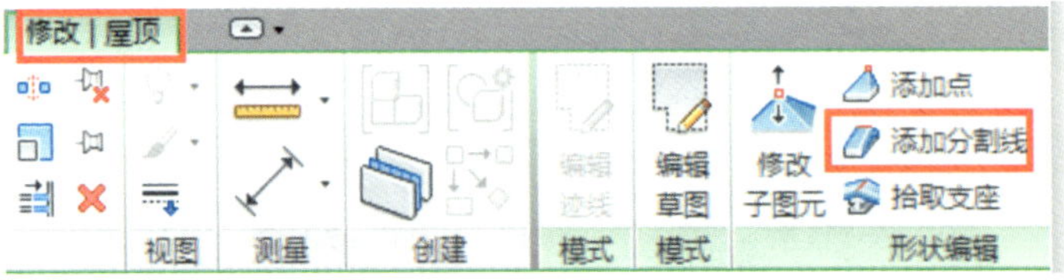


图 4-205　添加分割线

(19)按图 4-206 所示添加两条分割线，会发现中间增加了一个点图元。

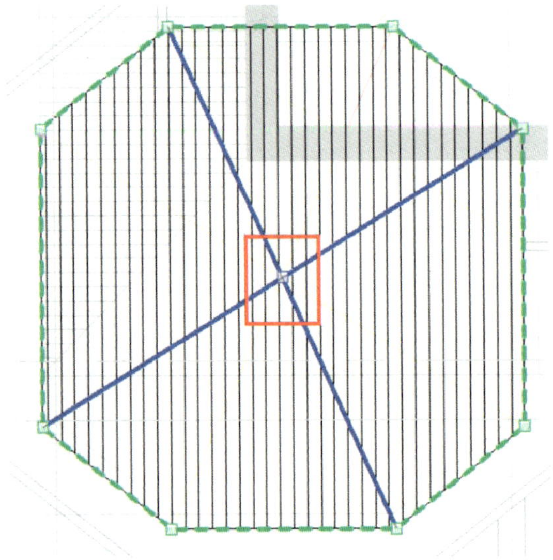

图 4-206　中间点图元

(20)在“形状编辑”面板中点击“修改子图元”命令，用鼠标点击刚刚出现的点图元，并修改点的高程为“2000”，如图 4-207 所示。

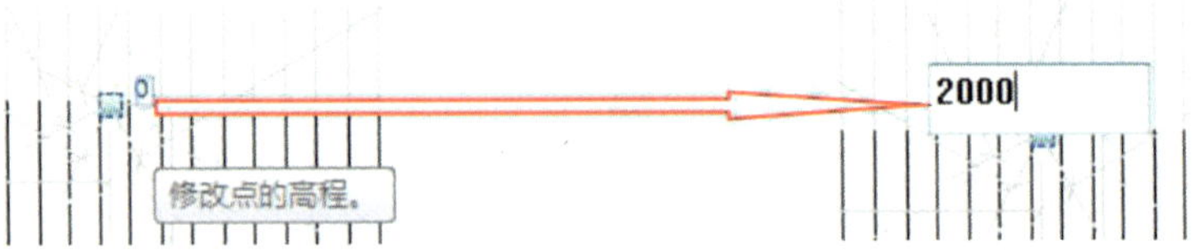


图 4-207　修改点的高程

(21)关闭弹出的“警告”对话框，如图 4-208 所示。

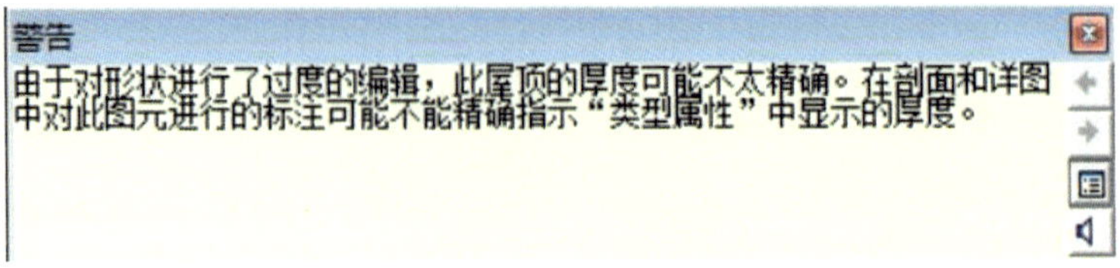


图 4-208　“警告”对话框

（22）观察三维效果，如图 4-209 所示。

至此，小别墅屋顶的大体模型搭建完成。观看三维视图时会发现，尖角屋顶和坡屋顶有重叠的部分，所以接下来要对屋顶做进一步的编辑。

（23）进入三维视图，点击“修改”面板，在“几何图形”选项卡中点击“连接”命令，然后用鼠标分别点击尖角屋顶和坡屋顶，使两个屋顶交接处连接在一起。

（24）选中尖角屋顶和坡屋顶，点击“视图控制栏”中的“临时隐藏/隔离”按钮，如图 4-210 所示，选中“隔离图元”命令，此时绘图区域就只显示选中的屋顶，其他图元都被隐藏了（注：用这种方法可以单独隔离图元，便于对选定的图元进行编辑，编辑完成后，点击“重设临时隐藏/隔离”按钮即可将所有图元显示）。

图 4-209 尖角屋顶创建效果

（25）点击“建筑”面板“洞口”选项卡的“垂直”命令，如图 4-211 所示。

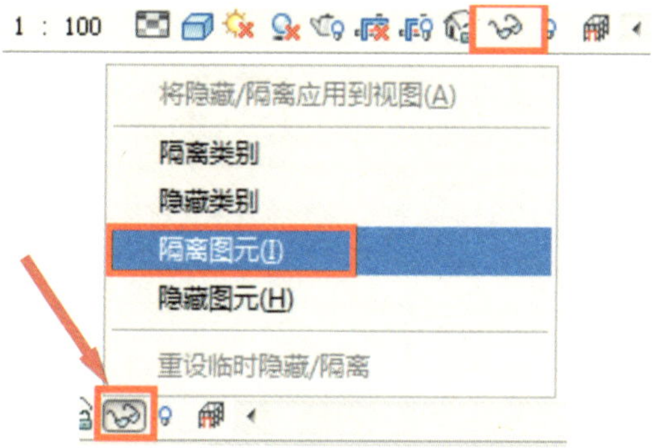


图 4-210 隔离图元

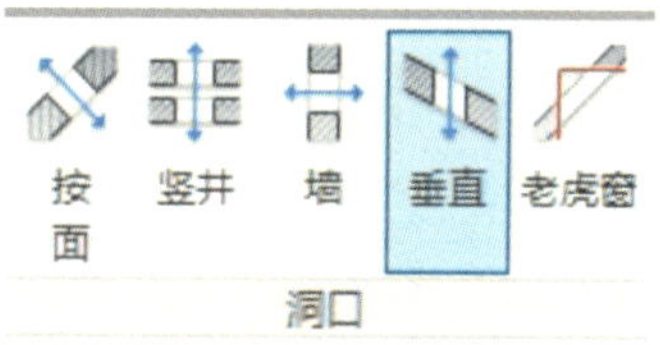


图 4-211 垂直命令

（26）用鼠标点击尖角屋顶，开始绘制洞口轮廓，在“绘制”选项中选择“拾取线”命令去绘制（为方便在三维视图中绘制洞口轮廓，建议点击“方向控制盘”的“下”，进入三维视图中的底视图），洞口轮廓如图 4-212 所示。

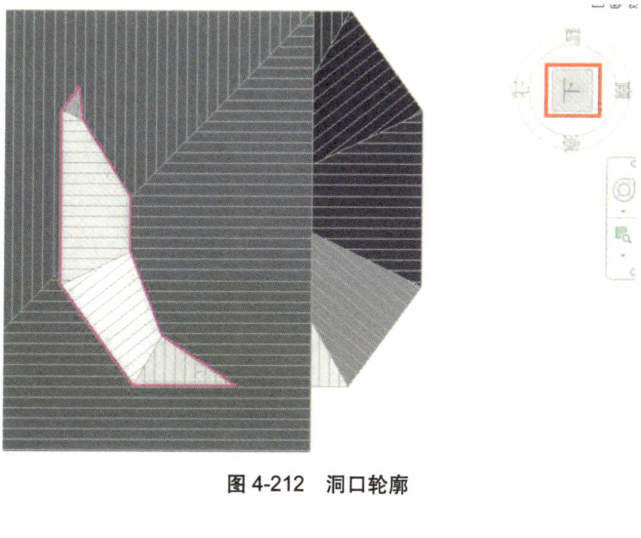


图 4-212 洞口轮廓

(27)洞口轮廓绘制完成后，点击“完成编辑模式” ，对比绘制洞口前后的效果，如图4-213所示。

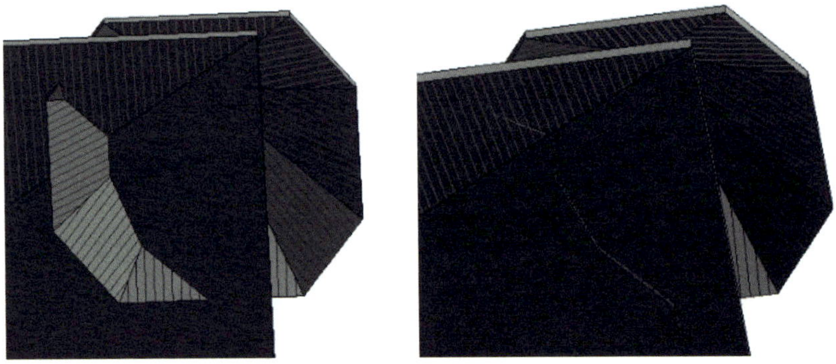

(a) (b)

图4-213　洞口绘制前后效果对比

(28)采用同样的方法点击“垂直”命令，用鼠标点击坡屋顶，在坡屋顶上开洞。洞口轮廓如图4-214所示。

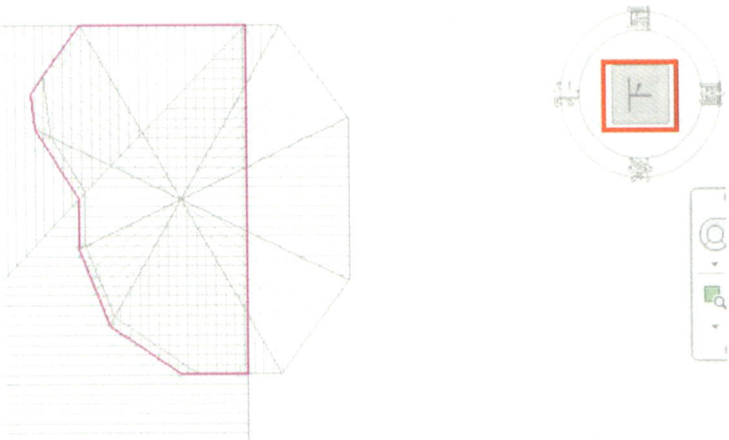

图4-214　坡屋顶洞口轮廓

(29)点击“完成编辑模式” ，完成效果如图4-215所示。

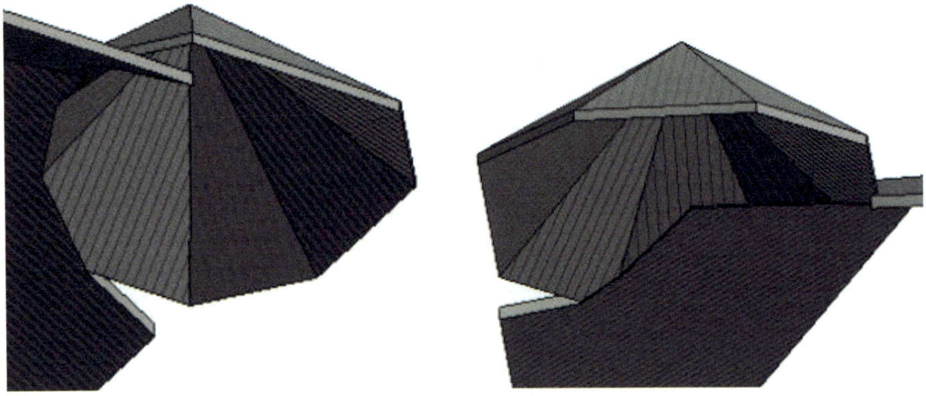

图4-215　洞口效果

(30)接下来需把尖角屋顶下面的墙体以及柱子附着到屋顶上，选中图4-216(a)所示墙体，点

击“修改|墙”选项卡下“附着顶部/底部” 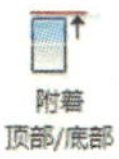

命令，然后单击鼠标左键拾取尖角屋顶，墙体即附着到屋顶上，如图 4-216(b)所示。

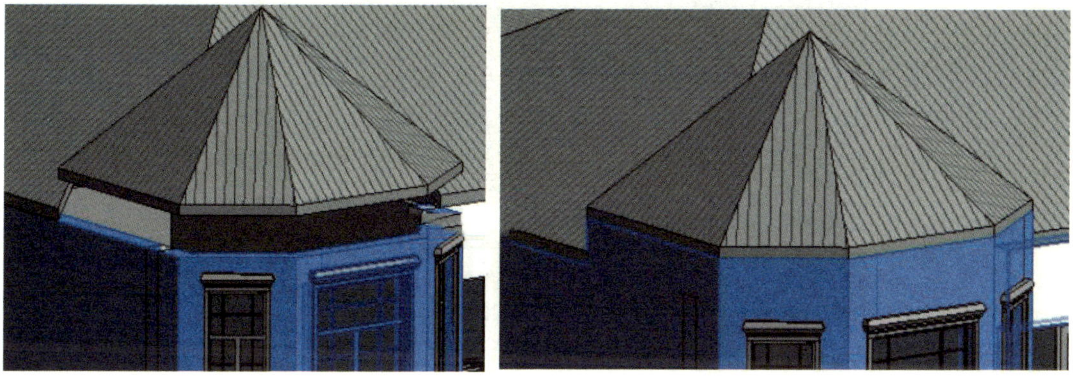

(a) (b)

图 4-216 墙体与屋顶附着

(31)同理，选中柱子，选择“附着顶部/底部”命令，在选项栏中设置“附着对正”为“最大相交”，如图 4-217 所示，拾取屋顶附着。

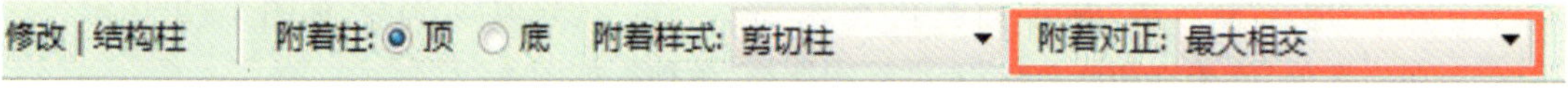


图 4-217 拾取屋顶附着

(32)选择图 4-218(a)所示墙体，点击“附着顶部/底部”命令，选择的墙体即附着到坡屋顶上(柱子的附着同上)，完成后如图 4-218(b)所示。

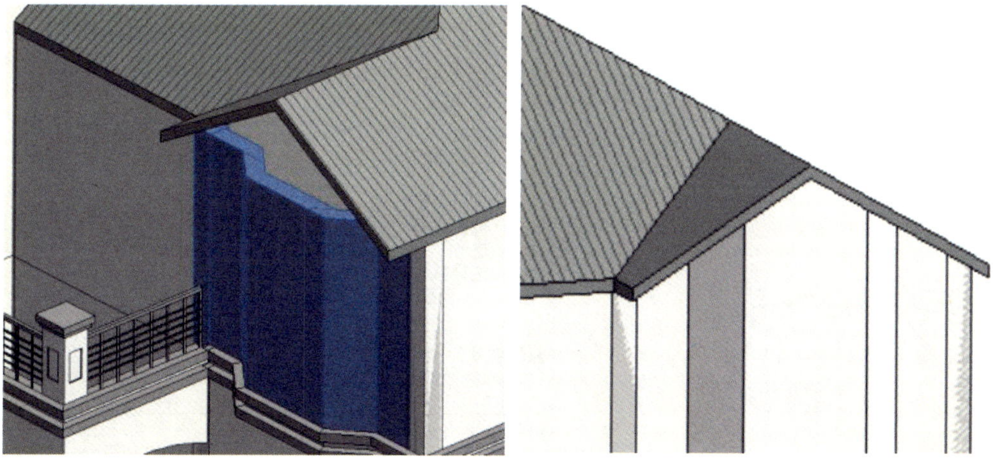

(a) (b)

图 4-218 墙体与柱附着

(33)最终完成效果如图 4-219 所示。

图 4-219　小别墅屋顶效果图

## 4.8.2　内建模型

用“内建模型”命令对屋顶进行细部处理。

(1)点击“建筑”选项卡“构建”面板中“构件”命令下的“内建模型”命令,如图 4-220 所示。

(2)在弹出的“族类别和族参数”对话框中选择“屋顶”,如图 4-221 所示。

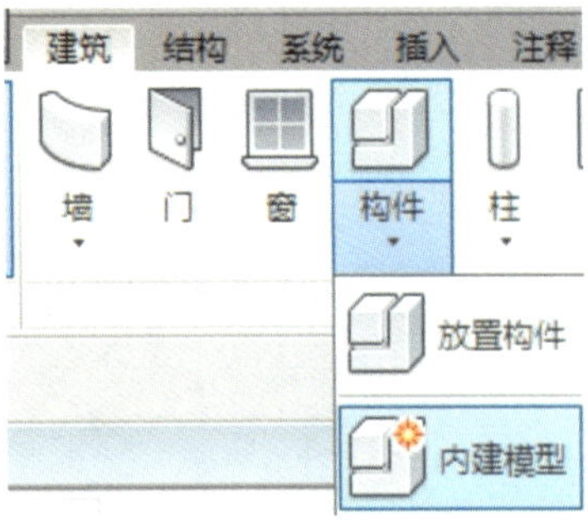


图 4-220　“内建模型”命令

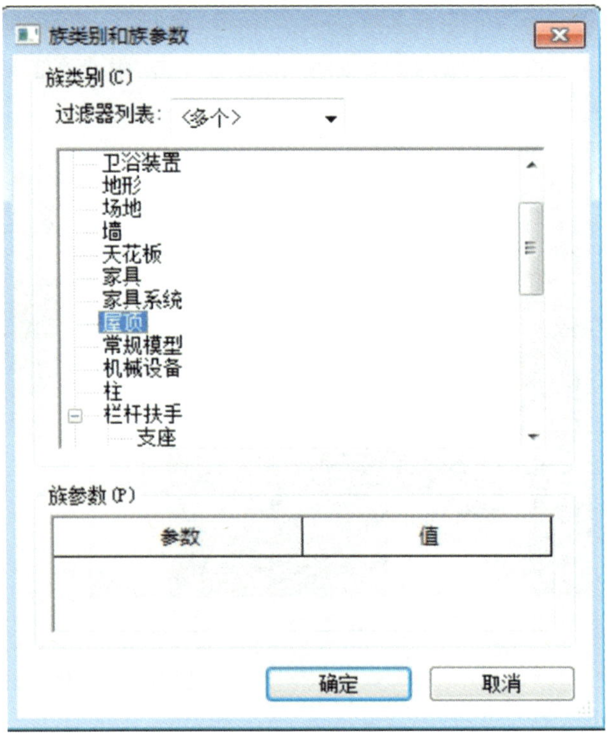


图 4-221　“屋顶”的选择

(3)名称备注为“屋顶-细部”,如图 4-222 所示。

图 4-222　屋顶-细部

(4)在“创建”面板下找到“工作平面”选项卡中“设置”命令,点击拾取一个工作平面,如图 4-223 所示,然后点击拾取屋顶的侧面,如图 4-224 所示。

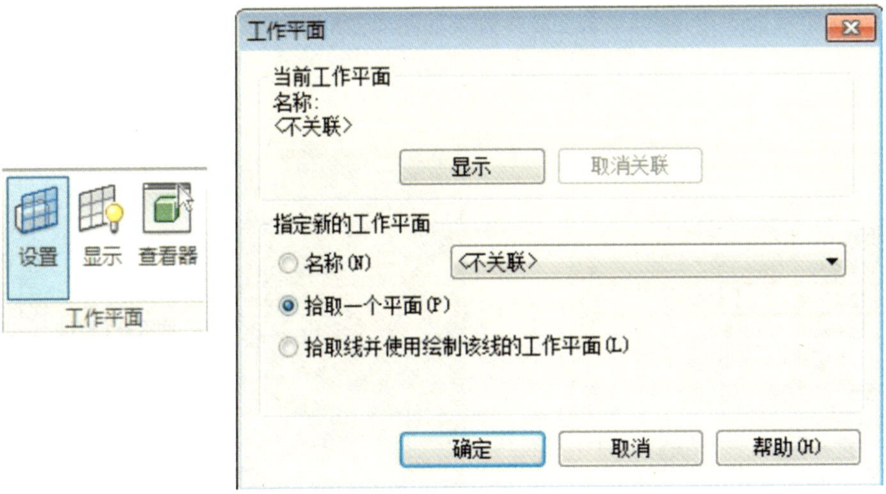


图 4-223　工作平面“设置”命令

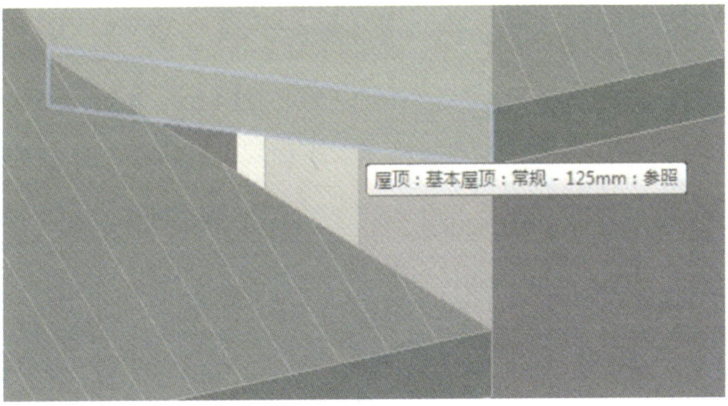


图 4-224　拾取屋顶侧面效果

(5)在“创建”面板中选择“拉伸”命令,编辑轮廓,如图 4-225 所示,然后在三维视图中绘制图 4-226 所示三角形。

图 4-225 “拉伸”命令

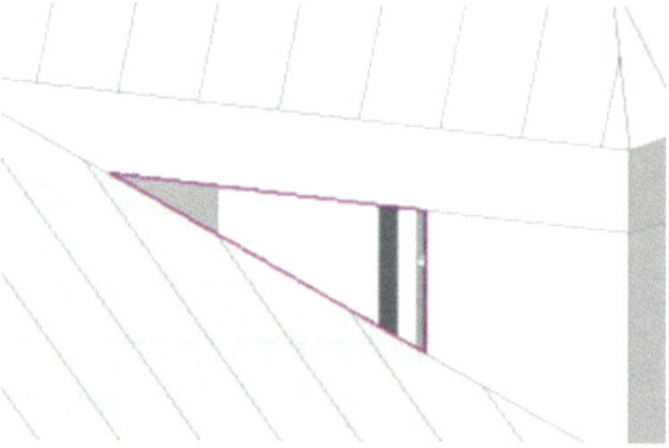

图 4-226 编辑轮廓效果

(6)在“属性”面板中修改拉伸数值,如图 4-227 所示。

(7)两次完成后点击 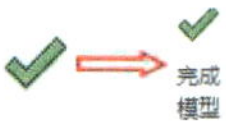 ,最终效果如图 4-228 所示。

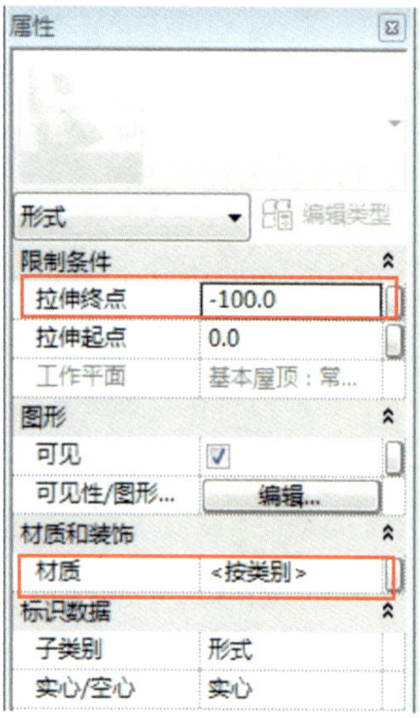


图 4-227 设置属性

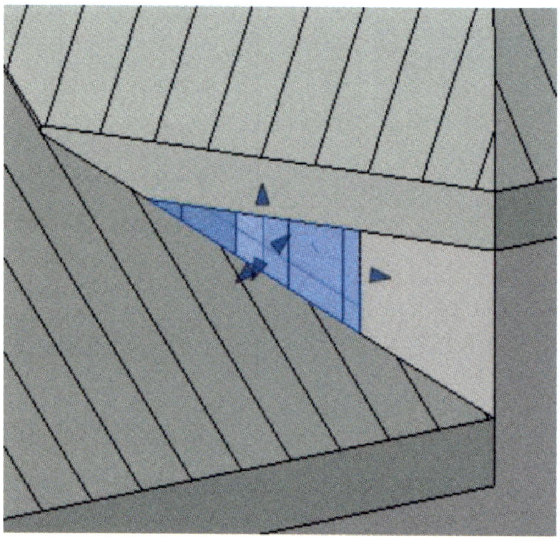

图 4-228 完成拉伸效果

(8)载入“檐沟轮廓”族文件,如图 4-229 所示。下面用“檐沟”命令为小别墅添加檐沟。

图 4-229 “檐沟轮廓”族文件的载入

(9)点击“屋顶”下拉列表中“屋顶:檐槽”命令,如图 4-230 所示。

(10)编辑檐槽属性,如图 4-231 所示。

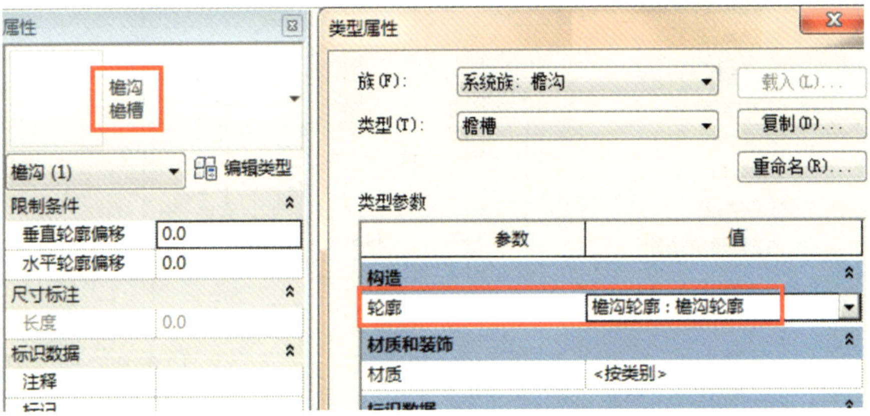


图 4-230 “屋顶:檐槽”命令

图 4-231 编辑檐槽属性

(11)设置完毕后拾取屋顶下边缘线,即可完成檐沟创建,如图 4-232 所示。

图 4-232 檐沟创建效果

至此,上部屋顶创建完毕。

### 4.8.3 拉伸屋顶的创建

下面介绍拉伸屋顶的创建过程。

(1)首先进入“东”立面视图,如图 4-233 所示。

(2)利用“参照平面”为拉伸屋顶的横断面定位,如图 4-234 所示。

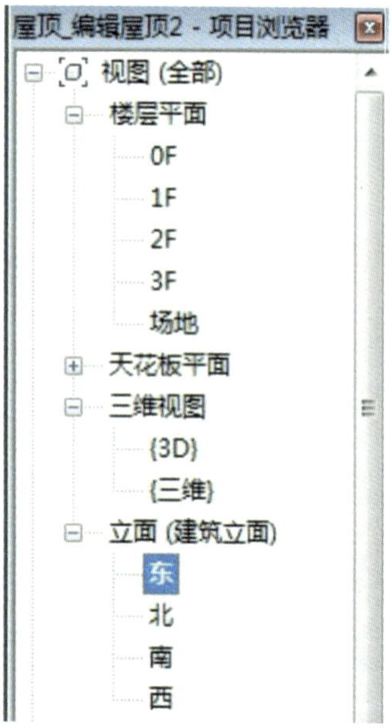


图 4-233　选择“东”立面视图

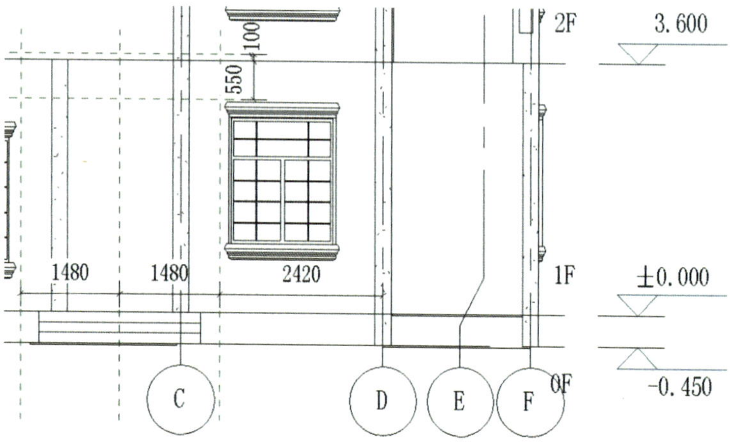


图 4-234　利用参照平面定位

(3)在“屋顶”下拉列表中选择“拉伸屋顶”命令，如图 4-235 所示。

(4)弹出“工作平面”对话框，如图 4-236 所示，设置东立面的外墙为当前的工作平面，如图 4-237 所示，选择“3F”，如图 4-238 所示，点击“确定”。

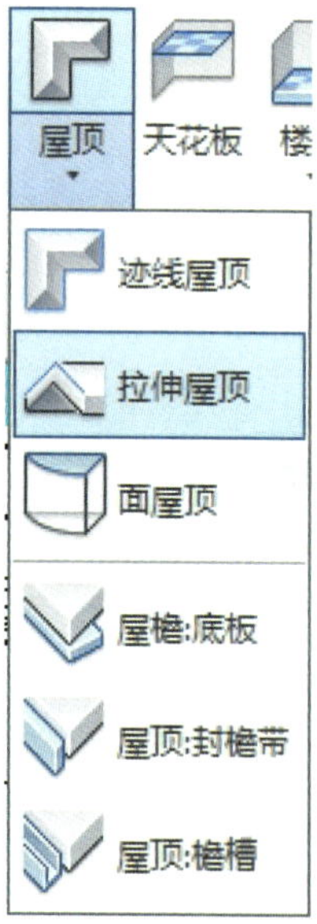


图 4-235　“拉伸屋顶”命令

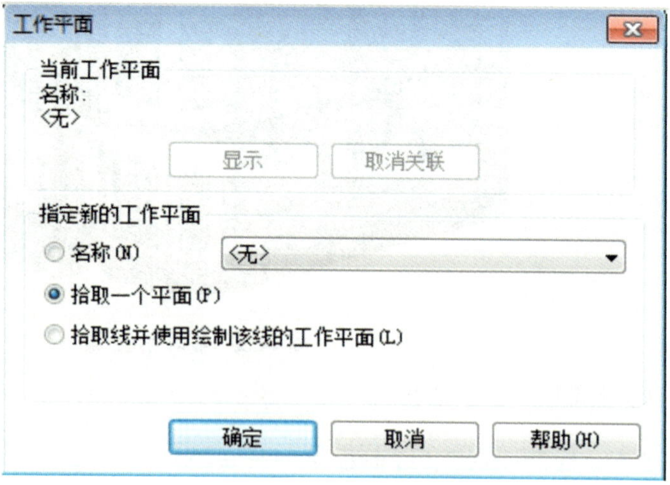


图 4-236　“工作平面”对话框

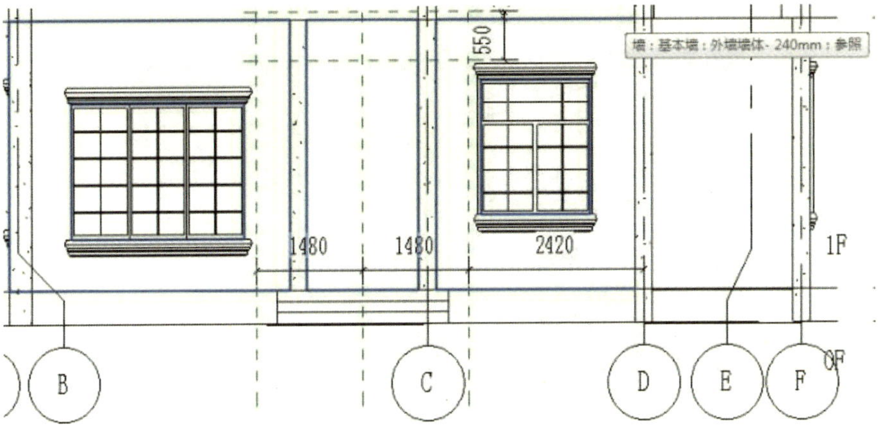


图 4-237　设置东立面为工作平面

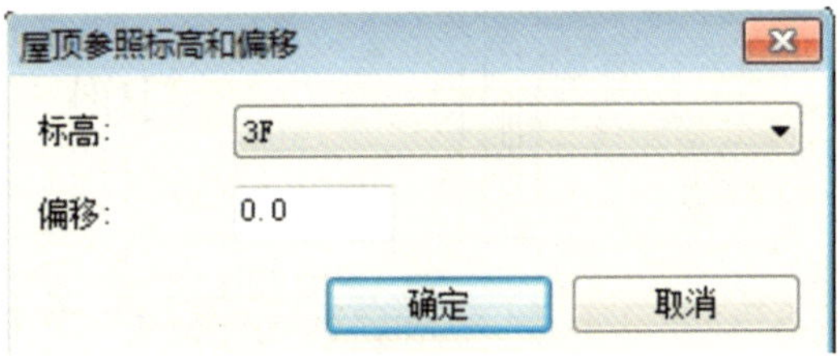


图 4-238　屋顶参照标高和偏移

(5)编辑屋顶的截面及属性,如图 4-239 所示。

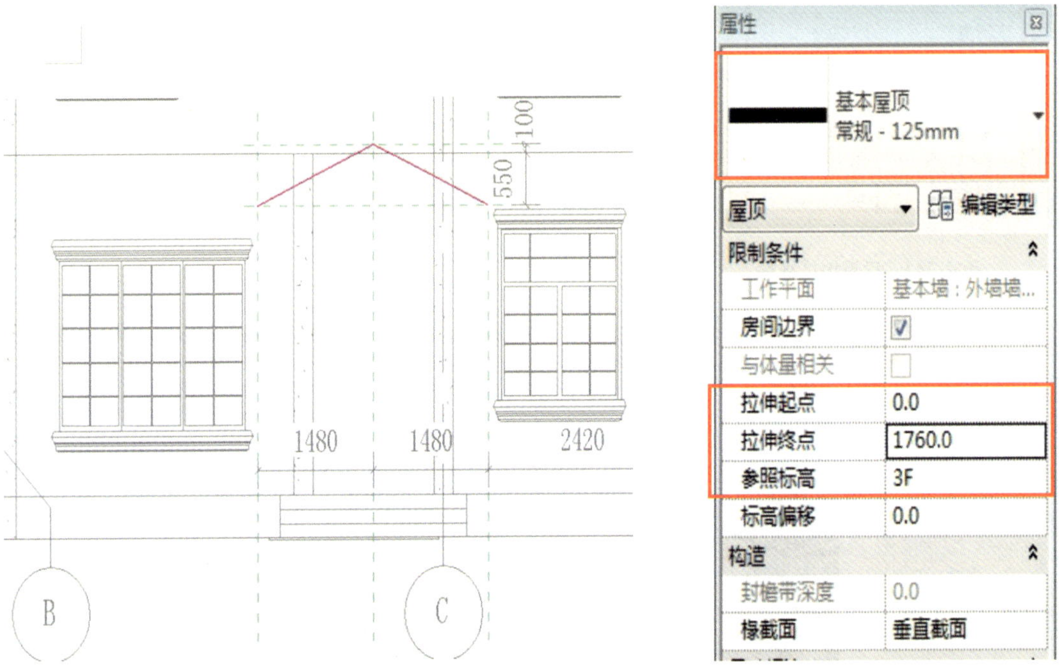


(a)　　　　　　　　　　　　(b)

图 4-239　编辑屋顶属性

（6）点击“完成编辑模式”，三维效果如图 4-240 所示。

图 4-240　屋顶局部三维效果图

（7）进入“1F”楼层平面，选择“基本墙常规-200mm”墙体，设置实例属性，如图 4-241 所示，绘制三段墙体，如图 4-242 所示。

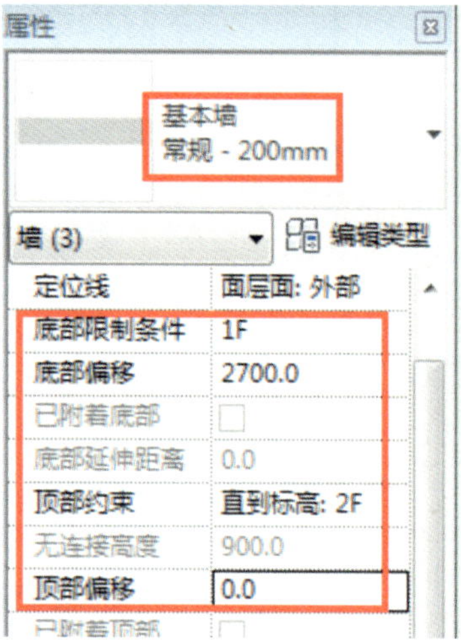


图 4-241　设置墙体属性

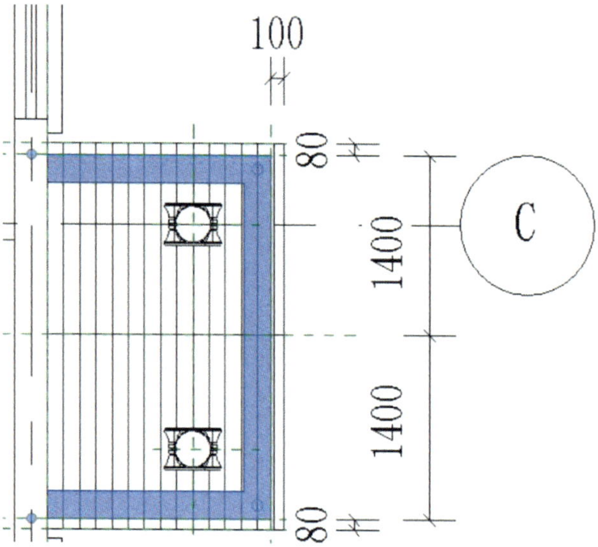


图 4-242　绘制三段墙体

（8）点击“附着顶部/底部”命令，将新绘制的三段墙体附着 到拉伸屋顶的底部，如图 4-243 所示。

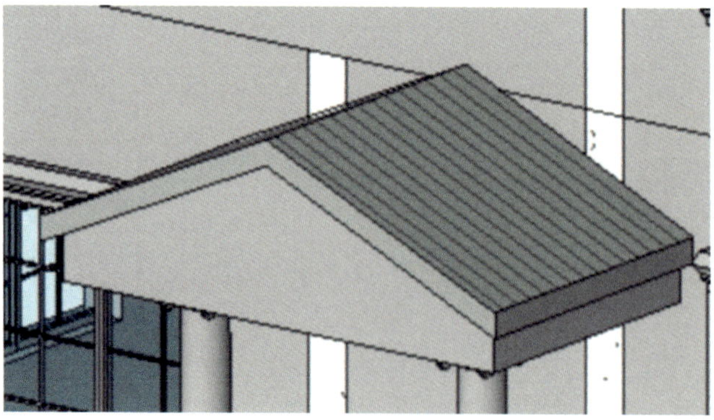

图 4-243　墙体附着在屋顶底部

（9）进入“1F”天花板平面，如图 4-244 所示。绘制天花板，在“建筑”面板下点击“天花板”命令，在“天花板”选项卡中选择“绘制天花板”命令，如图 4-245 所示。

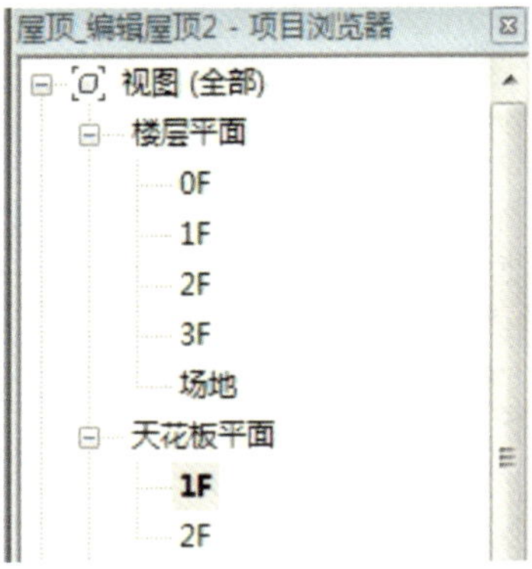

图 4-244　进入“1F”天花板平面

图 4-245　“绘制天花板”命令

（10）设置天花板属性，如图 4-246 所示。

（11）编辑天花板轮廓，如图 4-247 所示。

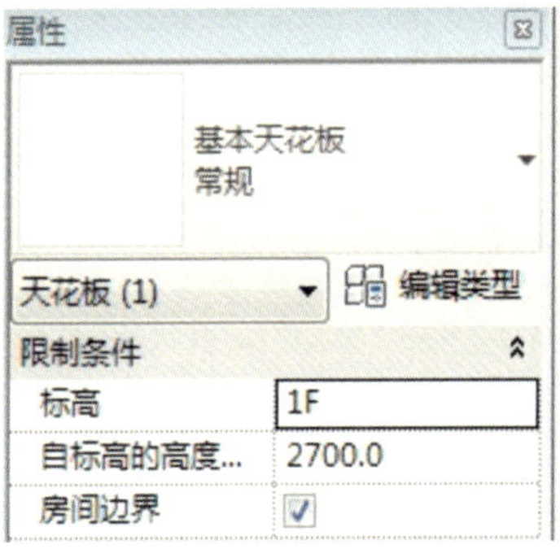


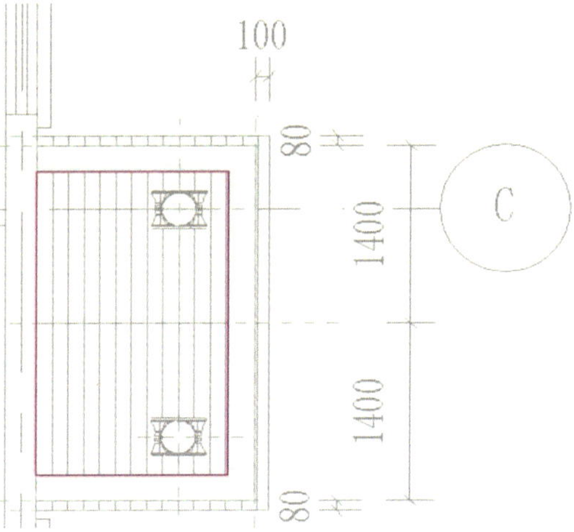


图 4-246　设置天花板属性

图 4-247　编辑天花板轮廓

（12）点击“完成编辑模式”，完成天花板绘制，效果如图 4-248 所示。

图 4-248　天花板效果

至此，完成屋顶的创建和编辑，整体效果如图 4-249 所示。

图 4-249　屋顶整体效果图

## 课后习题

### 一、单选题

1. 关于创建屋顶所在视图说法正确的是(　　)。
   A. 迹线屋顶可以在立面视图和剖面视图中创建
   B. 迹线屋顶只可以在楼层平面视图中创建
   C. 拉伸屋顶可以在立面视图和剖面视图中创建
   D. 拉伸屋顶可以在楼层平面视图和天花板投影平面视图中创建
2. 关于屋顶两种创建方式，以下说法正确的是(　　)。
   A. 迹线屋顶为闭合环草图，拉伸屋顶为开放环草图
   B. 迹线屋顶为开放环草图，拉伸屋顶为闭合环草图
   C. 迹线屋顶和拉伸屋顶均不为开放环草图
   D. 迹线屋顶和拉伸屋顶均不为闭合环草图
3. 通过创建屋顶边界线来创建屋顶的方法是(　　)。
   A. 面屋顶
   B. 拉伸屋顶
   C. 迹线屋顶
   D. 没有这种创建方法

### 二、判断题

1. 把屋顶下面的墙体附着到屋顶上可以采用“附着顶部/底部”命令。(　　)
2. 把屋顶下面的柱附着到屋顶上不可以采用“附着顶部/底部”命令。(　　)
3. 可以用“内建模型”命令对屋顶进行细部处理。(　　)

### 三、技能提升

按照下图平、立面绘制屋顶，屋顶板厚均为 400，其他建模所需尺寸可参考平、立面图自定。

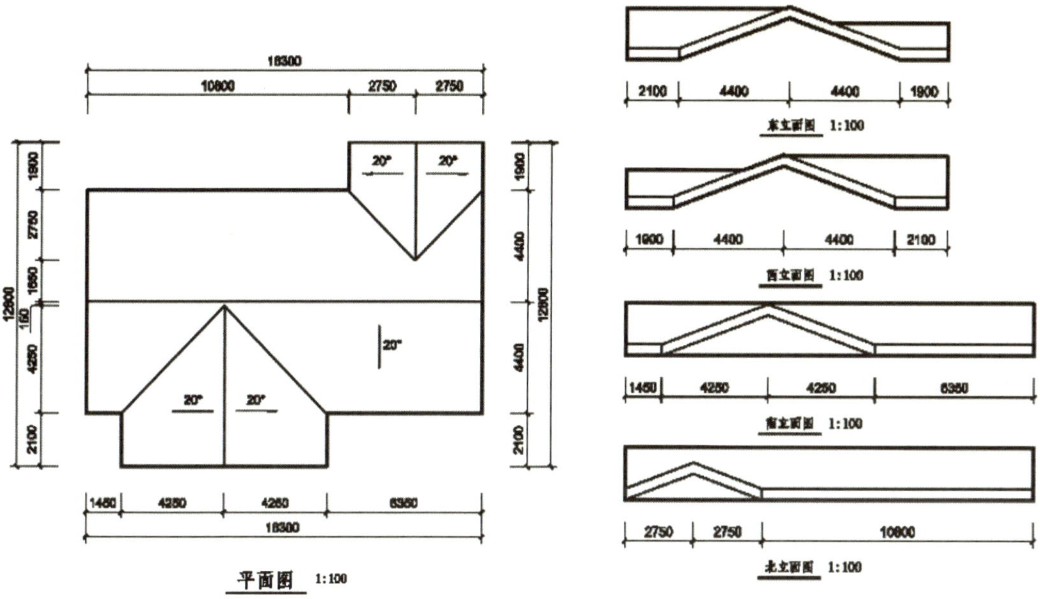


## 4.9 洞 口

### 4.9.1 编辑边界开洞

（1）进入二层平面视图，选中二层楼板，点击“修改|楼板”面板中“编辑边界”命令，如图 4-250 所示，进入楼板编辑界面。

（2）在“绘制”面板中选择“拾取线”，如图 4-251 所示，拾取楼梯边界如图 4-252 所示。

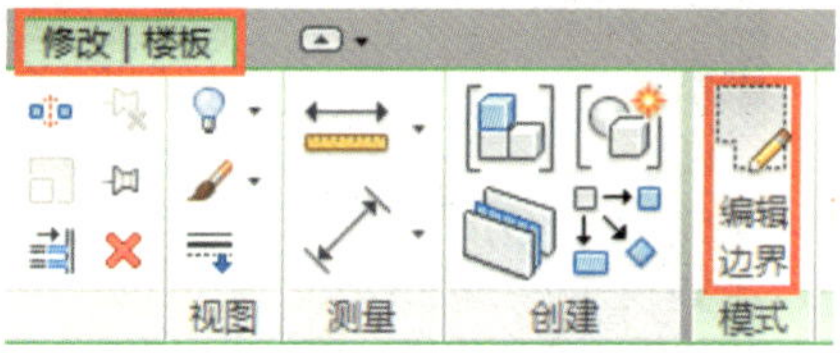


图 4-250 楼板“编辑边界”命令

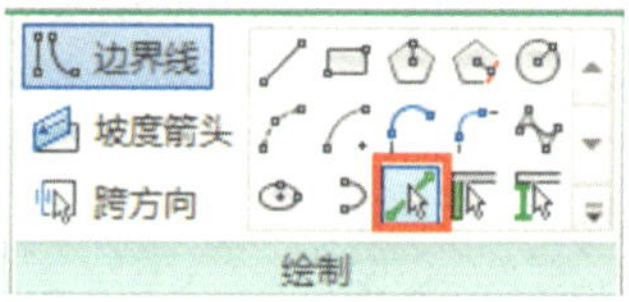


图 4-251 拾取线

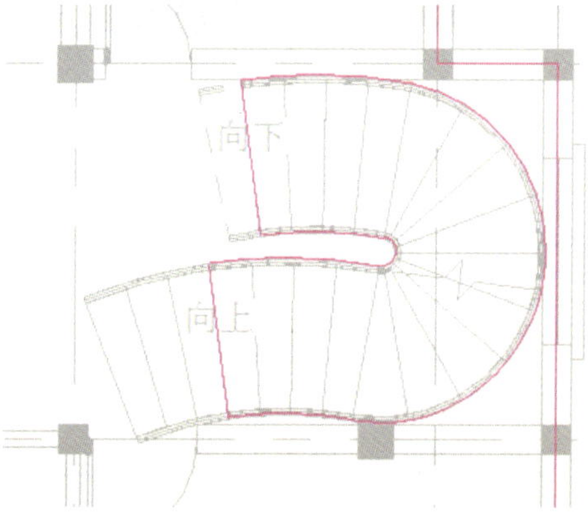


图 4-252 拾取楼梯边界

(3)点击“完成编辑模式”按钮 ，弹出图 4-253 所示对话框，点击“否”，完成楼板的开洞。

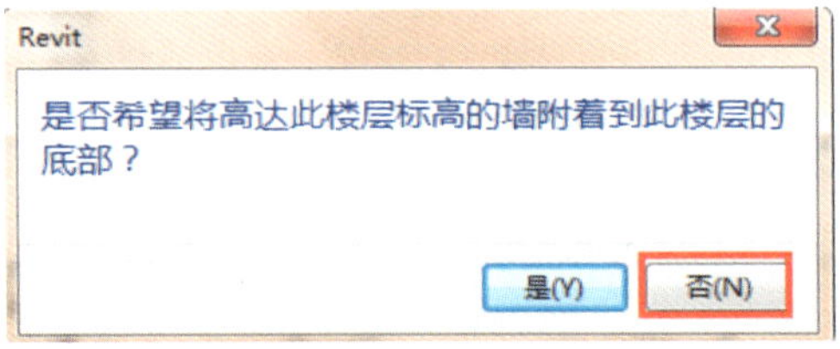


图 4-253　点击“否”

屋顶、楼板、天花板甚至是墙体，均可采用“编辑边界”或者“编辑轮廓”的方法进行开孔，采用这种方式时，开孔的主体图元与孔洞之间是一个整体。

## 4.9.2　楼板的常规开洞

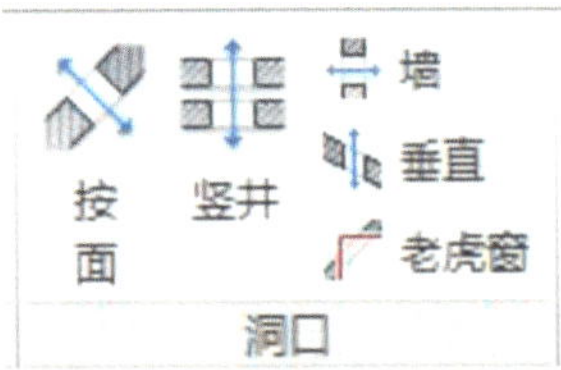


图 4-254　洞口命令

在“建筑”选项卡中“洞口”面板下有 5 个洞口命令，如图 4-254 所示，不同的命令用法和功能也有所不同。

4.9.2.1　按面洞口

“按面”命令：可以用于创建一个垂直于屋顶、楼板、天花板选定面的洞口。

单击“洞口”面板上的“按面”命令，任意拾取屋顶、楼板、天花板等任意一个面，按图 4-255(a)所示绘制面洞口形状，点击“完成编辑模式” 按钮，如图 4-255(b)所示。

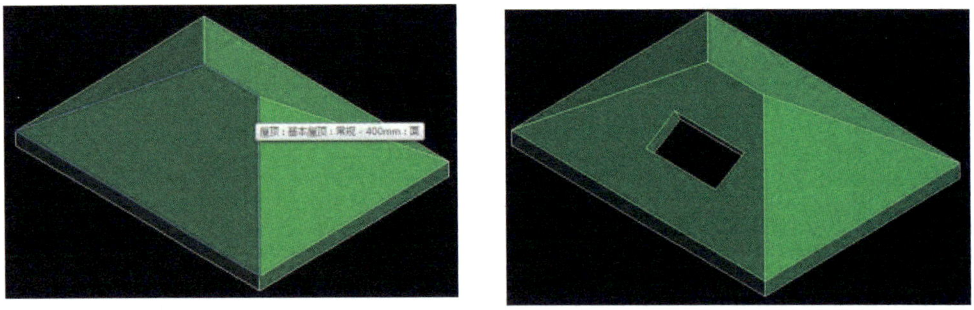

(a)　　(b)

图 4-255　绘制面洞口形状

4.9.2.2　竖井洞口

“竖井”命令：可以用于创建一个跨多个标高的垂直洞口，对贯穿其间的屋顶、楼板和天花板进行剪切。

单击“洞口”面板上的“竖井”命令，进入绘制形状阶段，如图 4-256(a)所示，绘制完成后，点击“完成编辑模式” 按钮，如图 4-256(b)所示。

选择刚绘制的竖井洞口，可修改其标高，如图 4-257 所示，完成后效果如图 4-258 所示。

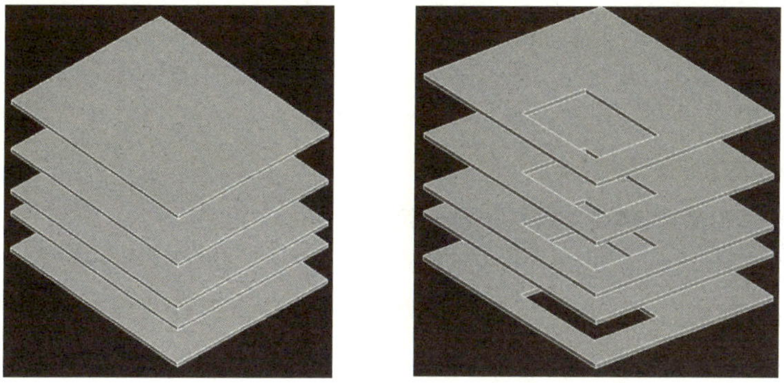

（a）　　　　　　　　　　（b）

图 4-256　设置竖井洞口

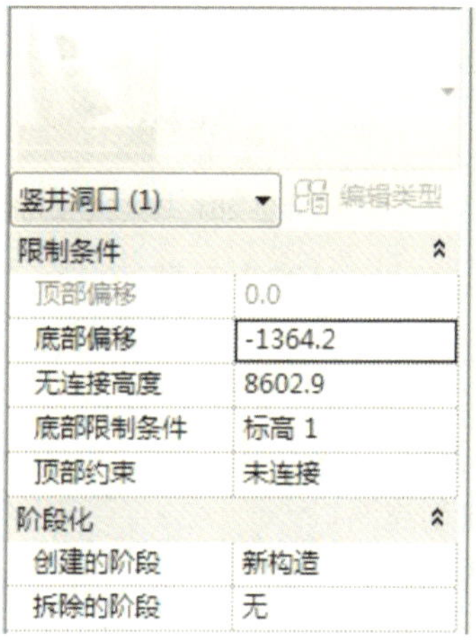


图 4-257　修改竖井洞口标高

图 4-258　竖井洞口标高修改后效果图

4.9.2.3　墙洞口

“墙”命令：可以用于在直墙或弯曲墙中剪切一个矩形洞口。

单击洞口面板上的“墙”命令，然后选择所要开洞的墙体，在弯曲墙或者直墙上面挖出一个矩形的洞口，如图 4-259 所示。

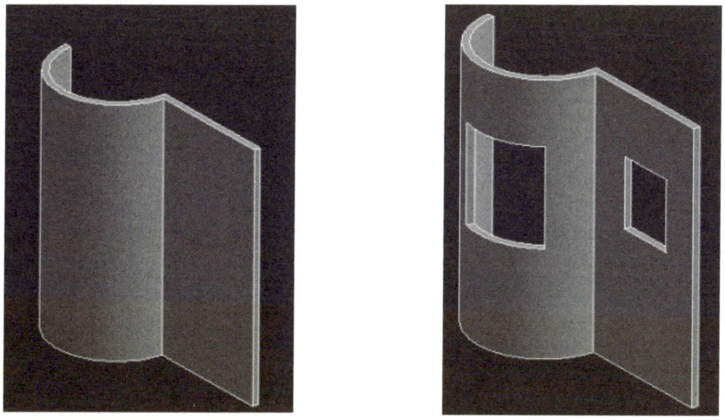

（a）　　　　　　　　　　（b）

图 4-259　在墙中设置矩形洞口

注：选择此洞口时可以修改此洞口轮廓大小，删除此洞口即可恢复原来的墙体。

4.9.2.4　垂直洞口

“垂直”命令：可以用于创建一个贯穿屋顶、楼板或天花板的垂直洞口。

单击洞口上的“垂直”命令，然后选择所要剪切的图元，绘制洞口形状，点击“完成编辑模式”✔按钮，完成洞口的创建，如图4-260所示。

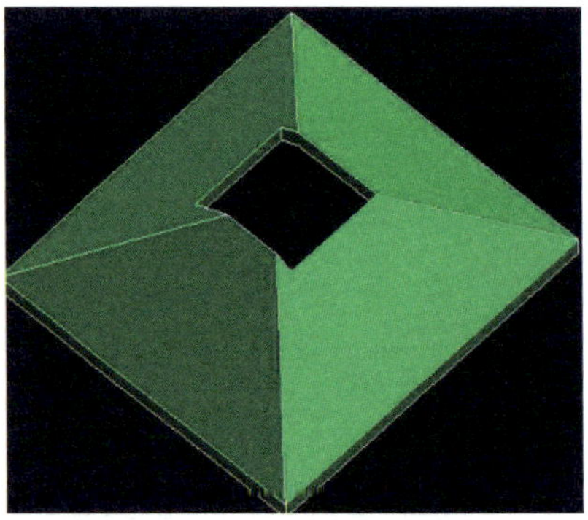

图4-260　屋顶设置垂直洞口

图4-261　连接屋顶命令

注：垂直洞口与按面洞口的区别在于“垂直洞口”是与标高平面垂直，“按面洞口”是与选中的图元表面保持垂直。

4.9.2.5　老虎窗制作

“老虎窗”命令：可以用于剪切屋顶以便为老虎窗创建洞口。

（1）在平面上绘制一个“迹线屋顶”，进入立面，在“迹线屋顶”上绘制一个“拉伸屋顶”。点击“修改”选项卡“几何图形”面板中“连接/取消连接屋顶”命令，如图4-261所示。

（2）选择“拉伸屋顶”伸出去的那条边，然后再选择“迹线屋顶”被对齐的那个面，连接两个屋顶，最后效果如图4-262所示。

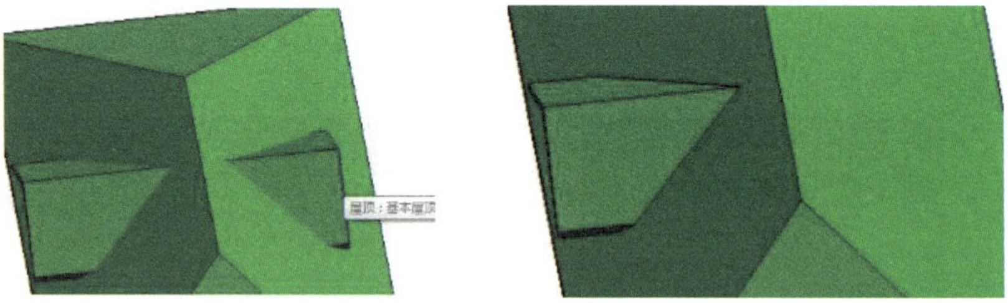

图4-262　连接两个屋顶

（3）进入平面中，将视图调成“线框”模式，选择“常规-100mm”的墙体类型，定位线为“面层-内部”，开始绘制图4-263所示三面墙体。

（4）进入三维视图，选择刚刚绘制的三面墙体，点击右上角“修改|墙”面板中“附着顶部/底部”命令，选择“附着墙：顶部”，如图4-264所示，再选择拉伸屋顶，将其顶部附着到拉伸屋顶上。

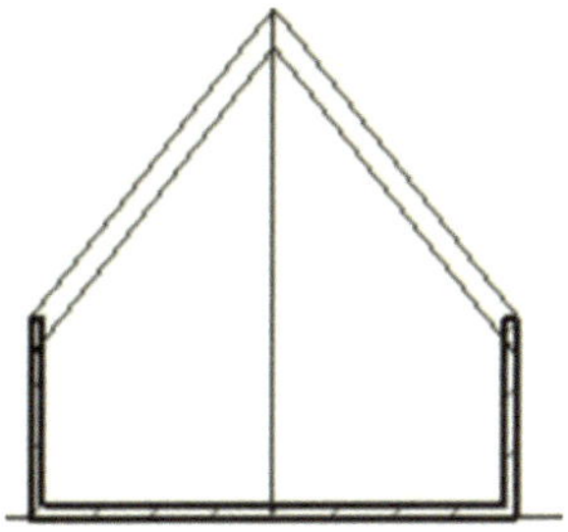

图 4-263　绘制三面墙体

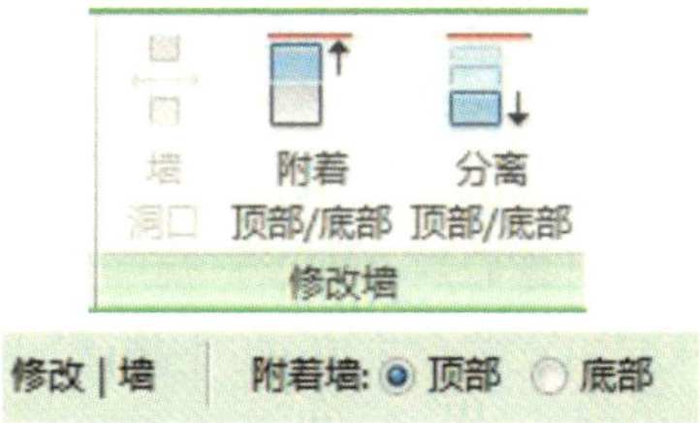


图 4-264　墙体顶部附着于拉伸屋顶

(5)再次选择刚刚绘制的那三面墙体,点击“附着顶部/底部”命令,选择“附着墙:底部”,然后选择“迹线屋顶”,将其底部附着到“迹线屋顶”上,最后效果如图 4-265 所示。

图 4-265　附着效果

## 课后习题

### 一、单选题

1. 在“建筑”选项卡中“洞口”面板下有几个洞口命令?(　　)。

A. 3　　B. 4

C. 5　　D. 6

2. 创建一个垂直于屋顶、楼板、天花板选定面的洞口,可以利用什么洞口命令?(　　)。

A. 按面洞口

B. 竖井洞口

C. 墙洞口

D. 垂直洞口

3. 采用编辑边界开洞,在平面视图中不可以修改洞口的(　　)。

A. 轮廓长度

B. 轮廓宽度

C. 轮廓形状

D. 深度

**二、判断题**

1. 用“墙洞口”创建洞口后，选择此洞口可以修改此洞口轮廓大小，删除洞口即可恢复原来的墙体。（ ）

2. “垂直洞口”创建的洞口可以剪切一个贯穿屋顶、楼板或天花板。（ ）

3. 绘制楼梯间洞口可以采用“竖井洞口”方式创建。（ ）

**三、技能提升**

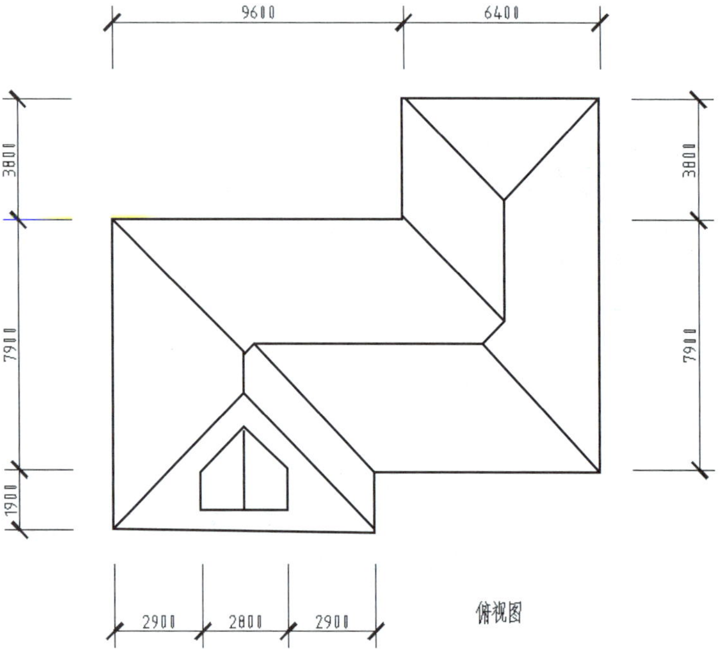


俯视图

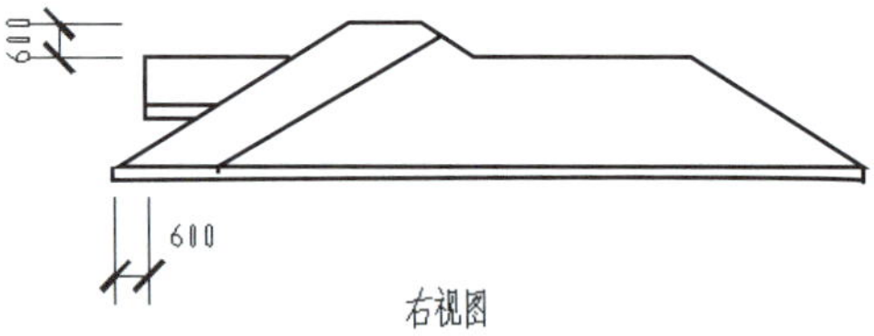


右视图

# 4.10 楼地面与墙面

## 4.10.1 强化复合木地板

（1）打开小别墅模型，通过“应用程序菜单”将其另存为“室内装修.rvt”项目，如图4-266所示。

（2）打开一层平面视图，从右下角框选部分图元，如图4-267所示。在“选择”面板中点击“过滤器”按钮，如图4-268所示，在“过滤器”对话框中点击“放弃全部”，勾选“楼板”，点击“确定”按钮即选中主体楼板，如图4-269所示。

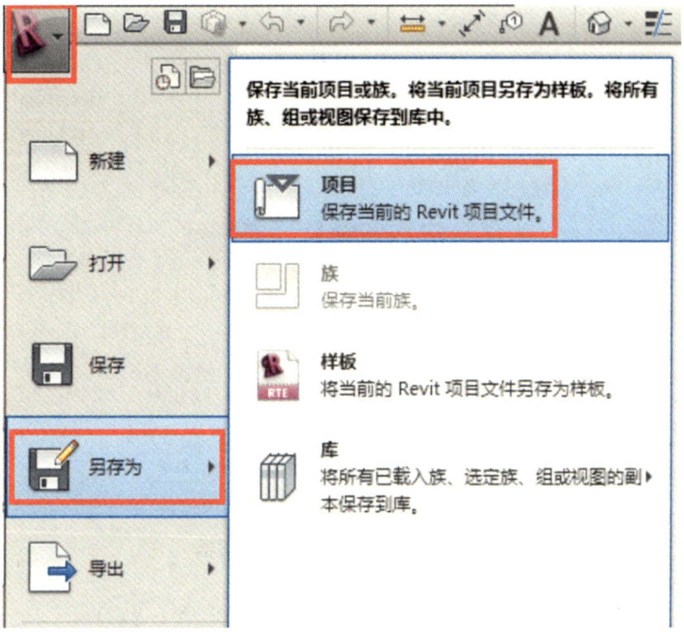


图 4-266 “另存为”对话框

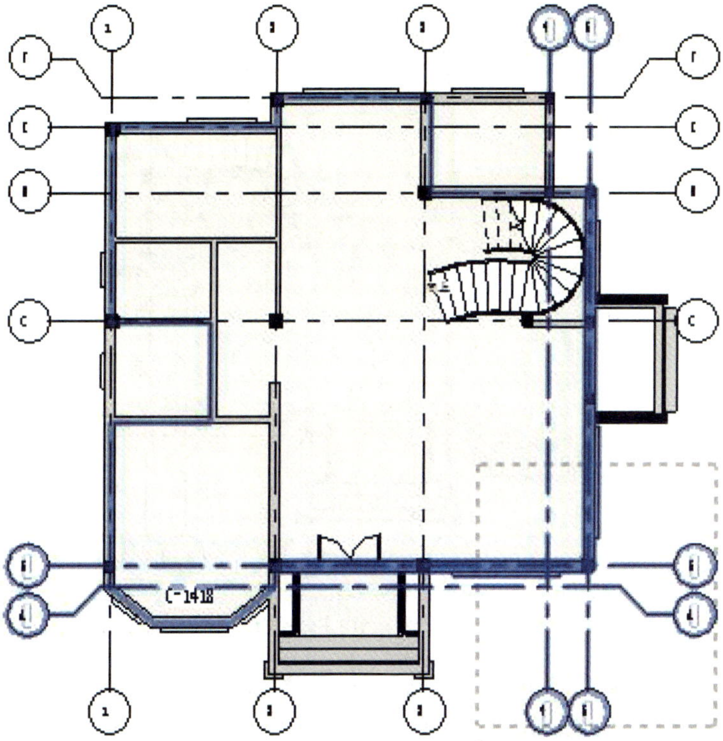

图 4-267 框选部分图元

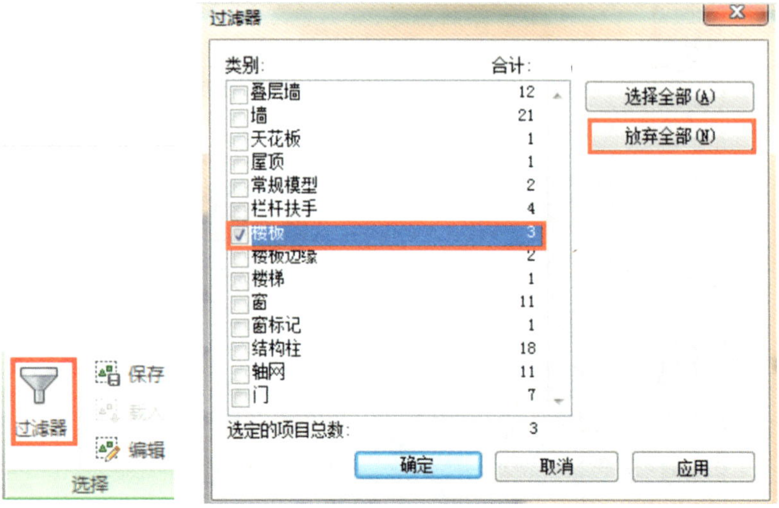


图 4-268 “过滤器”对话框

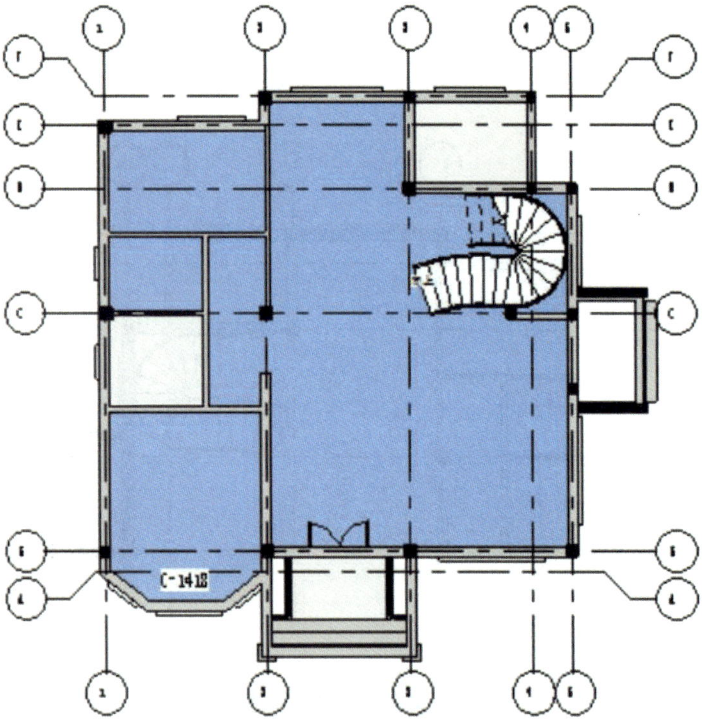

图 4-269 选中主体楼板

(3)在“属性”面板中点击“编辑类型”按钮,打开“类型属性”对话框,单击“结构”参数后面的“编辑”按钮,打开“编辑部件”对话框。单击“插入”按钮,添加多个构造层,为其指定功能、材质、厚度,使用“向上”、“向下”按钮调整位置,如图 4-270 所示。

(4)对“面层 1[4]”材质进行设置。打开“材质编辑器”对话框,设置此材质“表面填充图案”为“模型”式填充,在“填充样式”对话框中点击“新建”,重命名新建的填充图案为“水平-600mm”，设置其线角度和线间距如图4-271所示，截面填充图案为“木质-面层”，如图4-272所示。

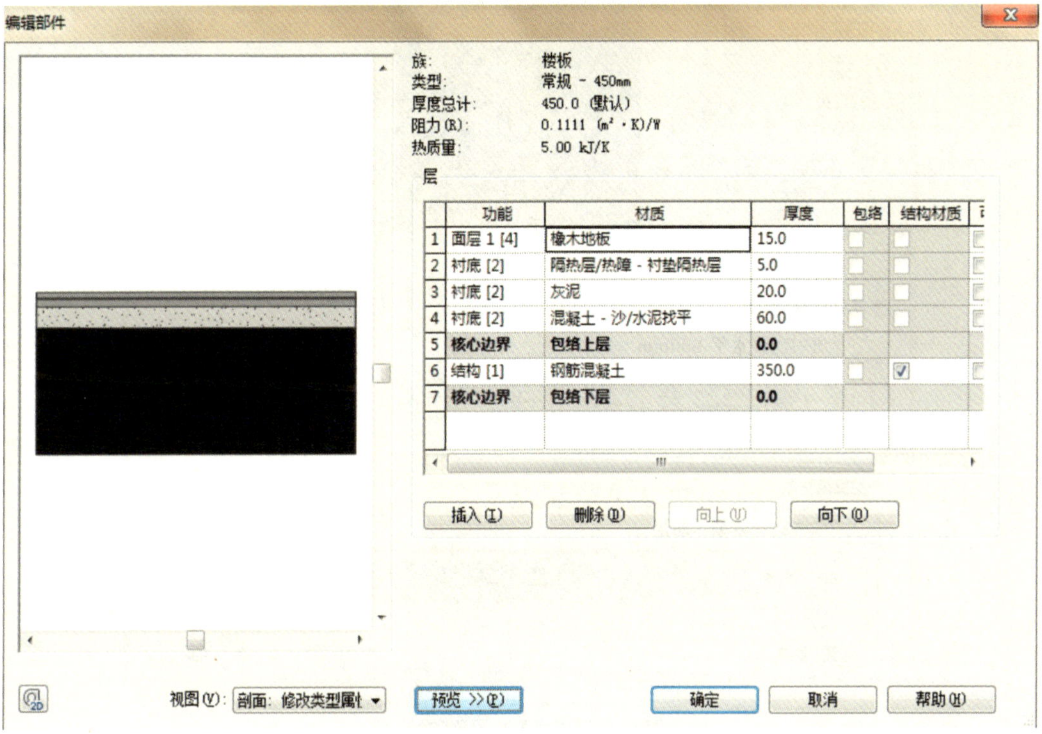


图4-270 “编辑部件”对话框

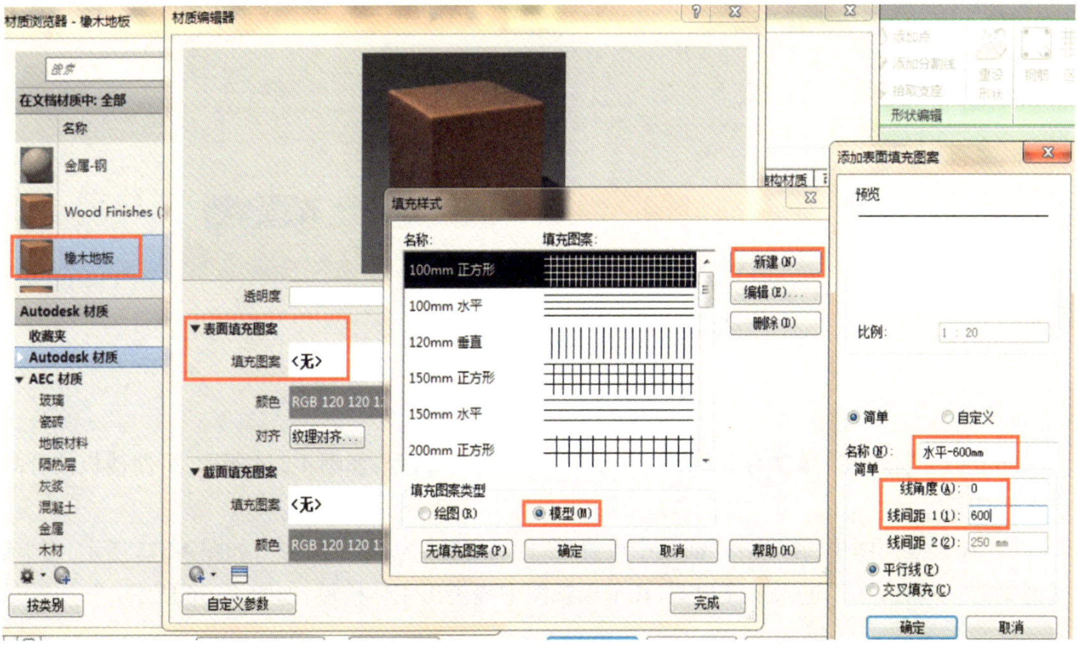


图4-271 设置填充样式

图 4-272 “材质编辑器”对话框

（5）面层分割。进入三维视图，选中主体楼板，点击“视图”控制栏中“临时隐藏/隔离”按钮，点击“隔离图元”命令，如图 4-273 所示，此时将选中的主体楼板单独隔离进行编辑。

图 4-273 “隔离图元”命令

（6）选中楼板，在“修改|楼板”面板中选择“创建零件”命令，如图 4-274 所示，可使楼板被分割成多个构造零件。

（7）在三维视图中，在“属性”面板中设置“零件可见性”为“显示两者”，如图 4-275 所示，在“项目浏览器”中双击“0F”进入平面视图，在平面视图中隔离出主体楼板，如图 4-276 所示。

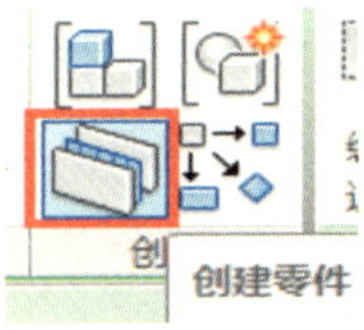


图 4-274 “创建零件”命令

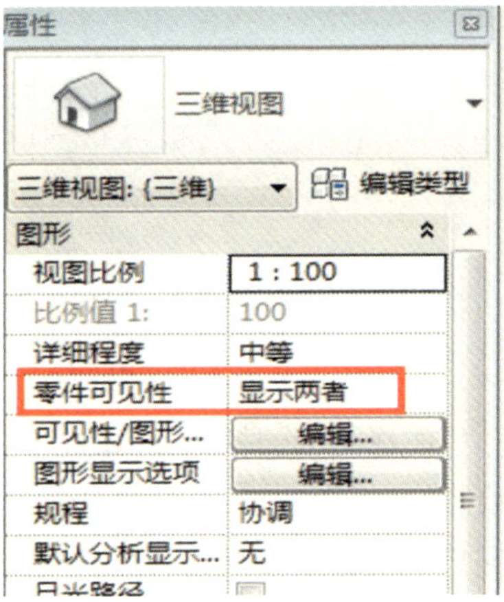


图 4-275 视图“属性”面板

图 4-276 平面视图中隔离出主体楼板

(8)再次进入三维视图，选中楼板的“零件”选项卡，如图 4-277 所示，在“修改|零件”面板中点击“分割零件”按钮，如图 4-278 所示，启动分割部件功能。

图 4-277 三维“零件”层

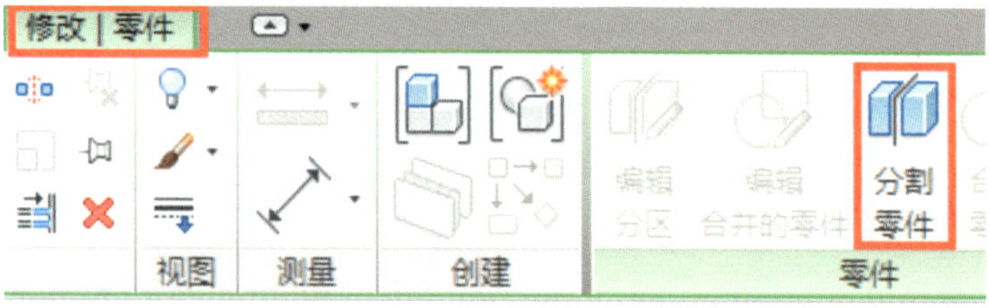


图 4-278 分割零件

(9)进入“0F”平面视图,此时绘图区域处于“修改|分区”的界面,点击“编辑草图”按钮,如图 4-279 所示,在“绘制”面板中选择“拾取线”,绘制图 4-280(a)所示草图,最后点击两次“完成编辑模式”✔按钮,完成木质面层分割,如图 4-280(b)所示。

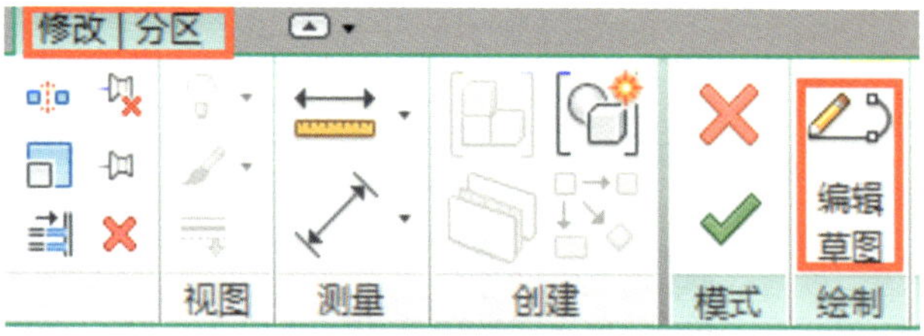


图 4-279 “编辑草图”按钮

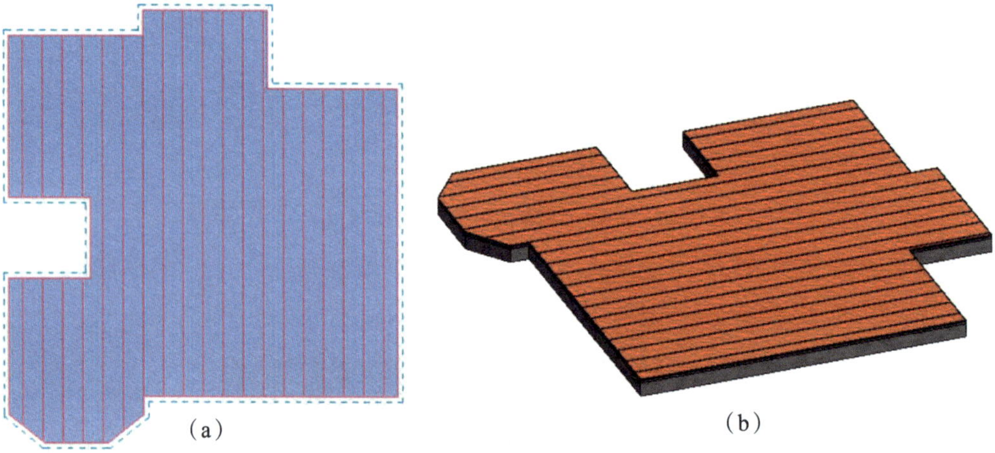
(a)
(b)

图 4-280 木质地板草图及效果图

(a)绘制木质地板草图;(b)木质地板效果

## 4.10.2 双层软木地板

(1)打开“0F”平面视图,选中卫生间和厨房楼板,在原有楼板类型基础上“复制”新楼板类型,并取名“双层软木地板”,如图 4-281 所示。

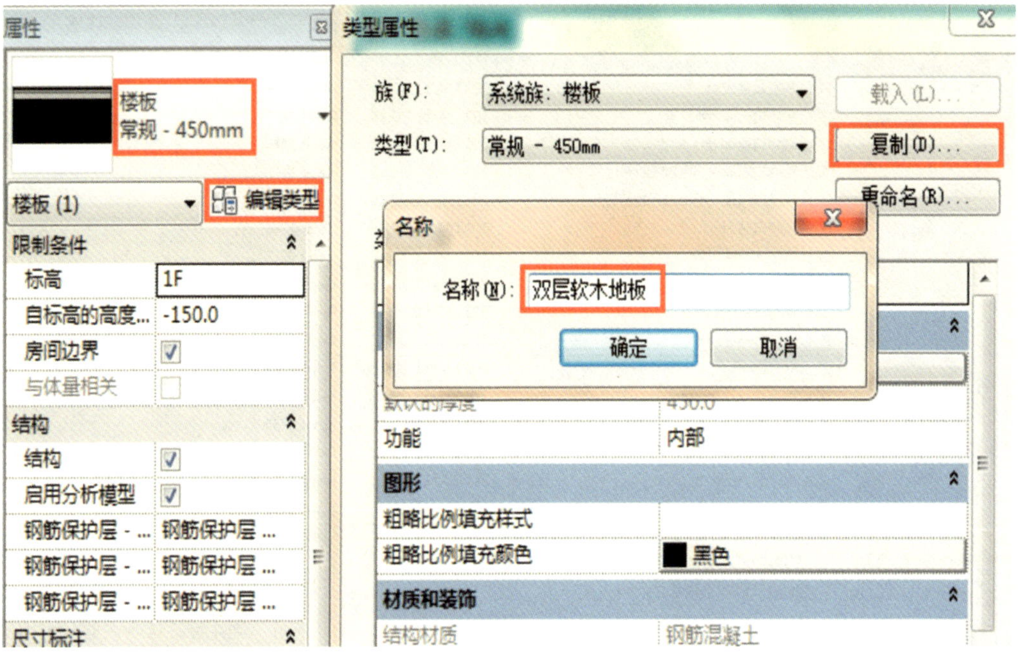


图 4-281　新地板命名

（2）制作压型轮廓族（注：使用“公制轮廓”族样板创建的轮廓族，可用于项目中所有用到轮廓族的功能中，例如楼板边、墙饰条、屋顶封檐带、屋顶檐槽等）。打开样板文件，单击“应用程序”菜单下拉按钮，选择“新建”➤“族”命令，如图 4-282 所示，打开“新族-选择样板文件”对话框，选择“公制轮廓”族样板文件，点击“打开”按钮，如图 4-283 所示。

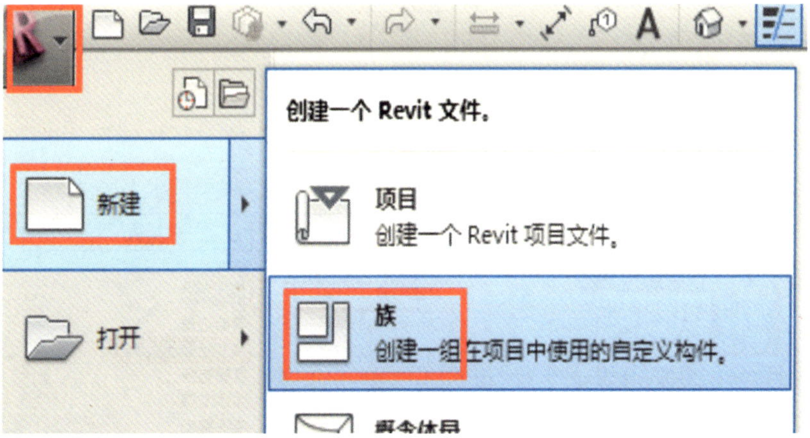


图 4-282　新建族

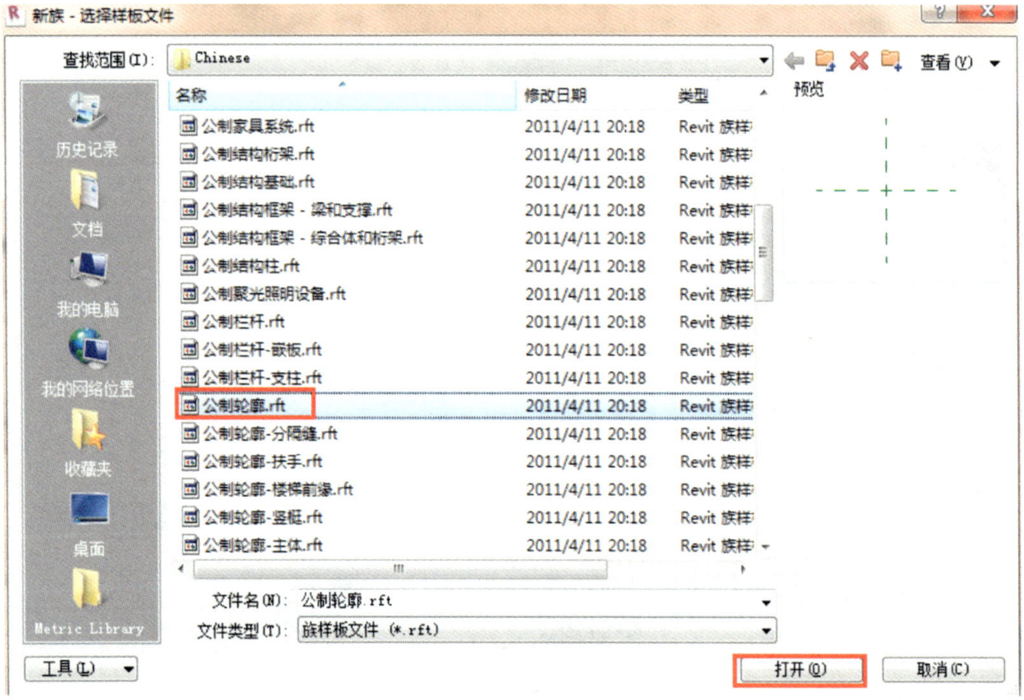


图 4-283　打开“公制轮廓”族样板

（3）绘制轮廓线。点击“创建”选项卡，在“属性”面板中选择“族类别和族参数”，如图 4-284 所示，打开“族类别和族参数”对话框，定义“轮廓用途”为“楼板金属压型板”，如图 4-285 所示。

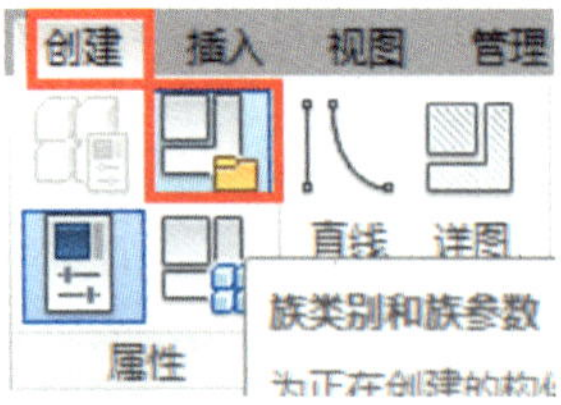


图 4-284　“属性”面板

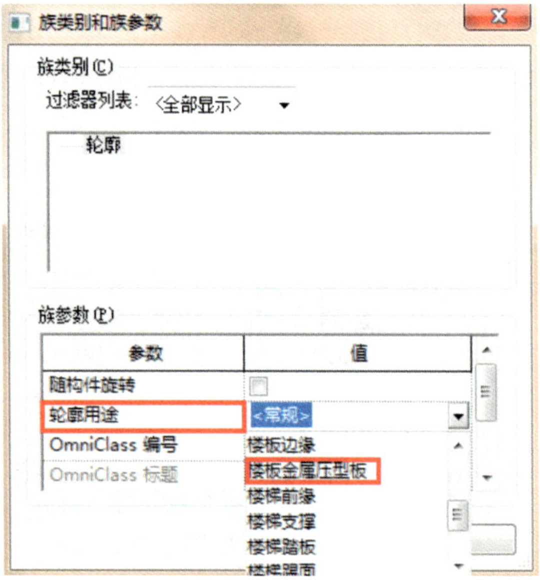


图 4-285　“族类别和族参数”对话框

（4）使用“创建”选项卡下“详图”面板中的“直线”命令，如图 4-286 所示，绘制图 4-287 所示的压型板轮廓。轮廓线须连续不闭合，否则载入项目后无法识别成压型板轮廓，完成编辑后另存为“50-50 木龙骨”并载入项目。

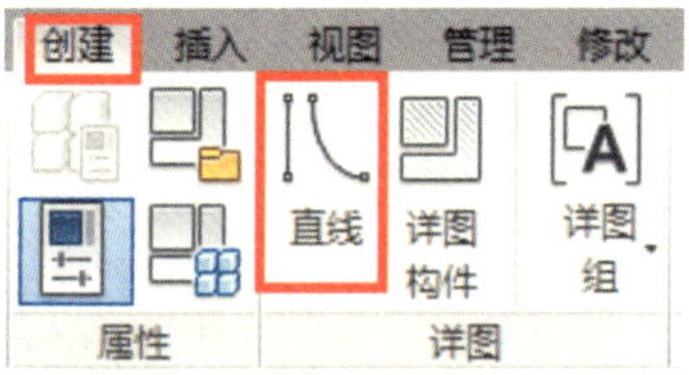


图 4-286 “详图”面板

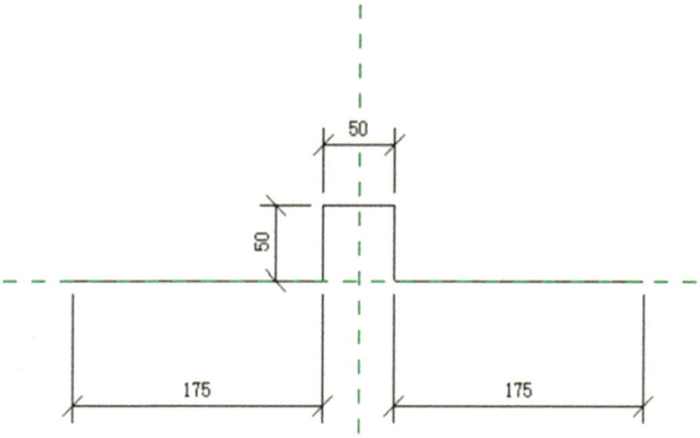


图 4-287 绘制压型板轮廓

（5）构造层设置。设置楼板构造层，其中架空区域将使用“50-50 木龙骨”压型板轮廓，且设置其材质为“空气”（压型板轮廓选用独立压型板），如图 4-288 所示。

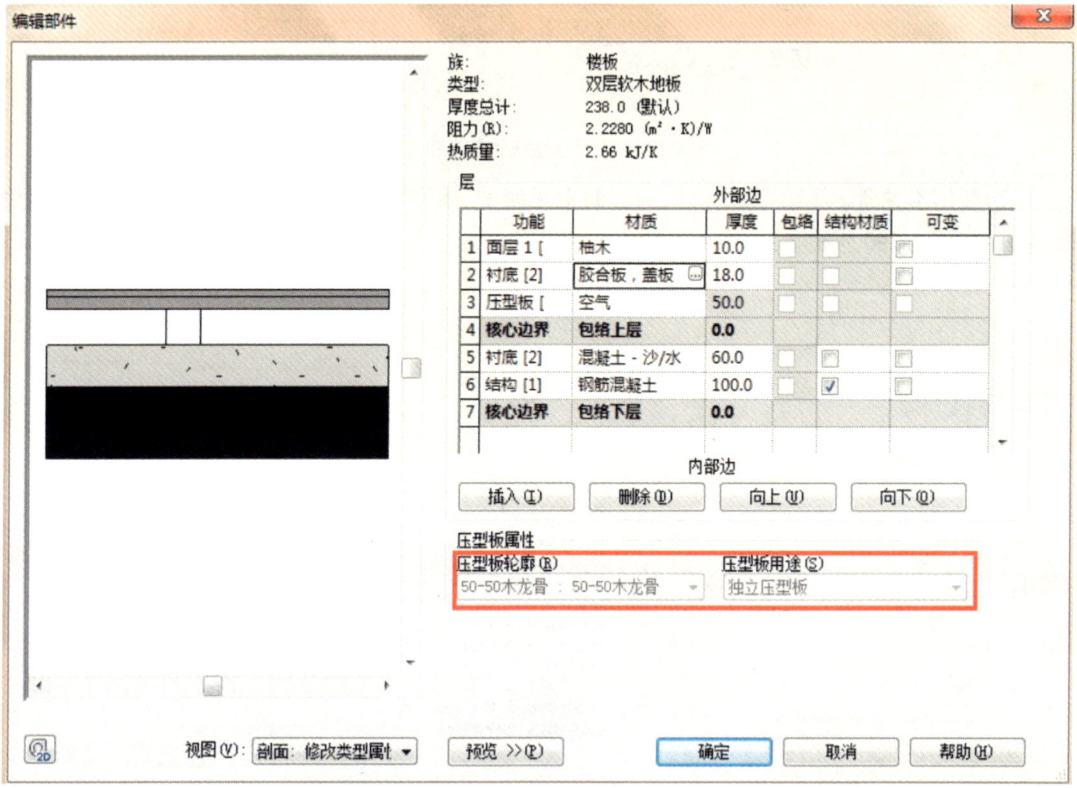


图 4-288 设置压型板轮廓材质

（6）设置面层材质为“柚木”。打开“材质编辑器”对话框，设置此材质“填充图案类型”为“模型”式填充，在“填充样式”对话框中点击“新建”按钮，重命名新建的填充图案为“垂直_600”，设置其线角度和线间距，如图 4-289 所示。

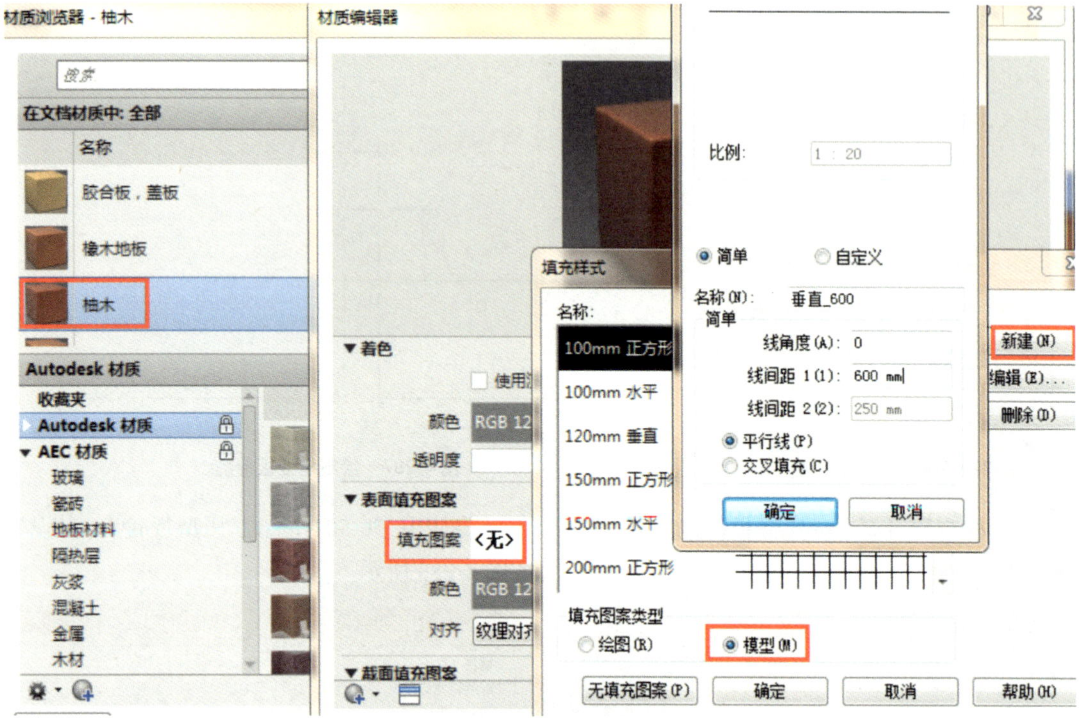


图 4-289　设置压型板线角度和线间距

（7）制作木龙骨。新建“基于楼板的公制常规模型”族样板用于创建“木龙骨构件”，进入族编辑界面，如图 4-290 所示。

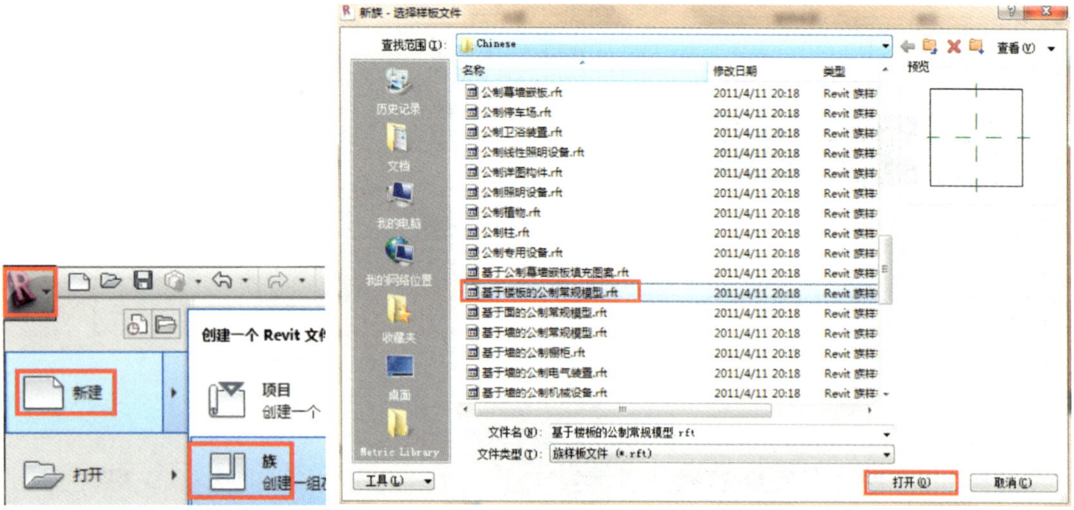


图 4-290　族编辑界面

切换视图到项目“三维视图”，选取厨卫区楼板并进入“编辑边界”模式，框选楼板轮廓线，如图 4-291 所示，单击“复制到剪贴板”命令，复制轮廓线，如图 4-292 所示，不做任何修改后点击退出“编辑边界”模式。

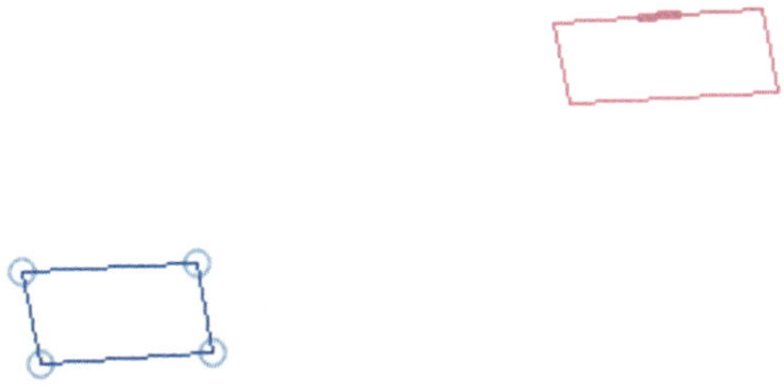

图 4-291　框选楼板轮廓线

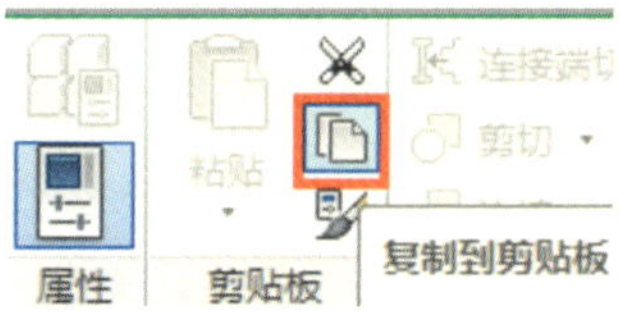


图 4-292　复制轮廓线

切换到族编辑界面，点击“修改”选项卡，在“剪贴板”面板下点击“粘贴”下拉菜单中“与当前视图对齐”命令，如图 4-293 所示，将复制的楼板轮廓线移动到适当位置，如图 4-294 所示。

图 4-293　“与当前视图对齐”命令

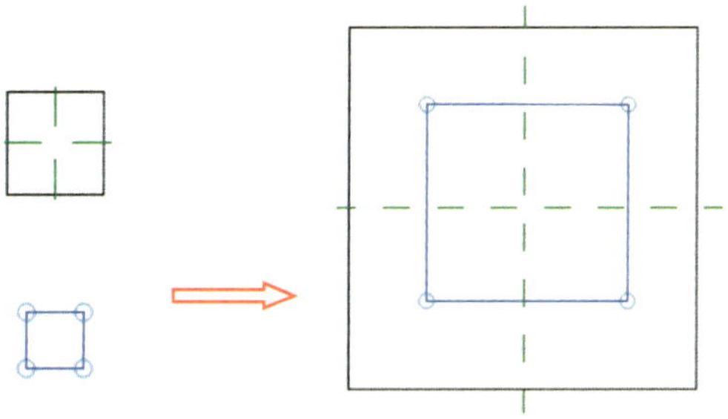

图 4-294　移动楼板轮廓线

点击“创建”选项卡，在“形状”面板中选择“拉伸”命令，进入拉伸界面，在“绘制”面板中选择“直线”命令，绘制图 4-295 所示轮廓，在“属性”面板中修改“拉伸起点”和“拉伸终点”，如图 4-296 所示。

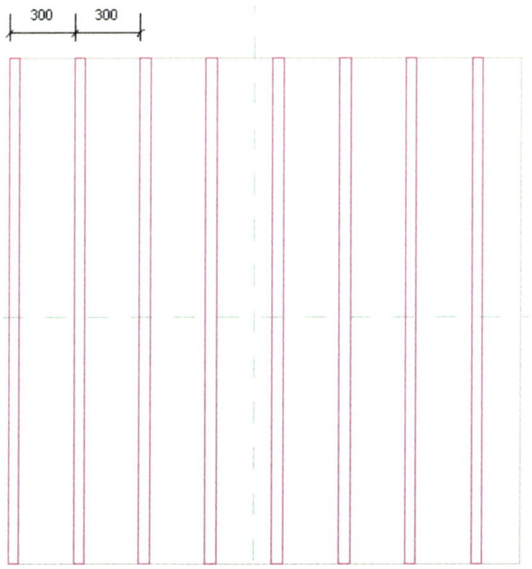


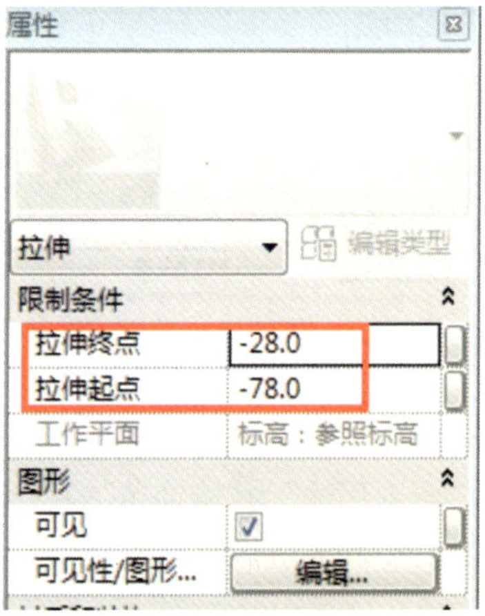


图 4-295　绘制轮廓

图 4-296　修改“拉伸终点”与“拉伸起点”

点击“完成编辑模式”✔按钮，完成轮廓的拉伸，完成效果如图 4-297 所示。将族文件中的默认楼板隐藏，将族文件另存为“木龙骨构件”。

将制作好的“木龙骨构件”载入项目中，定位放置到厨卫楼板上。完成后的“双层软木地板”三维效果如图 4-298 所示。

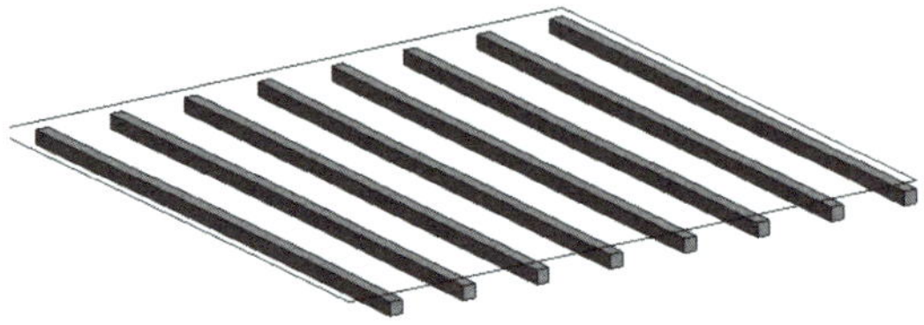

图 4-297　完成木龙骨构件设置

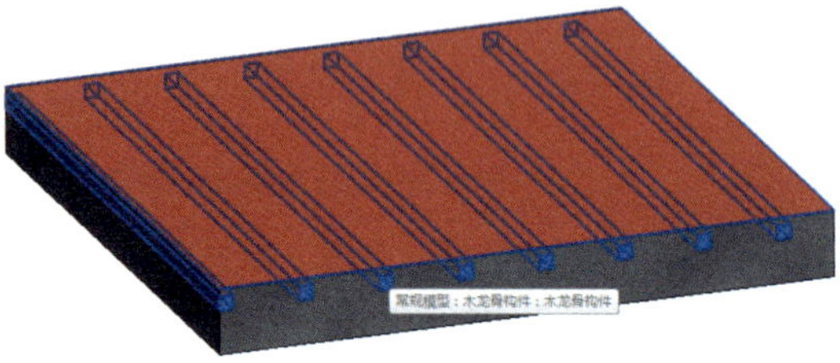

图 4-298　双层软木地板效果图

## 4.10.3　墙裙、踢脚线

装饰线是室内工程中部件截断面边缘线的造型线式，一般欧式成品装饰线用得比较多。在 Revit 中可以通过创建“公制轮廓”或“公制轮廓-主体”族来完成，较复杂时可灵活运用墙构件、内建模型或外部工具实现。制作墙裙、踢脚线轮廓族的步骤如下：

（1）创建案例中内墙面所需“成品实木踢脚线”族作为备用。新建“公制轮廓” 族，在“属性”面板中设置“轮廓用途”为“墙饰条”，如图 4-299 所示。

（2）点击“创建”选项卡，选择“详图”面板中的“直线”命令，在“绘制”面板中利用“直线”和“圆角弧”绘制踢脚线轮廓，如图 4-300 所示，轮廓绘制完成后另存为“成品实木踢脚线”族文件。

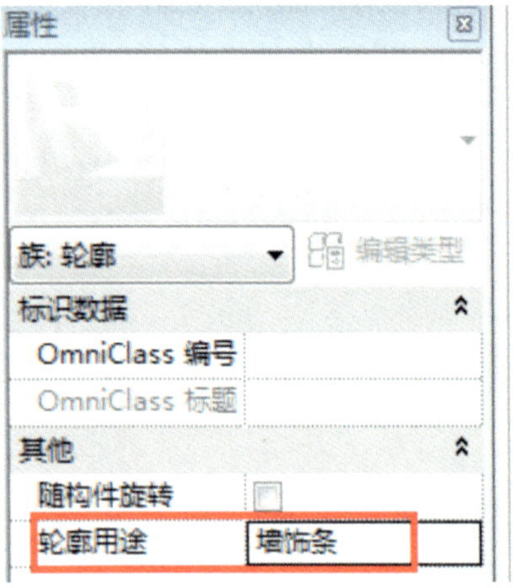


图 4-299　墙饰条

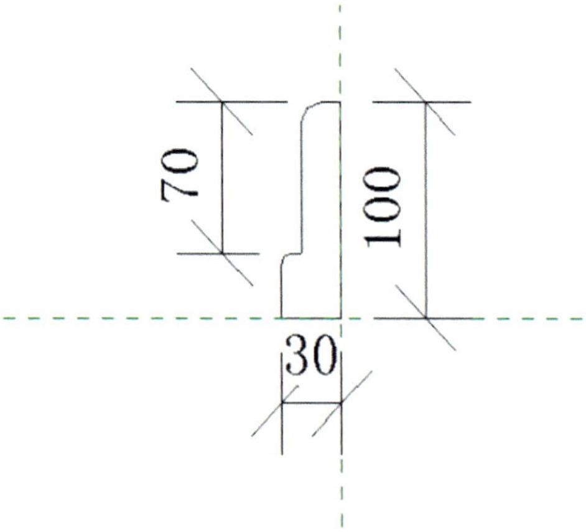


图 4-300　绘制踢脚线轮廓

（3）创建案例中内墙所需“墙裙”轮廓族作为备用。新建“公制轮廓”族，同理，在“属性”面板中修改“轮廓用途”为“墙饰条”，在“创建”选项卡下“详图”面板中选择“直线”命令，绘制图 4-301 所示轮廓，绘制完成后另存为“墙裙”族文件。

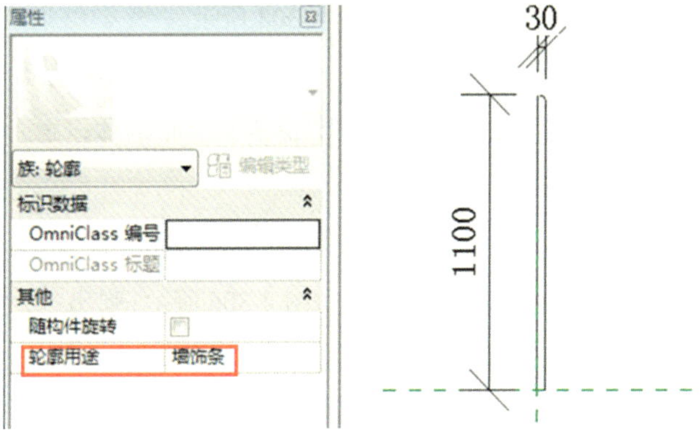


图 4-301　设置墙裙轮廓

## 4.10.4　基本墙

### 4.10.4.1　墙饰面

案例中餐厅区域内墙面需添加墙裙。将上面制作的“墙裙”轮廓族载入到项目中，进入一层平面视图，选择图 4-302 所示墙体，通过“复制”功能创建新的类型墙体，命名为“墙裙_饰面墙”，设置墙体内部构造，如图 4-303 所示（注意，把“预览”图打开）。

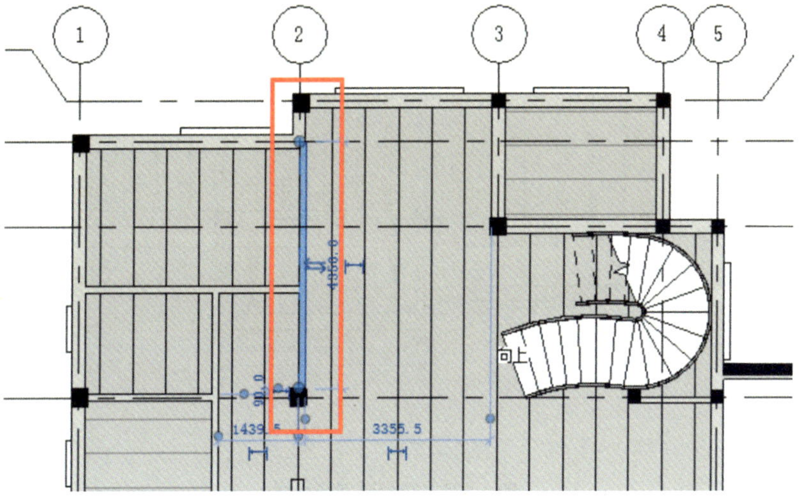


图 4-302　选择饰面墙墙体

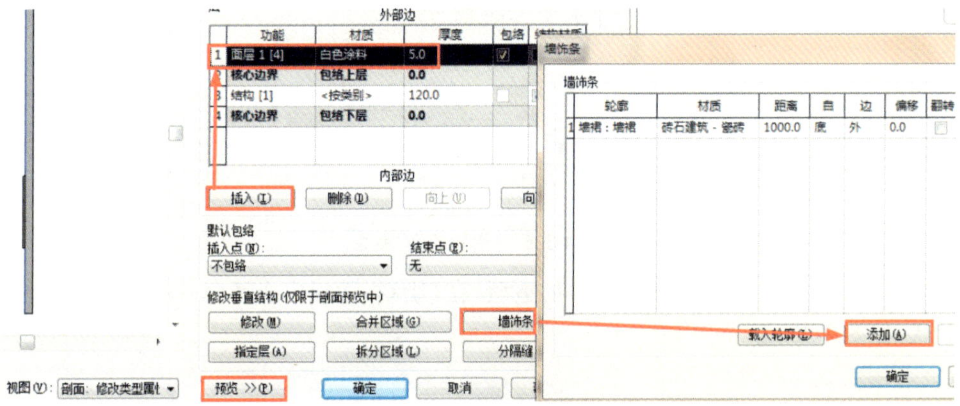


图 4-303　设置墙体内部构造

图 4-304　修改后的墙体效果

修改完成的墙如图 4-304 所示。

4.10.4.2　造型墙

使用墙体“编辑轮廓”命令来编辑墙体轮廓，该命令主要用于制作一些简单的造型墙。

（1）选择图 4-305 所示墙体，在“修改|墙”选项卡下选择“模式”面板中的“编辑轮廓”命令，如图 4-306 所示，弹出“转到视图”对话框，选择“立面：东”，点击“打开视图”进入东立面，如图 4-307 所示。

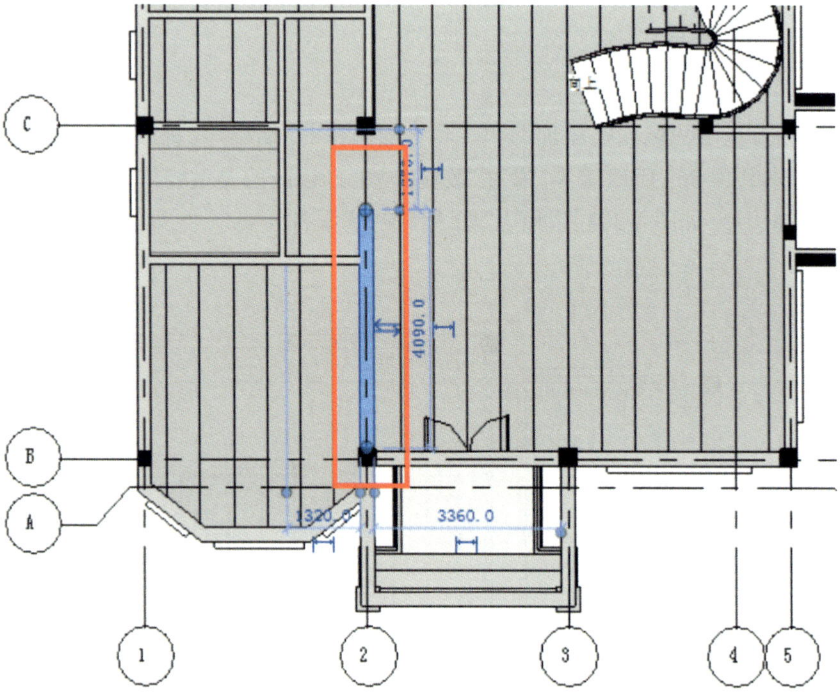


图 4-305　选择造型墙墙体

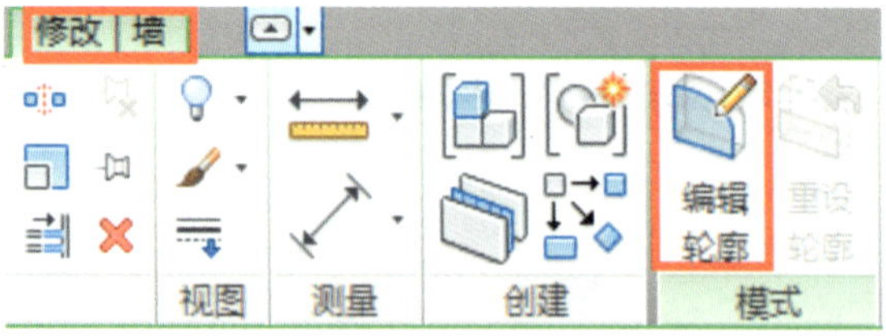


图 4-306　“编辑轮廓”命令

（2）进入东立面视图，开始编辑墙体的造型，在“绘制”面板中选择合适的线样式随意绘制轮廓的形状，如图 4-308 所示。

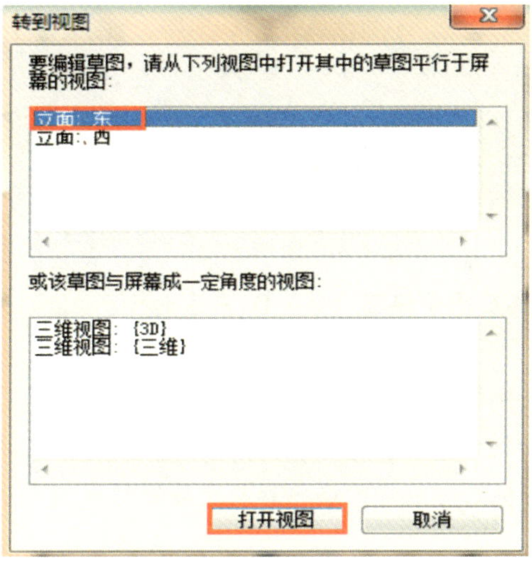


图 4-307 “转到视图”对话框

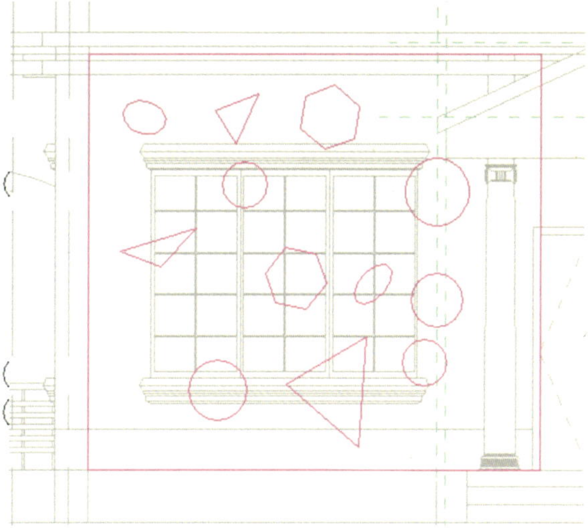

图 4-308 编辑墙体造型

（3）点击“完成编辑模式”✔按钮，完成墙体造型的编辑。在“属性”面板中点击“编辑类型”按钮，修改内部构造层“面层 1[4]”的材质为“樱桃木”，如图 4-309 所示。完成后的效果如图 4-310 所示。

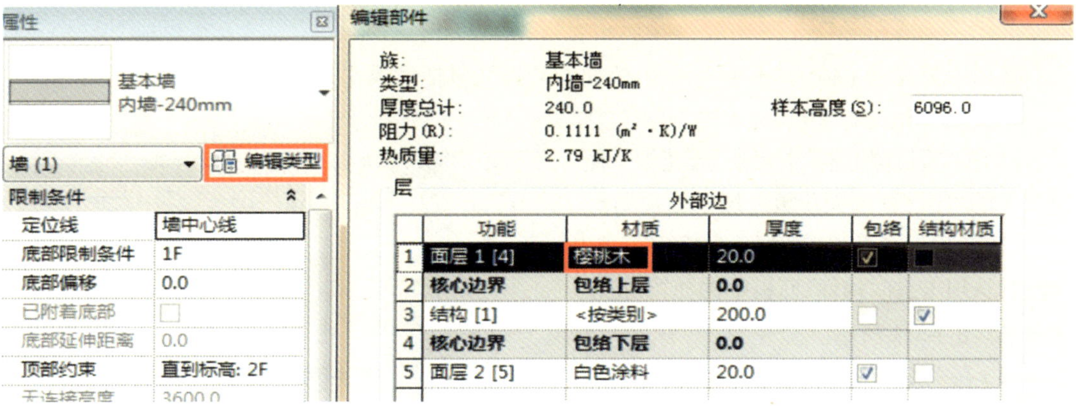


图 4-309 修改内部构造层

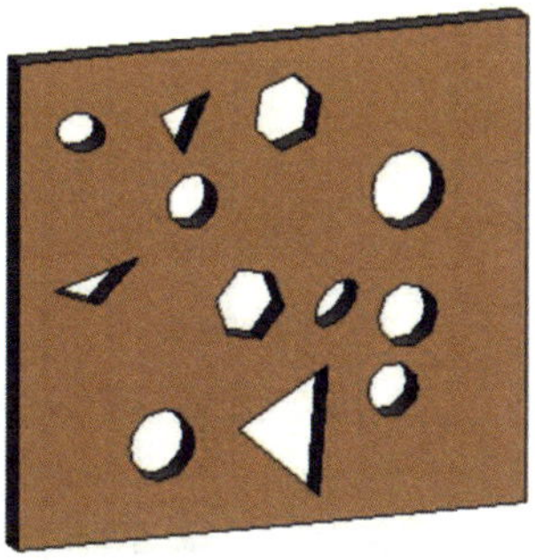

图 4-310 完成墙体造型

## 课后习题

### 一、单选题

1. 选中楼板，打开“编辑部件”对话框，在这里不可以修改（ ）。

A. 功能 B. 材质 C. 形状 D. 厚度

2. 编辑墙体结构时，不可以(　)。

A. 修改墙体的高度

B. 修改墙体的材料

C. 修改墙体的厚度

D. 修改墙体的外观

3. 编辑造型墙的轮廓，不可以在哪个视图绘制？(　)。

A. 西立面　　B. 三维制图　　C. 一层楼层平面视图　　D. 东立面

**二、判断题**

1. 在 Revit 中我们可以通过创建“公制轮廓”或“公制轮廓-主体”族来完成墙装饰线。(　)

2. 使用墙体“编辑轮廓”功能，编辑墙体轮廓，该命令主要用于制作一些简单的造型墙。(　)

3. 选中任意一面墙，在“属性”面板中点击“编辑类型”，可以修改墙内部构造层的材质。(　)

# 4.11　天　花　板

## 4.11.1　天花板主体

案例中天花板主体为“不上人吊顶-纸面石膏板”，包括吊顶龙骨、面板、通风口及窗帘盒。

4.11.1.1　纸面石膏板

(1)在“项目浏览器”中双击“天花板平面”面板下的“1F”，进入天花板一层平面视图。

(2)新建天花板类型“纸面石膏板”。单击“建筑”选项卡，在“构件”面板中选择“天花板”命令，如图 4-311 所示。

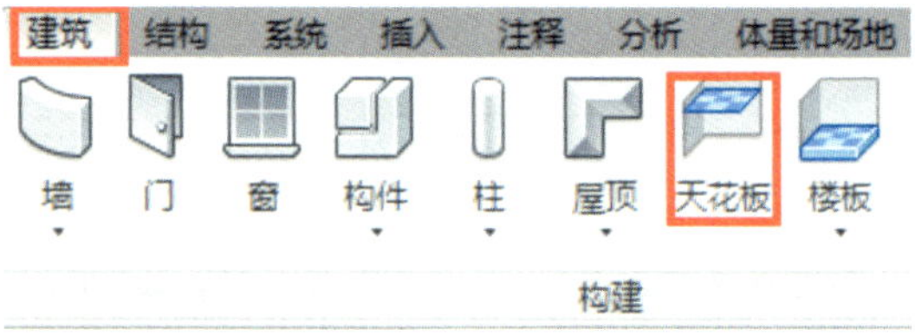


**图 4-311　“天花板”命令**

(3)在“属性”面板中选择天花板类型为“复合天花板-无装饰”，点击“编辑类型”按钮，在“类型属性”面板中通过“复制”命令创建新的天花板类型为“纸面石膏板”，如图 4-312 所示。设置其内部构造层，如图 4-313 所示。

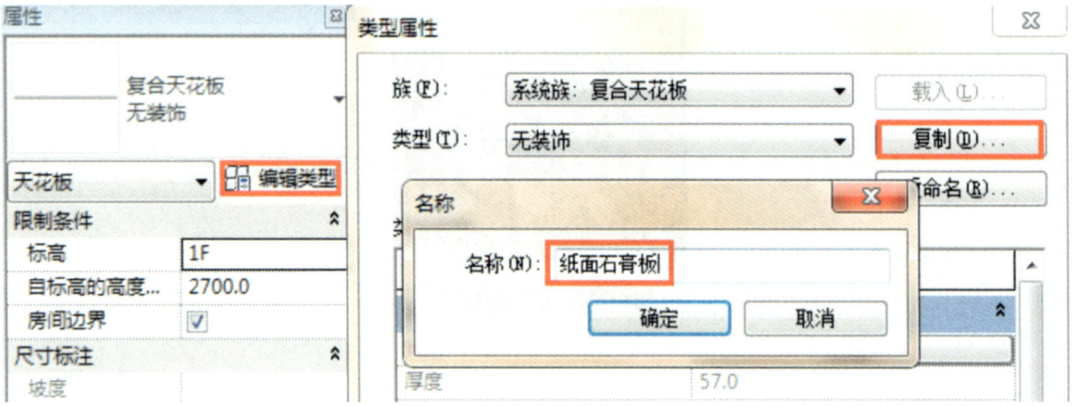


**图 4-312　新建天花板类型**

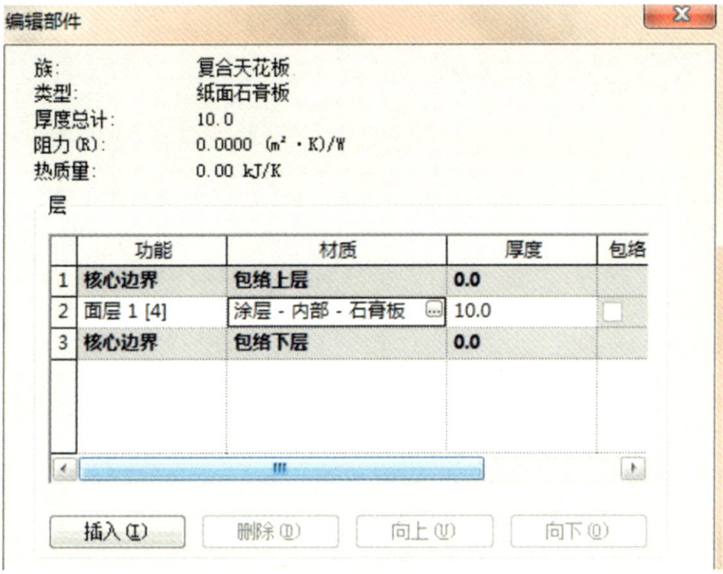


(a)

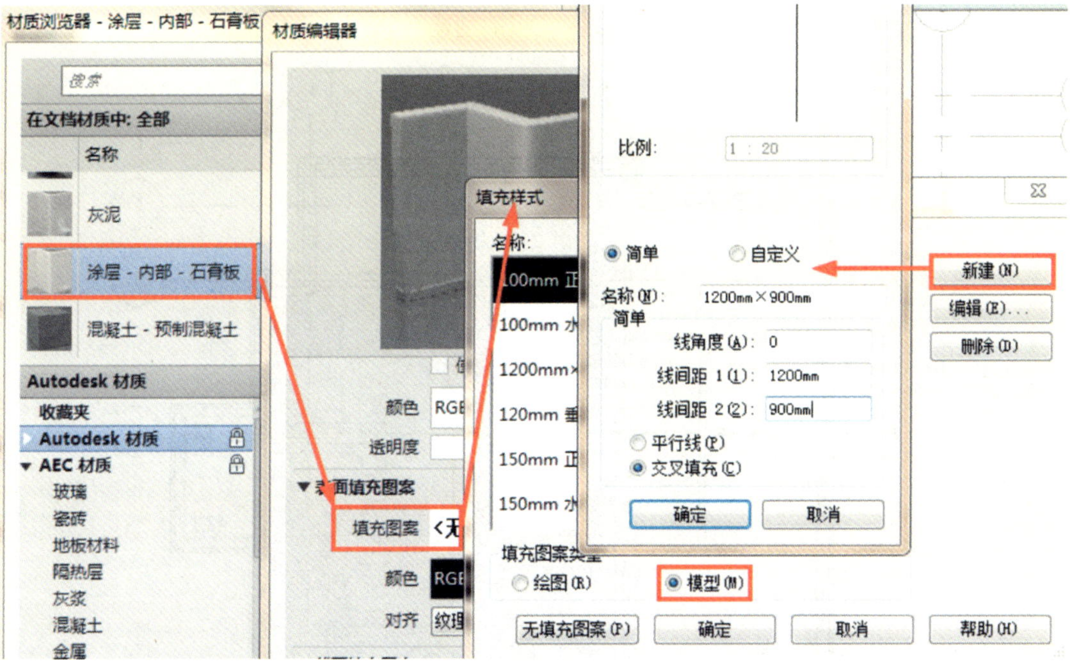


(b)

图 4-313　设置天花板内部构造

(4)开始绘制天花板边界。点击“天花板”命令后进入“放置天花板”界面,在“天花板”面板中选择“绘制天花板”,如图 4-314 所示。

(5)进入“创建天花板边界”界面,边界线沿内墙面向内偏移 150mm,用于设置通风口及窗帘盒等,绘制图 4-315 所示边界线。

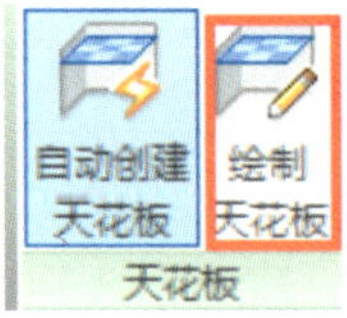


图 4-314 “绘制天花板”命令

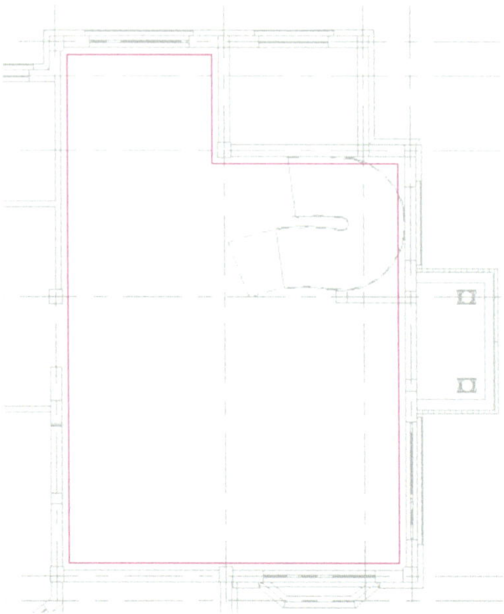

图 4-315 创建天花板边界

(6)点击“完成编辑模式”✔按钮,完成天花板的创建,如图 4-316 所示。

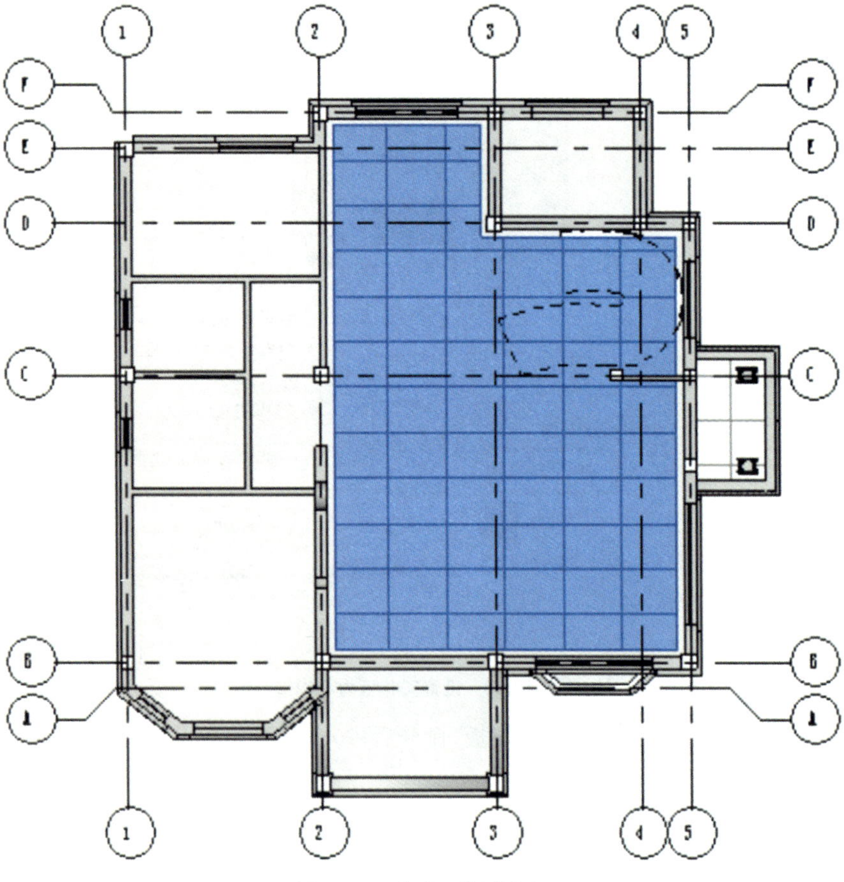


图 4-316 完成天花板创建

#### 4.11.1.2　吊顶龙骨

此不上人吊顶龙骨包括“天花-主龙骨”、“天花-次龙骨”及“主龙骨吊杆”，分别创建龙骨构件族，再拼装组合到以“基于天花板的公制常规模型”族样板创建的天花构件族中即可。

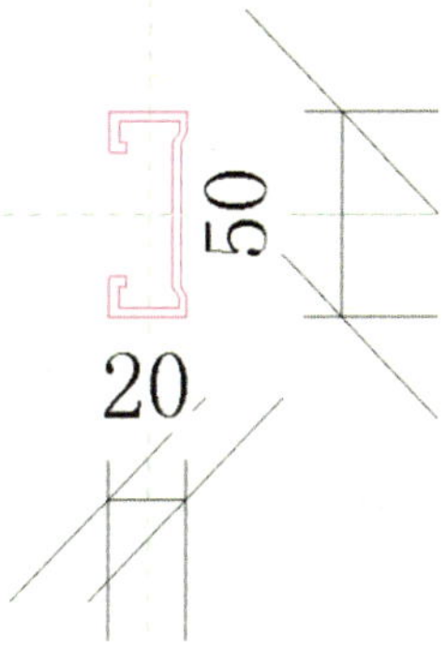


图 4-317　绘制轮廓

（1）新建“基于线的公制常规模型”族样板来创建案例中的主、次龙骨，均使用 50×20 型材。新建并打开族样板文件后，在“项目浏览器”中“立面”面板下双击“右”进入右立面视图。

（2）在“创建”选项卡下“形状”面板中选择“拉伸”命令，在“绘制”面板中选择合适的线型绘制图 4-317 所示轮廓。

（3）在“属性”面板中修改“拉伸起点”和“拉伸终点”参数，如图 4-318 所示，点击“完成编辑模式”按钮✔，完成轮廓的拉伸。

（4）在“项目浏览器”下“立面”面板中双击“前”，进入前立面视图。点击“注释”选项卡，在“尺寸标注”面板中点击“对齐”命令，如图 4-319 所示，标注拉伸长度如图 4-320 所示。

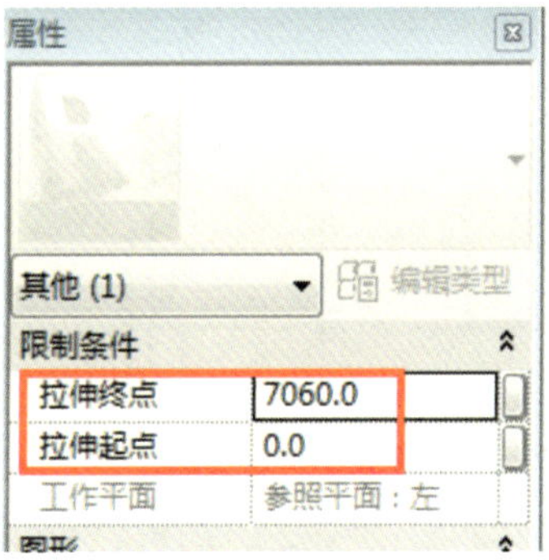


图 4-318　修改参数

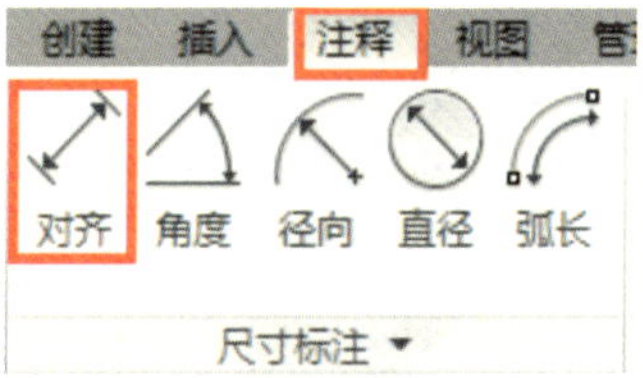


图 4-319　对齐命令

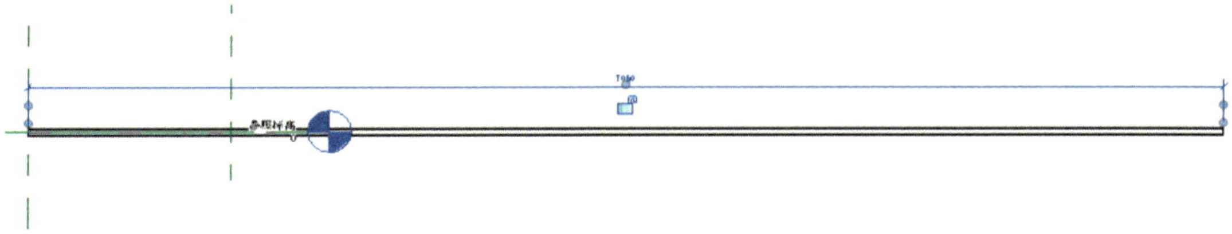

图 4-320　标注拉伸长度

（5）选中标注好的尺寸，在“选项栏”中“标签”下拉列表中选择“添加参数”，如图 4-321 所示，弹出“参数属性”对话框，在“名称”栏中输入“拉伸长度”，点击“确定”按钮完成拉伸长度参数的添加，如图 4-322 所示。将族文件另存为“天花-主龙骨”，完成后如图 4-323 所示。

图 4-321　添加参数

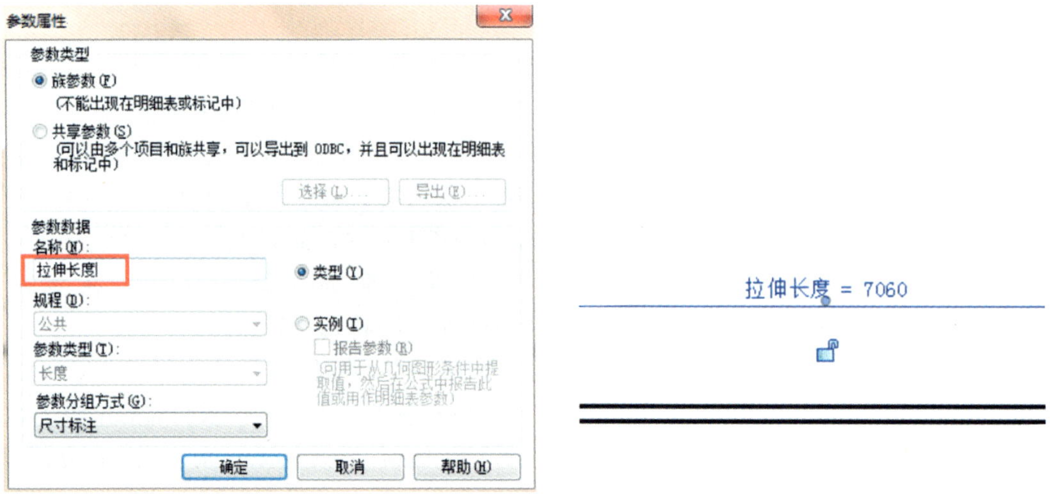


(a) (b)

图 4-322 设置拉伸长度

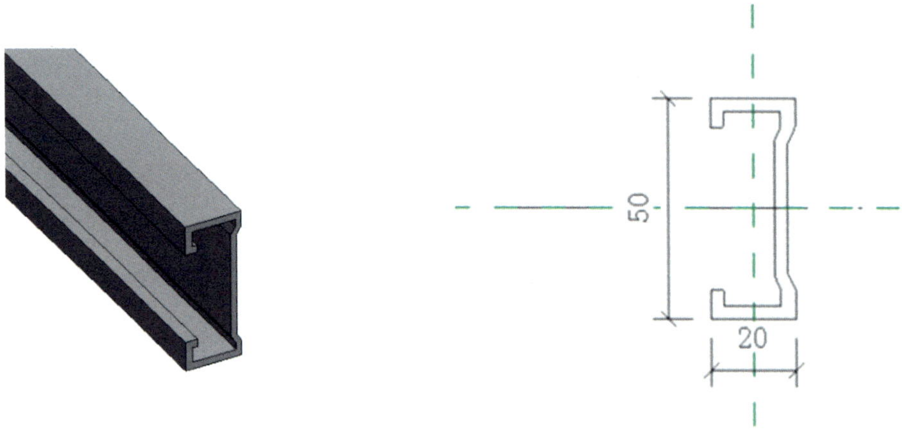


(a) (b)

图 4-323 完成主龙骨设置

(6)打开“天花-主龙骨”族文件，选中拉伸的轮廓族，在“修改|拉伸”选项卡的“修改”面板中选择“旋转”命令，将轮廓族顺时针旋转 90°，如图 4-324 所示，将文件另存为“天花-次龙骨”。

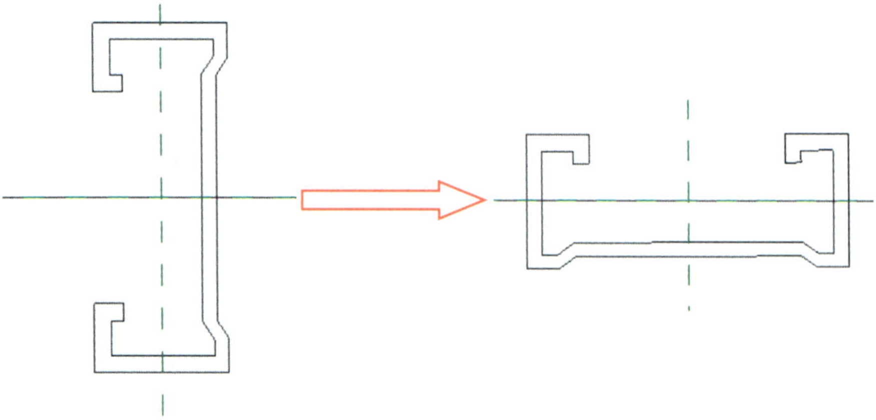

图 4-324 旋转设置次龙骨

（7）新建“基于面的公制常规模型”族样板来创建案例中的吊装构件、主龙骨吊杆。新建打开族样板文件后，在“项目浏览器”中“立面”面板下双击“右”进入右立面视图。

（8）在“创建”选项卡下“形状”面板中选择“拉伸”命令，在“绘制”面板中选择合适的线型绘制图 4-325 所示轮廓。在“属性”面板中修改“拉伸起点”和“拉伸终点”，如图 4-326 所示。点击“完成编辑模式”按钮 ✔，完成轮廓的拉伸。

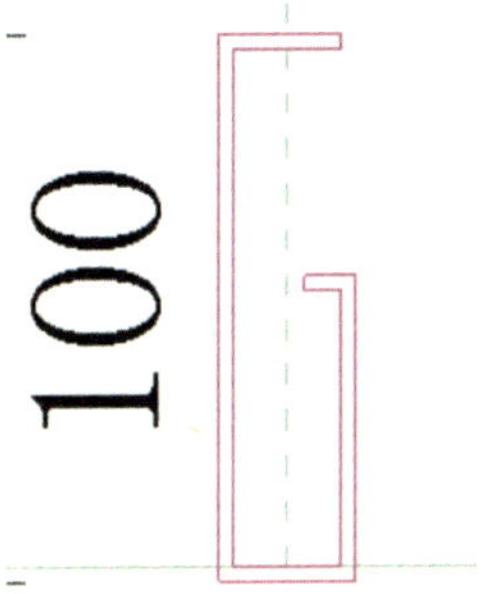


图 4-325　绘制轮廓

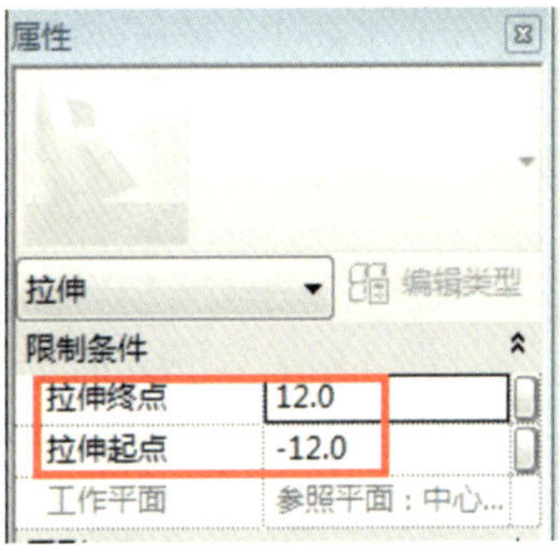


图 4-326　修改拉伸参数

（9）继续创建构件的吊杆，如图 4-327 所示，在“属性”面板中修改“拉伸起点”和“拉伸终点”，如图 4-328 所示，点击“完成编辑模式”按钮 ✔，完成轮廓的拉伸，如图 4-329 所示，将族文件另存为“主龙骨吊杆”。

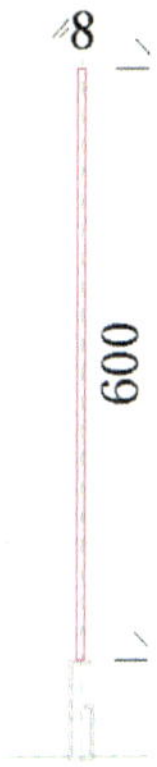


图 4-327　创建吊杆

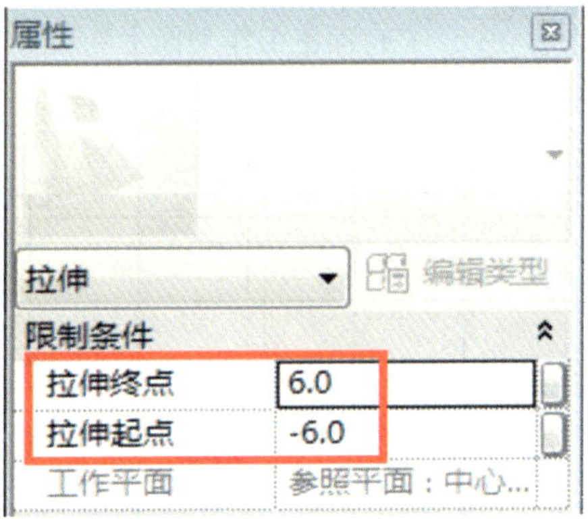


图 4-328　修改吊杆参数

（a）　（b）

图 4-329　完成主龙骨吊杆设置

4.11.1.3 龙骨构件组合

新建并打开"基于天花板的公制常规模型"族样板文件，按吊顶平面设计将创建好的各龙骨构件载入"基于天花板的公制常规模型"中进行组合。

（1）首先，切换到项目工作界面，选中天花板，在"修改|天花板"面板中选择"编辑边界"命令，如图 4-330 所示，选中天花板轮廓线并复制（Ctrl+C），然后切换到新建的"基于天花板的公制常规模型"中粘贴（Ctrl+V），手动调整轮廓的位置，如图 4-331 所示。

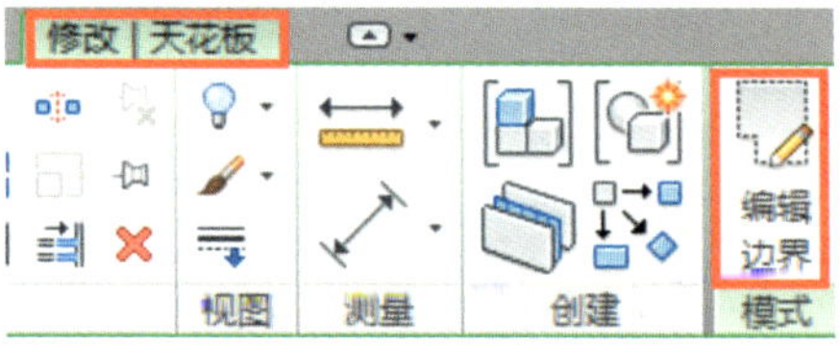


图 4-330 "编辑边界"命令

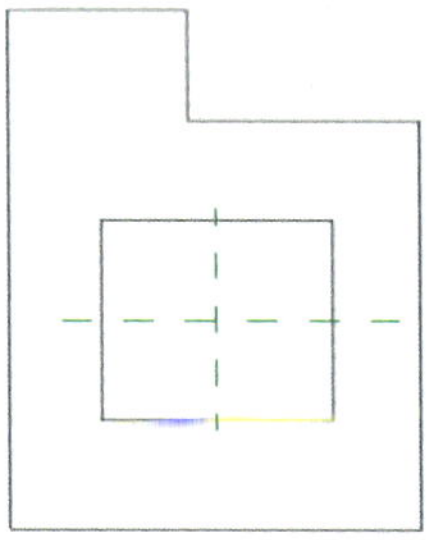

图 4-331 调整轮廓

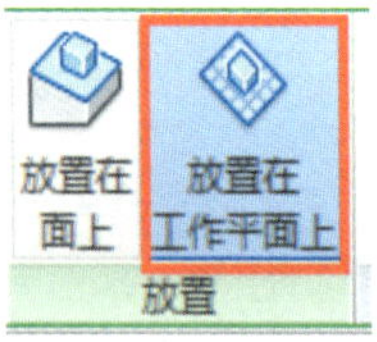


图 4-332 选择放置形式

（2）再按天花板设计放置主龙骨。将创建好的"天花-主龙骨"和"天花-次龙骨"载入"基于天花板的公制常规模型"族文件中。单击"创建"选项卡，在"模型"面板中选择"构件"命令，开始布置主龙骨，选择放置的方式为"放置在工作平面上"，如图 4-332 所示，按图 4-333 所示间距布置主龙骨位置，布置完成后如图 4-334 所示。

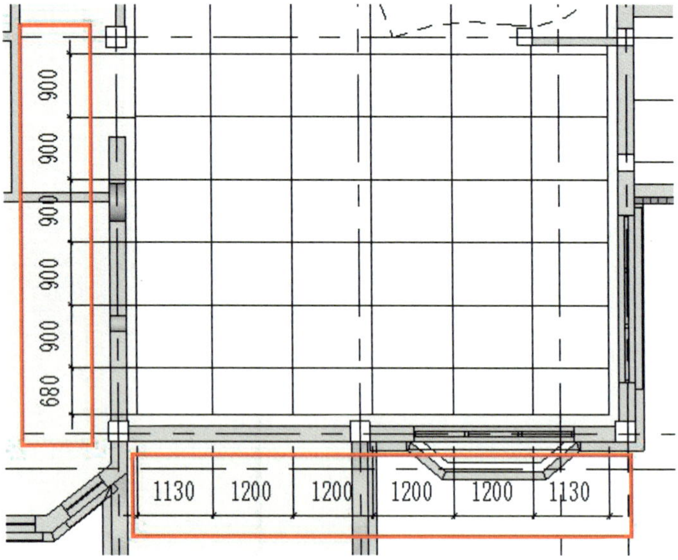


图 4-333 主龙骨间距

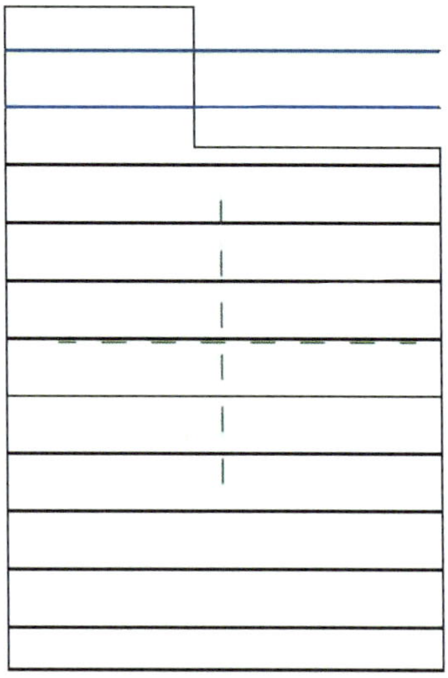

图 4-334 布置主龙骨位置

（3）选择最上面的两根龙骨，在"属性"面板中点击"编辑类型"按钮，在"类型属性"面板中点击"复制"，重命名为"天花-主龙骨 2"，修改其"拉伸长度"为"3060.0"，如图 4-335 所示。

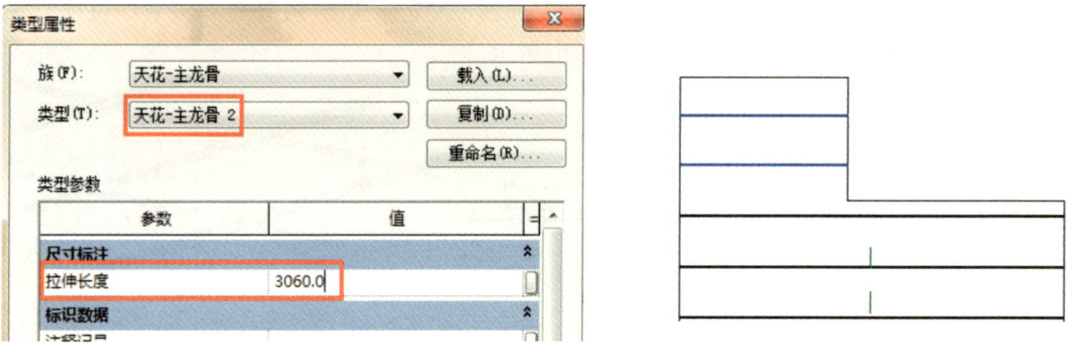


图 4-335 修改主龙骨拉伸参数

（4）开始放置“天花-次龙骨”族，放置方法同上，在“创建”选项卡下选择“构件”工具，在“属性”面板中选择“天花-次龙骨”，点击“编辑类型”按钮，在“类型属性”对话框中修改“拉伸长度”为“8160”，如图 4-336 所示。

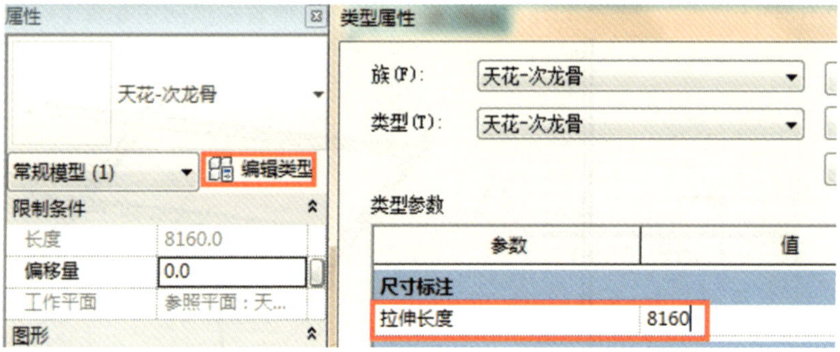


图 4-336 修改次龙骨拉伸参数

（5）同理，按图 4-333 所示间距布置次龙骨位置，布置完成后如图 4-337 所示。选中最左侧两根次龙骨，在“属性”面板中点击“编辑类型”按钮，在“类型属性”对话框中点击“复制”，重命名为“天花-次龙骨 2”，修改“拉伸长度”为“10360”，修改完成后如图 4-338 所示。

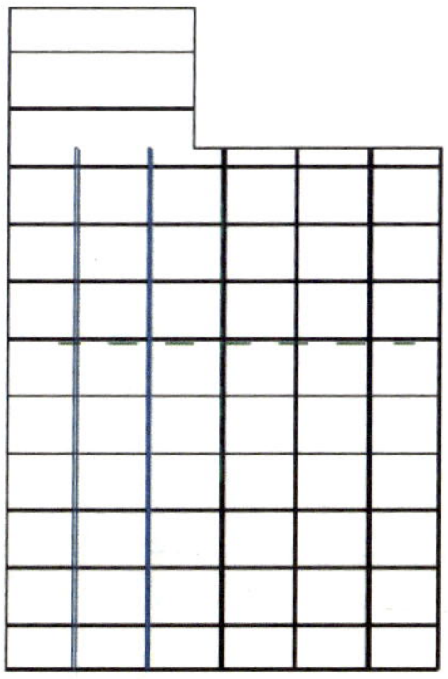

图 4-337 布置次龙骨位置

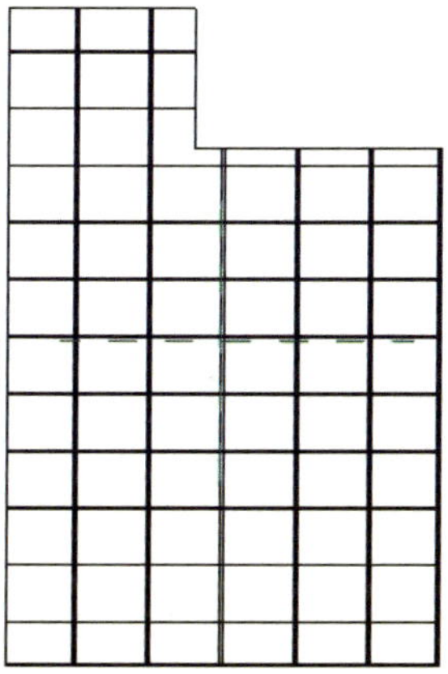

图 4-338 完成次龙骨布置

（6）在“项目浏览器”的“立面”面板中双击“左”进入左立面视图，调整主、次龙骨的位置关系，如图 4-339 所示，修改完成后的效果如图 4-340 所示。

图 4-339　调整主、次龙骨位置

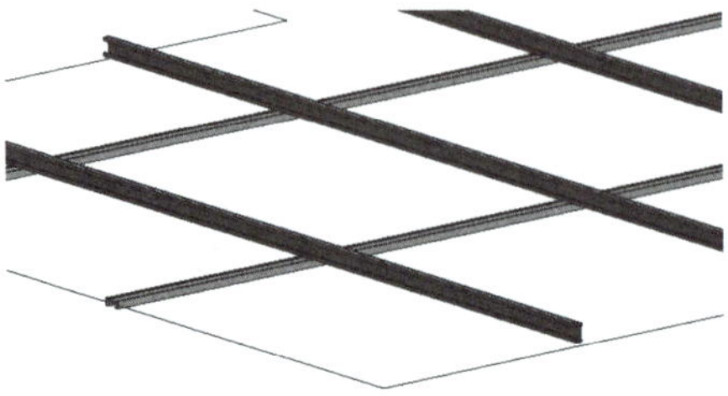

图 4-340　龙骨设置效果

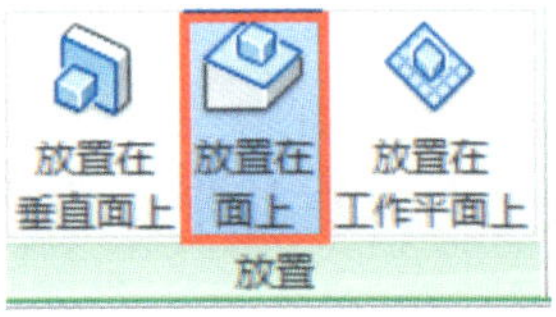


图 4-341　设置吊杆的放置方式

（7）接下来开始放置龙骨吊杆。将之前创建好的“主龙骨吊杆”族载入“基于天花板的公制常规模型”中。点击“创建”选项卡，在“模型”面板中选择“构件”命令，在“属性”面板中选择构件类型为“主龙骨吊杆”，选择放置方式为“放置在面上”，如图 4-341 所示。

（8）开始布置主龙骨吊杆，放置在横向主龙骨上，如图 4-342 所示。

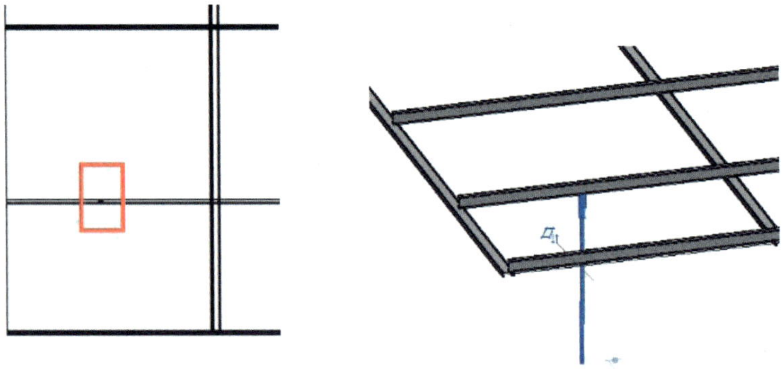

图 4-342　布置主龙骨吊杆

（9）若进入三维视图发现主龙骨吊杆的方向是反的，选中龙骨吊杆，点击“翻转工作平面”按钮，如图 4-343(a)所示，调整吊杆方向，如图 4-343(b)所示。

（a）　　（b）

图 4-343　调整吊杆方向

(10)放置其他吊杆,如图 4-344 所示。

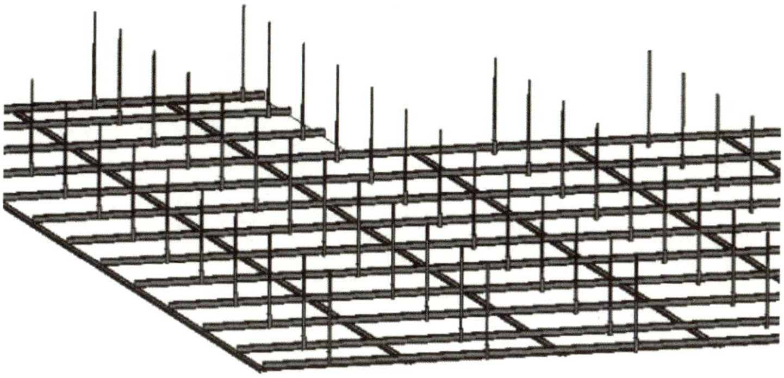

图 4-344　放置其他吊杆

至此,“基于天花板的公制常规模型”创建完成。将族载入项目中,放置到天花板位置,如图 4-345 所示。

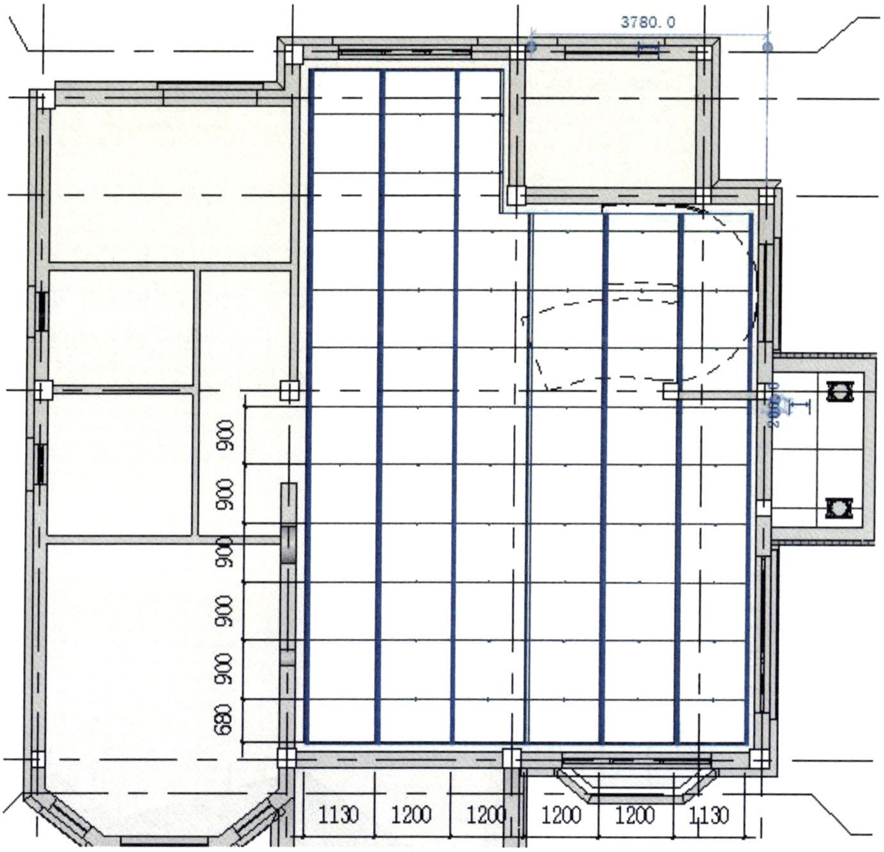


图 4-345　完成天花板创建

## 4.11.2　灯具布置

Revit 灯具族组成元素主要有“灯具模型”(自由创建)和“灯光光源”(样板内置)。案例中使用的灯具均从族中载入,不再详细讲解灯具族的制作方式,下面主要介绍“灯光光源”在族中参数的控制。

(1)天花板主体创建完成后要进行的是灯具的布置。首先要载入“灯具族”,使用“插入”选项卡下“载入族”命令,在系统自带的族库中打开“Architecture”➤“照明设备”➤“天花板灯”➤“吸顶灯 1.rfa”,点击“打开”按钮,将族载入项目中,如图 4-346 所示。

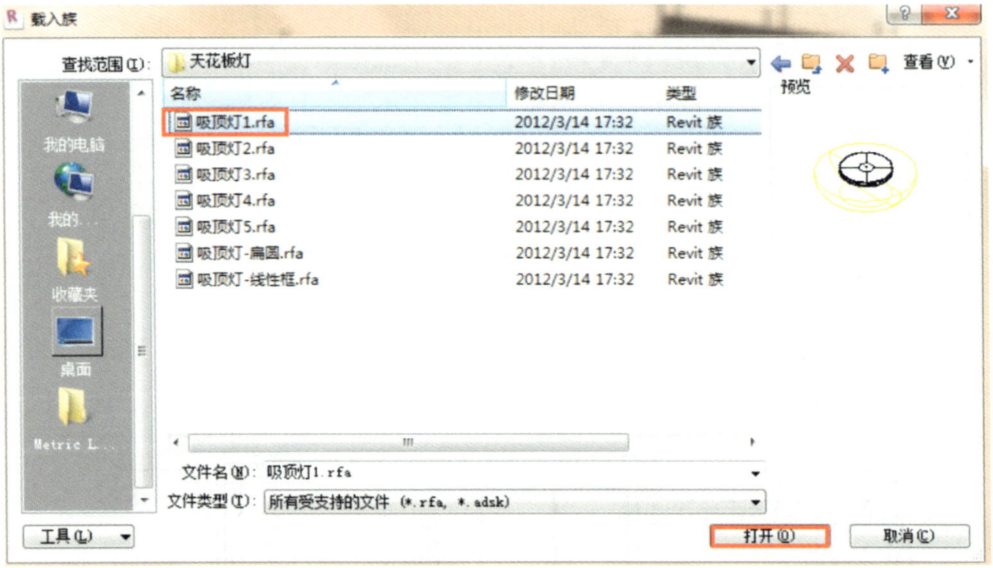


图 4-346　载入吸顶灯族

(2)进入“天花板平面 1F”视图中,点击“建筑”选项卡,在“构建”面板中选择“构件”工具,在下拉列表中选择“放置构件”,如图 4-347 所示,在“属性”面板中选择刚刚载入的灯具族,放置到合适的位置即可,如图 4-348 所示。

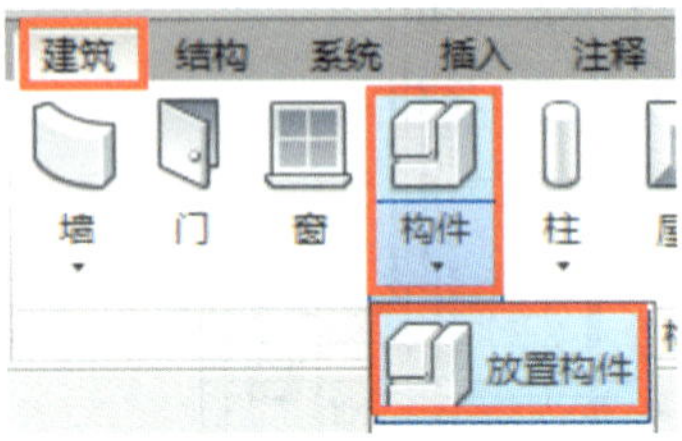


图 4-347　放置构件面板

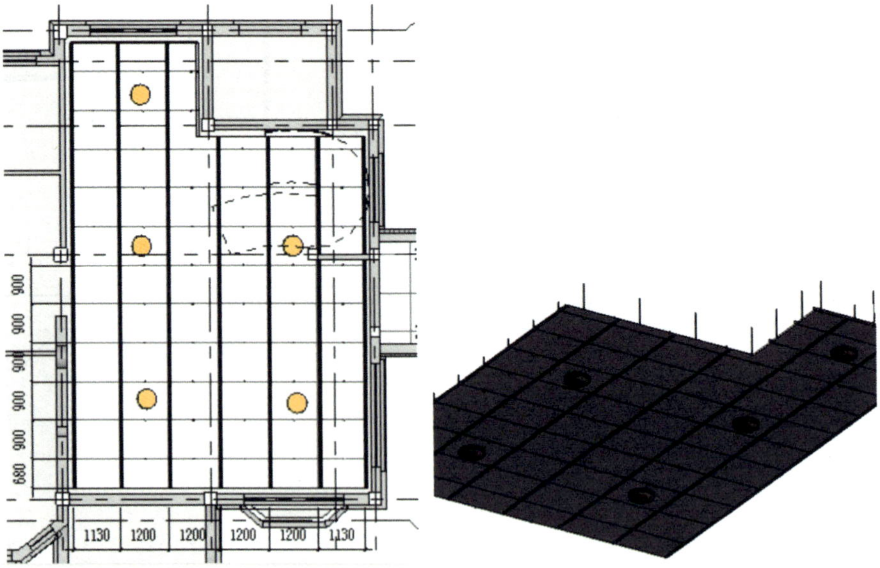


图 4-348　在合适的位置放置灯具族

## 课后习题

**一、单选题**

1. 如何在天花板建立一个开口？(　)。

A. 修改天花板,将“开口”参数的值设为“是”

B. 修改天花板,编辑它的草图加入另一个闭合的线回路

C. 修改天花板,编辑它的外侧回路的草图线,在其上产生曲折

D. 删除这个天花板,重新创建,使用坡度功能

2. 在一层平面视图创建天花板,为何在此平面视图中看不见天花板？(　)。

A. 天花板默认不显示

B. 天花板的网格只在3D视图显示

C. 天花板位于楼层平面切平面之上,开启天花板平面可以看见

D. 天花板只有渲染才看得见

3. 进入三维视图观察发现龙骨吊杆的方向是反的,选中龙骨吊杆,点击什么按钮,更方便快捷调整吊杆方向？(　)。

A. 不能修改,只能重新绘制　　B. 镜像

C. 对称　　D. 翻转工作平面

**二、判断题**

1. “不上人吊顶-纸面石膏板”包括吊顶龙骨、面板、通风口及窗帘盒。(　)

2. 可以利用新建“基于线的公制常规模型”族来创建案例中主次龙骨。(　)

3. 在立面图中可以调整主次龙骨的位置关系。(　)

# 4.12　场地设置与场地构件创建

使用Revit提供的场地构件,可以为项目创建场地构件,完成现场场地设计,包括定义场地的等高线,标记的等高线高程,场地坐标,建筑红线,子类别(道路、地面铺装等);还可以在场地中添加场地构件,丰富整个场地的表现,包括植物、建筑小品、停车场、车辆、人物等。

【视频讲解】

## 4.12.1　场地设置

4.12.1.1　创建地形表面

在Revit中场地创建使用的是地形表面功能,地形表面在三维视图中仅显示地形,需要勾选剖面框之后进行剖切才能显示地形厚度。地形创建有以下三种方式:

①直接放置高程点,按照高程连接各个点形成表面。

②导入等高线数据来创建地形,支持的文件格式有DWG、DXF或DGN,其中文件需要包含三维数据并且等高线$Z$方向正确。

③导入土木工程应用程序中的点文件,包含$X$、$Y$、$Z$坐标值,支持CSV或者TXT文件格式。

下面主要介绍使用“高程点”命令来创建地形表面。

(1)打开Revit软件,新建一个项目,点击应用程序菜单下拉列表中的“新建-项目”,弹出“新建项目”对话框,在“样板文件”列表中选择“建筑样板”,单击“确定”即可创建一个新的项目文件。

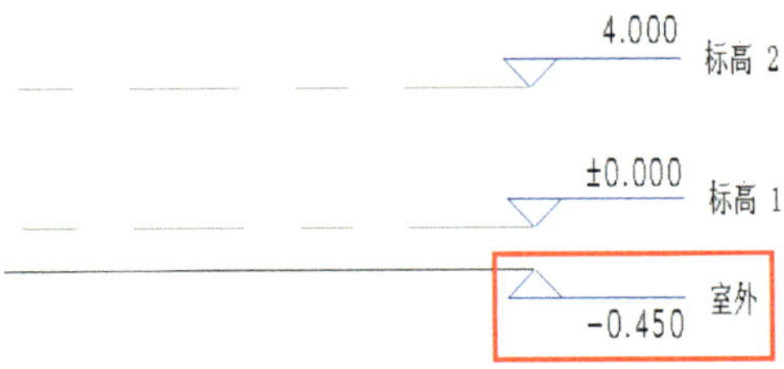


图 4-349　创建新标高

（2）在“项目浏览器”中双击“南”，进入南立面视图，在“建筑”面板下选择“标高”命令 标高 创建一个新的标高，如图 4-349 所示，重命名标高为“室外”，修改高程点为“−0.450”，修改标头为“下标头”。

（3）在“项目浏览器”中双击“室外”，进入室外平面视图，在“属性”浏览器中点击“视图范围”的“编辑”按钮，弹出“视图范围”对话框，在该对话框中设置视图范围参数，如图 4-350 所示。

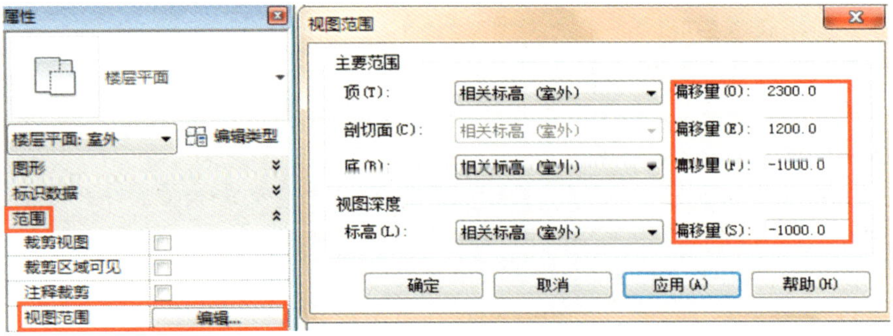


图 4-350　设置“视图范围”参数

（4）在工具栏中选择“插入”选项卡，在选项卡“导入”面板中单击“导入 CAD”按钮，如图 4-351 所示。在“查找范围”中找到光盘中的“场地 .dwg”CAD 文件，并且设置下面的“图层/标高”为“可见”，“导入单位”为“毫米”，“定位”调整为“自动-中心到中心”，如图 4-352 所示。单击“打开”按钮，就可以把“场地 .dwg”CAD 文件导入 Revit 中。

图 4-351　导入 CAD 文件

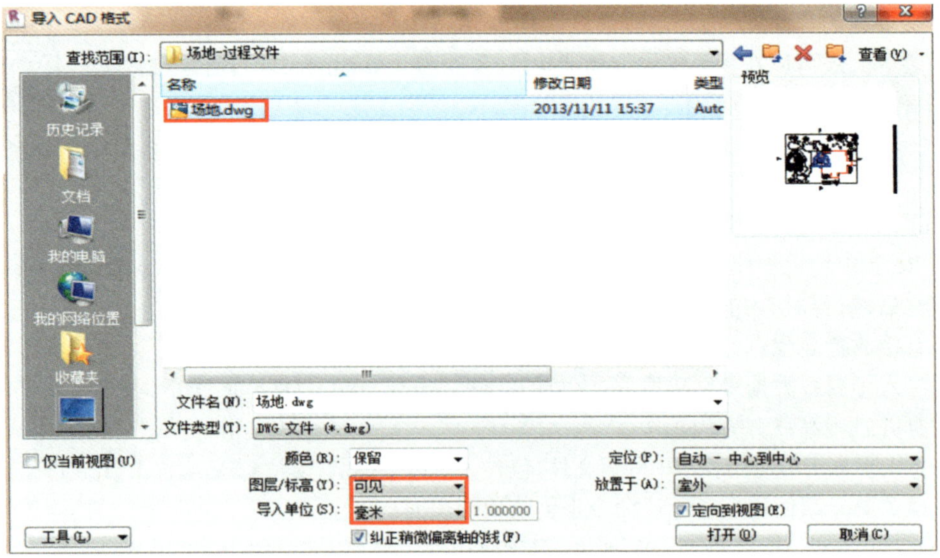


图 4-352　调整场地参数

（5）CAD 文件导入 Revit 后，单击鼠标左键选中 CAD 图形，在“修改|场地.dwg”选项卡下点击“ 🖈 ”按钮，如图 4-353 所示，将CAD图锁定，防止在操作的过程中图被移动。

图 4-353　锁定 CAD 图

（6）在绘图区域调整四个“立面符号”位置（框选并将其拖动到大致位置即可），如图 4-354 所示。

注：所绘制的模型一定要保证在四个立面符号范围内，否则易出现在某个立面看不到模型的情况。

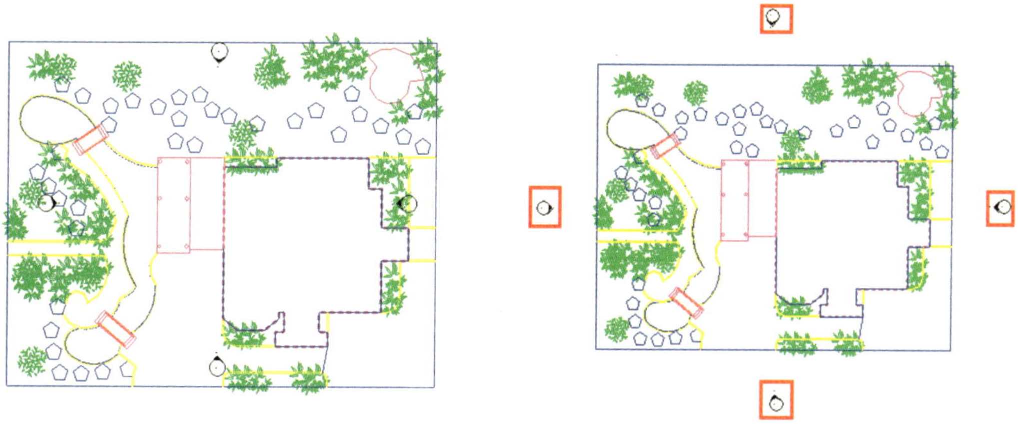

图 4-354　调整立面符号位置

（7）单击“体量和场地”选项卡，在“场地建模”面板中单击“地形表面”按钮，如图 4-355 所示，进入“编辑表面”界面。

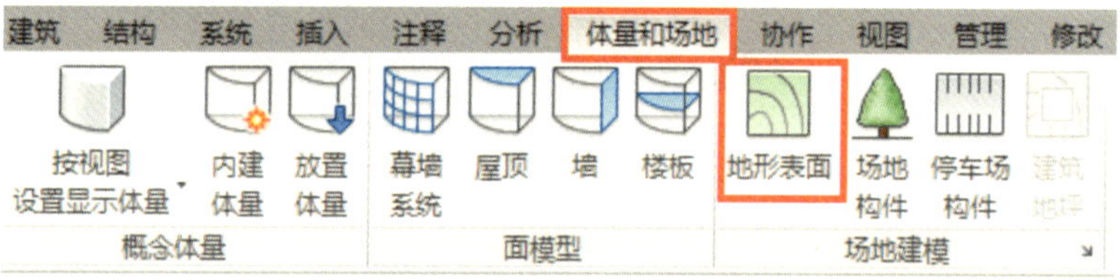


图 4-355　编辑“地形表面”界面

（8）在“工具”面板中选择“放置点”，并修改选项栏中的“高程”为“-450”，如图 4-356 所示。

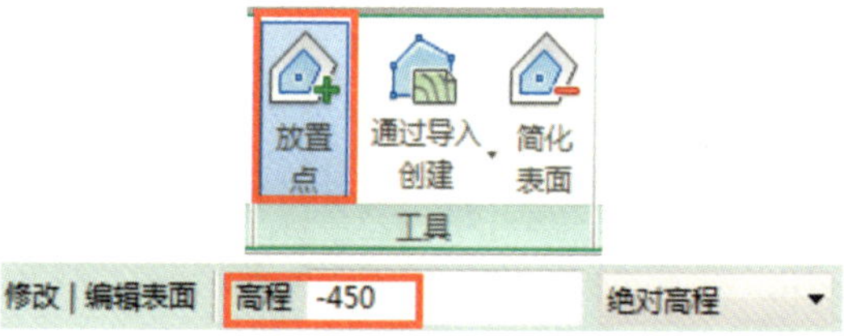


图 4-356　调整放置点高程

图 4-357　放置高程点

（9）参照 CAD 图，单击鼠标左键在 CAD 图的四个角上放置高程点，如图 4-357 所示。

（10）在“属性”面板中点击“材质-按类别”选项栏，为场地表面添加材质，如图 4-358 所示。点击“完成表面”按钮 ✔，完成“地形表面”创建，如图 4-359 所示。

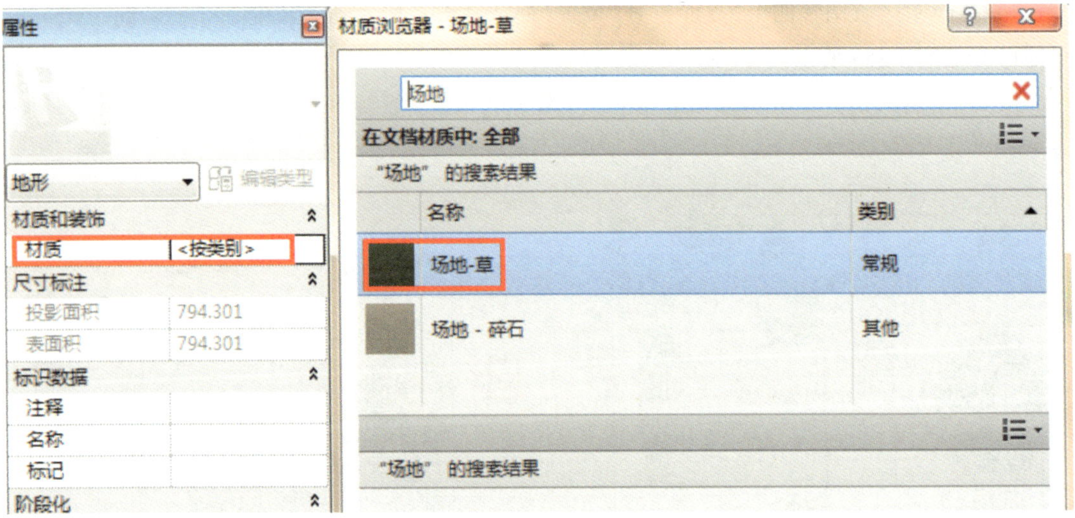


图 4-358　为场地表面添加材质

图 4-359　完成地形表面创建

4.12.1.2　创建建筑红线

建筑红线也称为建筑控制线，是指城市规划管理中，控制城市道路两侧沿街建筑物或构建物（如外墙、台阶等）靠临街面的界线。任何临街建筑物或构建物不得超过建筑红线。

在 Revit 中进行建筑红线的创建，操作步骤如下：

（1）进入室外平面视图，单击“体量和场地”选项卡，在“修改场地”面板中选择“建筑红线”，如图 4-360 所示。

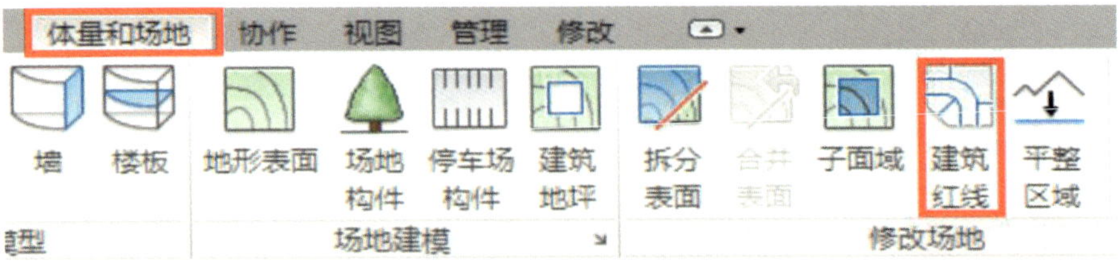


图 4-360　建筑红线

（2）单击打开“建筑红线”，会弹出“创建建筑红线”对话框，让用户选择创建建筑红线的方式，如图 4-361 所示，选择“通过绘制来创建”选项。

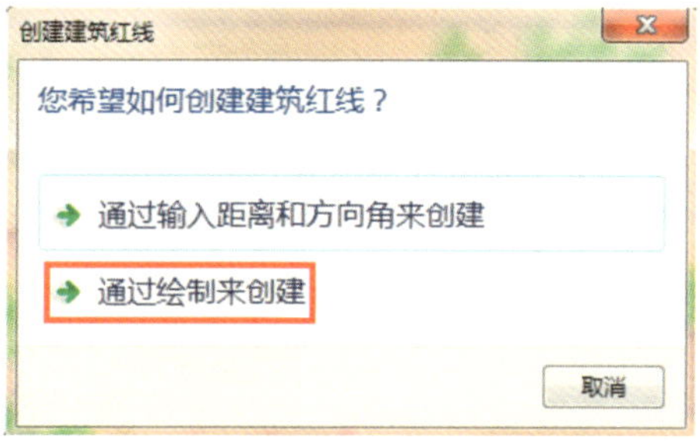


图 4-361 “创建建筑红线”对话框

注：用第一种方式绘制建筑红线必须要有距离和方向角这些数据才行；第二种方式则比较灵活，根据需要通过绘制即可创建。

（3）在“绘制”面板中选择“直线”进行绘制，如图 4-362 所示。

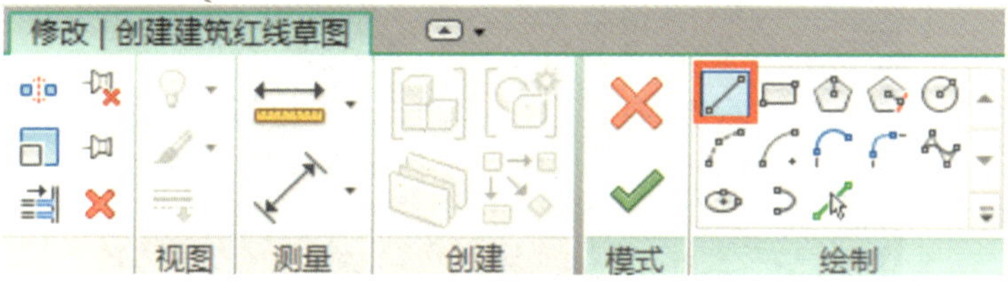


图 4-362 选择“直线”绘制建筑红线

（4）参照 CAD 图绘制图 4-363 所示“建筑红线”，然后用“修剪”命令闭合轮廓。

（5）单击“完成编辑模式”按钮，完成建筑红线创建，如图 4-364 所示。

图 4-363 绘制建筑红线

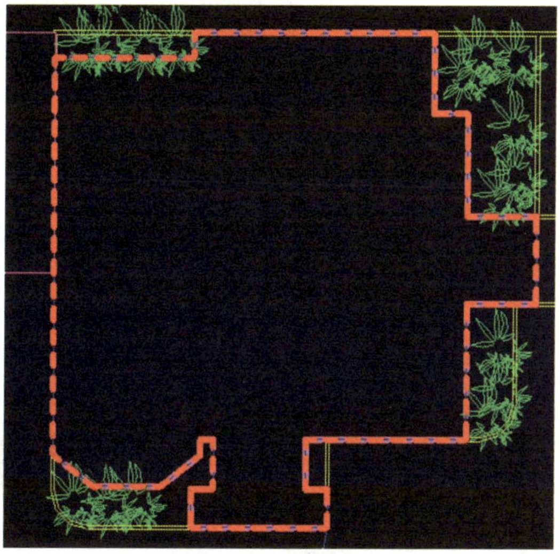

图 4-364 完成建筑红线创建

（6）绘制“建筑地坪”。单击打开“体量和场地”选项卡，然后在“场地建模”面板中选择“建筑地坪”命令，如图 4-365 所示。

（7）单击“建筑地坪”，进入“创建建筑地坪边界”界面，在“绘制”面板中选择“直线”进行绘制，如图 4-366 所示。

图 4-365　建筑地坪命令

图 4-366　选择“直线”绘制地坪边界

（8）沿着刚绘制的建筑红线边缘绘制建筑地坪的边界，如图 4-367 所示。

图 4-367　绘制地坪边界

（9）在“属性”面板中设置建筑地坪的标高，如图 4-368 所示。单击“完成编辑模式”命令 ✔，其效果如图 4-369 所示。

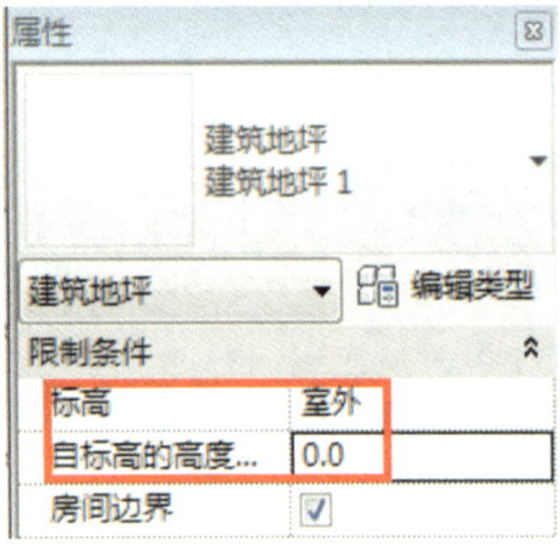


图 4-368　设置建筑地坪标高

图 4-369　完成建筑地坪设置

（10）使用“建筑地坪”命令创建其他场地构件。进入室外平面视图，单击“建筑地坪”命令，出现“创建建筑地坪边界”界面，在“绘制”面板中选择“拾取线”，如图 4-370 所示。

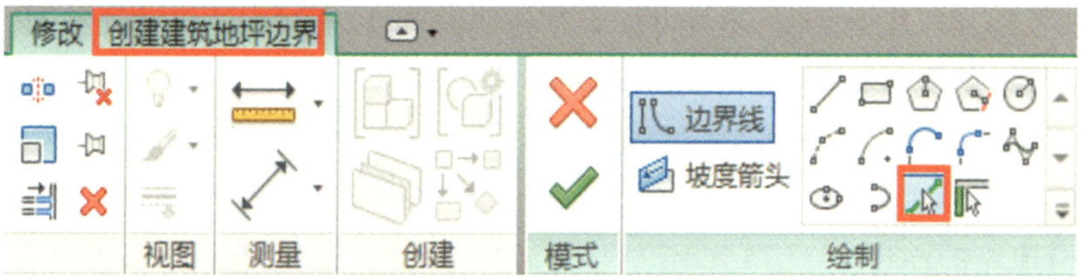


图 4-370　在“绘制”面板中选择“拾取线”

（11）在“属性”面板中设置“自标高的高度偏移”为“-250”，参照 CAD 图开始绘制右上角构件边界，如图 4-371 所示。点击“完成编辑模式”按钮 ✓，完成构件的创建，如图 4-372 所示。

图 4-371　绘制构件边界

图 4-372　完成构件创建(一)

（12）参照CAD图绘制一个中间场地构件，选择“建筑地坪”命令，设置建筑地坪“自标高的高度偏移”为“1750”，绘制图 4-373 所示边界，单击“完成编辑模式”按钮 ✓，完成构件的创建，如图 4-374 所示。

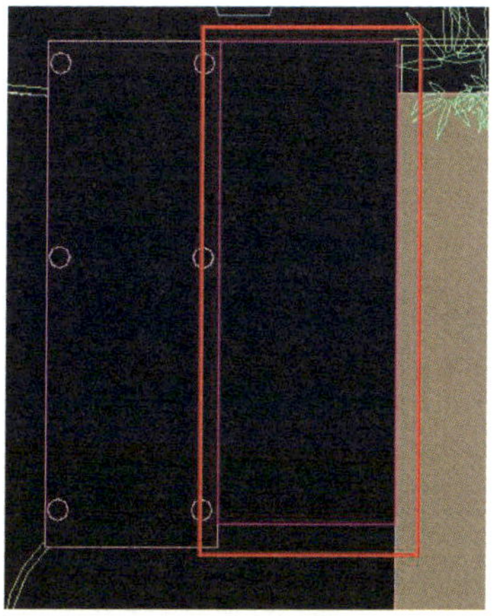

图 4-373　绘制边界

图 4-374　完成构件创建(二)

4.12.1.3　创建道路系统

创建道路同样要用到“建筑地坪”命令，建筑地坪可以定义结构和深度；在绘制地坪时，可以指定一个值来控制其标高的高度，还可以指定其他属性；可以通过在建筑地坪的周长之内绘制闭合环来定义地坪中的洞口，还可以为该建筑地坪定义坡度。

（1）单击“体量和场地”选项卡，在“场地建模”面板中选择“建筑地坪”命令，然后在“绘制”面板中选择“拾取线”，如图 4-375 所示，参照 CAD 图绘制图 4-376 所示轮廓，单击“完成编辑模式”按钮 ，完成道路的创建。

图 4-375　选择“拾取线”

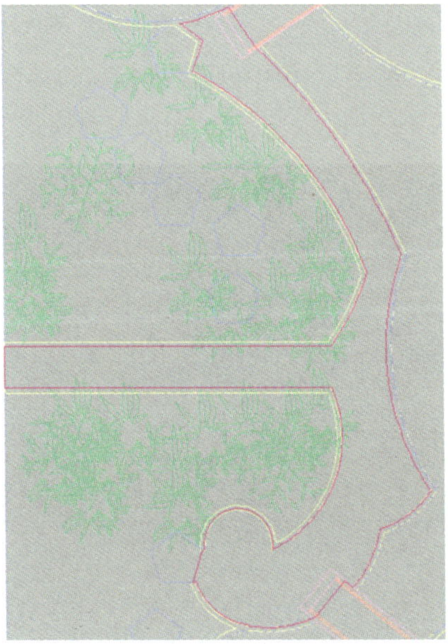

图 4-376　绘制道路轮廓

（2）为道路设置材质参数。单击选中道路，在“属性”面板中设置“自标高的高度偏移”为“0.0”，点击“编辑属性”按钮，打开“类型属性”对话框，点击“复制”创建一种新的“建筑地坪”类型，名称为“道路”，如图 4-377 所示。

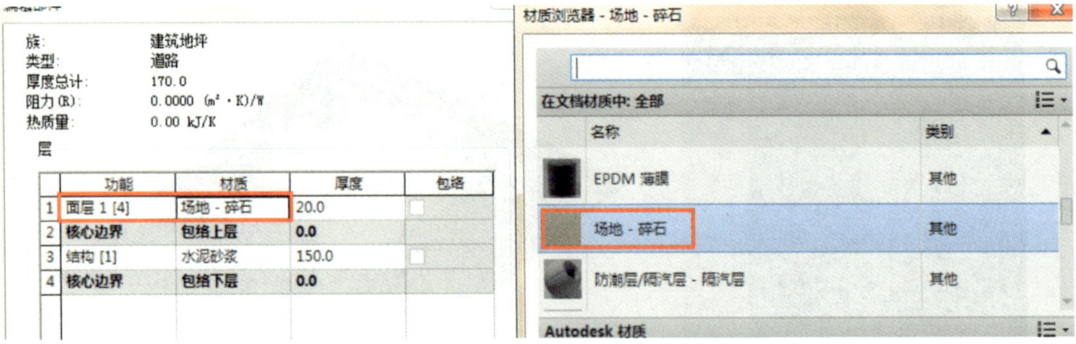


图 4-377　创建“道路”类型

注：此时如果不重新创建一个建筑地坪类型，则编辑的材质会对视图中所有建筑地坪的材质产生影响。

（3）在“类型属性”对话框中选择“构造”后的“编辑”按钮，对路面材质进行编辑，如图 4-378 所示，三次“确定”完成材质编辑，如图 4-379 所示。

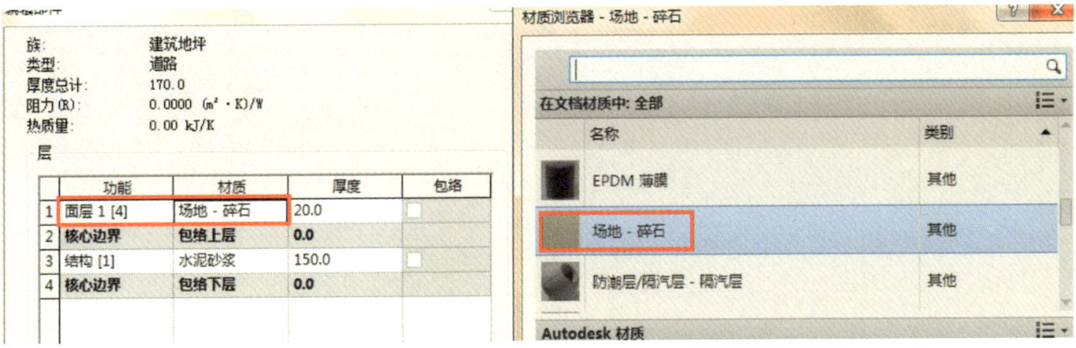


图 4-378　编辑道路材质

图 4-379　完成道路的材质设置

## 4.12.2　场地构件创建

4.12.2.1　创建硬质铺装

(1)点击“体量和场地”选项卡，选择“修改场地”面板中的“子面域”命令，如图 4-380 所示。在“绘制”面板中选择“拾取线”命令，参照 CAD 图纸绘制图 4-381 所示轮廓。

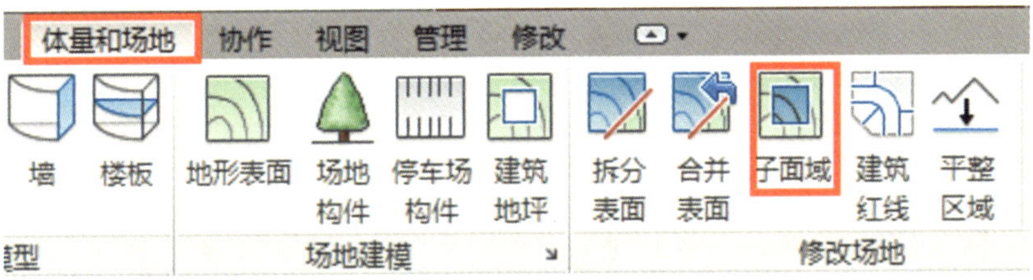


图 4-380　“子面域”命令

(2)单击“完成编辑模式”按钮✓，完成“硬质装饰场地”的绘制，如图 4-382 所示。

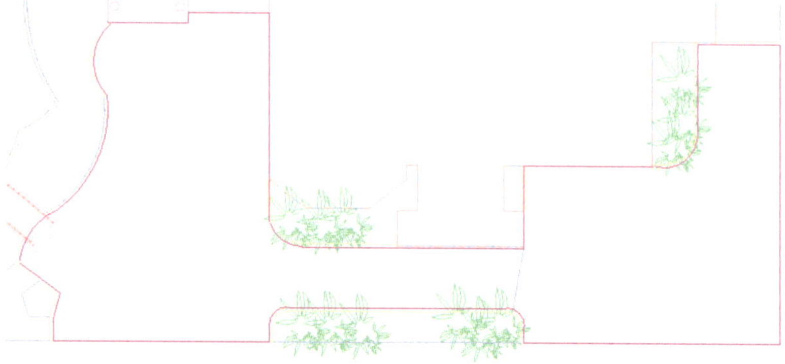

图 4-381 绘制硬质铺装轮廓

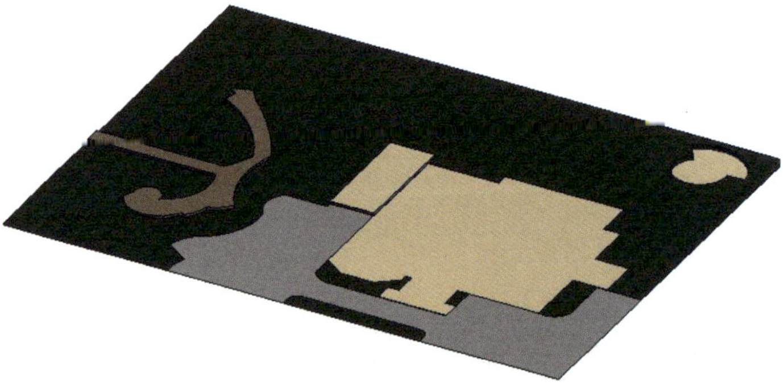

图 4-382 完成“硬质装饰场地”绘制

(3)采用“子面域”命令,参照 CAD 图绘制剩余的“硬质装饰道路”,如图 4-383 所示。

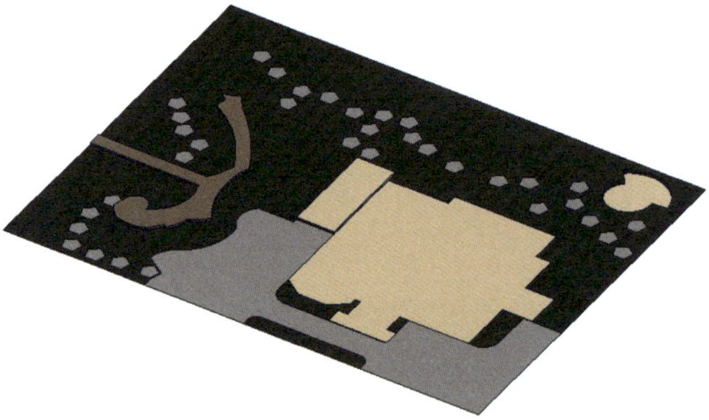

图 4-383 绘制其他装饰道路

注:用“子面域”创建场地构件时,要注意轮廓必须是一个闭合轮廓,用“子面域”创建“硬质装饰道路”时,必须一个一个地绘制,不可以一下绘制完成。

4.12.2.2 创建水池

要想使建筑周边环境更加丰富生动,水体的设计必不可少。下面用“建筑地坪”命令创建水池。

(1)为了方便绘制,首先绘制水池边沿的“路缘石”(路缘石的族文件采用基本墙进行编辑与绘制)。在“建筑”面板中选择“墙”命令,选择建筑墙“基本墙:常规-200”,通过“复制”创建新的族文件,命名为“场地路缘石”,材质设置为“水泥砂浆”,厚度改为“100.0”,如图 4-384 所示。“路缘石”的族文件绘制完成。

（2）在“属性”面板中调整“场地路缘石”限制条件，如图 4-385 所示。

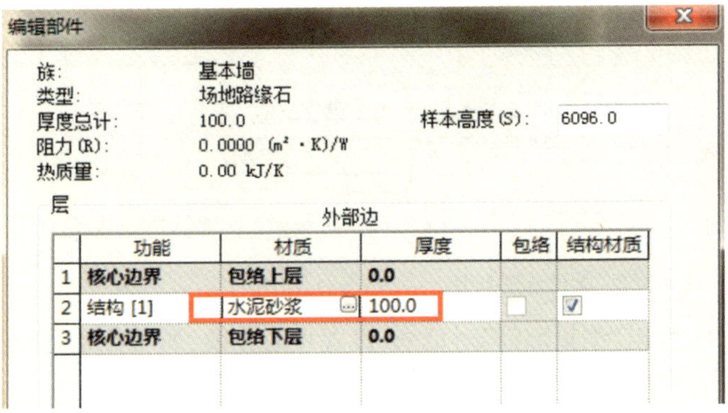


图 4-384　编辑“场地路缘石”族文件

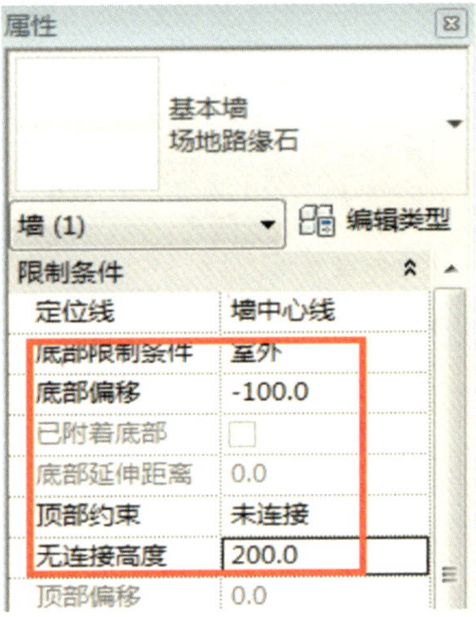


图 4-385　调整“场地路缘石”参数

（3）参照 CAD 图绘制图中所有的“路缘石”，绘制时可选用“拾取线”命令，后期用“对齐”或者“移动”命令调整墙体位置与 CAD 图对应，绘制完成后如图 4-386 所示。

（4）开始绘制水域。单击“体量和场地”选项卡，在“场地建模”面板中选择“建筑地坪”命令，在“绘制”面板中选择“拾取线”，参照 CAD 图绘制图 4-387 所示水池的轮廓，然后用“修剪”命令闭合轮廓。

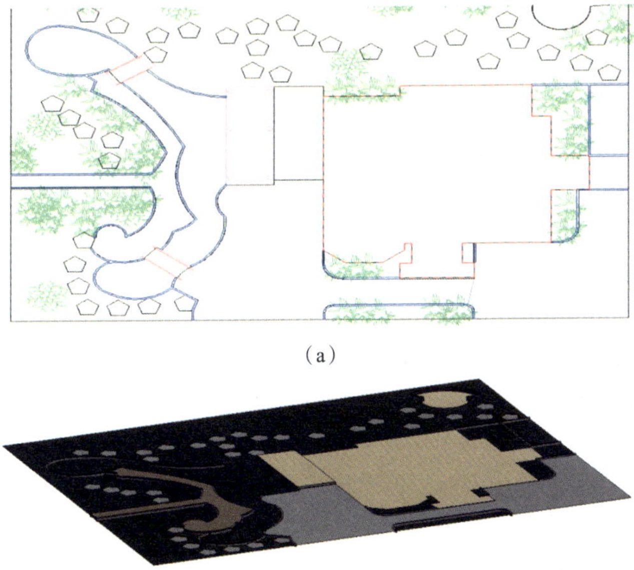
（a）
（b）

图 4-386　调整路缘石位置

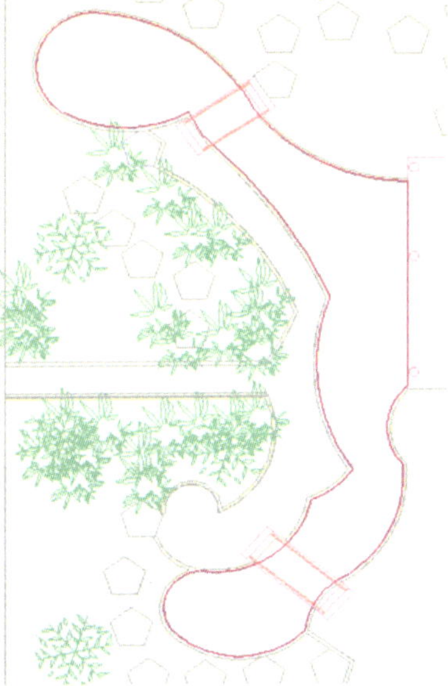

图 4-387　绘制水池轮廓

（5）在“属性”面板中点击“编辑类型”按钮，弹出“类型属性”对话框，点击“复制”创建新的“建筑地坪”类型，名称为“场地-水域”，如图 4-388 所示。

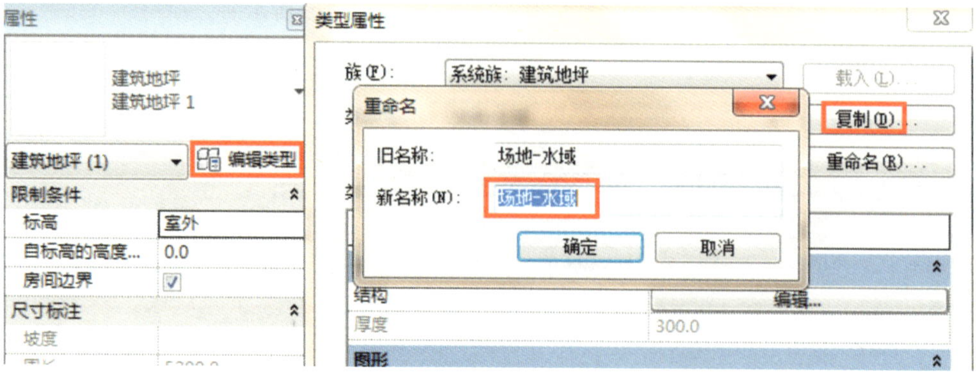

图 4-388　创建水域类型

（6）点击“结构”后面的“编辑”按钮，弹出“编辑部件”对话框，设置相应参数，如图 4-389 所示。

（7）点击“完成编辑模式”按钮 ✓，完成水域的绘制，完成后如图 4-390 所示。

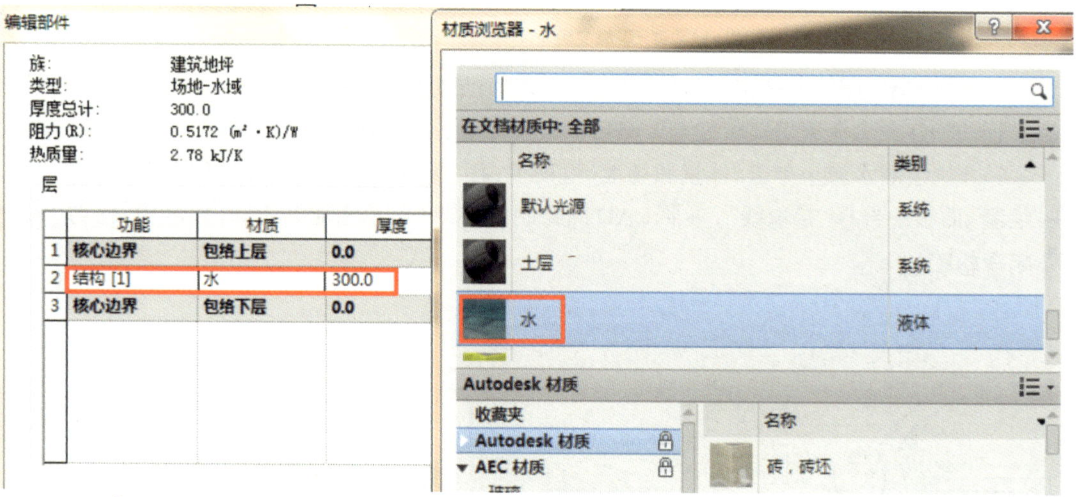

图 4-389　设置水域参数

图 4-390　完成水域绘制

4.12.2.3　创建木质地板

（1）单击“建筑”选项卡，在“构建”面板中选择“楼板”命令，如图 4-391 所示。

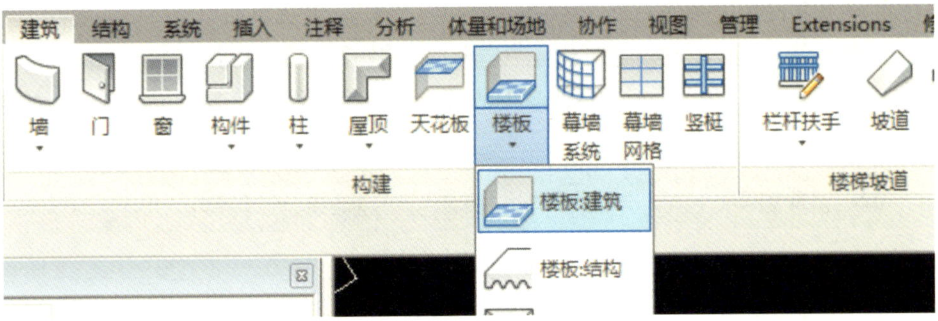


图 4-391 “楼板:建筑”命令

(2)进入“创建楼板边界”界面,在“属性”面板中选择楼板类型为“常规-300”,“自标高的高度偏移”为“300.0”。单击“编辑类型”按钮,在“类型属性”对话框中点击“结构”后面的“编辑”按钮,设置面层材质为“樱桃木”,如图 4-392 所示。

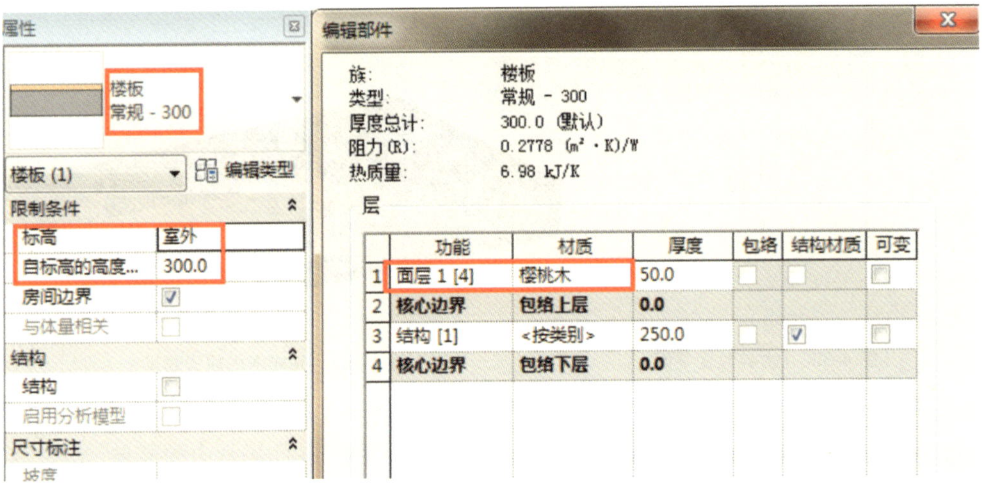


图 4-392 设置楼板参数(一)

(3)在“绘制”面板中选择“直线”,参照 CAD 图绘制图 4-393 所示楼板边界。点击“完成编辑模式”按钮 ✔,完成木质地板的创建,如图 4-394 所示。

图 4-393 绘制楼板边界

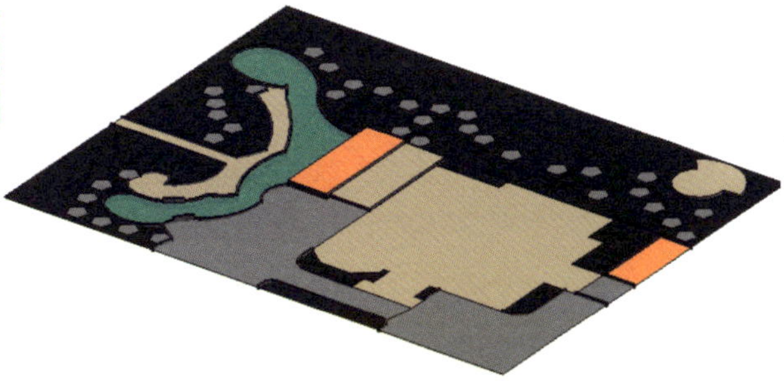

图 4-394 完成木质地板的创建

(4)为了达到实际所需要的效果,需要为其添加几个木桩,使其更加完美、真实。操作步骤如下:

单击打开"建筑"选项卡,在"构建"面板中选择"柱-结构柱",在"属性"面板中选择柱类型为"钢管混凝土柱-圆形-标准",在选项栏中修改柱的放置方式为"高度","未连接"为"600.0",如图 4-395 所示。

图 4-395　修改柱的放置高度

(5)参照 CAD 图放置到合适的位置,如图 4-396 所示。完成效果如图 4-397 所示。

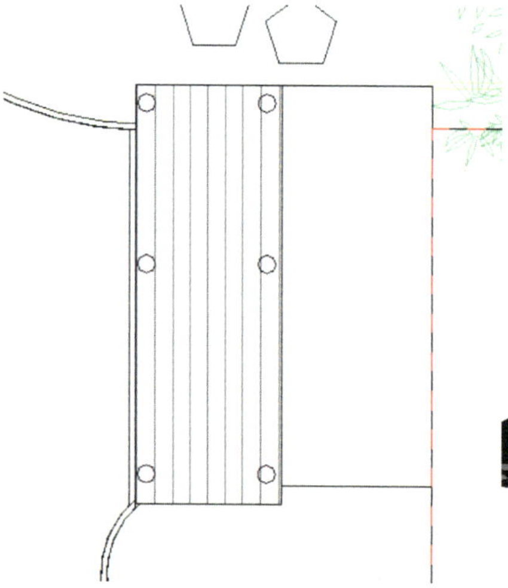

图 4-396　木桩放置平面

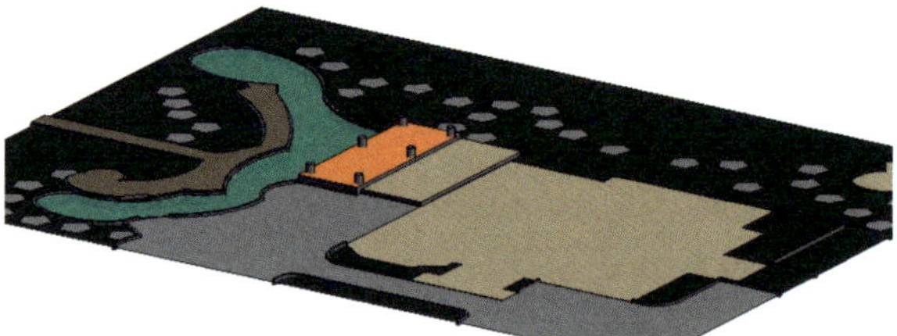

图 4-397　完成木桩放置效果

4.12.2.4　创建桥

在此场景中,有部分场景需要用户自己创建,以更符合用户在此场景中的要求(如桥、水面木架、凉亭等)。

(1)单击"建筑"选项卡,在"构建"面板中选择"楼板-楼板:建筑",如图 4-398 所示。

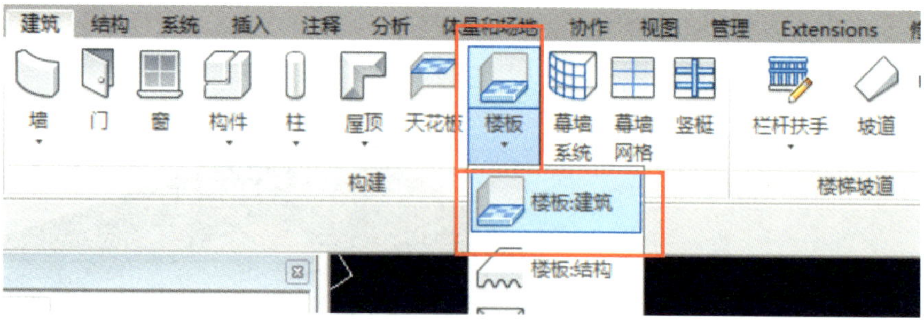


图 4-398　建筑楼板

(2)进入"创建楼板边界"界面,在"绘制"面板中选择"直线"。在"属性"面板中选择楼板类型为"常规-150mm-实心","自标高的高度偏移"为"400.0",如图 4-399 所示,参照 CAD 图绘制图 4-400 所示的楼板边界,点击"完成编辑模式" ✔ 按钮,完成楼板的创建。

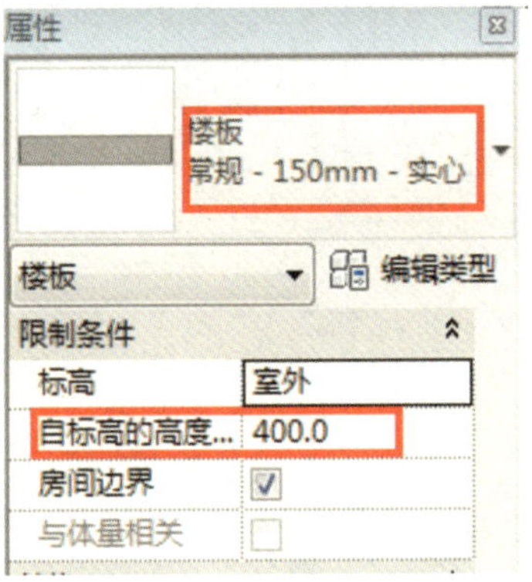


图 4-399　设置楼板参数(二)

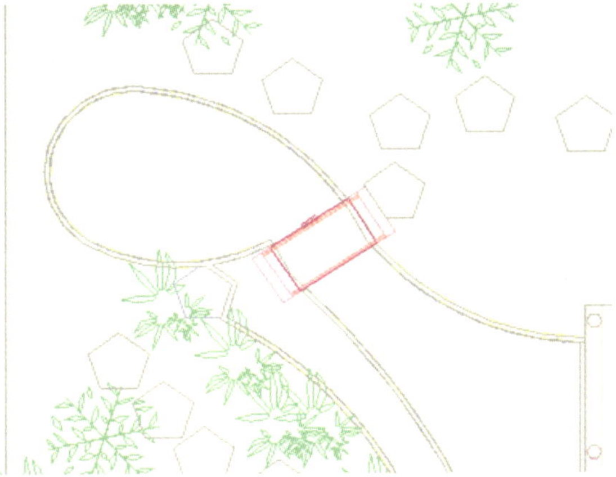

图 4-400　绘制楼板边界

(3)之前创建的“场地-路缘石”其属性为墙体,可以让其附着到楼板下,以作为桥支座。选择楼板两边的墙体,在“修改|墙体”面板中选择“附着顶部/底部”命令,拾取楼板附着到楼板上,其效果如图 4-401 所示。

(4)进一步完善桥的创建。进入三维视图,点击“建筑”选项卡,在“构建”面板中选择“楼板边缘”,拾取楼板的上边缘创建台阶,其效果如图 4-402 所示。

图 4-401　附着效果

图 4-402　创建台阶

(5)创建桥面扶手。进入室外平面视图,在“建筑”面板中选择“栏杆扶手-绘制路径”,如图 4-403 所示。

(6)进入“创建栏杆扶手路径”界面,在“绘制”面板中选择“直线”,在“属性”面板中选择栏杆类型为“900mm 圆管”,“底部偏移”为“400.0”,如图 4-404 所示,参照 CAD 图在楼板边缘绘制栏杆扶手,如图 4-405 所示。

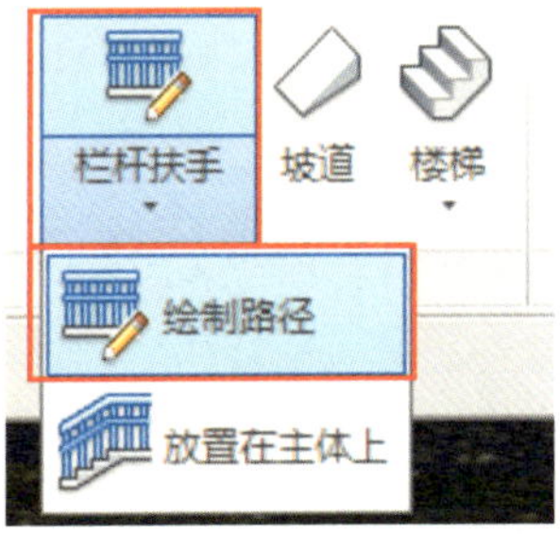


图 4-403　绘制路径

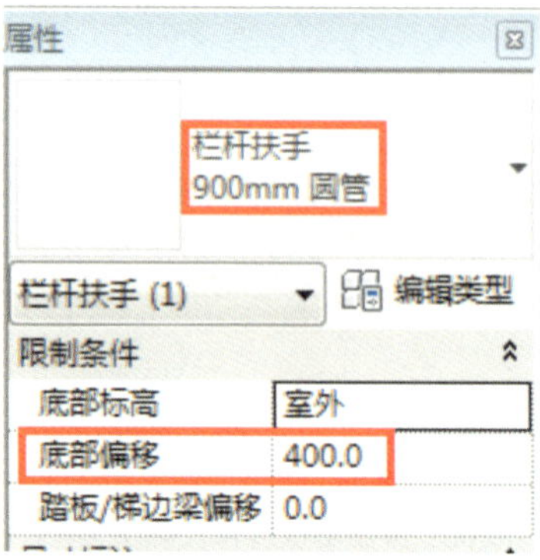


图 4-404　调整栏杆参数

图 4-405　栏杆扶手绘制效果

（7）采用同样的方法绘制 CAD 图中的另一座桥，创建完成后如图 4-406 所示。

图 4-406　完成桥的绘制

4.12.2.5　布置场地构件

（1）进入室外平面视图，单击“体量和场地”选项卡，在“场地建模”面板中选择“场地构件”命令，如图 4-407 所示。

图 4-407　“场地构件”命令

（2）在“模式”面板中点击“载入族”按钮，弹出“载入族”对话框，在“Architecture”默认族库中找到“植物”➤“3D”➤“草本”➤“草 3 3D.rfa”，如图 4-408 所示，最后单击“打开”把所需要的族载入到项目中。

同理，找到“植物”➤“3D”➤“灌木”➤“灌木 4 3D.rfa”，单击“打开”将族载入到项目中。

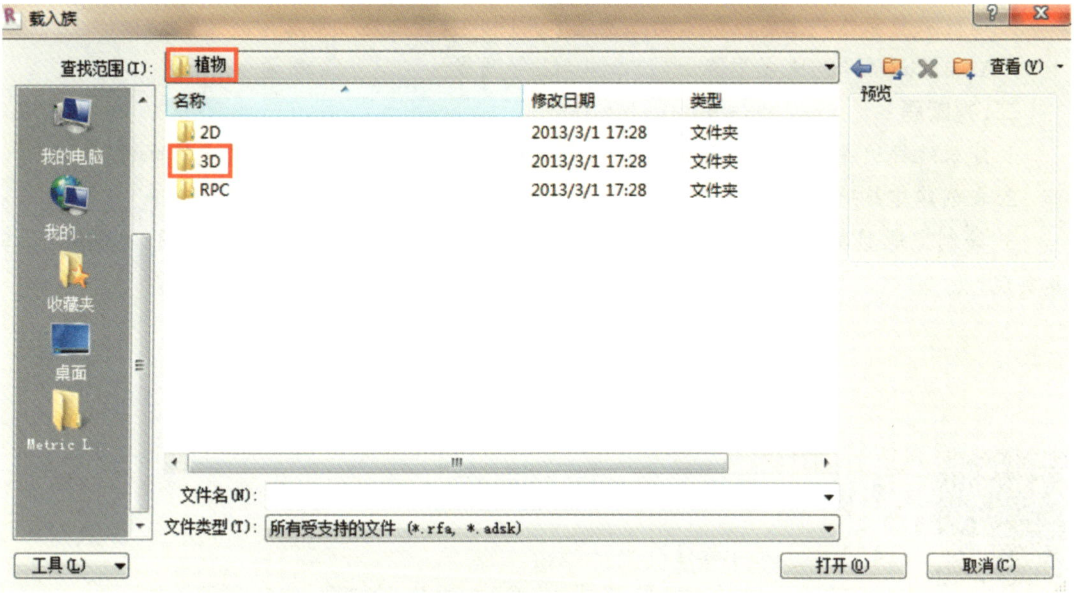


图 4-408　载入植物族

(3)载入族后,开始向场地布置构件。在"实例属性"的"类型选择器"中选择需要的场地构件,如图 4-409 所示,设置"标高"为"室外"。

(4)至此,完成所有场地构件的布置,如图 4-410 所示。

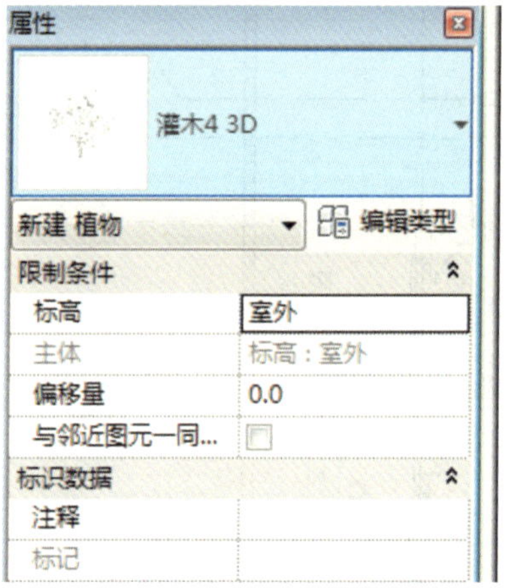


图 4-409　设置灌木标高

图 4-410　完成场地构件布置

## 课后习题

### 一、单选题

1. 项目中所载入的场地构件族,可以通过什么方式找到?(　　)。

A. "体量和场地"→"放置构件"的属性　B. "体量和场地"→"场地构件"的属性

C. "建筑"→""放置构件"的属性　D. "建筑"→"构件"→"场地构件"的属性

2. Revit 软件还提供了通过导入测量数据的方式创建地形表面,导入的三维等高线数据的格式不可以是(　　)。

A. PDF　B. DWG　C. DXF　D. DNG

3. 通过放置点方式生成地形表面主要是利用(　　)数据创建地形表面。

A. 自己设置　　B. 拾取点　　　　C. 等高线　　　　D. 测量

**二、判断题**

1. 建筑地坪边界不能超过场地范围,否则 Revit Architecture 将无法生成建筑地坪。(　　)

2. 在创建建筑地坪时,可以使用“坡度箭头”工具创建带有坡度的建筑地坪。(　　)

3. 绘制完地形表面模型后,还想在地形表面添加道路、场地景观等,可以使用“建筑地坪”工具实现。(　　)

# 4.13　建筑模型的表现

【视频讲解】

## 4.13.1　建筑平面视图的表现

### 4.13.1.1　尺寸标注

(1)进入一层平面视图,单击“建筑”选项卡,绘制图 4-411 所示墙体。

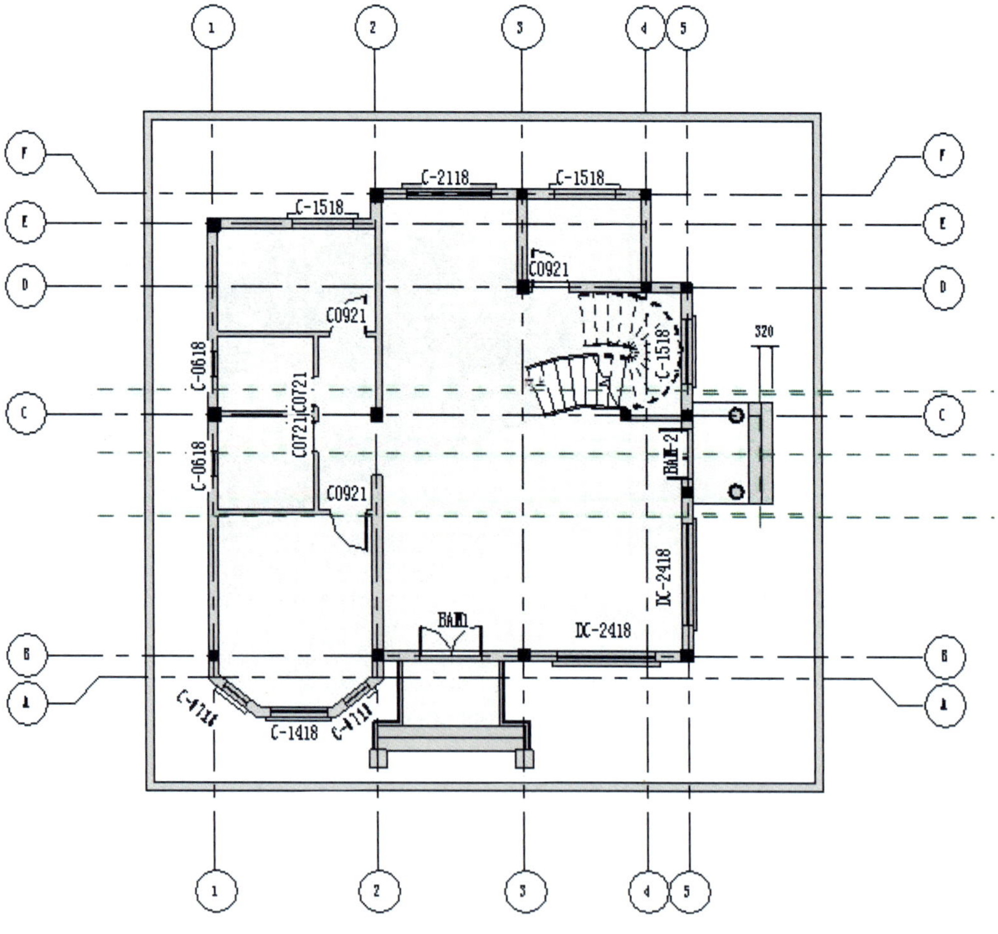


图 4-411　绘制墙体

(2)单击“注释”选项卡中的“对齐”命令,并在“自动尺寸标注选项”里的“选择参照”中进行标注设置,拾取整个墙体,在“自动尺寸标注选项”中选择“相交轴网”,如图4-412所示。单击墙体完成轴线间的标注,完成后删除墙即可,如图4-413所示。

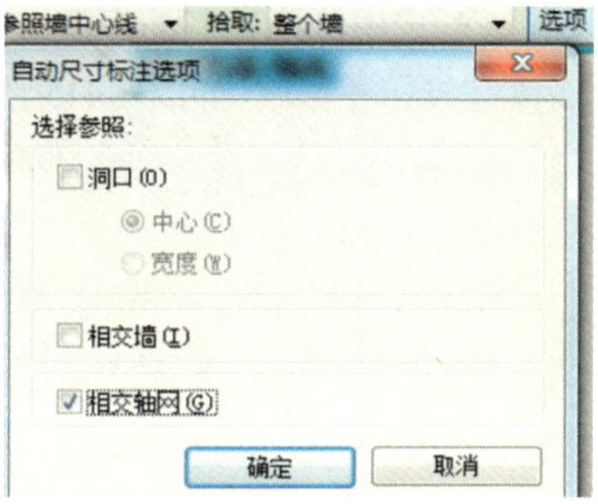

图4-412　拾取墙体

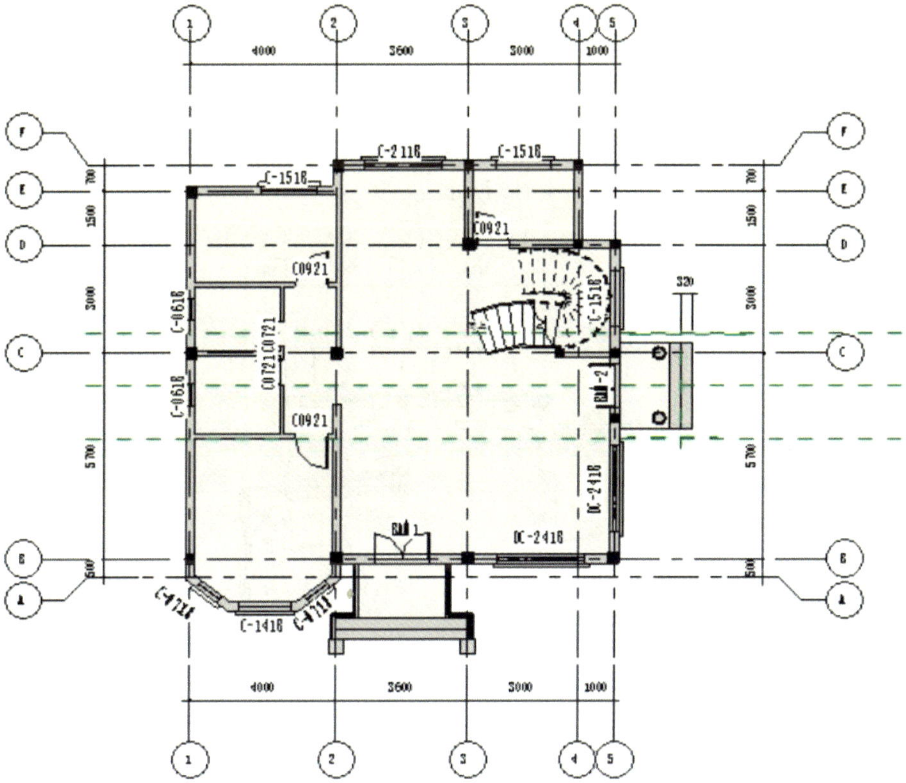

图4-413　完成轴线间的尺寸标注

(3)选中“注释”选项卡中的“对齐”命令,并在“自动尺寸标注选项”的“选择参照”里勾选“洞口”、“宽度”和“相交轴网”,标注墙体上的门窗洞口宽度,如图4-414所示。

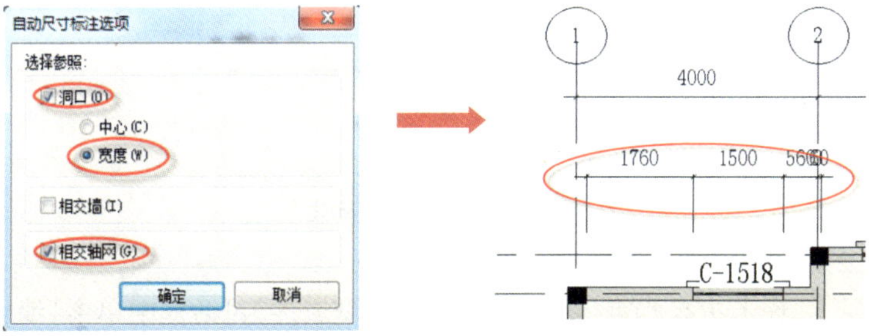

图4-414　标注门窗洞口尺寸

(4)选中刚刚绘制的标注，在“修改”选项卡中单击“编辑尺寸界线”，单击左侧 1 号轴和右侧墙体完成标注修改，如图 4-415 所示。

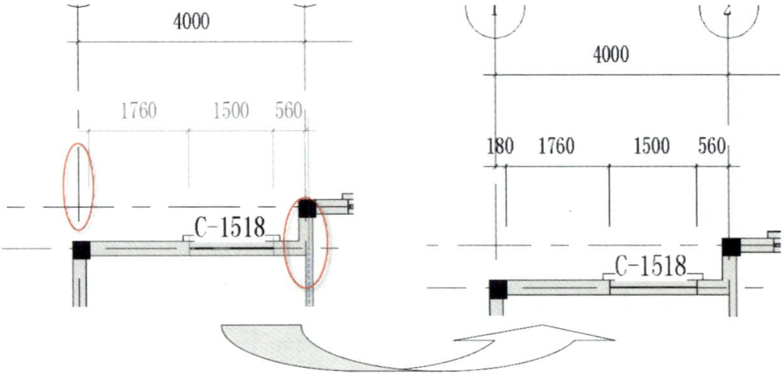


图 4-415　修改尺寸标注

(5)最后完成所有尺寸标注，如图 4-416 所示。

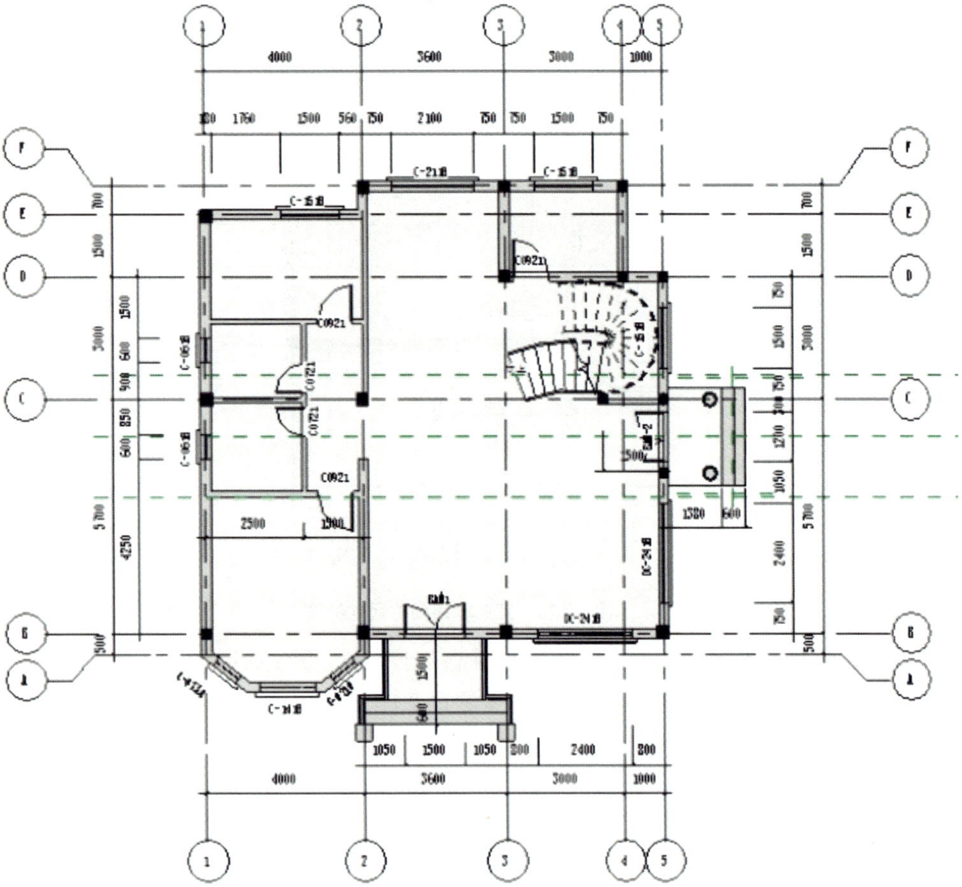


图 4-416　完成尺寸标注

4.13.1.2　平面图添加高程点标高

(1)单击“注释”选项卡中高程点 ，在弹出的“类型属性”对话框中单击“编辑类型”，复制出新类型“平面下标高”，符号选择“高程点”，修改单位为“米”，设置 2 个小数位，如图 4-417 所示。

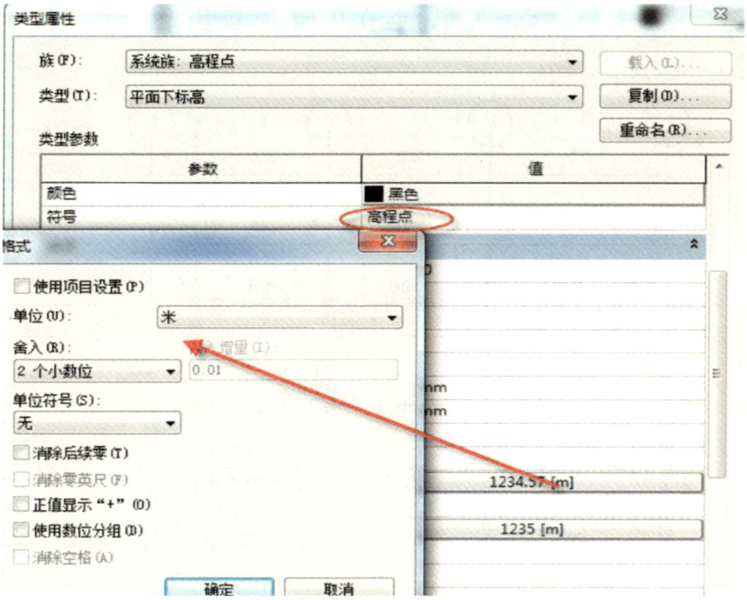


图 4-417　设置高程点参数

(2)如图 4-418 所示，放置高程点(高程点必须放置在图元构件上，所以在放置时要把视图改成着色)。

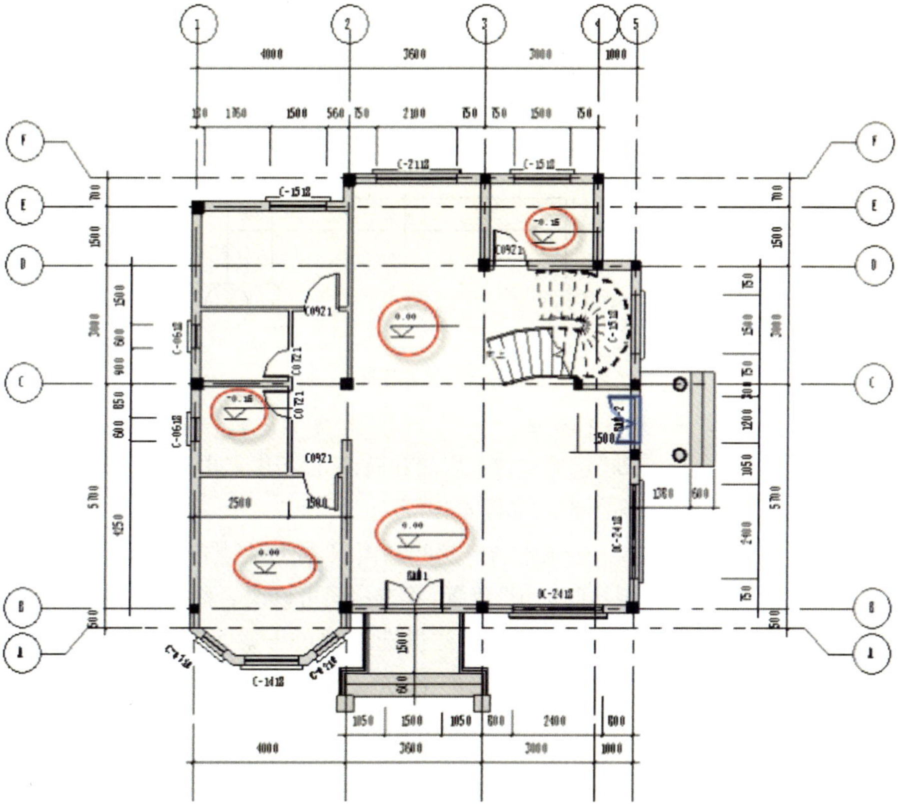

图 4-418　放置高程点

(3)点击“注释”选项卡中的“符号”命令,在“属性”面板里选择标高符号(负),并在图中放置修改后的标高,如图 4-419 所示。

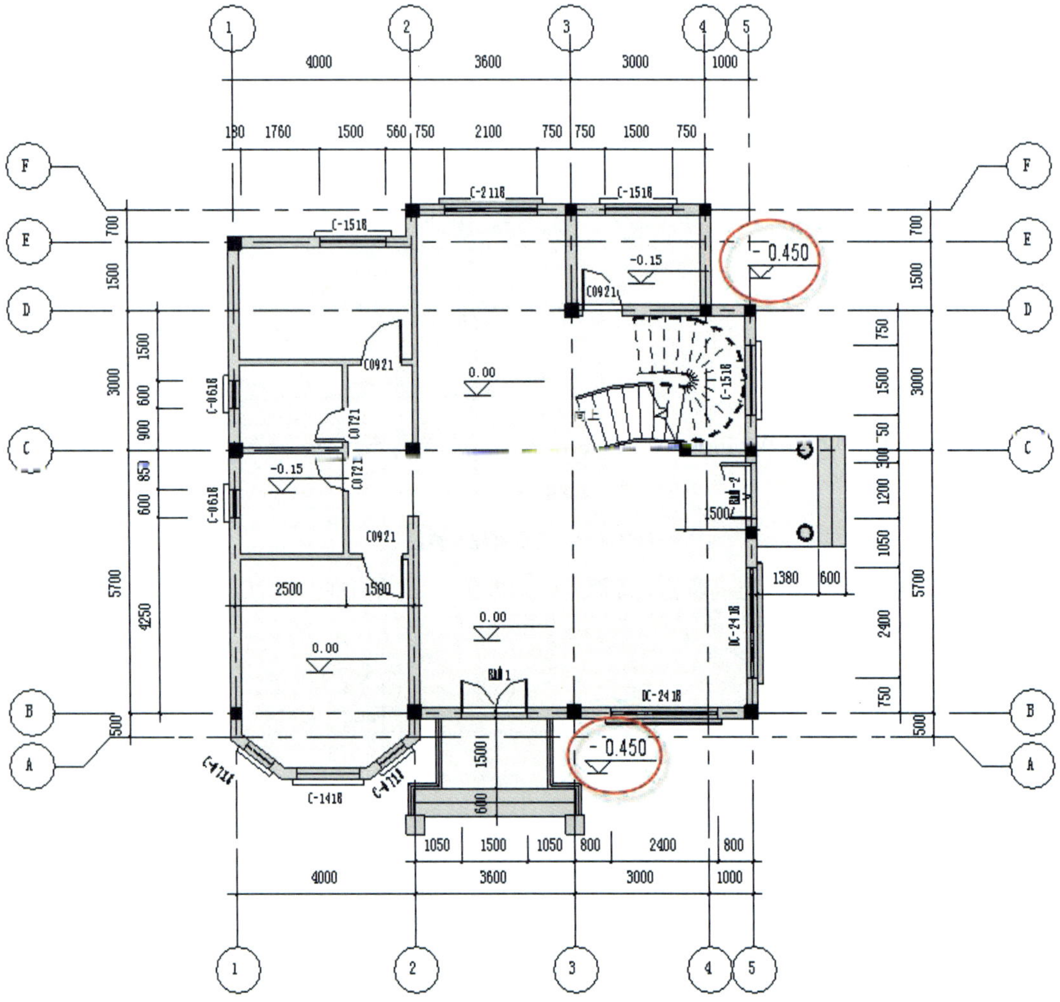


图 4-419 修改标高

【视频讲解】

4.13.1.3 划分功能区

(1)单击“建筑”选项卡,在“房间和面积”面板中点击“房间分隔”命令,使用“直线”命令绘制 3 条分隔线,如图 4-420 所示。

(2)单击“建筑”选项卡,在“房间和面积”面板中点击“房间”命令,在“图元”属性栏中选择“中国房间标记”放置,双击房间可修改名称,如图 4-421 所示。

(3)单击视图空白处,在“楼层平面”属性栏里选择颜色方案,在弹出的对话框中,在“方案类别”下方选择“房间”,在“颜色”下方选择“名称”,如图 4-422 所示(注意,单击“颜色”栏和“填充样式”栏可以修改)。

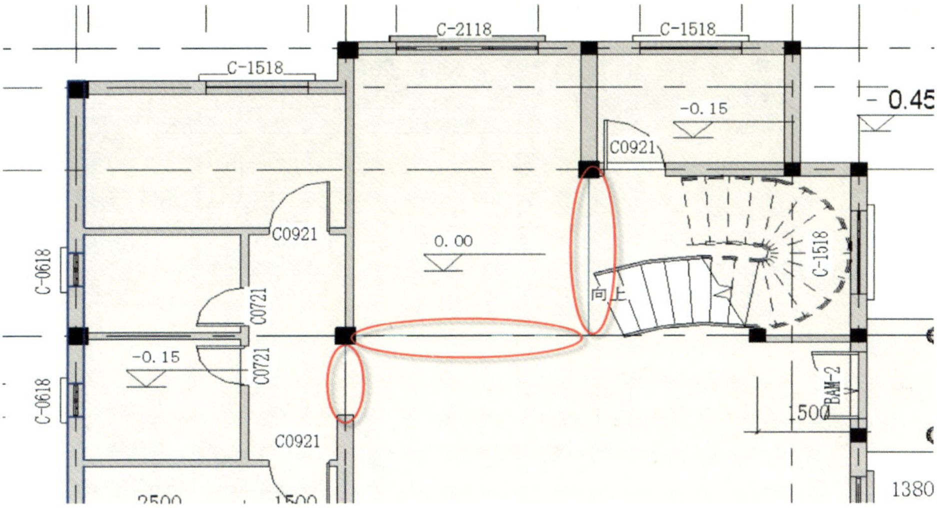


图 4-420 绘制分割线

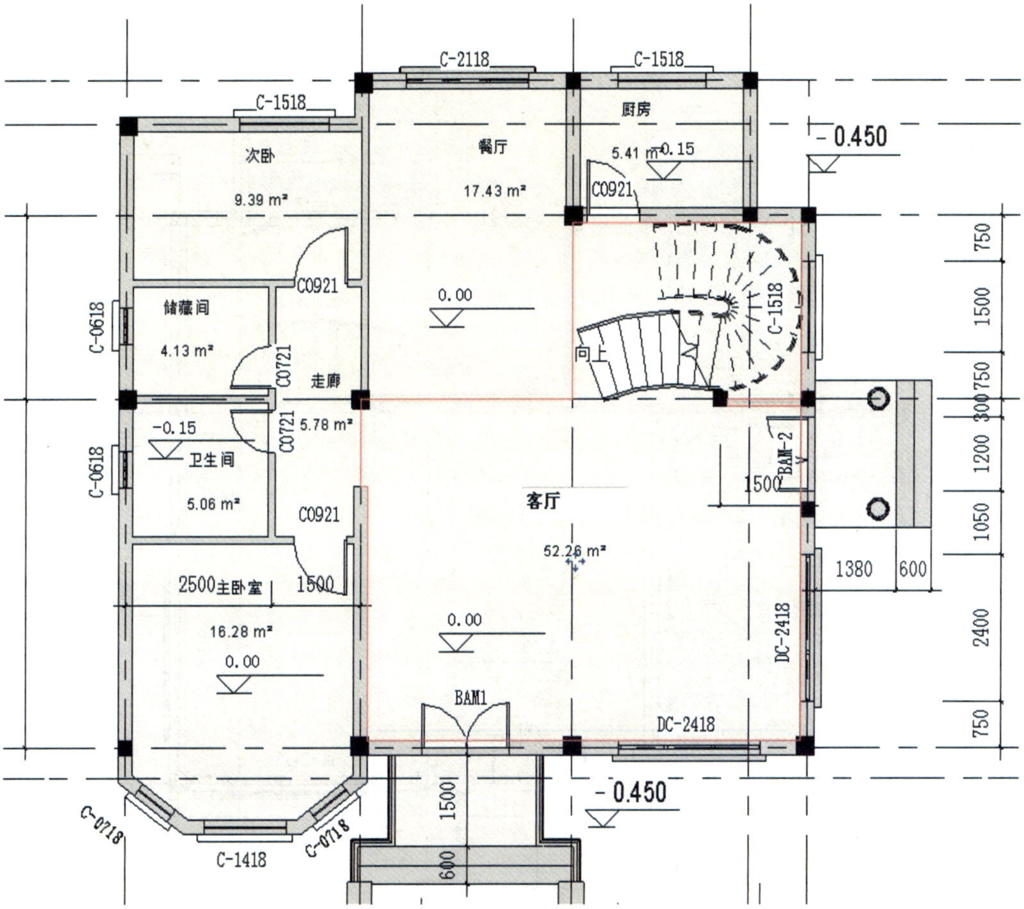


图 4-421 修改房间名称

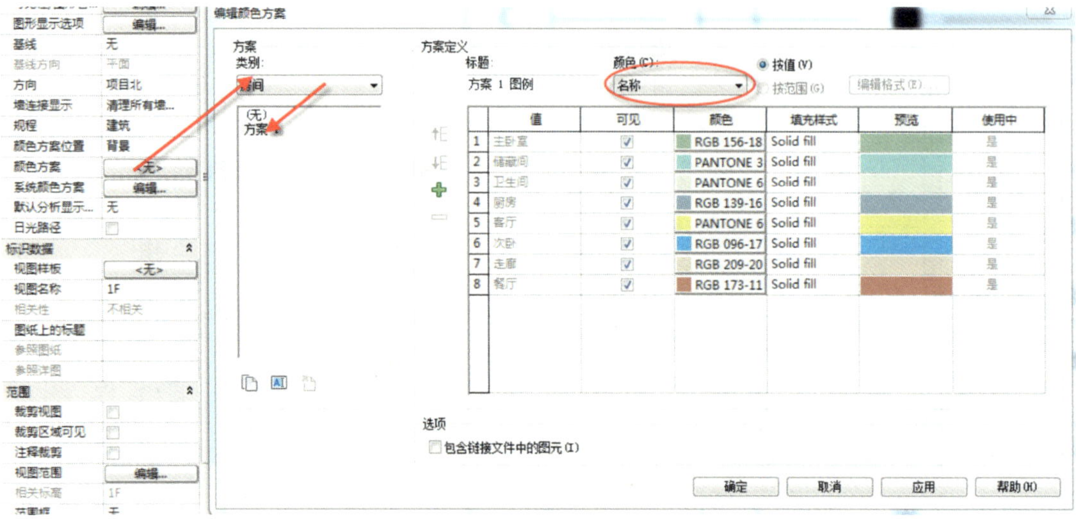

图 4-422　编辑配色方案

（4）完成以上设置后点击“确定”，完成后颜色填充如图 4-423 所示。

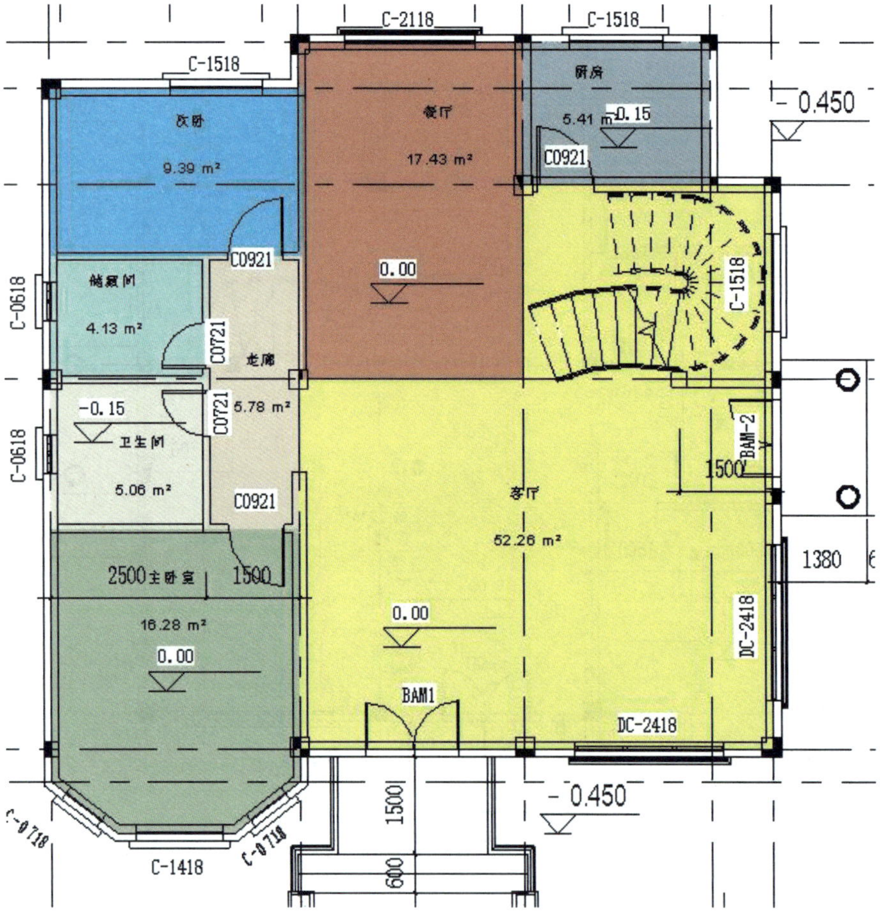

图 4-423　完成房间的颜色填充

#### 4.13.1.4 创建图纸视图

【视频讲解】

(1)单击视图空白处,在楼层平面视图属性栏里单击“可见性/图形替换”,在对话框中取消“参照平面”与“立面”的勾选,如图 4-424 所示。

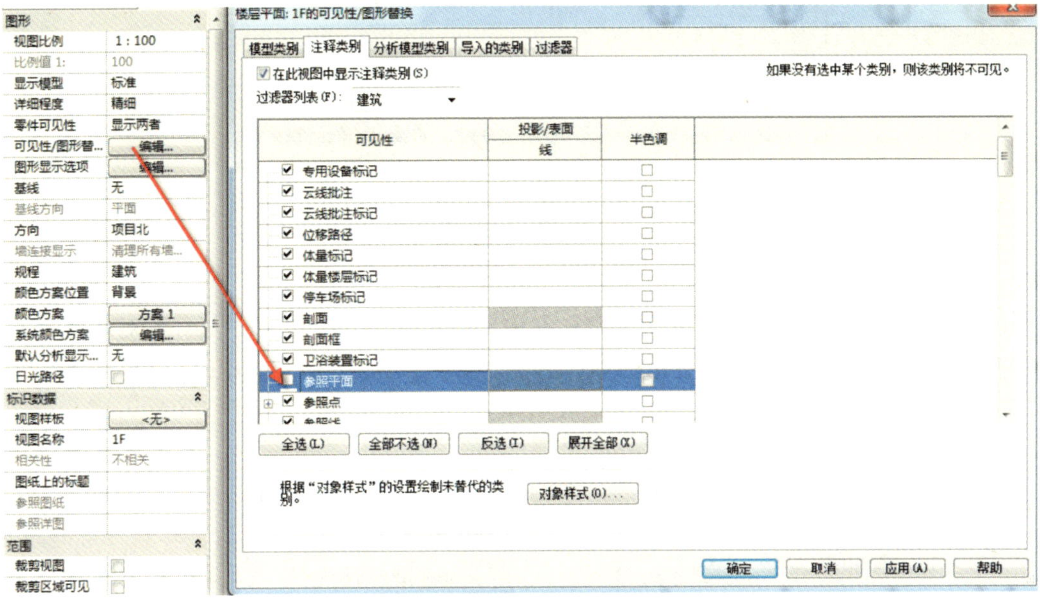


图 4-424 可见性/图形替换

(2)在下方视图栏里,“详细程度”调成“精细”,“视觉样式”调成“隐藏线”,如图 4-425 所示。

图 4-425 视图栏

(3)单击“插入”面板,点击载入族,在弹出的对话框中选中“×××”图签族并点击打开,如图 4-426 所示。

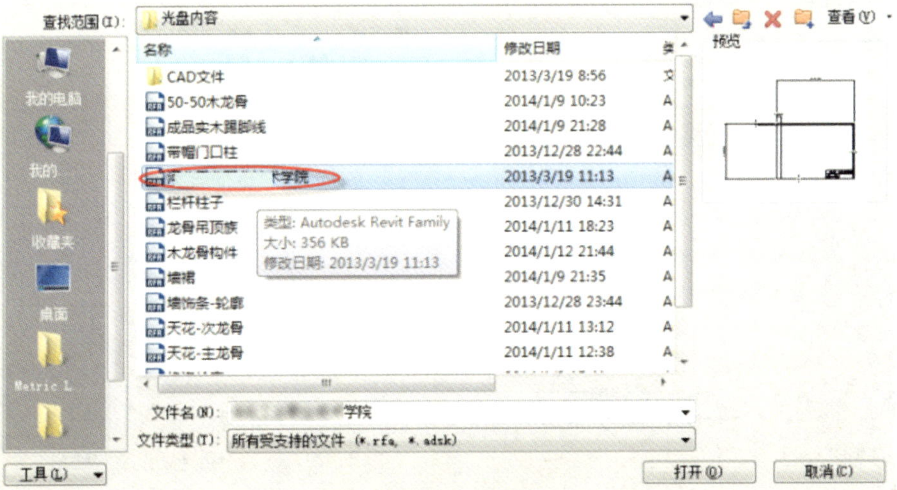


图 4-426 载入图签族

（4）单击“视图”选项卡，单击图纸命令

，在弹出的对话框中选择“×××A3”，单击“确定”按钮，如图 4-427 所示。

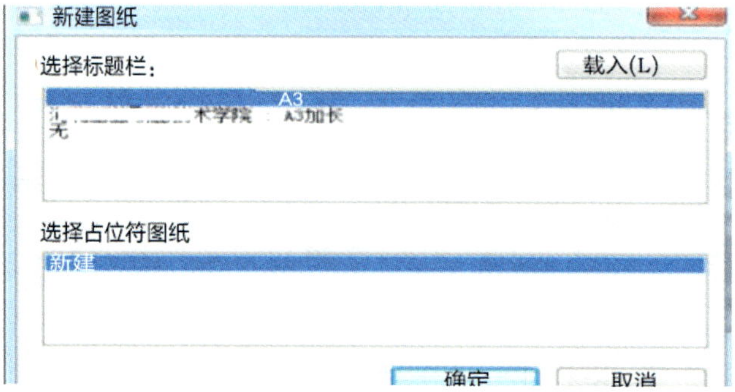


图 4-427　新建图纸命名

（5）单击“管理”选项卡中的“项目参数”，在弹出的对话框中点击“添加”，并在对话框中选中“共享参数”，单击“选择”，并在弹出的对话框中点击“是”，点击浏览选中的“图签共享参数”，如图 4-428 所示。

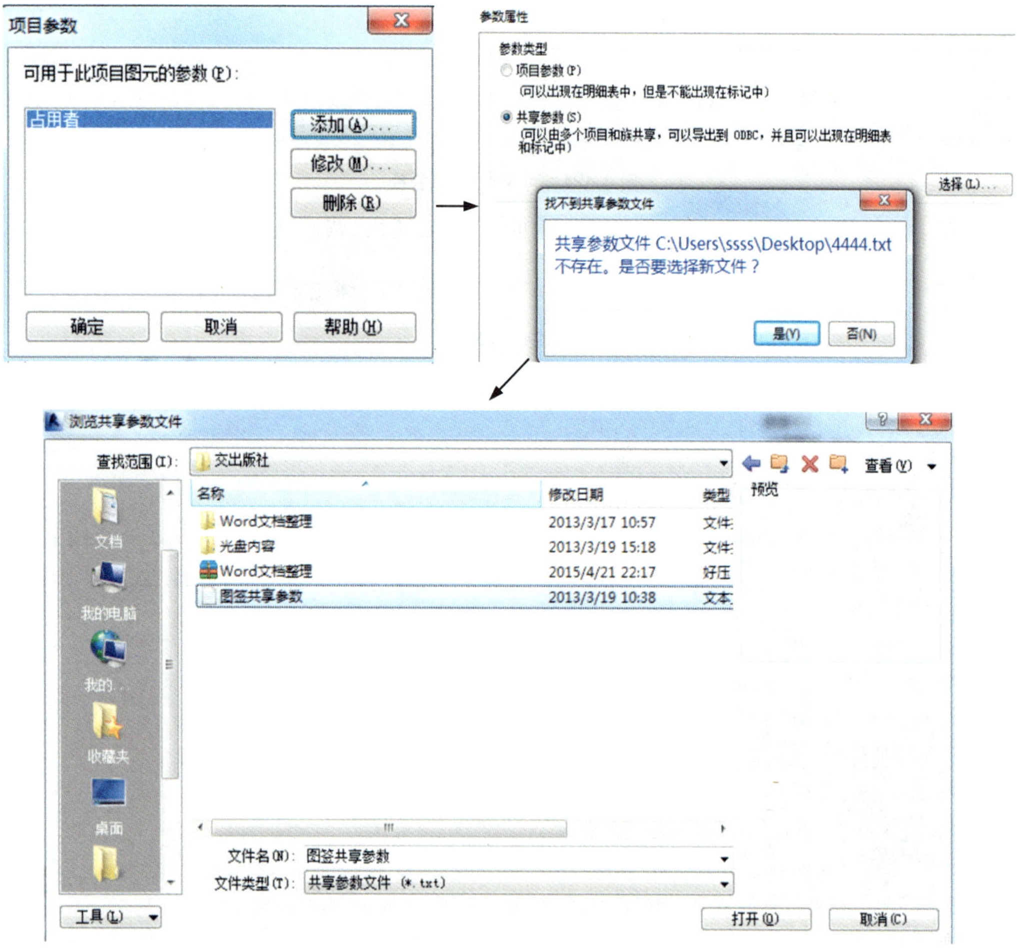


图 4-428　图签共享参数

(6)点击"打开"后,依次选择"班级"、"比例"、"人名 1"、"人名 2"、"日期"、"日期 2"、"图号"、"学号"添加到项目信息,如图 4-429 所示。

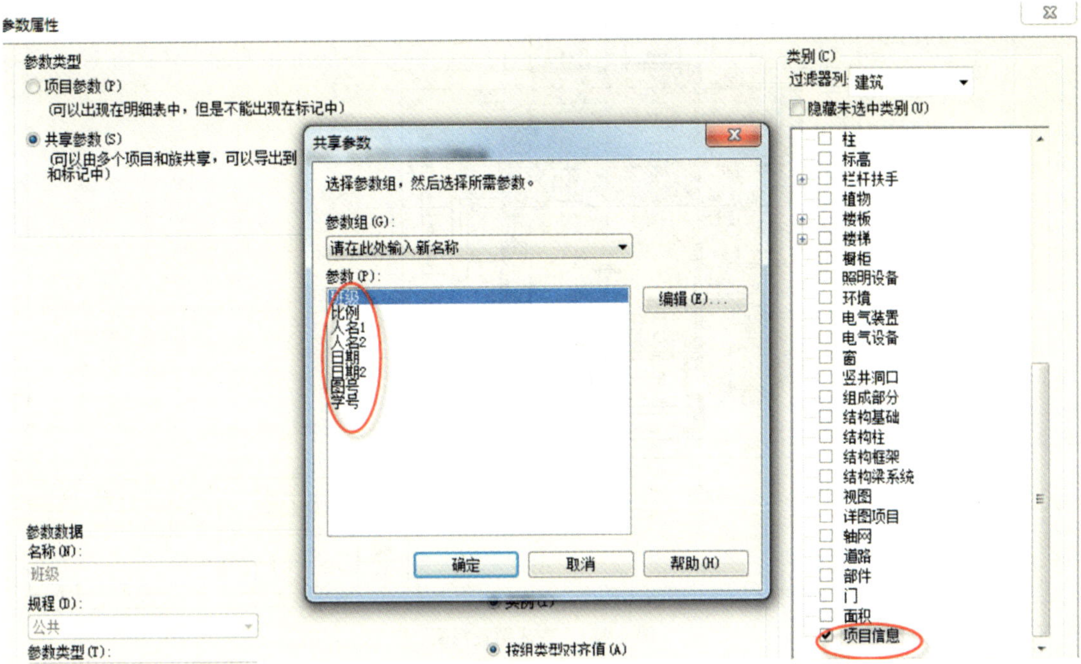

图 4-429　添加项目信息

(7)完成以上步骤后,图签信息即可修改,如图 4-430 所示。

图 4-430　修改图签信息

(8)在项目浏览器中单击选中"1F"楼层平面,按住鼠标左键将其拖入到图签视图中,完成后如图 4-431 所示。

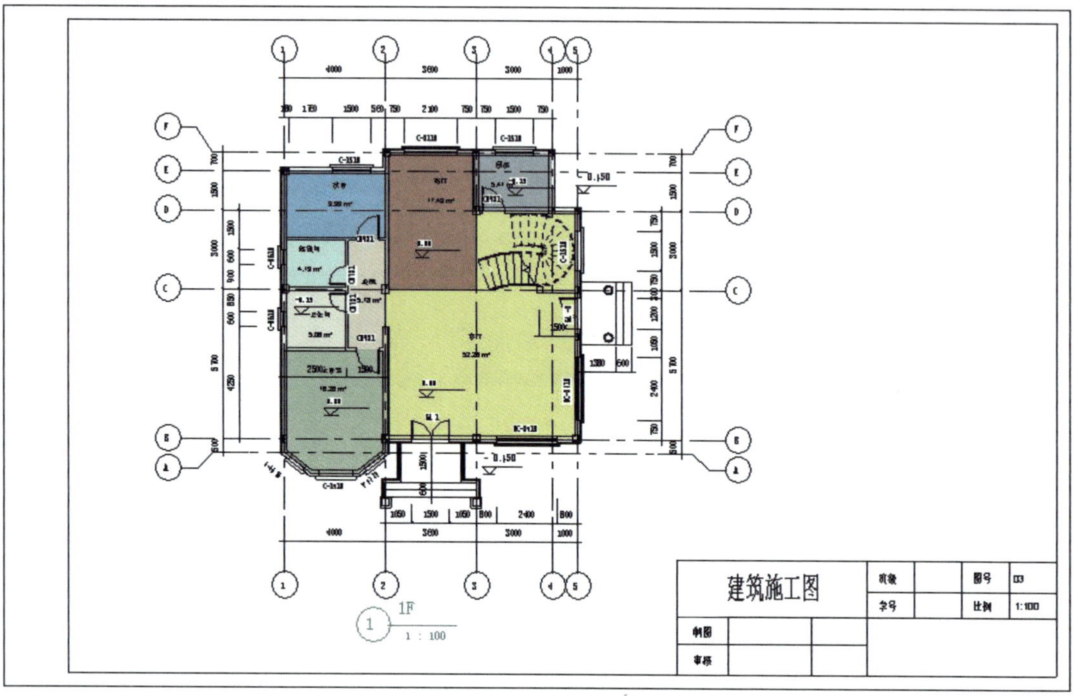


图 4-431　完成图签视图

(9)单击“开始”菜单栏，单击“导出”按钮，选择CAD格式，在弹出的对话框中选择“任务中的视图/图纸集”、“集中的图纸”，并单击“下一步”导出CAD图纸，如图4-432所示。

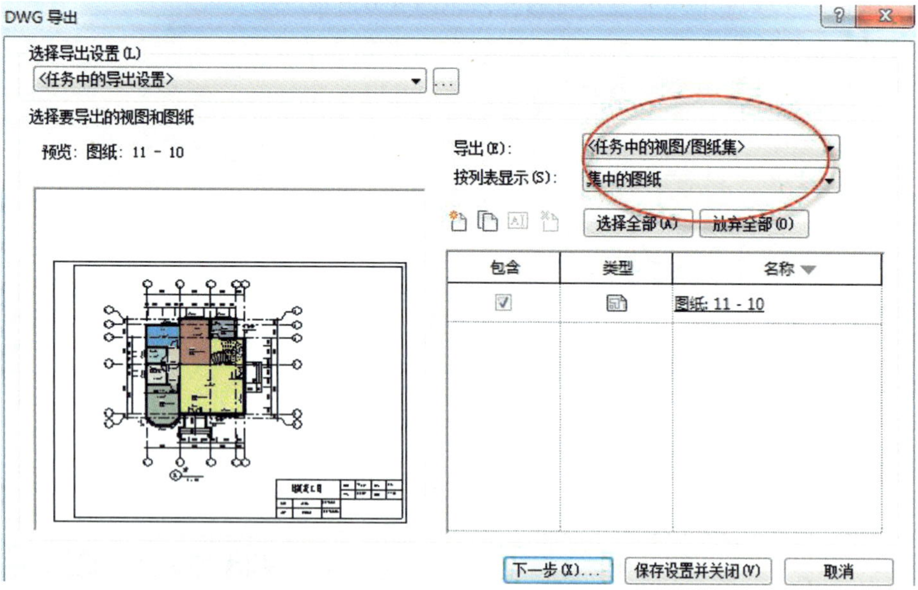


图 4-432　导出 CAD 图纸

## 4.13.2　图纸深化

### 4.13.2.1　修改平面图

将平面图中不需要的东西隐藏起来，得到想要的视图。

（1）首先修改平面视图的名称。在“项目浏览器”中找到“平面视图：0F”视图，然后单击鼠标右键，将视图重命名为“一层平面布置图”。

（2）平面布置图的细化。在“项目浏览器”中打开“一层平面布置图”视图，在“属性”面板中找到“可见性/图形替换”，点击其后的“编辑”按钮，如图4-433所示，弹出“可见性/图形替换”对话框，在“注释类别”选项卡下找到“参照平面”、“立面”、“轴网”选项，取消勾选其可见性，点击“确定”即可在视图中将其线隐藏（注：为了保证视图的整洁美观，在出图时可将不需要的图元通过此种方法隐藏），隐藏完成后如图4-434所示。

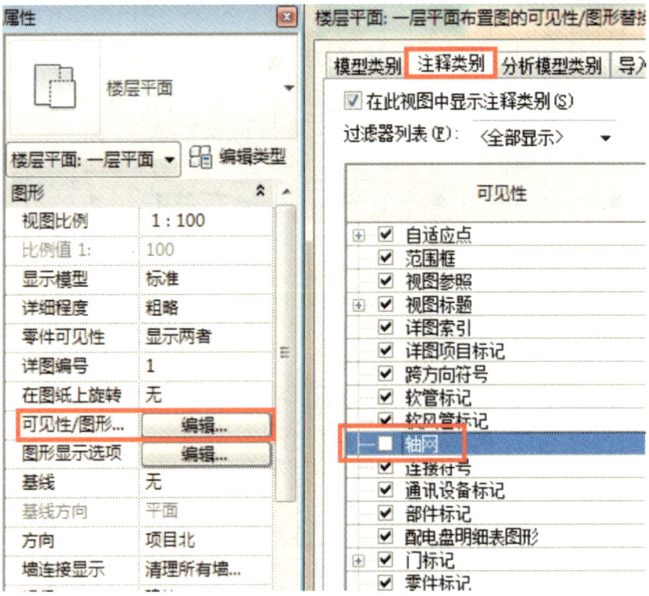


图4-433 “可见性/图形替换”对话框

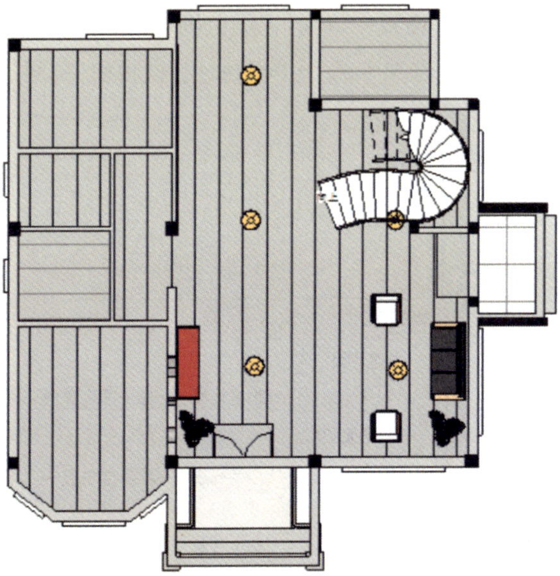

图4-434 完成隐藏设置

（3）为平面布置图添加注释。为“一层平面布置图”添加房间名称：进入“一层平面布置图”中，单击“建筑”选项卡的“房间和面积”面板下“房间分隔”命令，如图4-435所示，进入房间分隔线绘制状态，添加图 4-436 所示分隔线。

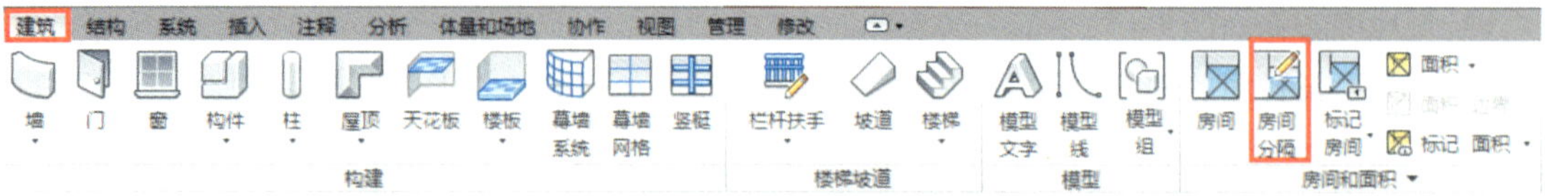


图 4-435 “房间分隔”命令

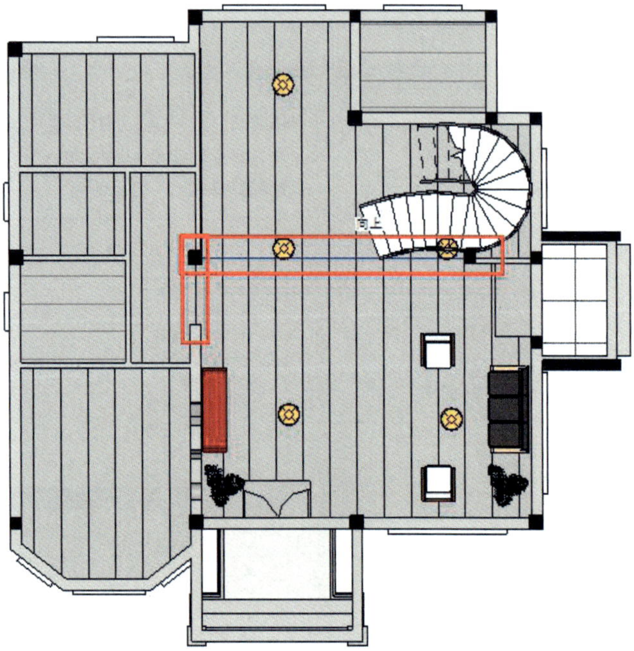


图 4-436 添加分隔线

（4）调整视图范围。在“属性”面板中找到“视图范围”参数，点击后面的“编辑”按钮，调整数值，如图 4-437 所示。单击“建筑”选项卡的“房间和面积”面板中“房间”命令，图 4-438 所示为刚才创建的房间区域添加名称。

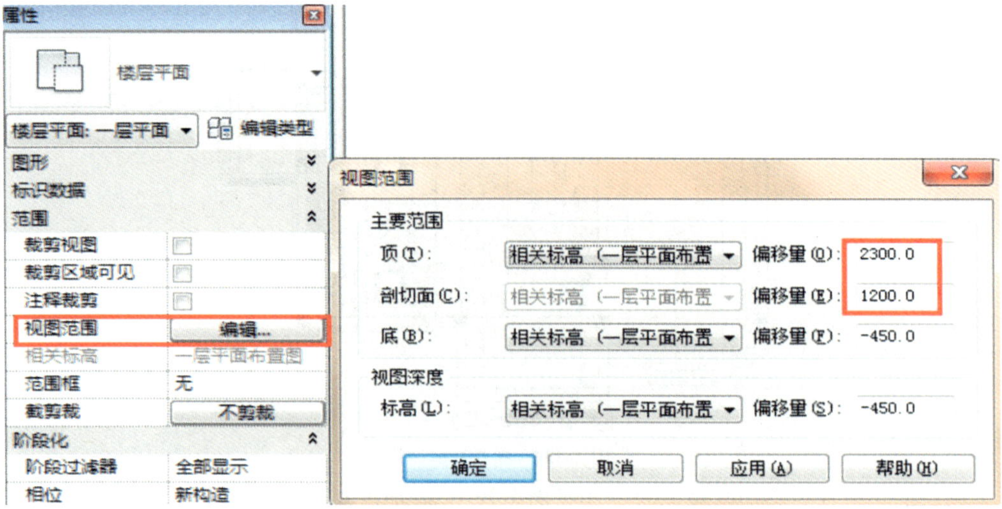


图 4-437 调整“视图范围”参数

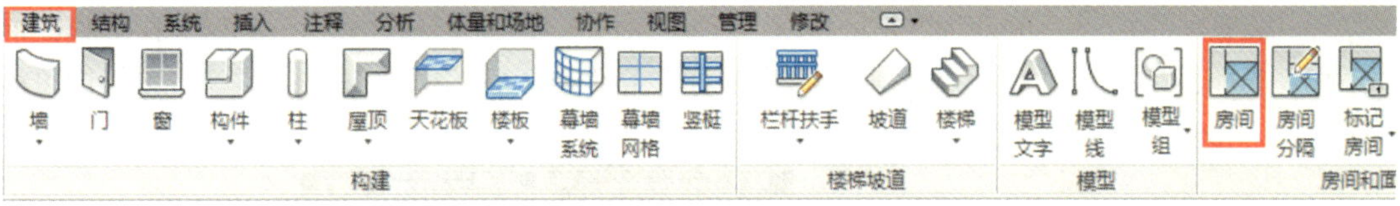


图 4-438 “房间”命令

(5)选择“房间”命令后，在“属性”面板中选择标记类型为“M-房间标记 带面积房间标记”，添加房间名称，如图 4-439 所示。

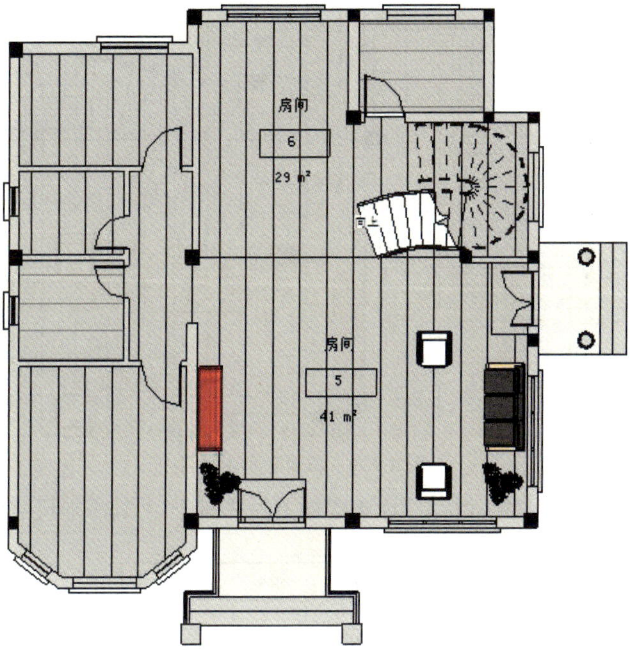


图 4-439 添加房间名称

(6)选中房间标记，点击“房间”，修改房间名称，如图 4-440 所示。

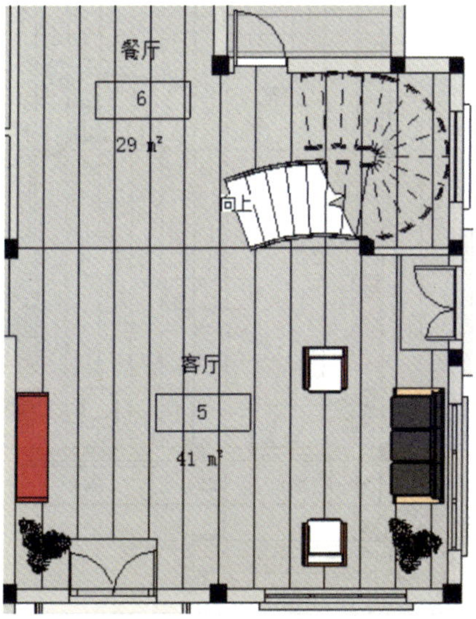


图 4-440 修改房间名称

(7)添加标高符号。单击“注释”选项卡中“尺寸标注”面板内“高程点”命令，在“属性”面板“类型选择器”中选择“高程点 垂直”，为房间添加高程点。在房间空白处三次单击鼠标即可添加高程点，如图 4-441 所示。

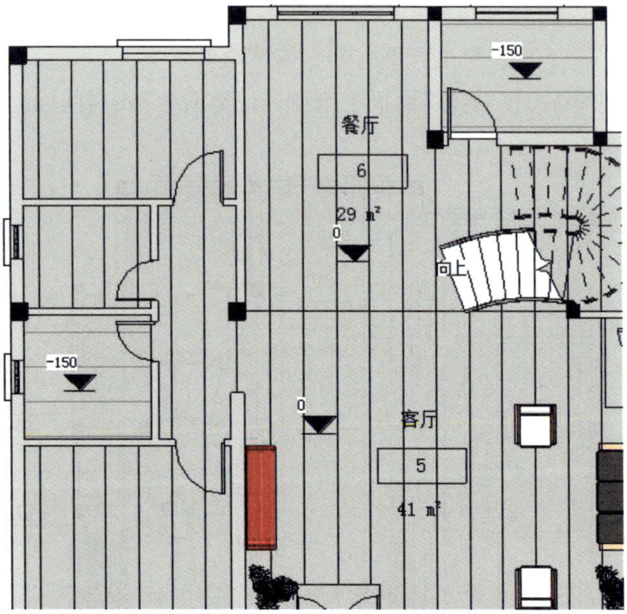


图 4-441　添加房间高程点

(8)单击“注释”选项卡中“尺寸标注”面板中的“对齐”命令，为其添加尺寸标注，如图 4-442 所示。

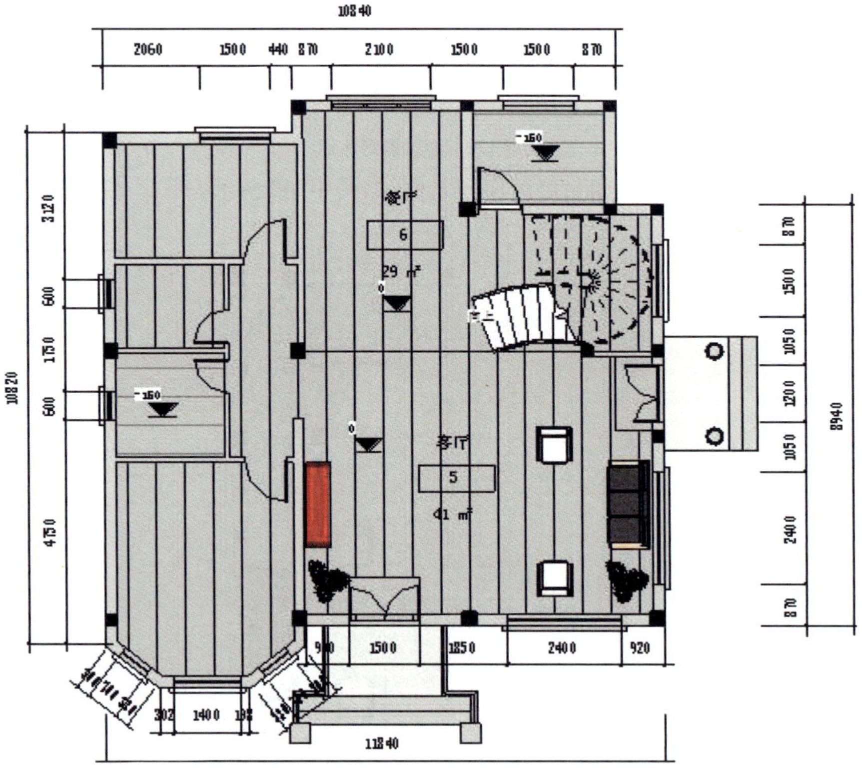


图 4-442　添加尺寸标注

4.13.2.2 细化立面

(1)确定图纸比例。进入南立面视图，在视图控制栏中修改视图比例为“1 : 50”，如图4-443所示。

图4-443 修改视图比例

【视频讲解】

(2)隐藏不需要的图元。在“属性”面板中找到“可见性/图形替换”，点击其后的“编辑”按钮，如图4-444所示，弹出“可见性/图形替换”对话框，在“注释类别”选项卡下找到“参照平面”选项，取消勾选其可见性，点击“确定”即可在南立面视图中将参照平面线隐藏。

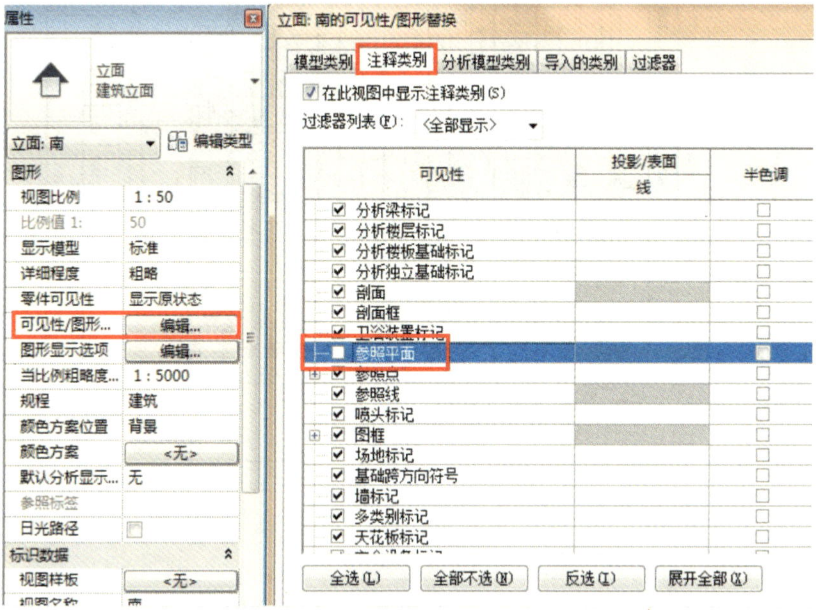


图4-444 南立面视图“可见性/图形替换”对话框

注:为了保证视图的整洁美观，在出图时可将不需要的图元通过此种方法隐藏。

(3)尺寸注释和高程点的添加。添加方法同前文所述，完成后如图4-445所示。

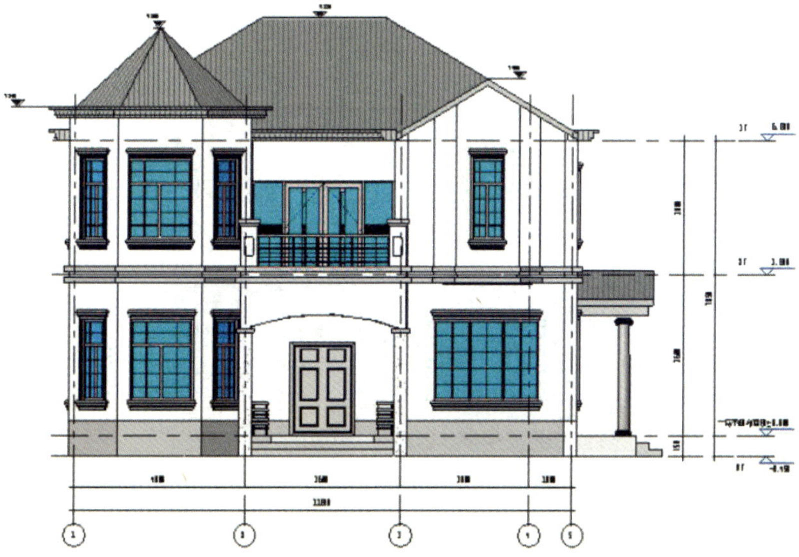

图4-445 添加尺寸注释

4.13.2.3 创建剖面视图

(1)进入“一层平面布置图”,点击“视图”选项卡,选择“创建”面板中的“剖面”命令,按图4-446所示绘制剖面(注:可通过点击“翻转剖面”符号调整剖面方向)。

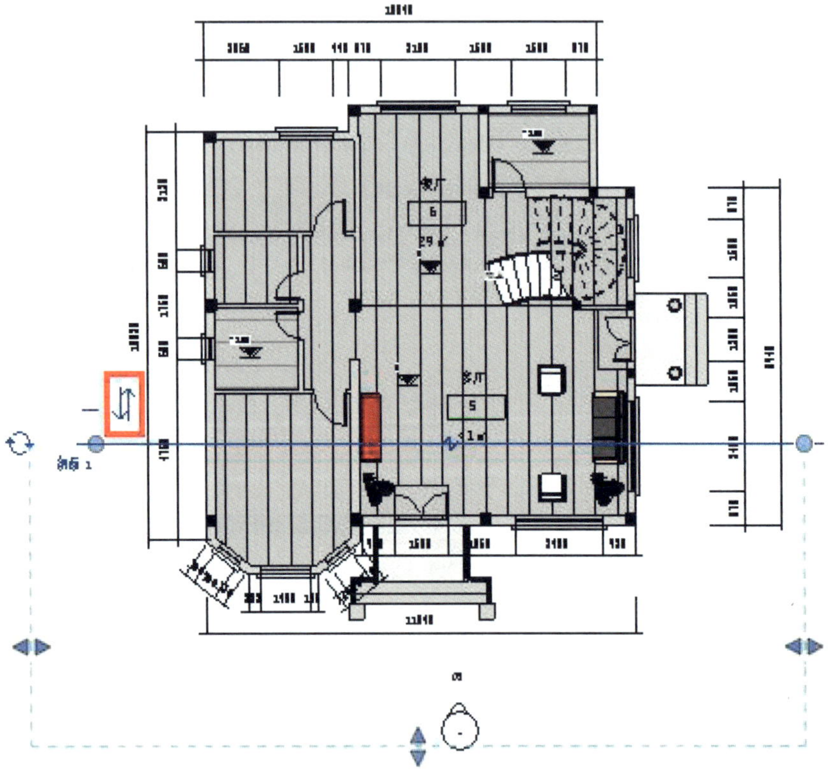

图4-446 绘制剖面视图

(2)在“项目浏览器”中找到“剖面(断面)”选项中的“剖面1”,双击“剖面1”进入剖面视图,如图4-447所示。选中视图中的剖面框,调整剖面框的位置,如图4-448所示。然后在“视图控制栏”中点击“隐藏裁剪区域”按钮,如图4-449所示,调整完成后如图4-450所示。

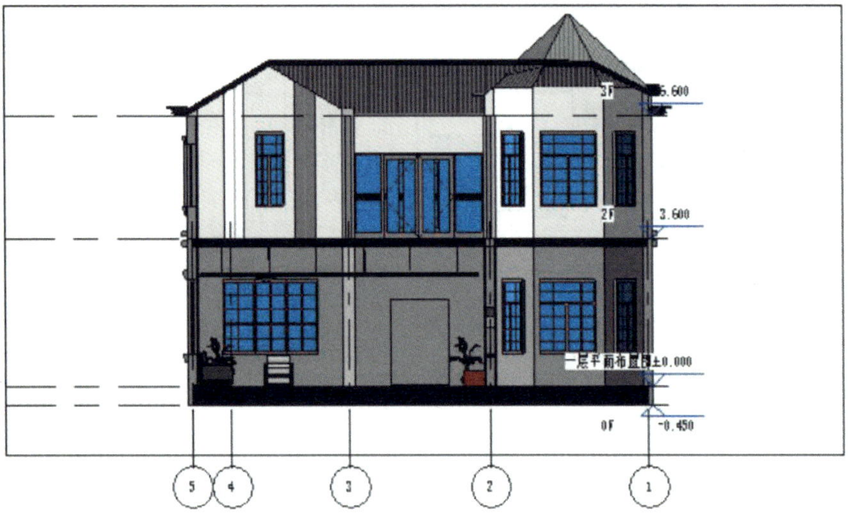


图4-447 进入剖面视图

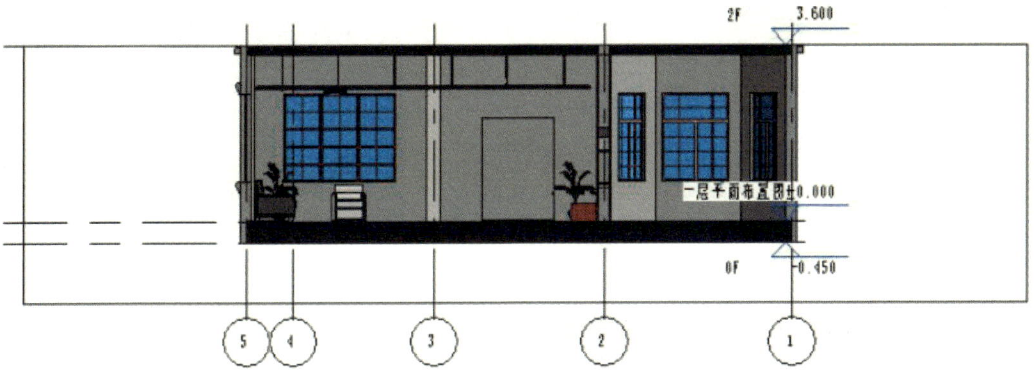


图 4-448　调整剖面框位置

图 4-449　视图控制栏

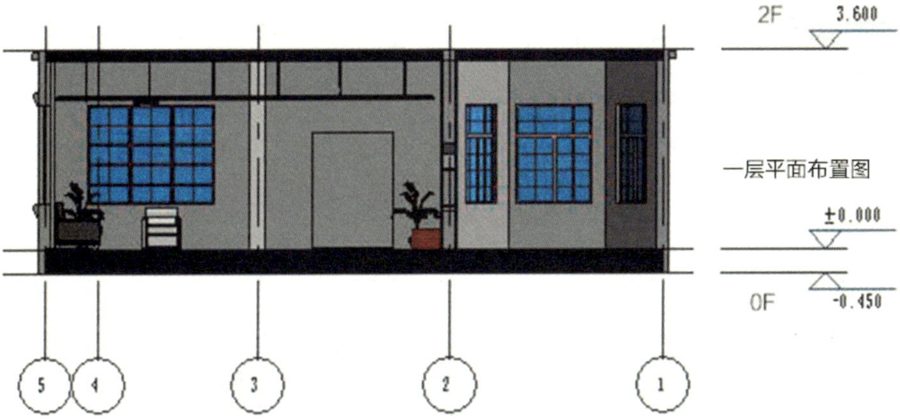


图 4-450　完成视图调整

（3）添加剖面尺寸标注。添加方法同上，完成效果如图 4-451 所示。

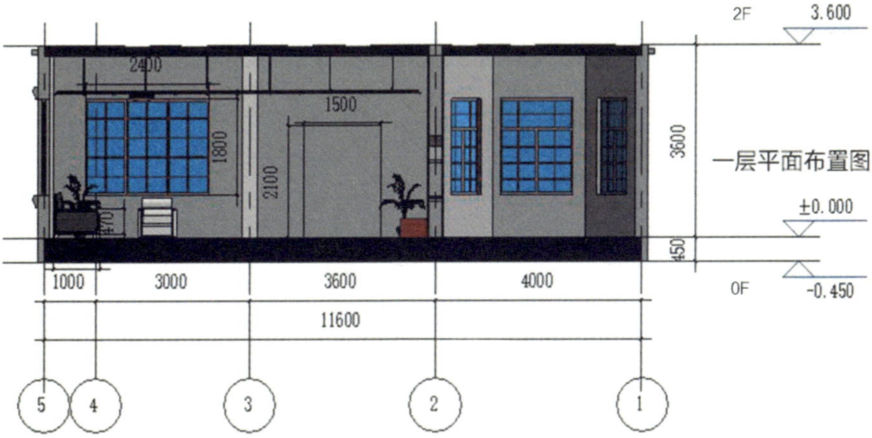


图 4-451　完成剖面尺寸标注

（4）添加文字说明。单击“注释”选项卡的“文字”面板中的“文字”命令 A 文字，在“格式”选项中选择“二段 引线”，如图 4-452 所示。然后点击鼠标左键并拖动，如图 4-453 所示。输入文字内容为“定制铝合金”，点击空白处完成文字的添加，如图 4-454 所示。

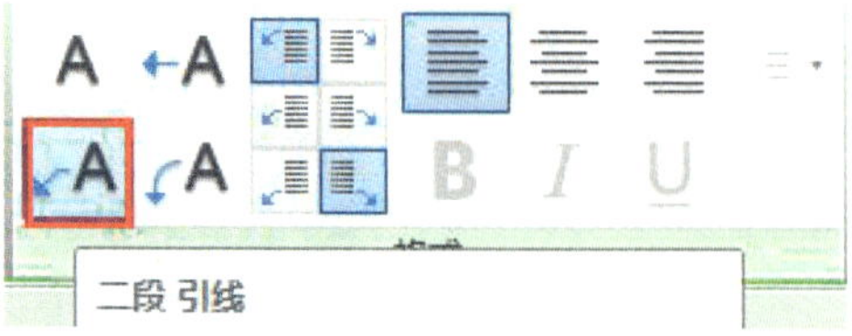


图 4-452 “文字”命令

图 4-453 确定文字注释位置

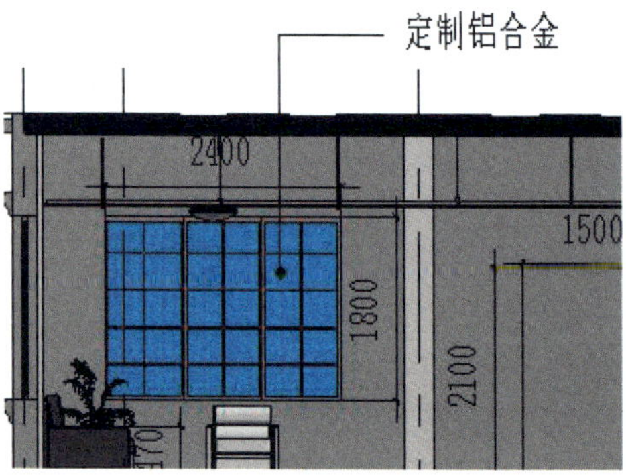


图 4-454 输入文字

（5）按上述方法添加其他文字说明，完成效果如图 4-455 所示。

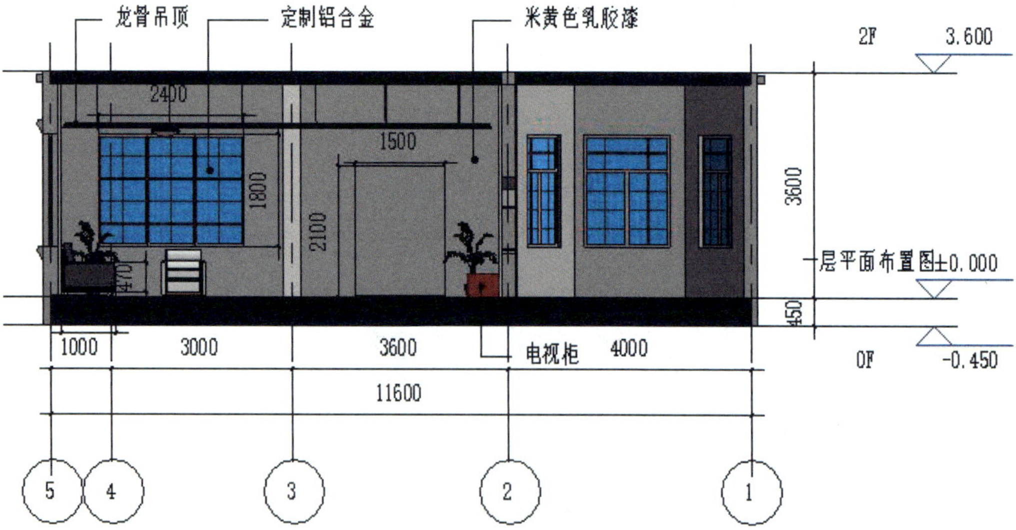


图 4-455 完成文字注释

其他平面视图、立面视图及剖面视图的处理方法同上。

4.13.2.4 创建图纸

（1）单击“视图”选项卡“图纸组合”面板内的“图纸”按钮，弹出“新建图纸”对话框，在本项目案例中没有图纸族，故需载入。点击对话框中的“载入”按钮，如图 4-456 所示，在“Architecture”

“标题栏”文件夹中找到“A2 公制 .rfa”族，点击“打开”，将 A2 图纸载入项目中。

（2）在“新建图纸”对话框中选择“A2 公制：A2”，单击“确定”，如图 4-457 所示，视图中会自动添加一张 A2 图纸。

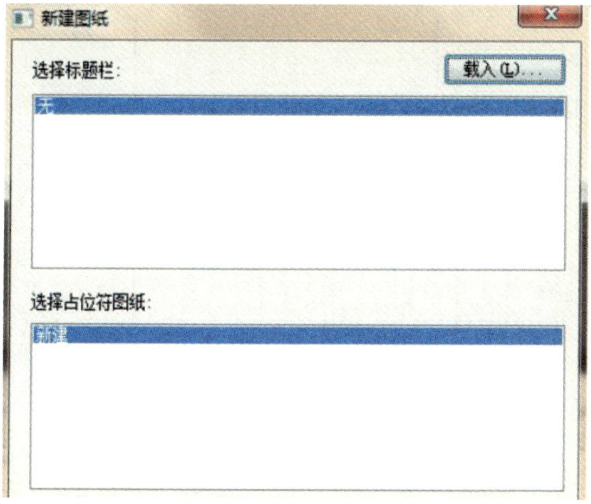


图 4-456　载入图纸族

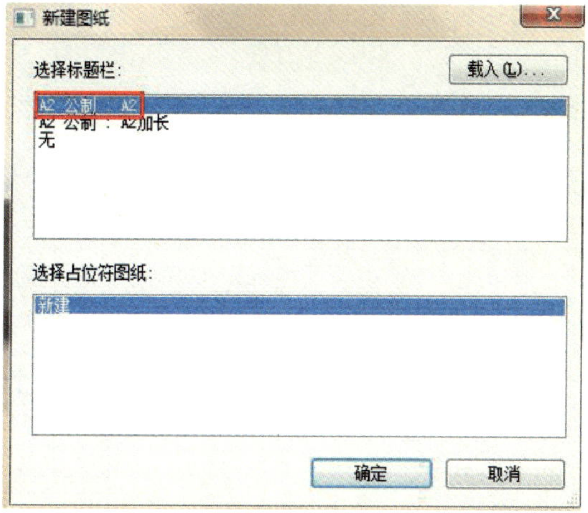


图 4-457　添加 A2 图纸

（3）单击“视图”选项卡中“图纸组合”面板内的“视图”按钮，弹出“视图”对话框，从列表中找到“一层平面布置图”，单击对话框下部的“在图纸中添加视图”按钮，将视图拖动到合适的位置即可（图 4-458 至图 4-461）。用鼠标拾取视图，在其“实例属性”对话框中，可通过“视图比例”栏调节图纸中视图的比例。

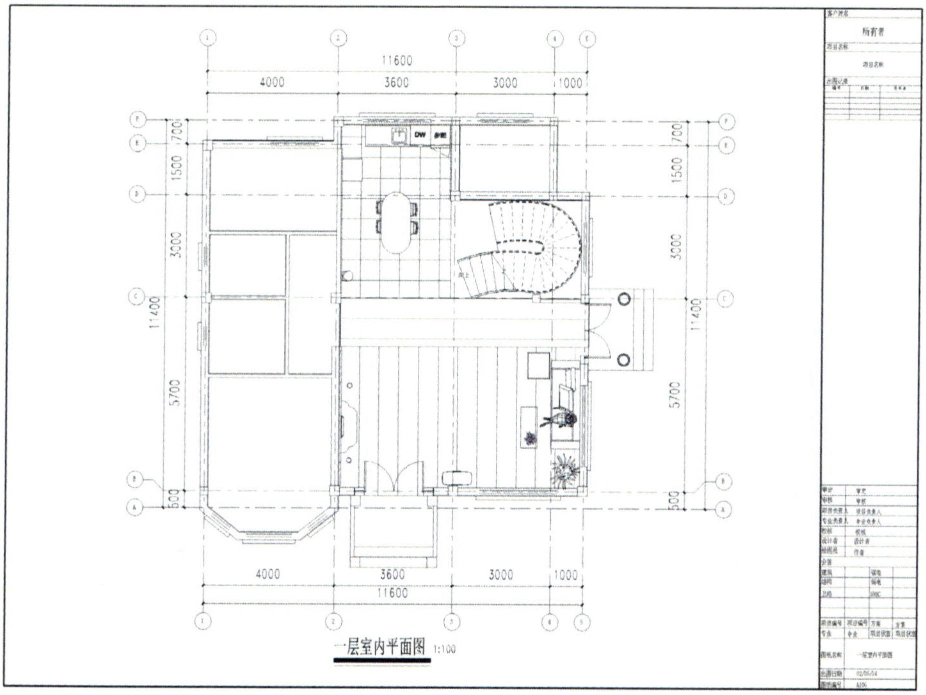


图 4-458　添加一层平面视图

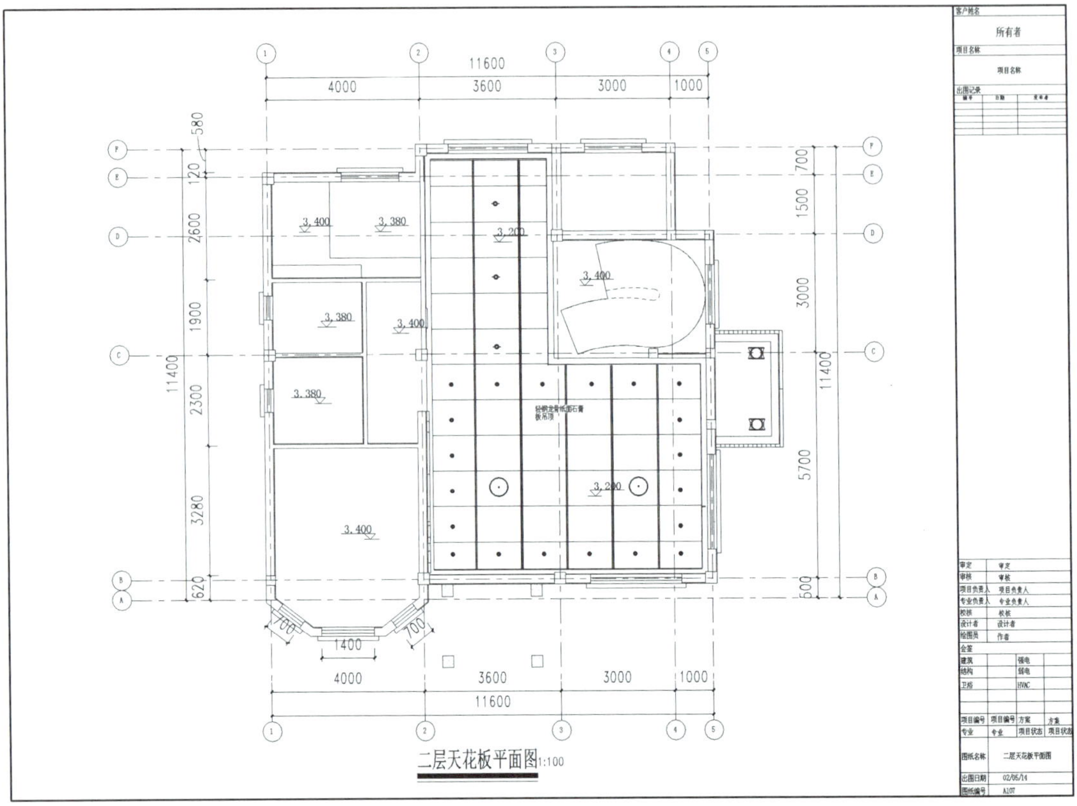

图 4-459　添加二层天花板平面视图

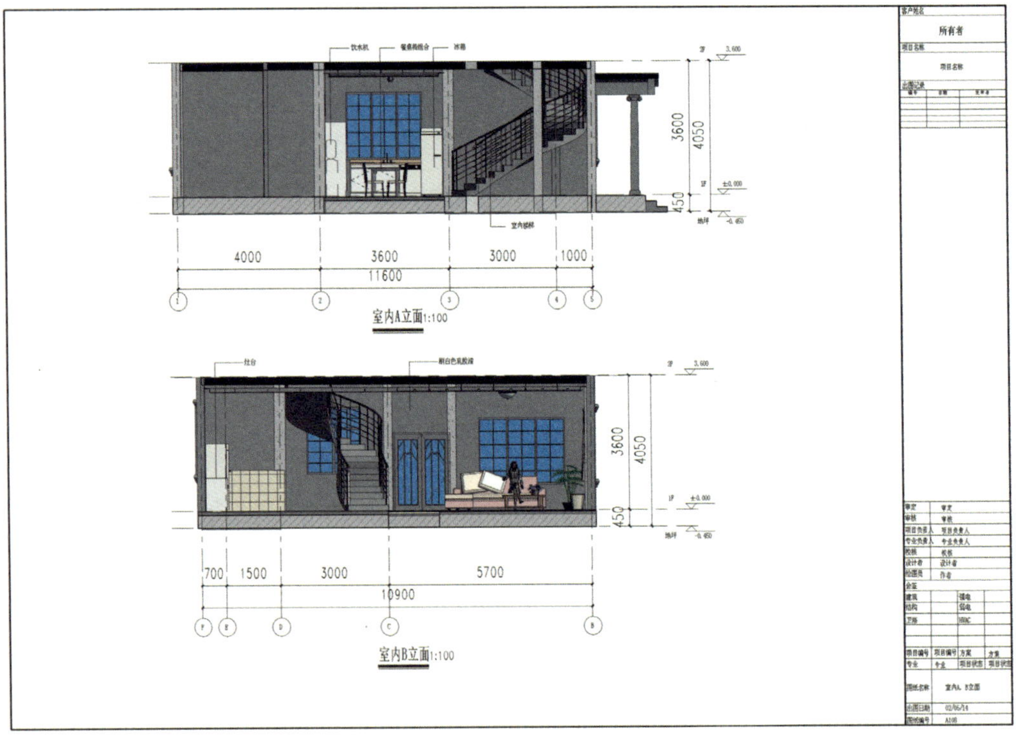

图 4-460　添加室内立面视图(一)

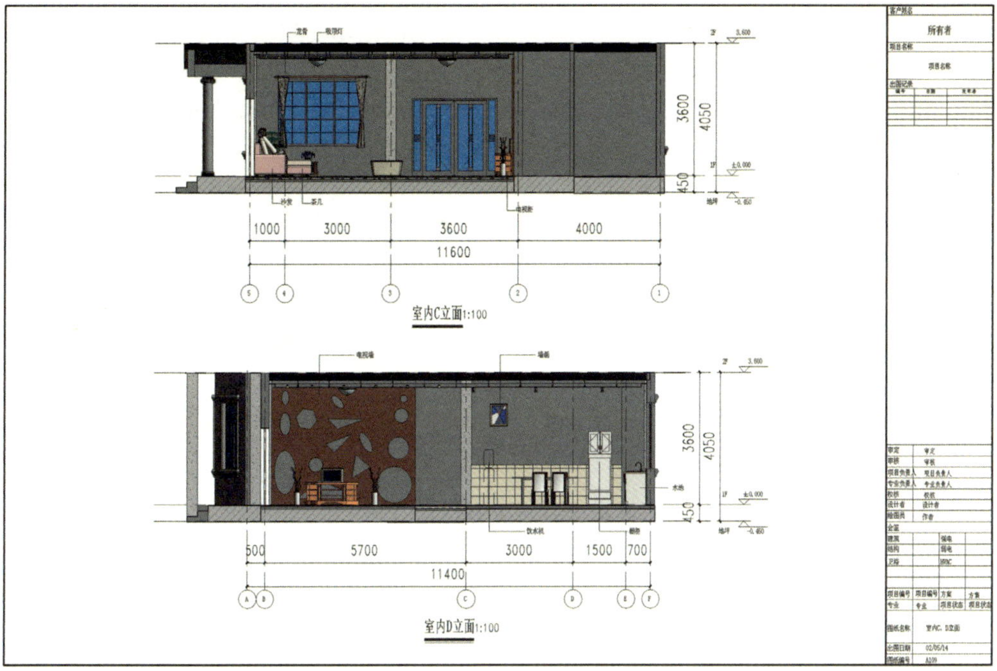


图 4-461　添加室内立面视图(二)

(4)图纸添加后视图下方会自动添加一个名称,单击鼠标左键拾取标题,在其“属性”对话框中找到“编辑类型”按钮,单击后弹出“类型属性”对话框,如图 4-462 所示,“标题”栏内可以修改它的类型,“显示标题”栏可控制标题的有无,“显示延伸线”栏可以控制标题后面延伸线的有无,“颜色”栏可以控制延长线的颜色。

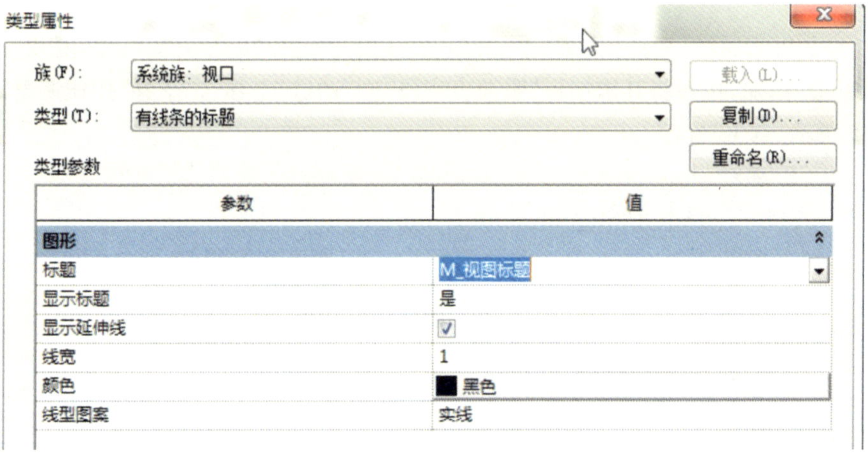


图 4-462　修改标题类型参数

4.13.2.5　工程量统计

在 Revit 中使用适当的构件标准和建模方法,即可在设计概算、施工图预算、竣工结算、竣工决算各阶段的工程量统计方面发挥重要作用。在模型、工程量及造价相关联的前提下,可以持续借助信息模型来对各阶段预算进行实时动态的监控。

工程量是用来表示工程中各具体分部分项工程和构配件的实物量,是计算分部分项工程费用、措施项目和其他项目费用的重要依据。

(1)墙体明细表的创建

①点击“视图”选项卡,在“创建”面板中点击“明细表”,在下拉列表中选择“明细表/数量”,如图 4-463 所示,弹出“新建明细表”对话框,在“类别”选项中选择“墙”,如图 4-464 所示,点击“确定”。

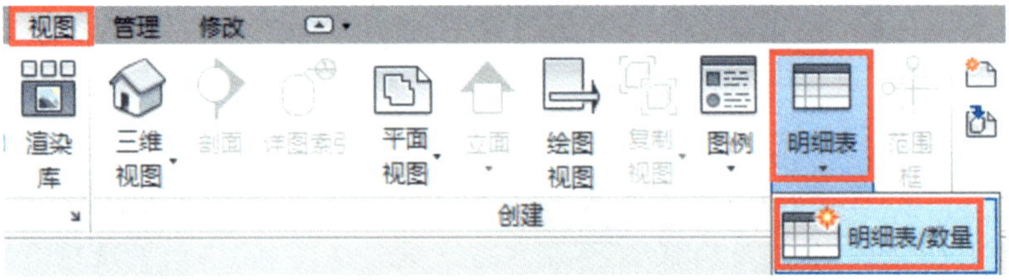


图 4-463 “创建”面板

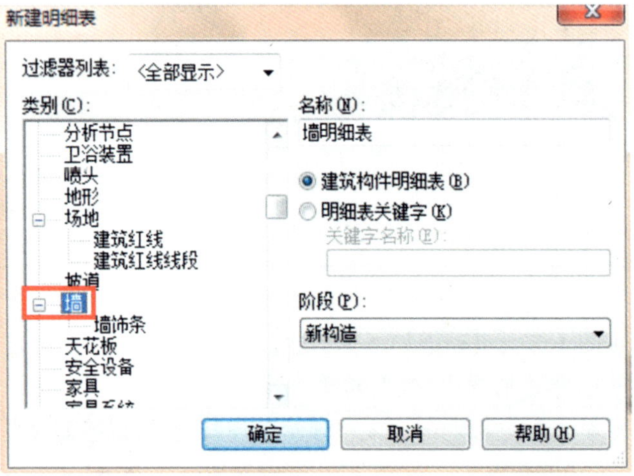


图 4-464 新建墙明细表

②弹出“明细表属性”对话框,在“可用的字段”列表里选择“族与类型”、“厚度”、“面积”、“合计”参数,点击“添加”按钮将其添加到“明细表字段”中,通过“上移”、“下移”按钮调整参数顺序,如图 4-465 所示,点击“确定”。

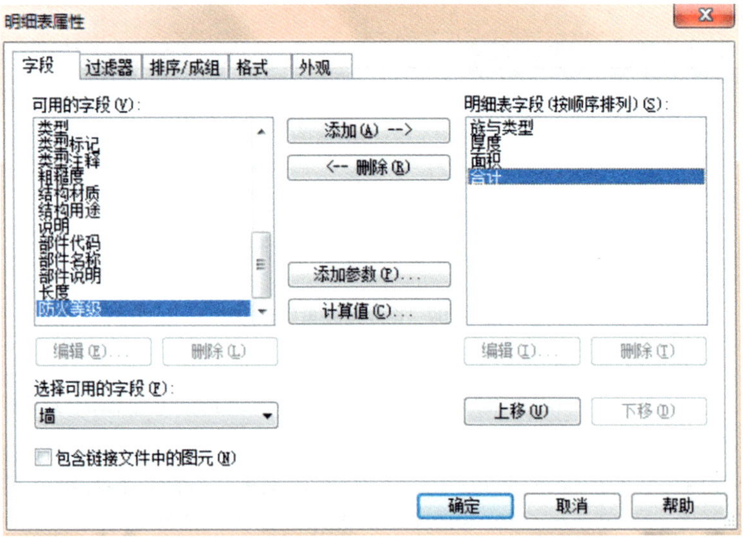


图 4-465 修改明细表字段参数

③确定完成后软件自动切换到明细表界面，如图 4-466 所示。

墙明细表

| 族与类型 | 厚度 | 面积 | 合计 |
|---|---|---|---|
| | | | |
| 基本墙: 内墙-240mm | 240 | 7 m² | 1 |
| 基本墙: 内墙-240mm | 240 | 8 m² | 1 |
| 基本墙: 内墙-240mm | 240 | 13 m² | 1 |
| 基本墙: 隔墙-120mm | 120 | 12 m² | 1 |
| 基本墙: 墙裙_饰面墙 | 125 | 16 m² | 1 |
| 基本墙: 隔墙-120mm | 120 | 8 m² | 1 |
| 基本墙: 隔墙-120mm | 120 | 12 m² | 1 |
| 基本墙: 隔墙-120mm | 120 | 12 m² | 1 |
| 基本墙: 隔墙-120mm | 120 | 5 m² | 1 |
| 基本墙: 外墙-240mm | 240 | 4 m² | 1 |
| 基本墙: 外墙-240mm | 240 | 4 m² | 1 |
| 基本墙: 外墙-240mm | 240 | 4 m² | 1 |
| 基本墙: 外墙-240mm | 240 | 10 m² | 1 |
| 基本墙: 外墙-240mm | 240 | 2 m² | 1 |
| 基本墙: 外墙-240mm | 240 | 8 m² | 1 |
| 基本墙: 外墙-240mm | 240 | 3 m² | 1 |
| 基本墙: 外墙-240mm | 240 | 22 m² | 1 |
| 基本墙: 外墙-240mm | 240 | 2 m² | 1 |
| 基本墙: 外墙-240mm | 240 | 33 m² | 1 |
| 基本墙: 内墙-240mm | 240 | 5 m² | 1 |
| 基本墙: 内墙-240mm | 240 | 4 m² | 1 |
| 基本墙: 内墙-240mm | 240 | 9 m² | 1 |
| 基本墙: 隔墙-180mm | 180 | 3 m² | 1 |
| 基本墙: 隔墙-120mm | 120 | 9 m² | 1 |
| 基本墙: 隔墙-120mm | 120 | 10 m² | 1 |
| 基本墙: 隔墙-120mm | 120 | 16 m² | 1 |

图 4-466　明细表界面

④在“属性”面板的“其他”选项中点击“排序/成组”后的“编辑”按钮，打开“明细表属性”对话框，在“排序/成组”选项下设置“排序方式”为“族与类型”，勾选“总计：合计和总数”，如图 4-467 所示；在“格式”选项下选中“面积”字段，勾选“隐藏字段”，如图 4-468 所示。

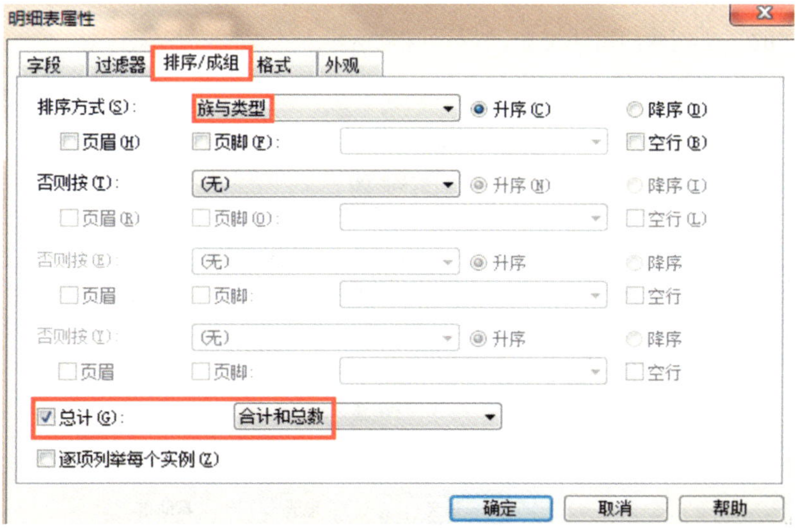


图 4-467　修改明细表排序/成组参数

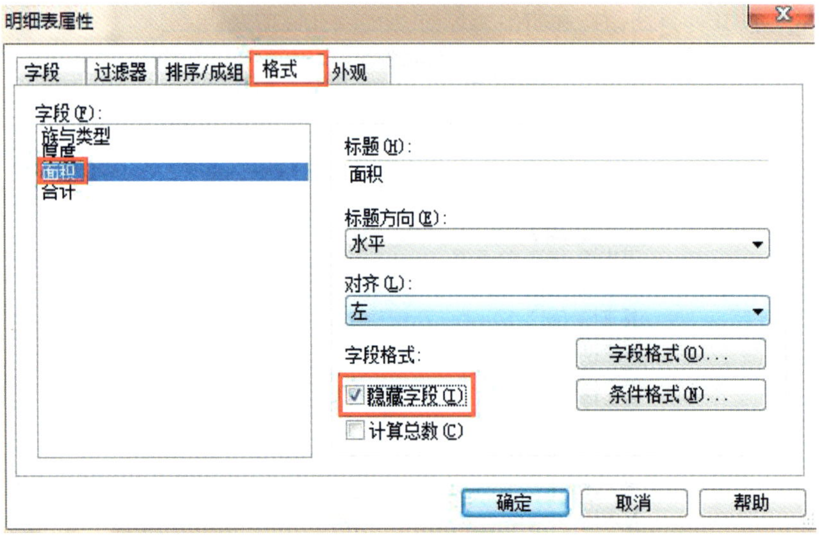


图 4-468　修改明细表格式参数

⑤点击“确定”,完成后如图 4-469 所示。

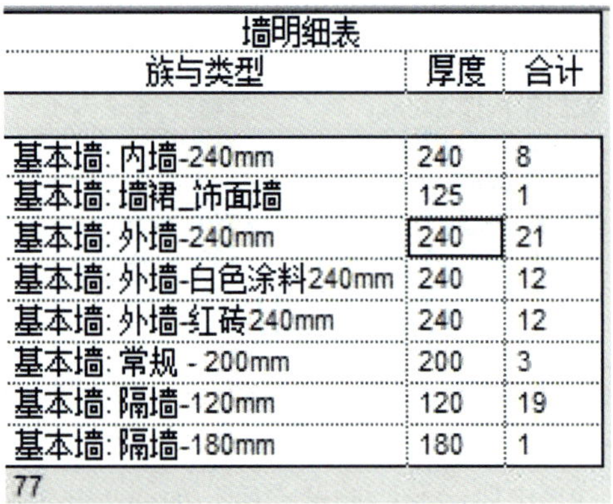

| 墙明细表 | | |
|---|---|---|
| 族与类型 | 厚度 | 合计 |
| 基本墙: 内墙-240mm | 240 | 8 |
| 基本墙: 墙裙_饰面墙 | 125 | 1 |
| 基本墙: 外墙-240mm | 240 | 21 |
| 基本墙: 外墙-白色涂料240mm | 240 | 12 |
| 基本墙: 外墙-红砖240mm | 240 | 12 |
| 基本墙: 常规 - 200mm | 200 | 3 |
| 基本墙: 隔墙-120mm | 120 | 19 |
| 基本墙: 隔墙-180mm | 180 | 1 |
| 77 | | |

图 4-469　完成墙明细表设置

⑥用同样的方法创建门窗明细表,如图 4-470 所示。

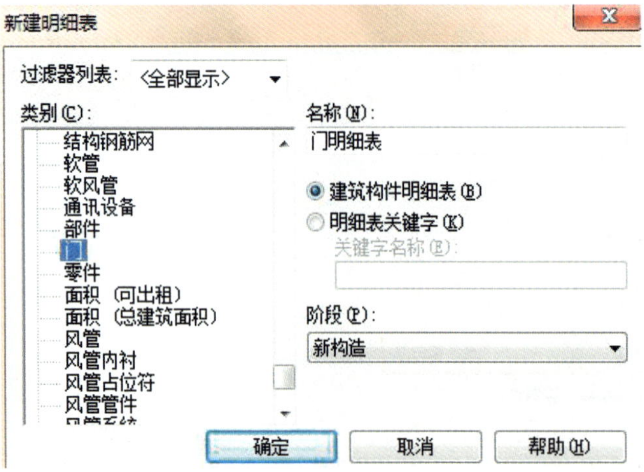


(a)

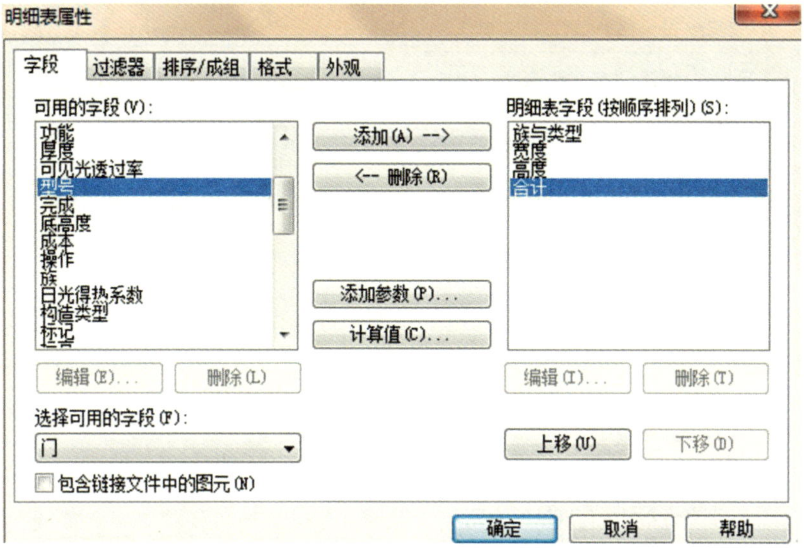


(b)

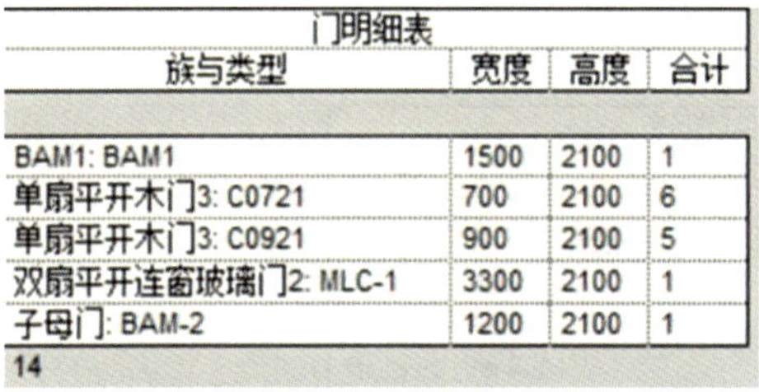

| 门明细表 | | | |
|---|---|---|---|
| 族与类型 | 宽度 | 高度 | 合计 |
| BAM1: BAM1 | 1500 | 2100 | 1 |
| 单扇平开木门3: C0721 | 700 | 2100 | 6 |
| 单扇平开木门3: C0921 | 900 | 2100 | 5 |
| 双扇平开连窗玻璃门2: MLC-1 | 3300 | 2100 | 1 |
| 子母门: BAM-2 | 1200 | 2100 | 1 |
| 14 | | | |

(c)

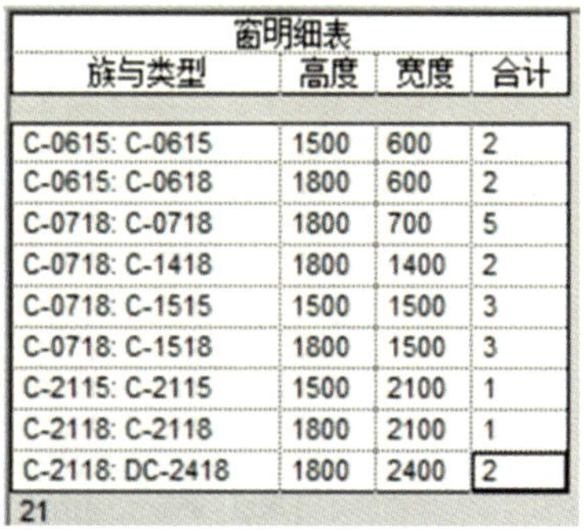

| 窗明细表 | | | |
|---|---|---|---|
| 族与类型 | 高度 | 宽度 | 合计 |
| C-0615: C-0615 | 1500 | 600 | 2 |
| C-0615: C-0618 | 1800 | 600 | 2 |
| C-0718: C-0718 | 1800 | 700 | 5 |
| C-0718: C-1418 | 1800 | 1400 | 2 |
| C-0718: C-1515 | 1500 | 1500 | 3 |
| C-0718: C-1518 | 1800 | 1500 | 3 |
| C-2115: C-2115 | 1500 | 2100 | 1 |
| C-2118: C-2118 | 1800 | 2100 | 1 |
| C-2118: DC-2418 | 1800 | 2400 | 2 |
| 21 | | | |

(d)

图 4-470　完成门窗明细表创建

(2)零部件明细表的创建

①单击“明细表/数量”，选择类别为“零件”并命名为“零件明细表”，如图 4-471 所示。进入“明细表属性”面板后，按顺序选取可用字段“原始类型”、“材质”、“面积”、“体积”，其他设置保持默认，如图 4-472 所示。

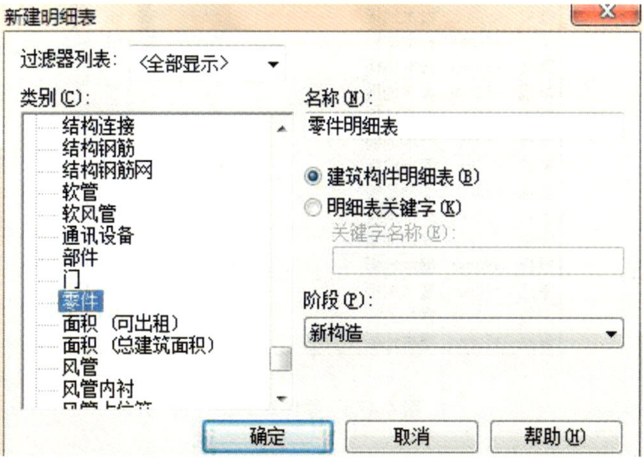


图 4-471　新建零件明细表

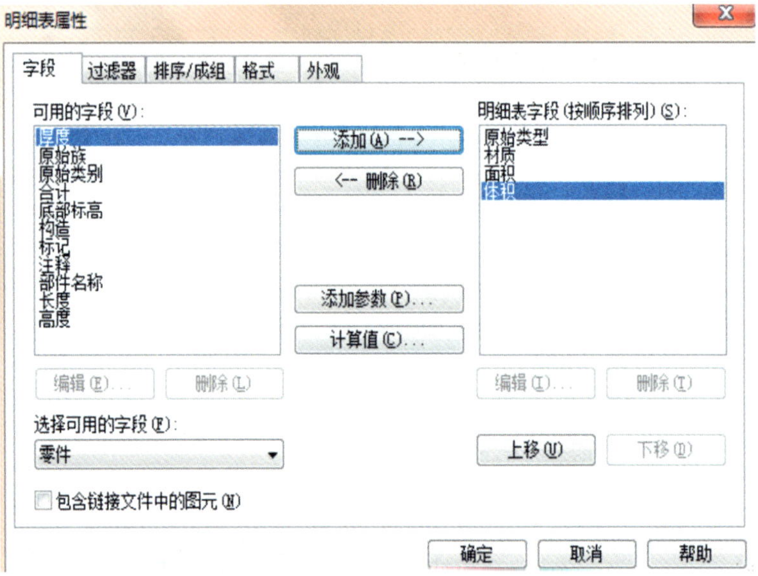


图 4-472 修改字段参数

②完成后如图 4-473 所示。

| 零件明细表 | | | |
|---|---|---|---|
| 原始类型 | 材质 | 面积 | 体积 |
| 常规 - 450mm | 隔热层/热障 - 衬垫隔热层 | 114 m² | 0.57 m³ |
| 常规 - 450mm | 灰泥 | 114 m² | 2.28 m³ |
| 常规 - 450mm | 混凝土 - 沙/水泥找平 | 114 m² | 6.83 m³ |
| 常规 - 450mm | 钢筋混凝土 | 114 m² | 39.85 m³ |
| 常规 - 450mm | 橡木地板 | 5 m² | 0.08 m³ |
| 常规 - 450mm | 橡木地板 | 3 m² | 0.04 m³ |
| 常规 - 450mm | 橡木地板 | 2 m² | 0.02 m³ |
| 常规 - 450mm | 橡木地板 | 3 m² | 0.04 m³ |
| 常规 - 450mm | 橡木地板 | 7 m² | 0.10 m³ |
| 常规 - 450mm | 橡木地板 | 3 m² | 0.04 m³ |
| 常规 - 450mm | 橡木地板 | 7 m² | 0.10 m³ |
| 常规 - 450mm | 橡木地板 | 3 m² | 0.04 m³ |
| 常规 - 450mm | 橡木地板 | 2 m² | 0.03 m³ |
| 常规 - 450mm | 橡木地板 | 3 m² | 0.04 m³ |
| 常规 - 450mm | 橡木地板 | 3 m² | 0.04 m³ |
| 常规 - 450mm | 橡木地板 | 6 m² | 0.10 m³ |
| 常规 - 450mm | 橡木地板 | 7 m² | 0.10 m³ |
| 常规 - 450mm | 橡木地板 | 7 m² | 0.10 m³ |
| 常规 - 450mm | 橡木地板 | 7 m² | 0.10 m³ |
| 常规 - 450mm | 橡木地板 | 7 m² | 0.10 m³ |
| 常规 - 450mm | 橡木地板 | 7 m² | 0.10 m³ |
| 常规 - 450mm | 橡木地板 | 7 m² | 0.10 m³ |
| 常规 - 450mm | 橡木地板 | 5 m² | 0.08 m³ |
| 常规 - 450mm | 橡木地板 | 3 m² | 0.05 m³ |
| 常规 - 450mm | 橡木地板 | 5 m² | 0.08 m³ |
| 常规 - 450mm | 橡木地板 | 5 m² | 0.08 m³ |
| 常规 - 450mm | 橡木地板 | 5 m² | 0.08 m³ |
| 常规 - 450mm | 橡木地板 | 5 m² | 0.08 m³ |

图 4-473 零件明细表

③为“零件”添加“项目参数”。在“属性”面板中“其他”选项中点击“字段”后的“编辑”按钮，打开“明细表属性”对话框，点击“添加参数”按钮，弹出“参数类型”对话框，在“名称”栏中输入“单位”，“参数类型”为“文字”，如图 4-474 所示。

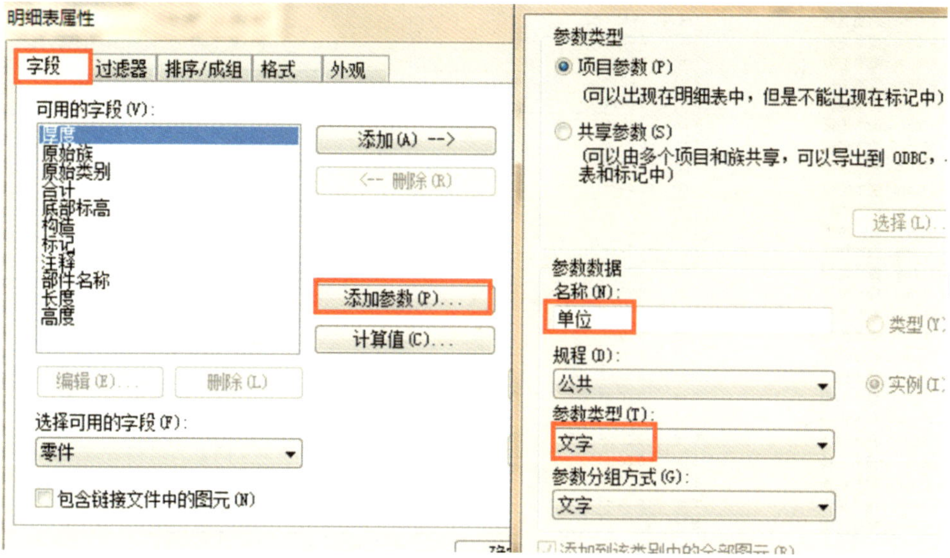


图 4-474　添加字段参数(一)

④用同样的方法添加其他参数。注意，“备注”的参数类型为“文字”；“主材”、“辅材”、“人工费”、“损耗”及“机械”的参数类型为“货币”，添加完成后如图 4-475 所示。

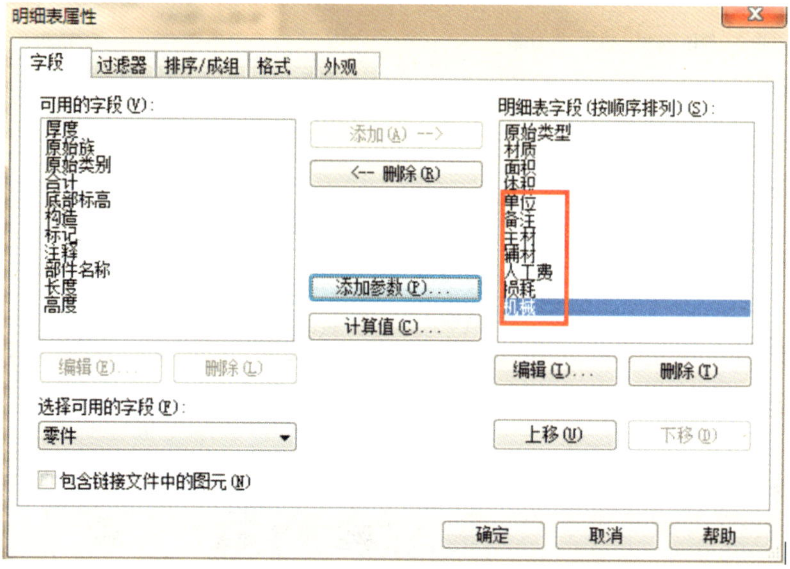


(a)

| 零件明细表 | | | | | | | | | | |
|---|---|---|---|---|---|---|---|---|---|---|
| 原始类型 | 材质 | 面积 | 体积 | 单位 | 备注 | 主材 | 辅材 | 人工费 | 损耗 | 机械 |
| 常规 - 450mm | 隔热层/热障 - 衬垫隔热层 | 114 m² | 0.57 m³ | | | | | | | |
| 常规 - 450mm | 灰泥 | 114 m² | 2.28 m³ | | | | | | | |
| 常规 - 450mm | 混凝土 - 沙/水泥找平 | 114 m² | 6.83 m³ | | | | | | | |
| 常规 - 450mm | 钢筋混凝土 | 114 m² | 39.85 m³ | | | | | | | |
| 常规 - 450mm | 橡木地板 | 5 m² | 0.08 m³ | | | | | | | |
| 常规 - 450mm | 橡木地板 | 3 m² | 0.04 m³ | | | | | | | |
| 常规 - 450mm | 橡木地板 | 2 m² | 0.02 m³ | | | | | | | |
| 常规 - 450mm | 橡木地板 | 3 m² | 0.04 m³ | | | | | | | |
| 常规 - 450mm | 橡木地板 | 7 m² | 0.10 m³ | | | | | | | |
| 常规 - 450mm | 橡木地板 | 3 m² | 0.04 m³ | | | | | | | |
| 常规 - 450mm | 橡木地板 | 7 m² | 0.10 m³ | | | | | | | |
| 常规 - 450mm | 橡木地板 | 3 m² | 0.04 m³ | | | | | | | |
| 常规 - 450mm | 橡木地板 | 2 m² | 0.03 m³ | | | | | | | |
| 常规 - 450mm | 橡木地板 | 3 m² | 0.04 m³ | | | | | | | |
| 常规 - 450mm | 橡木地板 | 3 m² | 0.04 m³ | | | | | | | |
| 常规 - 450mm | 橡木地板 | 6 m² | 0.10 m³ | | | | | | | |
| 常规 - 450mm | 橡木地板 | 7 m² | 0.10 m³ | | | | | | | |
| 常规 - 450mm | 橡木地板 | 7 m² | 0.10 m³ | | | | | | | |
| 常规 - 450mm | 橡木地板 | 7 m² | 0.10 m³ | | | | | | | |
| 常规 - 450mm | 橡木地板 | 7 m² | 0.10 m³ | | | | | | | |
| 常规 - 450mm | 橡木地板 | 7 m² | 0.10 m³ | | | | | | | |
| 常规 - 450mm | 橡木地板 | 7 m² | 0.10 m³ | | | | | | | |
| 常规 - 450mm | 橡木地板 | 5 m² | 0.08 m³ | | | | | | | |
| 常规 - 450mm | 橡木地板 | 3 m² | 0.05 m³ | | | | | | | |
| 常规 - 450mm | 橡木地板 | 5 m² | 0.08 m³ | | | | | | | |
| 常规 - 450mm | 橡木地板 | 5 m² | 0.08 m³ | | | | | | | |
| 常规 - 450mm | 橡木地板 | 5 m² | 0.08 m³ | | | | | | | |
| 常规 - 450mm | 橡木地板 | 5 m² | 0.08 m³ | | | | | | | |

(b)

图 4-475　添加字段参数(二)

⑤添加“单价”、“总价”自定义明细表参数,并输入公式,如图 4-476 所示。

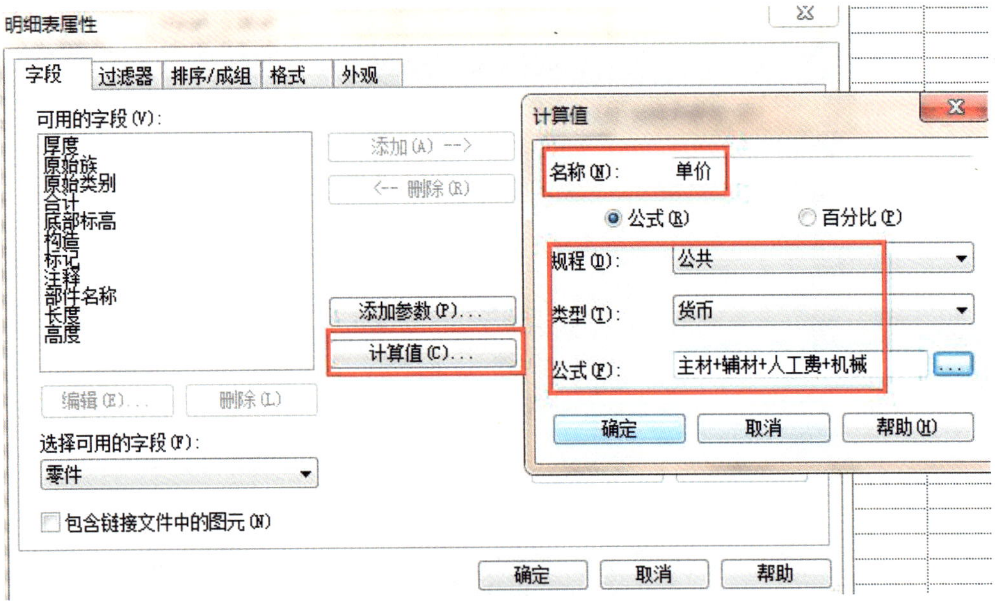


(a)

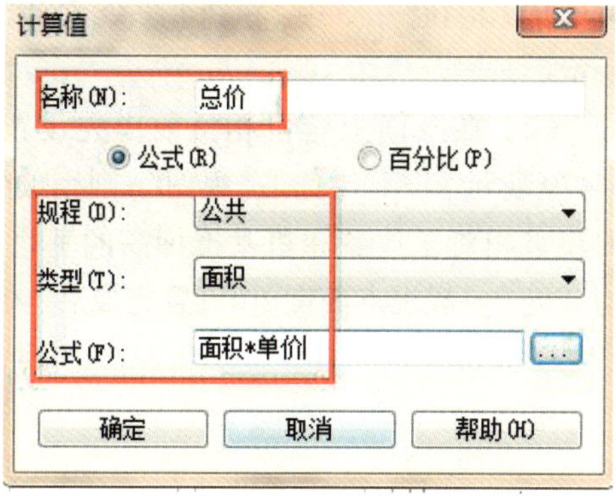


(b)

图 4-476 添加自定义明细表参数

⑥手动输入相关定额和备注(可在明细表中选择多个零件逐个添加),明细表即可自动计算出单价与总价,如图 4-477 所示。

| 零件明细表 | | | | | | | | | | | | |
|---|---|---|---|---|---|---|---|---|---|---|---|---|
| 原始类型 | 材质 | 面积 | 体积 | 单位 | 主材 | 辅材 | 人工费 | 损耗 | 机械 | 单价 | 总价 | 备注 |
| 常规 - 450mm | 隔热层/热障 - 衬垫隔热层 | 114 m² | 0.57 m³ | m² | 1.00 | 1.00 | 1.00 | 0.00 | 1.00 | 4.00 | 455 m² | |
| 常规 - 450mm | 灰泥 | 114 m² | 2.28 m³ | | | | | | | | | |
| 常规 - 450mm | 混凝土 - 沙/水泥找平 | 114 m² | 6.83 m³ | | | | | | | | | |
| 常规 - 450mm | 钢筋混凝土 | 114 m² | 39.85 m³ | | | | | | | | | |
| 常规 - 450mm | 橡木地板 | 5 m² | 0.08 m³ | | | | | | | | | |
| 常规 - 450mm | 橡木地板 | 3 m² | 0.04 m³ | | | | | | | | | |
| 常规 - 450mm | 橡木地板 | 2 m² | 0.02 m³ | | | | | | | | | |
| 常规 - 450mm | 橡木地板 | 3 m² | 0.04 m³ | | | | | | | | | |
| 常规 - 450mm | 橡木地板 | 7 m² | 0.10 m³ | | | | | | | | | |

图 4-477 完成零件明细表

同理,还可以完成其他类型工程量的统计,在这里就不再一一叙述。

### 4.13.3 图像的渲染及漫游的制作

在Revit中不仅能输出相关平面的文档和数据表格,完成模型后,可以利用Revit的表现功能对Revit模型进行展示与表现。在Revit中可以在三维视图下输出基于真实模型的渲染图片。在做这些工作之前,需要在Revit中进行一些前期的相关设置。下面主要介绍如何在Revit中创建任意的相机及漫游视图。

在Revit中可以对构件表现形式进行设置,相同构件在不同的视图中其显示可以不同。在Revit中三维视图可以分为正交和透视两种,透视三维视图中构件显示情况是距离越近构件越大;正交三维视图中并不会随距离远近而影响构件大小的显示。在Revit中默认的三维视图是正交视图,而相机和漫游视图都能设置为透视视图。

#### 4.13.3.1 相机视图

在Revit中使用相机命令创建的视图有两种,即正交视图和透视视图,创建视图之后进行渲染设置,可创建所需要的建筑渲染图像。

(1)放置相机。进入"一层平面布置图",在"视图"选项卡中单击"三维视图"下拉选项菜

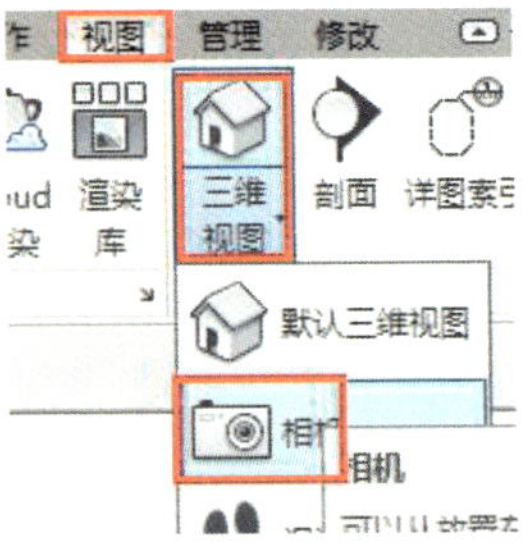


图 4-478 "相机"命令

单中的"相机",使用"相机"命令创建三维透视视图,如图 4-478 所示。

(2)在平面上定位相机前应先设置好选项栏中的参数,如图 4-479 所示,若不勾选"透视图",则生成轴测视图;"偏移量"是指人的视点相对于放置相机基准标高的垂直间距,默认值为一般人体平均高度(一般视点高度)。设置完成后,在平面上放置相机到图 4-480 所示大致位置。

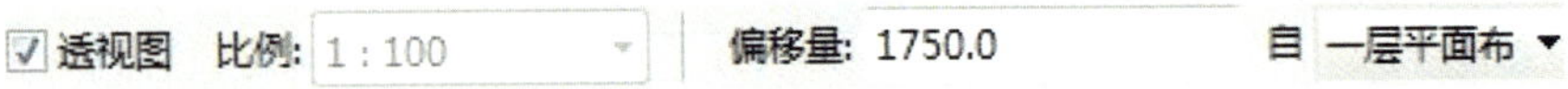


图 4-479 设置相机参数

注:相机在视图中放置完成后软件自动切换到相机视图,当再次回到平面图时,发现相机没有显示,此时,可在"项目浏览器"中找到生成的相机视图,然后单击鼠标右键选择"显示相机"命令,即可在平面中让相机显示。

(3)相机的调整。进入平面,显示相机,如图 4-481 所示,选中相机"控制视点"并拖动可调整相机的视点位置;通过拖动"目标点",可调整相机目标点的位置;通过拖动"裁剪点",可调整相机的可视范围。

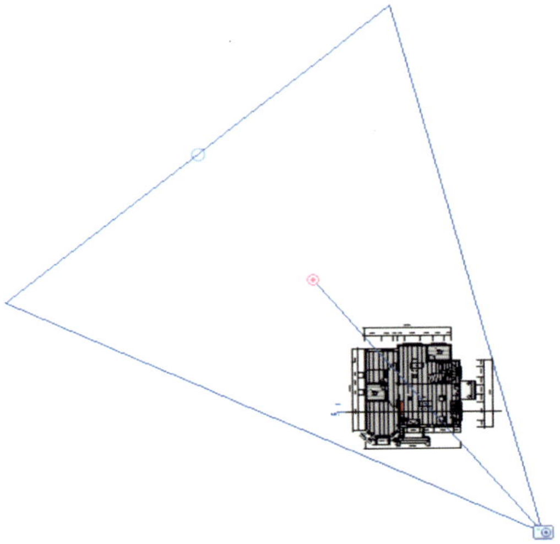

图 4-480 放置相机位置

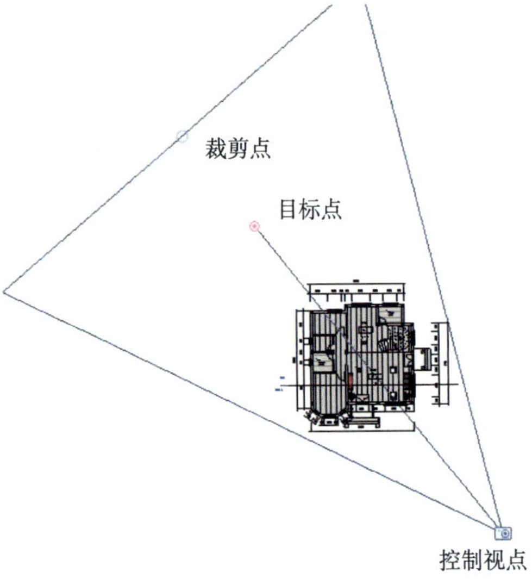


图 4-481 调整相机视点位置

(4)渲染设置。Revit 集成了简化版的 Mently Ray 渲染器,其可设置项不多,但足以满足方案设计阶段需求。点击"视图"选项卡,在"图形"面板中选择"渲染"命令,弹出"渲染"对话框,渲染参数及用途如图 4-482 所示,这里按图 4-483 所示进行参数设置,点击"渲染"按钮开始对相机视图进行图像的渲染。

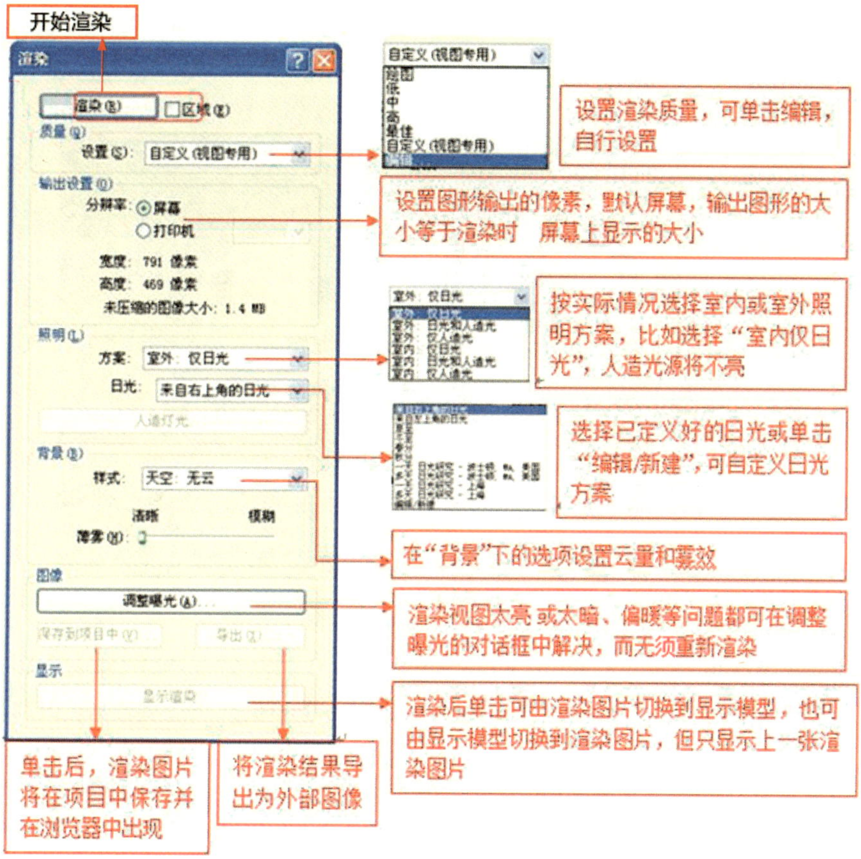


图 4-482 “渲染”对话框

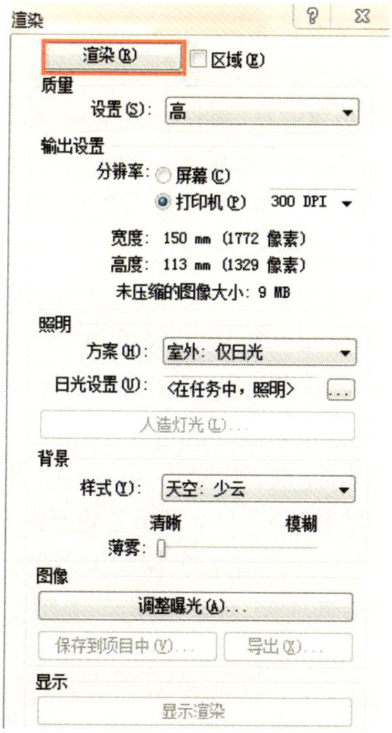


图 4-483 设置渲染参数

(5)渲染完成后，点击“渲染”对话框中的“保存到项目中”按钮，即可将渲染好的图像保存到此项目中；点击“导出”按钮即可把渲染完成的图像导出到项目之外。

渲染后的图像如图 4-484 所示。

图 4-484　完成渲染效果图

4.13.2.2　漫游视图

漫游是在一条漫游路径上创建多个活动相机，再将每个相机视图连续播放。因此，要先创建一条路径，然后调节路径上每个相机的视图。

Revit 漫游中会自动设置很多关键相机视图(即关键帧)，通过调节这些关键帧视图来控制漫游动画。

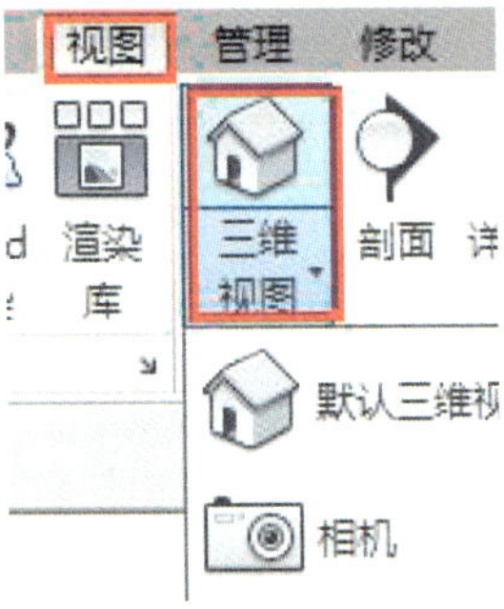


图 4-485　“三维视图”命令

(1)创建漫游路径。首先进入“一层平面布置图”，单击“视图”选项卡，选择“创建”面板中“三维视图”下拉选项的“漫游”命令，如图 4-485 所示，进入漫游路径绘制状态。将鼠标光标放在入口处开始绘制漫游路径，单击鼠标左键插入一个关键点，然后隔一段距离再插入一个关键点，按图 4-486 所示绘制路径。

(2)编辑漫游。绘制完漫游路径后，单击“修改”面板中“编辑漫游”按钮，进入编辑“关键帧”视图状态。关键帧视图其实就是一个相机视图，可用调整相机的方法将视图调整为需要的样子。在平面视图中，可以通过点击“上一关键帧”和“下一关键帧”调整相机的视线方向和焦距等。调整完成后，单击“编辑漫游”面板中的“打开漫游”命令，进入三维视图调整视角和视图范围。

编辑完所有“关键帧”后，在“属性”面板中单击“其他”的“漫游帧”命令，打开“漫游帧”对话框，如图 4-487 所示，通过调节“总帧数”等数据来调节创建漫游的快慢，点击“确定”。

调整完成后从“项目浏览器”中打开刚创建的“漫游 1”，如图 4-488 所示。用鼠标选定视图中的视图框，在“修改”面板中选择“编辑漫游”命令，然后点击“漫游”面板内的“播放”命令，即可开始漫游的播放。

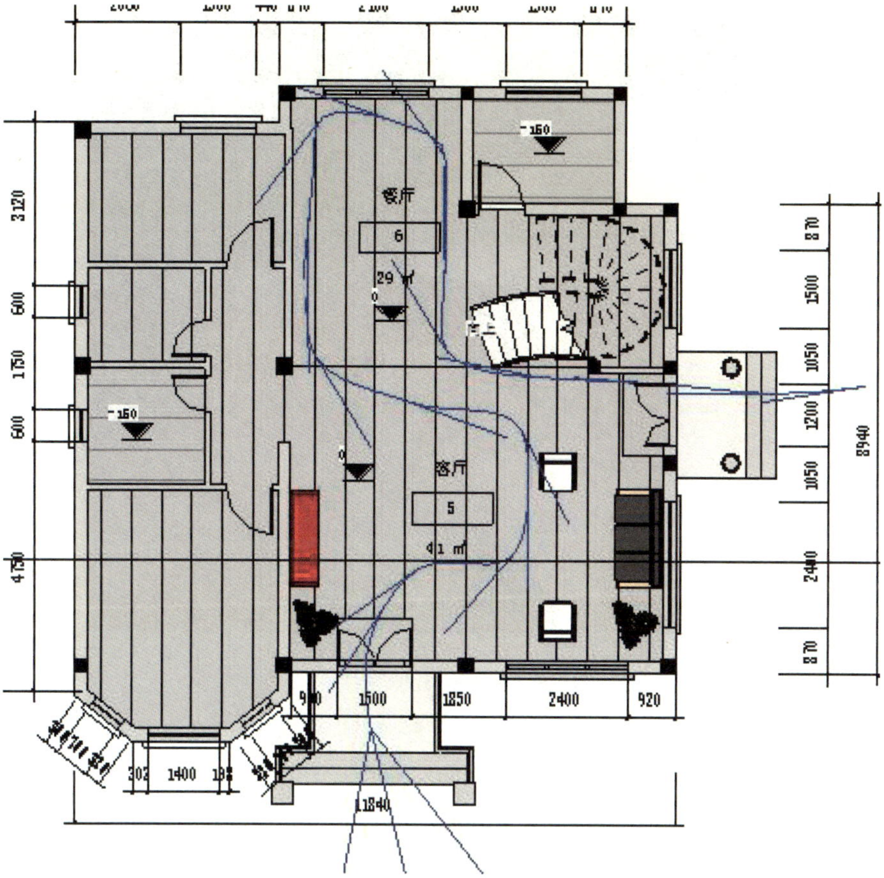


图 4-486　绘制漫游路径

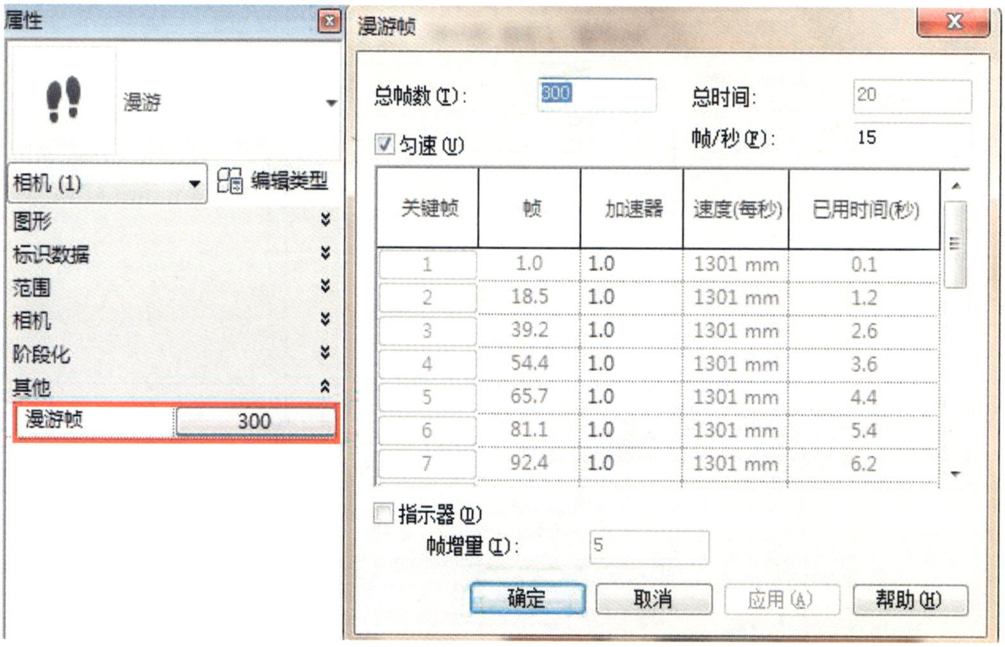


图 4-487　“漫游帧”对话框

图 4-488 创建“漫游 1”

（3）导出漫游。漫游创建完成后点击“应用程序菜单”➤“导出”➤“图像和动画”➤“漫游”命令，如图 4-489 所示，弹出“长度/格式”对话框，如图 4-490 所示。

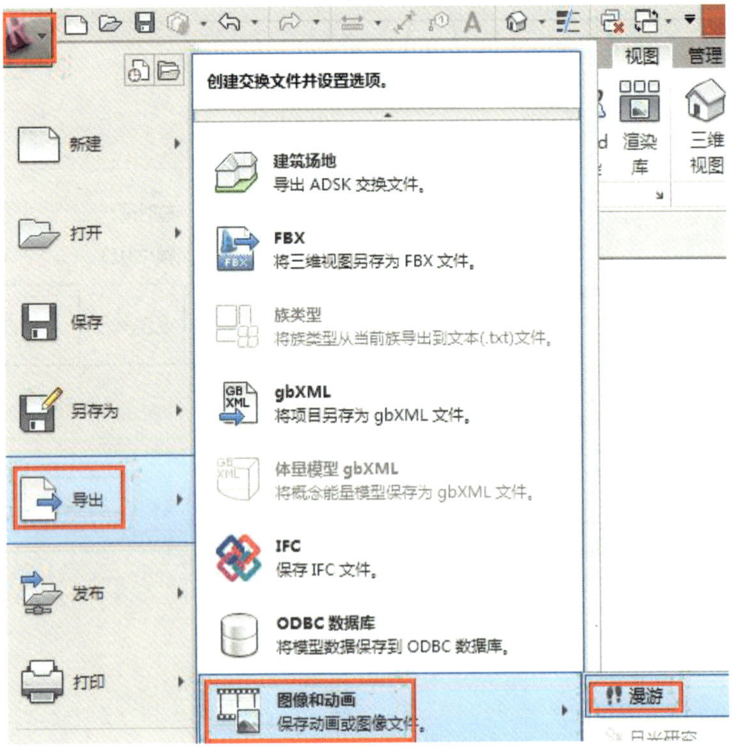


图 4-489 导出漫游

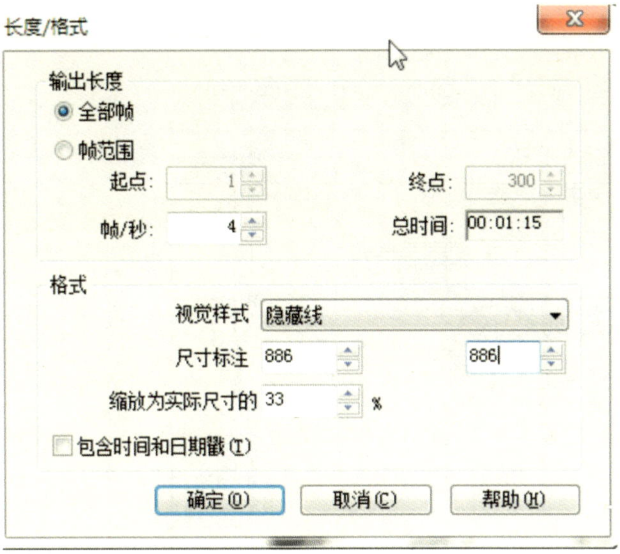


图 4-490 “长度/格式”对话框

注：其中“帧/秒”项设置导出后漫游的速度默认为每秒 114 帧，播放速度会比较快，建议设置为每秒 3~4 帧速度将比较合适。点击“确定”后弹出“导出漫游”对话框，输入文件名并选择路径，单击“保存”按钮，弹出“视频压缩”对话框，默认为“全帧(非压缩的)”，产生的文件会非常大，建议在下拉列表中选择压缩模式为“Microsoft Video 1”，此模式为大部分系统都可以读取的模式，同时可以减小文件大小，单击“确定”将漫游文件导出为外部 AVI 文件。

## 课后习题

### 一、单选题

1. 以下有关在图纸中修改建筑模型说法有误的是(　)。

A. 选择视口单击鼠标右键，单击“激活视图”命令，即可在图纸视图中任意修改建筑模型

B. “激活视图”后，鼠标右键选择“取消激活视图”可以退出编辑状态

C. “激活视图”编辑模型时，相关视图将更新

D. 可以同时激活多个视图修改建筑模型

2. 在 Revit Architecture 中渲染时不可以对(　)进行设置。

A. 天气　B. 方案　C. 日光　D. 背景样式

3. 编辑漫游路径时，选中选项栏中“控制”中的(　)，视图中会出现相机，并且可以沿着路径移动相机进而调整整个关键帧处的相机的面板点高度、视距、视线范围等。

A. 活动相机　B. 路径　C. 添加关键帧　D. 删除关键帧

### 二、判断题

1. 导出的 DWG 文件可以脱离 Revit 软件，用 CAD 看图软件或 AutoCAD 软件进行后期的看图及编辑修改。(　)

2. 在 Revit 中使用相机命令创建视图有两种即正交图和透视图。(　)

3. “帧/秒”项设置导出后漫游的速度为每秒多少帧？默认为 115 帧。(　)

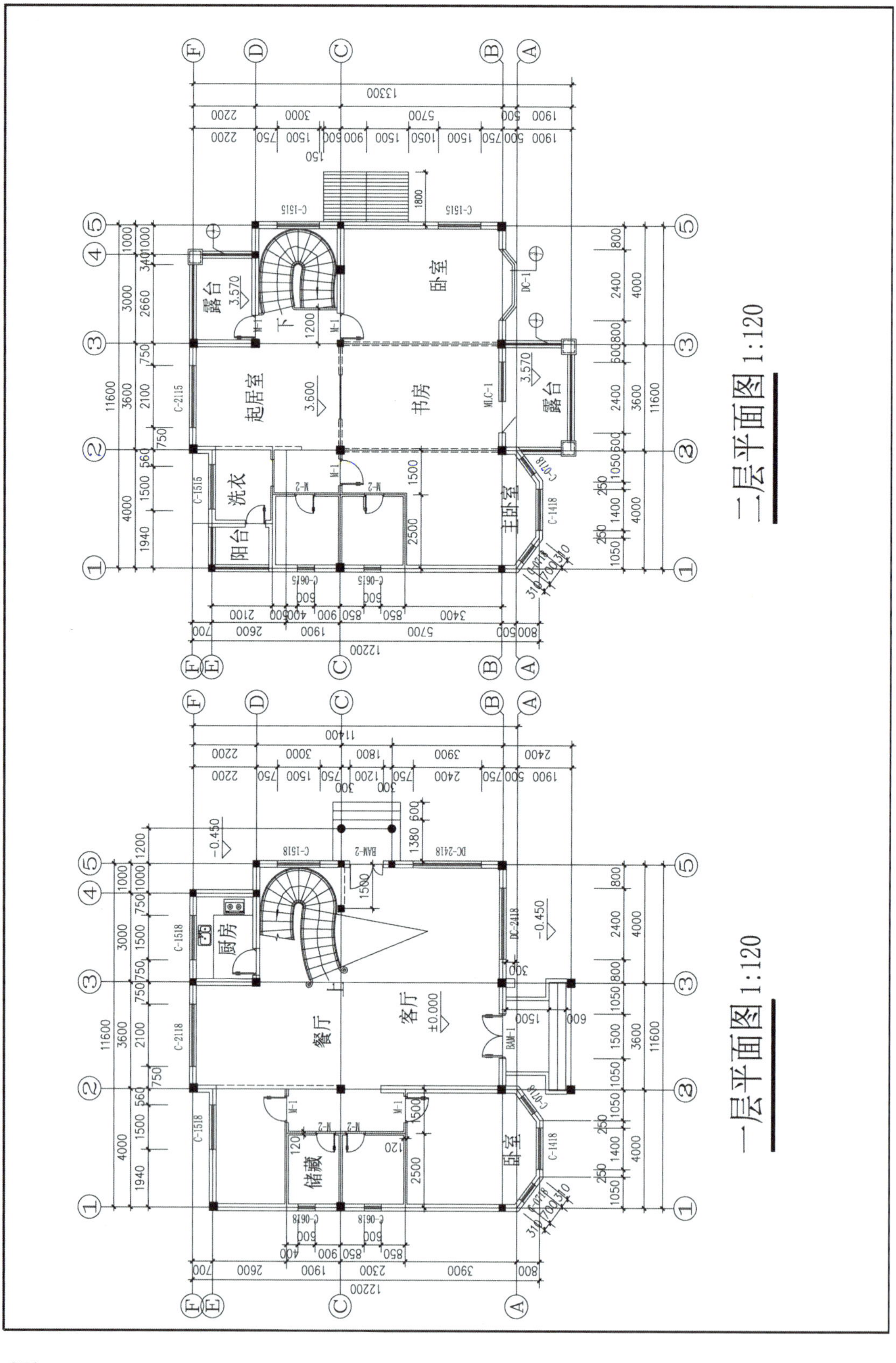


一层平面图、二层平面图

东立面图 1:100

西立面图 1:100

东立面图、西立面图

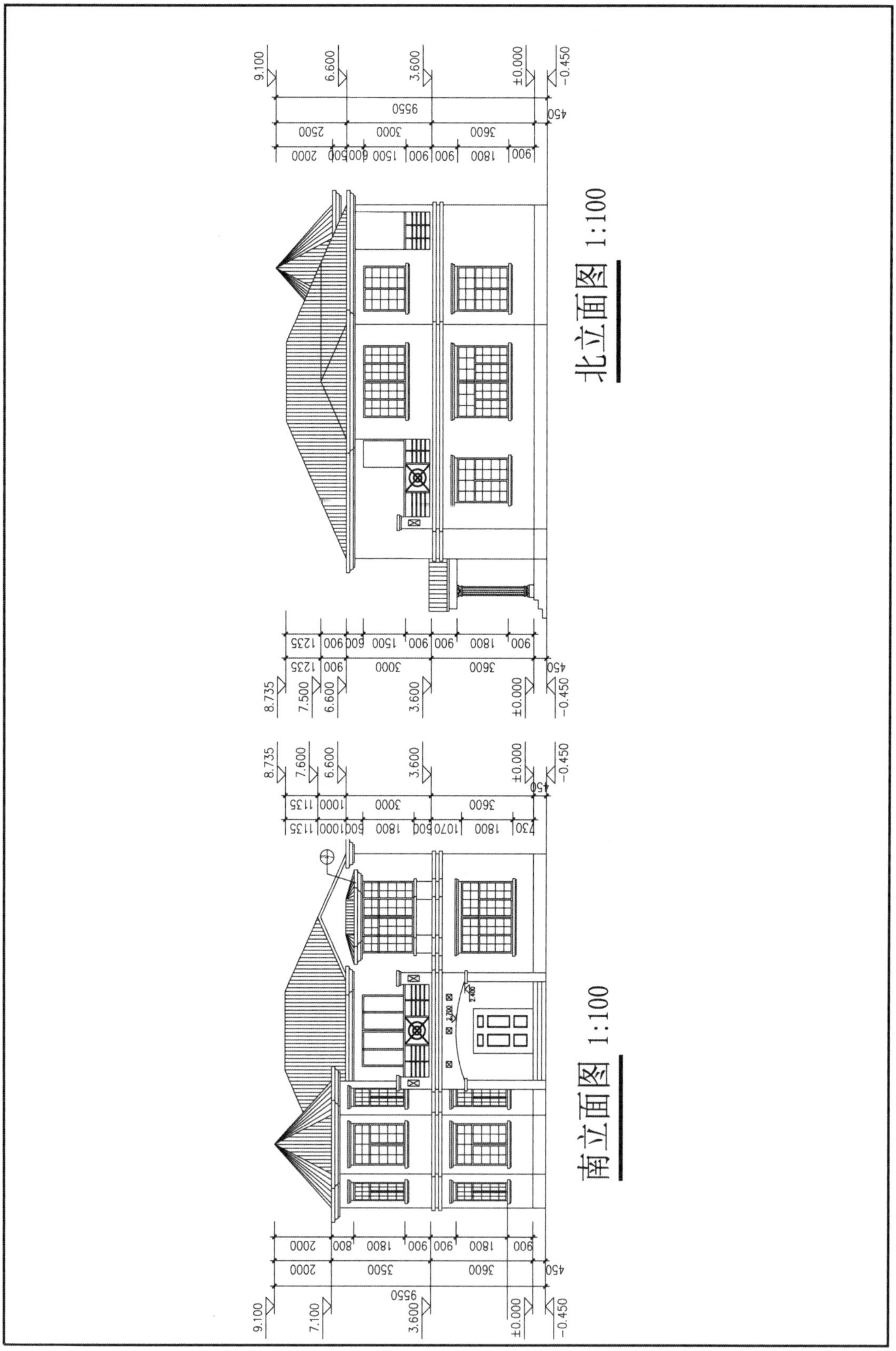
南立面图 1:100
北立面图 1:100
9.100
7.100
6.600
3.600
±0.000
-0.450
8.735
7.600
7.500

南立面图、北立面图

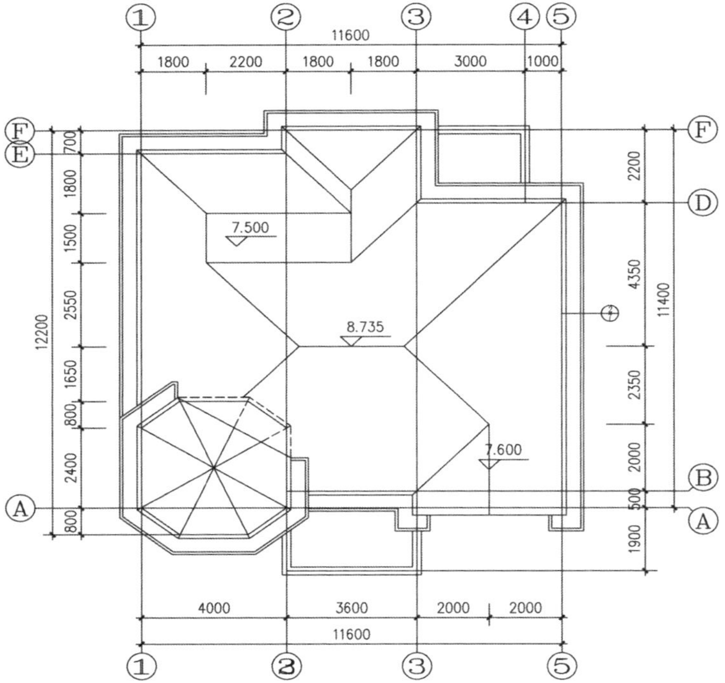


屋顶平面图 1:120

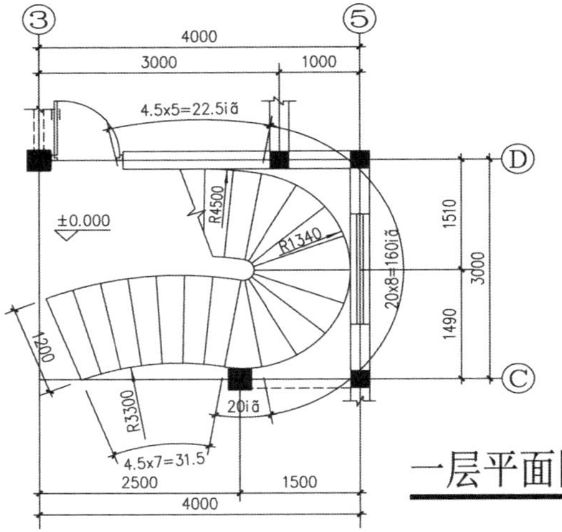


一层平面图 1:60

注:踏步步高设计为:
163.6x22=3600.

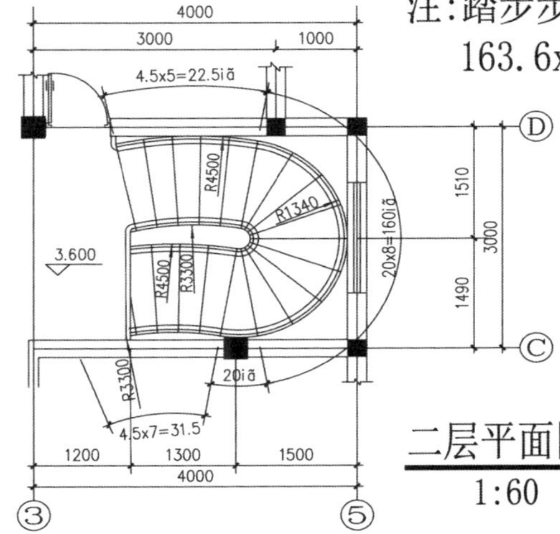


二层平面图
1:60

屋顶平面图

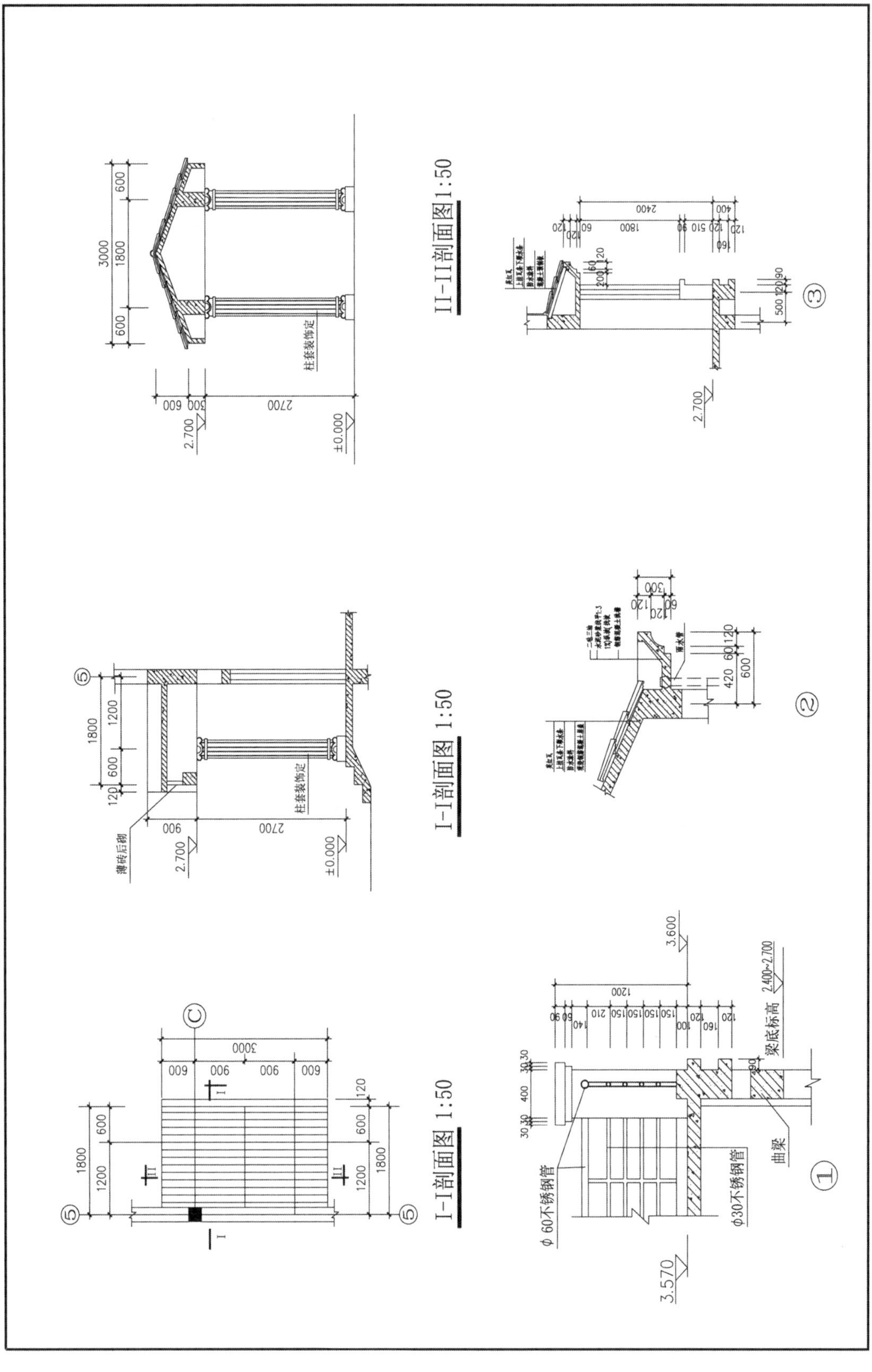
I-I剖面图 1:50
II-II剖面图 1:50
I-I剖面图 1:50
柱套装饰定
薄砖后砌
±0.000
2.700
3.600
3.570
φ60不锈钢管
φ30不锈钢管
曲梁
梁底标高 2.400~2.700
滴水槽

节点图

# 参考文献


[1] 中华人民共和国住房和城乡建设部.建设工程项目管理规范:GB/T 50326—2017[S].北京:中国建筑工业出版社,2017.

[2] 刘占省,赵明,徐瑞龙.BIM技术在我国的研发及工程应用[J].建筑技术,2013(10):893-897.

[3] 刘占省,赵明,徐瑞龙,等.BIM技术在我国的研发及应用[N].建筑时报,2013-11-11.

[4] 肖伟,胡晓非,胡端.建筑行业的挑战与BLM/BIM的革新及运用[J].中国勘察设计,2008(1):68-70.

[5] 本书编委会.中国建筑施工行业信息化发展报告(2015)——BIM深度应用与发展[M].北京:中国城市出版社,2015.

[6] 孔嵩.建筑信息模型B1M研究[J].建筑电气,2013(4):27-31.

[7] 孙悦.基于BIM的建设项目全生命周期信息管理研究[D].哈尔滨:哈尔滨工业大学,2011.

[8] 陈光,成虎.建设项目全寿命期目标体系研究[J].土木工程学报,2004,37(10):87-91.

[9] 中华人民共和国住房和城乡建设部.工程建设施工企业质量管理规范(GB/T 50430—2017)[S].北京:中国建筑工业出版社,2017.

[10] 赵雪锋,李炎锋,王慧琛.建筑工程专业BIM技术人才培养模式研究[J].中国电力教育,2014(2):53-54.

[11] 张春霞.BIM技术在我国建筑行业的应用现状及发展障碍研究[J].建筑经济,2011(9):96-98.

[12] 贺灵童.BIM在全球的应用现状[J].工程质量,2013,31(3):12-19.

[13] 陈花军.BIM在我国建筑行业的应用现状及发展对策研究[J].黑龙江科技信息,2013(23):278-279.

[14] 祝连波,田云峰.我国建筑业BIM研究文献综述[J].建筑设计管理,2014(2):33-37.

[15] 庞红,向往.BIM在中国建筑设计的发展现状[J].建筑与文化,2015(1):158-159.

[16] 龚彦兮.浅析BIM在我国的应用现状及发展阻碍[J].中国市场,2013(46):104-105.

[17] 赵源煜.中国建筑业BIM发展的阻碍因素及对策方案研究[D].北京:清华大学,2012.

[18] 柳建华.BIM在国内应用的现状和未来发展趋势[J].安徽建筑,2014,21(6):15-16.

[19] 何关培.BIM总论[M].北京:中国建筑工业出版社,2011.

[20] 何关培,李刚.那个叫BIM的东西究竟是什么[M].北京:中国建筑工业出版社,2011.

[21] 黄兆生.浅析BIM技术在建筑工程设计中的应用优势[J].工程技术,2016(7):258.

[22] 任娟,刘煜,郑罡.基于BIM平台的绿色办公建筑早期设计决策观念模型[J].华中建筑,2012(12):45-48.

[23] 何波.BIM建筑性能分析应用价值探讨[J].土木建筑工程信息技术,2011(3):63-71.

[24] 姜剑峰.BIM技术在建筑方案设计中的应用研究[D].青岛:青岛理工大学,2012.

[25] 张泳.建筑信息模型(BIM)的概念框架[J].价值工程,2012,31(8):33-34.

[26]花彩芸. 试析基于 Autodesk Revit 的 BIM 实现[J]. 江西建材，2016(2):297-298.

[27]何关培.BIM 和 BIM 相关软件[J].土木工程信息技术,2010,2(4):110-117.

[28]余其亮. 浅谈 BIM 在建筑方案设计中的应用[J]. 中国房地产业，2016(19):70-72.

[29]张晓菲. 探讨基于 BIM 的设计阶段的流程优化[J]. 工业建筑，2013,43(7):155-158.

[30]赵雯雯. 重庆国际马戏城——基于Revit平台的复杂建筑BIM应用[J]. 工程质量，2013，31(3):2-7.

[31]王力，张留伟. BIM 技术在住宅建筑设计中的应用[J]. 工程技术，2016(9):281.

[32]卢琬玫. BIM 技术及其在建筑设计中的应用研究[D]. 天津:天津大学，2014.

[33]李清泉，李德仁. 三维空间数据模型集成的概念框架研究[J]. 山东科技大学学报:自然科学版，2006,27(1):325-330.

[34] 沈彬. BIM 技术在表皮和场地前期设计中的应用[J]. 城市住宅，2015(11):27-31.